通航飞机复合材料结构适航指南

Airworthiness Guidelines for Composite Structures of General Aviation Aircraft

刘秀芝 汪海 编著

上海交通大學出版社
SHANGHAI JIAO TONG UNIVERSITY PRESS

内容提要

本书从民用飞机适航管理和型号审查角度出发，针对目前国内通航申请人在大规模应用国产复合材料时遇到的共性问题，以适航规章、咨询通告等文件为主线，由浅入深地讲解了适航管理与审定流程的各个阶段需要开展的工作，特别针对通航飞机复合材料结构研制过程中需要满足的相关适航条款进行了重点解读。本书还对飞机设计、制造和持续适航等技术领域中与材料和工艺、胶接、静强度、疲劳和损伤容限、颤振和气动弹性等主要技术问题相关的适航符合性方法和技术要求进行了详细论述，并以某型飞机复合材料方向舵的适航取证为例，详细介绍了积木式验证规划和符合性计划的制定与执行过程。

本书可为通航飞机申请人进行飞机研制和适航取证提供重要参考，也可供局方审查代表、通航飞机制造商、材料供应商以及相关本科生、研究生和其他技术与管理人员参考。

图书在版编目（CIP）数据

通航飞机复合材料结构适航指南 / 刘秀芝，汪海编著. -- 上海 : 上海交通大学出版社，2025. 4. -- ISBN 978-7-313-32120-6

Ⅰ. V257-62

中国国家版本馆 CIP 数据核字第 2025VD2508 号

通航飞机复合材料结构适航指南

TONGHANG FEIJI FUHE CAILIAO JIEGOU SHIHANG ZHINAN

编　　著：刘秀芝　汪　海

出版发行：上海交通大学出版社　　地　　址：上海市番禺路 951 号

邮政编码：200030　　电　　话：021 - 64071208

印　　制：浙江天地海印刷有限公司　　经　　销：全国新华书店

开　　本：710 mm×1000 mm　1/16　　印　　张：28.5

字　　数：494 千字

版　　次：2025 年 4 月第 1 版　　印　　次：2025 年 4 月第 1 次印刷

书　　号：ISBN 978 - 7 - 313 - 32120 - 6

定　　价：148.00 元

前言

通用航空(简称通航)是指使用民用航空器从事公共航空运输以外的各类民用航空活动,包括工业、农业、林业、渔牧业、建筑业中的作业飞行以及医疗卫生、抢险救灾、气象探测、海洋监测、科学实验、教育和培训、文化体育及旅游观光等各方面的飞行活动。随着我国发展通航产业的相关顶层规划和适航审定政策陆续出台,通航产业已迎来前所未有的快速发展机遇期。

为了提高通航飞机的运载能力,必须最大限度地减轻飞机结构重量。无论是国外还是国内通航企业,大多通过在飞机结构上大量应用先进复合材料来实现减重。欧美等通航发达国家和地区的成功经验已经证明,大量应用先进复合材料是通航飞机实现其商业目标的最佳途径。但是,如何正确理解适航规章,并严格按照适航相关要求,尽快取得型号合格证并将产品投放市场,已经成为广大通航申请人迫切关注的重大问题。

目前,国内已有多个通航飞机型号按照中国民航适航规章CCAR-23部进行研制。这些飞机在结构上大量采用先进复合材料,有些通航飞机甚至采用了全复合材料结构。但是,由于国内通航产业起步较晚,很多通航申请人对在通航飞机上大规模应用先进复合材料还缺乏足够了解,相关技术团队也缺乏足够的技术积累和规范、高效的取证经验。这些都给申请人的产品取证和后期市场运营带来较大的技术和经济风险,也给局方的审查和安全管理带来较大压力。

针对上述问题,在本书编写中,本书作者总结和提炼过去掌握和收集的大量飞机研制和适航审查技术等相关资料,特别借鉴了作者承担的2020—

2022年中国民用航空局安全能力建设项目——“通航用国产复合材料性能共享数据库建立”(以下简称“民航基金项目”)的重要研究成果,结合过去几十年从事民用飞机研制、适航审定和航空教育等方面的经验,针对正常类通航飞机复合材料结构适航验证相关技术问题,从中国民用航空规章CCAR-23-R3《正常类、实用类、特技类和通勤类飞机适航规定》、咨询通告AC 20-107B《Change 1 to COMPOSITE AIRCRAFT STRUCTURE》及CMH-17G《复合材料手册》中相关技术要求出发,分别对通航飞机复合材料结构的“材料和工艺、胶接结构、静强度、疲劳和损伤容限、颤振和气动弹性”等问题的相关规章条款、适航符合性方法、技术要求和适航验证流程等技术内容进行了详细解读和说明,目的是使广大读者能够清晰地了解正常类飞机复合材料结构的适航验证应该做什么和怎么做,引导国内通航企业和材料生产企业按照通航的法律法规,科学、有序、快速地进行各类飞机型号研发和取证,并尽快走上良性、健康的发展快车道。

最后,非常感谢民航基金项目团队(中国民用航空沈阳航空器适航审定中心、上海航空材料结构检测股份有限公司、江苏恒神股份有限公司、山河星航实业股份有限公司)在本书编写中给予的大力支持。

目录

第 1 章 适航管理与审定流程

本章将针对通航飞机的适航管理与审定流程，从适航概念解析出发，重点对适航管理的目标与内容、适航规章以及适航审定流程等内容进行简要介绍。

本章内容和信息主要针对通航民用飞机的适航管理及审定要求进行编排，可供复合材料航空器结构的合格审定申请人、审定/批准责任人、部件制造商、材料供应商、维护和修理机构等单位技术人员参考使用，仅限用作指导性材料。具体内容详见相关现行有效的民航法规、适航条例、规章和程序等。

1.1 适航概念解析

民用飞机的适航管理与“飞行安全”紧密相连。各个国家民航管理部门都把民用飞机(特别是民航客机)的安全性管控放在第一位，通过对民用飞机的研制、生产和使用全过程实施强制性监督与管理控制，实现民用飞机全寿命周期各个环节的适航性管控，保证其安全性。

以下适用于本书的名词概念均摘自国际民用航空组织(International Civil Aviation Organization, ICAO)在国际民用航空公约原则下制定的 19 个附件(这些附件也被称为“国际标准和建议措施”)中的附件 8《航空器适航性》和《适航技术手册》(Doc 9760 号文件)。

适航——航空器、发动机、螺旋桨或部件符合其经批准的设计并处于安全运行状态的状况。

航空器——能从空气的反作用，而不是从空气对地表的反作用，在大气中获得支撑的任何机器。

预期运行条件——考虑到航空器所适宜的运行，从经验中获知或在航空器使用寿命期间可合理想象会发生的条件。所考虑的条件与大气的气象状况、地面形状、航空器工作情况、人员效率和影响飞行安全的所有因素相关。预期运行条件不包括：

a. 可以由操作程序有效避免的极端条件；

b. 极少发生的极端条件，以致要求在这种极端条件下符合标准，将使适航标准高于经验证实属于必要和实际可行的标准。

相应适航要求——缔约国为审议中的航空器、发动机或螺旋桨的等级所确定、通过或接受的全面而详细的适航规范。

持续适航——使航空器、发动机、螺旋桨或部件符合适用的适航要求，并且在其整个使用寿命期间处于安全运行状态的一套过程。

维修——确保航空器、发动机、螺旋桨或相关部件持续适航所需针对航空器、发动机、螺旋桨或相关部件执行的任务，包括大修、检查、换件、纠正缺陷或其组合，以及具体的改装或修理。

修理——在航空器、发动机、螺旋桨或相关部件被损坏或磨损之后，按照有关适航要求的规定将其恢复至适航状态的行为。

型号设计——规定航空器、发动机或螺旋桨型号所需要的一套数据和资料，以便确定适航性。

相关知识

《国际民用航空公约》

《国际民用航空公约》是国际民用航空的基本法，于 1944 年 12 月 7 日在美国芝加哥签署，也被称为《芝加哥公约》，生效日期为 1947 年 4 月 4 日。中国是《芝加哥公约》的签字国和最早的批准国之一。

ICAO 依据《国际民用航空公约》第二部分第 43 条成立，总部位于加拿大蒙特利尔。联合国承认 ICAO 在国际民航中的权威地位，是联合国设立的一个专门机构，要求遵守联合国相关宪章。

ICAO 以公约附件的形式制定了各种国际标准和建议措施。公约附件具有同样法律约束力，共有 19 个，与本书密切相关的是公约附件 8《航空器适航性》。该附件规定航空器审定和检查的统一程序，包括大型飞机、直升机、小型飞机、发动机和螺旋桨的适航审定标准，供国家适航当局使用。附件承认国际民航组织的标准不应取代国家规定，而且国家适航性规定是必须的，其中应包含个别国家认为必要的、范围广泛且详尽的细节，作为其审定每架航空器的适航性的基础。

每个国家可自由地制定其本国的综合和详尽的适航规定，或选择、采用或接受另一缔约国所制定的综合和详尽的规定。要求国家规定保持的适航水平体现在附件 8 广泛的标准之中，必要时还可通过国际民航组织《适航技术手册》(Doc 9760 号文件)中所提供的指导材料进行补充。

1.2　适航管理目标与内容

我国政府规定民用航空器的适航管理由中国民用航空局(Civil Aviation Administration of China，CAAC)负责。民用航空器适航的宗旨为：保障民用航空安全，维护公众利益，促进民用航空事业的发展，即民用航空器的适航管理与“飞行安全”紧密相连。1987 年 5 月 4 日由国务院正式颁布的《中华人民共和国民用航空器适航管理条例》明确规定：

> 第一条　为保障民用航空安全，维护公众利益，促进民用航空事业的发展，特制定本条例。
>
> 第三条　民用航空器的适航管理，是根据国家的有关规定，对民用航空器的设计、生产、使用和维修，实施以确保飞行安全为目的的技术鉴定和监督。
>
> 第五条　民用航空器的适航管理，必须执行规定的适航标准和程序。

1.2.1　适航管理目标

民用航空器的适航管理是以保障民用航空器的安全性为目标的技术管理，是政府适航部门在制定了各种最低安全标准的基础上，对民用航空器的设计、制造、使用和维修等环节进行科学统一的审查、鉴定、监督和管理。适航管理揭示和反映了民用航空器从设计、制造，到使用、维修的客观规律，并施以符合其规律的一整套规范化的管理。

1.2.2　适航管理内容

适航管理主要包括立法定标、审查颁证和监督检查三个方面的工作。

立法定标——政府责成适航部门根据《中华人民共和国民用航空法》，统一制定各种与安全有关的技术和管理适航标准、规章、规则、指令和通告等。它是保证安全性的基本要求。

审查颁证——在民用航空器的研制、使用和维修过程中，通过依法审定和颁发各种适航证件的手段来检验申请人执行相关适航法规的程度及与标准和要求的符合性。型号合格证是确认和证明申请人的产品满足安全性要求的合法资格凭证。

监督检查——适航部门通过颁证前的合格审查以及颁证后的监督检查等手段，促使被审查的单位和个人始终自觉地满足适航标准和规定的要求。监督检查是适航部门检查确认申请人的产品满足适航符合性要求的必要手段。

相关知识

初始适航管理和持续适航管理

初始适航管理是在航空器交付使用前，适航部门依据各类适航标准和规范，对民用航空器的设计和制造所进行的型号合格审定和生产许可审定，以确保航空器和航空器部件的设计、制造是按照适航部门的规定进行的。

持续适航管理是在航空器满足初始适航标准和规范、满足型号设计要求、符合型号合格审定的基础上，获得适航证并投入运行后，为保持它在设计制造时的基本安全标准或适航水平，为保证航空器能始终处于安全运行状态而进行的管理。

1.3 中国民航规章体系

民航规章是中国民用航空局根据法律和国务院的行政法规、决定、命令，在本部门的权限范围内发布的规范性文件。

1.3.1 适航法规

就民航领域而言，我国基本形成了以《中华人民共和国民用航空法》(简称《民航法》)为龙头，辅之以行政法规(主要有条例、规定和办法 3 种)，以及现行有效规章的三个层次法律体系框架。除此之外，规范性文件也对规章等上层文件进行了必要的补充。《民航法》属于国家法律，是民航法律体系的龙头，是制定民航法规、规章的重要依据。

中国民用航空局逐步制订了一整套适航法规体系，建成了由《民航法》、多部行政法规、规章和规范性文件组成的适航法规体系，详见图 1－1 适航法规体系框架。

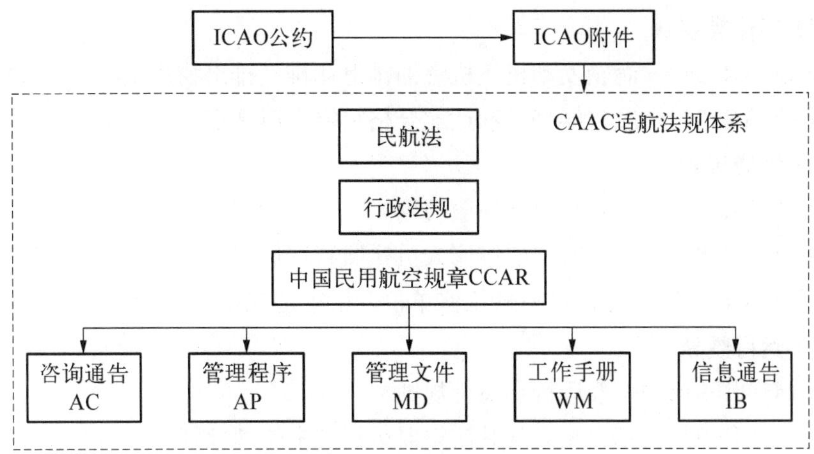

图 1－1　适航法规体系框架

1.3.2　中国民航适航规章

中国民航适航规章包括：

1）适航管理类规章

- CCAR-21　《民用航空产品和零部件合格审定规定》
- CCAR-39　《民用航空器适航指令规定》
- CCAR-45　《民用航空器国籍登记规定》
- CCAR-53　《民用航空用化学产品适航管理规定》
- CCAR-55　《民用航空油料适航管理规定》
- CCAR-183AA　《民用航空适航委任代表和委任单位代表管理规定》

2）适航标准类规章

- CCAR-23　《正常类飞机适航规定》
- CCAR-25　《运输类飞机适航标准》
- CCAR-26　《运输类飞机的持续适航和安全改进规定》
- CCAR-27　《正常类旋翼航空器适航规定》
- CCAR-29　《运输类旋翼航空器适航规定》
- CCAR-31　《载人自由气球适航规定》
- CCAR-33　《航空发动机适航规定》
- CCAR-35　《螺旋桨适航标准》
- CCAR-37　《民用航空材料、零部件和机载设备技术标准规定》

3）环保类规章

- CCAR-34 《涡轮发动机飞机燃油排泄和排气排出物规定》
- CCAR-36 《航空器型号和适航合格审定噪声规定》

4）维修规章

- CCAR-43 《维修和改装一般规则》
- CCAR-66 《民用航空器维修人员执照管理规则》
- CCAR-145 《民用航空器维修单位合格审定规定》

5）运行规章

- CCAR-91 《一般运行和飞行规则》
- CCAR-92 《民用无人驾驶航空器运行安全管理规则》
- CCAR-121 《大型飞机公共航空运输承运人运行合格审定规则》
- CCAR-135 《小型航空器商业运输运营人运行合格审定规则》

1.3.3 适航标准类规章

适航标准是型号合格审定基础的最重要组成部分，用于确保满足其要求的航空器达到公众可接受的安全水平。适航标准具有强制性、完整性、动态性、平衡性、基本性、稳健性、公开性和国际性等特征。

强制性——适航标准以国家法律法规的形式发布，形成适航法规体系，具有强制法定效力。

完整性——适航法规体系涵盖航空器设计、制造、使用、维修的整个过程，涉及航空活动相关的各个专业领域。

动态性——适航标准和适航法规基于民用航空实践而制定，结合航空技术的发展，不断持续地修订和完善。

平衡性——适航标准往往是立法部门权衡了安全、技术和成本多方面考虑后的产物。适航标准必须与航空安全实践紧密结合，以各种有效方式保证航空运行处于可接受的安全水平。

基本性——适航标准的本质是为实现民用航空器的适航性而制定的最低安全要求。

稳健性——正式列入适航法规的适航标准通常以成熟技术为基础制定而成。

公开性——适航标准是面向公众的国家法律法规，必须向社会公众公开发布。

国际性——适航标准对民用航空器在国际间运行、维修和销售影响重大，各国标准需尽可能协调统一。

总的来说，适航标准就是妥协的结果，人类期望零事故，但这与技术可能性(实际上是否可行)和经济限制(我们准备支付多少)有直接关系。

1.4　适航审定流程

相关知识

型号合格审定程序修订历史(从 03R2 起)

AP-21-03R2 《型号合格审定程序》，1993 年 3 月 25 日；

AP-21-03R3 《型号合格审定程序》，2002 年 8 月 16 日；

AP-21-AA-2011-03-R4 《航空器型号合格审定程序》，2011 年 3 月 18 日；

AP-21-AA-2022-11 《型号合格审定程序》，2022 年 8 月 31 日；

AP-21-AA-2023-11R1 《型号合格审定程序》，2023 年 12 月 6 日。

程序新版本生效之日起同时废止前一版本，因此适航审查均采用当时的最新版本。现行有效最新版本为 2023 年 12 月 6 日下发的 AP-21-AA-2023-11R1《型号合格审定程序》(以下简称 11 程序)。

该程序适用民用航空产品型号合格证及其更改的申请、受理、审查、颁证和管理。依据 11 程序，型号合格审定项目从申请到颁证，审定过程主要包括五个阶段，各审定阶段的主要内容和关闭条件如表 1-1 所示。

表 1-1　各审定阶段的主要内容和关闭条件

阶　段	一	二	三	四	五
描述	项目受理和启动	要求确定	符合性计划制定	符合性确认	颁证
主要内容	申请，受理，一般熟悉性介绍	首次 TCB* 会议；审查组熟悉性会议	审查审定计划，确定局方审查重点和方式方法	审查组对申请人的符合性表明工作进行验证	最终 TCB 会议

续 表

阶 段	一	二	三	四	五
关闭条件	受理申请；组建 TCB 和审查组	审查组完成技术熟悉工作；初步确定审定基础；相关问题纪要起草	完成审定计划或专项合格审定计划	完成局方验证和确认工作（文件评审、试验目击、审定飞行试验等）	完成型号审查报告；颁发型号合格证

* 型号合格审定委员会(type certification board, TCB)

1.4.1 项目受理和启动(第一阶段)

(1) 申请人根据研制项目发起型号合格证申请，提交申请资料的要求详见11程序第3.2节；

(2) 适航当局收到申请人所提交的申请书后的5个工作日内，完成对申请资料的评审，受理申请，并书面通知申请人；

(3) 申请人可视情向被委托审查单位开展一般熟悉性介绍；

(4) 被委托审查单位组建型号合格审定委员会(TCB)。TCB是相关型号合格审定项目的管理团队，负责监督管理项目审查工作，协调解决审查中的重大问题。TCB由被委托审查单位/地区管理局负责成立。

(5) 被委托审查单位负责组建审查组(type certification team, TCT)。TCT是型号合格审定项目的审查团队，代表局方负责项目具体审查工作，TCT由被委托审查单位/地区管理局负责组建。

1.4.2 要求确定(第二阶段)

(1) 召开首次TCB会议。首次TCB会议的目的是考虑工程设计、飞行试验、制造、维修和运行各方面的要求，对型号审查综合规划工作进行评审。审议审查组成员资格；审议型号合格审定基础；确定当时情况下的问题纪要；判定新颖的或独特的设计特征、新材料或新工艺等。首次TCB会议的主要议题详见11程序第3.7节。

(2) 审查组熟悉性会议。通过熟悉性会议，申请人与审查组对接，按组内分工与申请人讨论审定计划(certification plan, CP)草案，起草相关问题纪要(issue paper, IP)。IP是用来确认和解决型号合格审定过程中发生的有关技术、规章和管理或有争议问题的一种重要手段，也是用来记录问题处理进展情况的手段，并且是证后对问题处理情况进行总结的基础。问题纪要编写要求详见 11 程序的附录 A。

(3) 初步确定审定基础。审定基础明确规定，在型号合格证颁发前，申请人必须尽早确定表明其产品符合性的具体民用航空产品和民用航空规章及其版次。审定基础包括针对该类别航空产品的适用适航标准，以及民用航空规章中的适用航空器噪声、燃油排泄和排气排出物等环境保护要求。双方在对被审定产品或设计更改的设计特性理解一致的基础上，审查组根据申请人的建议，制定审定基础，并与申请人达成一致意见。审定基础确定详见 11 程序第 3.8 节。

民用飞机在向适航当局申请型号合格证时，一定要明确应满足的适航规章。适航规章的确定依据见 CCAR21.17 条。

1.4.3 符合性计划制定(第三阶段)

1) 制定审定计划

审定计划(CP)制定要求详见 11 程序第 3.9.1 节，审定计划内容主要包括：

(1) 项目及预期运行类别的说明；

(2) 建议的审定基础，包括建议的适航规章和环境保护要求，专用条件，等效安全水平结论和豁免；

(3) 如何表明符合性的说明，包括建议的符合性方法(分类详见 11 程序第 3.9.2 节)。符合性方法的说明应足够详细，可以用来确定所有必要数据都将被收集并且符合性可被表明；

(4) 给出该项目型号审定基础中各个条款的符合性检查单，符合性检查单应含有所使用的符合性方法和相应的符合性文件；

(5) 申请人明确指定负责相关条款符合性工作并与审查组对接的人员，除非用其他方式另行指定；

(6) 包括重大里程碑计划的项目进度计划。

根据拟申请项目的复杂程度和需要，CP 可拆分为项目级和系统级或专业/专题级，CP 的专业级数量可由申请人和局方双方共同协商确定。如果申请人和审查组均同意采用专项合格审定计划(project special certification plan, PSCP)方式进行管理，则审查组可根据各专业 CP 草案，与申请人一起编制 PSCP。CP 和 PSCP 均为动态文件，将随着项目的进展而细化完善，CP 清单应列入 PSCP 中。CP 和 PSCP 编制指南详见 11 程序的附录 B。

在型号审查过程中，为了获得所需的证据资料以表明适航条款的符合性，申请人通常需要采用不同的方法，这些方法统称为符合性验证方法(简称符合性方法)。申请人可以根据适航条款的具体要求，选取其中一种或多种组合的方式来满足适航条款的要求。

确定表明适航条款的符合性方法分为 10 种，具体分类详见 11 程序第 3.9.2 节。为了便于编制审定计划和相关文件，每种符合性方法都赋予了相应的代码。符合性方法的代码、名称、使用说明和相关符合性文件如表 1-2 所示。

表 1-2 符合性方法的代码、名称、使用说明和相关符合性文件

<table>
<tr><th>符合性类型</th><th>符合性方法</th><th>使用说明</th><th>相关符合性文件</th></tr>
<tr><td rowspan="4">工程评估</td><td>MC0：符合性说明；
引用型号设计文件；
选择方法、系数等；定义</td><td>通常在符合性记录文件中直接给出。</td><td>型号设计文件；记录的声明</td></tr>
<tr><td>MC1：设计评审</td><td>如技术说明，安装图纸，计算方法，技术方案，航空器飞行手册等。</td><td>说明；图纸</td></tr>
<tr><td>MC2：分析/计算</td><td>如载荷、静强度和疲劳强度，性能，统计数据分析，与以往型号的相似性等。</td><td>分析/计算验证报告</td></tr>
<tr><td>MC3：安全评估</td><td>如功能危害性评估(FHA)、系统安全性分析(SSA)等用于规定安全目标和表明已经达到这些安全目标的文件等。</td><td>安全分析</td></tr>
<tr><td rowspan="4">试验</td><td>MC4：试验室试验</td><td>如静力和疲劳试验，环境试验等。试验可能在零部件、分组件和完整组件上进行。</td><td rowspan="4">试验大纲；试验报告；试验分析</td></tr>
<tr><td>MC5：相关产品上的地面试验</td><td>如旋翼和减速器的耐久性试验，环境等试验等。</td></tr>
<tr><td>MC6：飞行试验</td><td>规章明确要求时，或用其他方法无法完全表明符合性时采用。</td></tr>
<tr><td>MC8：模拟器试验</td><td>如评估潜在危险的失效情况，驾驶舱评估等。</td></tr>
</table>

续　表

符合性类型	符 合 性 方 法	使 用 说 明	相关符合性文件
检查	MC7：工程符合性检查	如系统的隔离检查，维修规定的检查等。	检查报告
设备鉴定	MC9：设备鉴定	设备的鉴定是一种过程，它可能包含上述所有的符合性方法。	

2）确定局方审查重点和方式方法

在验证申请人符合性表明工作时，确定审查组的直接审查范围和深度是审定项目的关键要素。

确定局方审查重点和方式方法具体规定详见 11 程序第 6.1 节。

3）制定制造符合性检查计划

局方制造符合性检查工作是对申请人制造符合性检查工作的确认。作为型号审定过程中的一部分，工程审查代表应当确定审查所需的制造符合性检查的最低水平。在检查过程中，制造符合性检查代表将基于申请人制造符合性检查记录质量、检查结果的对比以及检查工作的重要性和复杂性等因素，确定其检查的深度。详见 11 程序第 3.11 节。

4）完成审定计划或专项合格审定计划

审定计划(CP)或专项合格审定计划(PSCP)所要求的内容明确后，应形成完整的 CP 或 PSCP。审查组应能从 CP 或 PSCP 提供的信息中得出结论，如果该计划被成功执行，其结果将能表明符合性。审查组进行制造符合性请求、批准试验大纲、目击验证试验或进行任何其他审查活动前，应确认相应 CP 或 PSCP 已被批准、签署或是可接受的。这样做的目的是确保审查组与申请人将在对审定资料有相同的基本理解的基础上开展工作。

审定实践表明，CP 或 PSCP 均为动态文件，将随着项目的进展而细化完善，如果在第三阶段还不具备批准条件，为了节省申请人研发和审查周期，经双方讨论协商，审查组一般先认可 CP，前提条件是至少确定了复合材料结构适用的适航条款、符合性方法、符合性验证思路以及符合性文件初步计划等，对于复合材料结构来说，最重要的是确定初步积木式验证规划和验证试验项目。

第三阶段与第四阶段基本是交叉进行的。

1.4.4 符合性确认(第四阶段)

在第四阶段,申请人应按照审查组批准的 CP 或 PSCP 表明对审定基础的符合性。审查组根据确定的直接审查范围和深度开展符合性确认工作,验证设计对相关要求的符合性。

这一阶段是适航验证重要阶段,主要包括 18 个方面的内容:工程验证试验、工程符合性检查、分析、申请人的飞行试验、申请人提交符合性验证资料、申请人的飞行试验数据和报告、申请人提交符合性报告、审查型号资料、审查申请人的飞行试验结果、审定飞行试验风险管理、审定飞行试验前的 TCB 会议、签发型号检查核准书(type inspection authorization, TIA)、审定飞行试验的制造符合性检查、审定飞行试验、运行及维修的评估、审批持续适航文件、功能和可靠性飞行试验、审批《航空器飞行手册》。

下面仅简要介绍工程验证试验、工程符合性检查、分析、申请人提交符合性验证资料、申请人提交符合性报告和审查型号资料等。

第四阶段符合性确认详见 11 程序第 3.13 节“符合性验证和确认”。

1) 工程验证试验

具体内容详见 11 程序第 3.13.1 节“工程验证试验”。

(1) 对于已批准的 CP 或已签署的 PSCP 中确定的验证试验项目,申请人应在验证试验前足够长的时间内,向审查组提交试验大纲,以便工程审查代表能在试验开始前完成试验大纲的审查和批准。

(2) 工程审查代表或得到特殊授权的委任工程代表用型号资料批准表批准试验大纲后,对于已纳入制造符合性检查计划的试验产品和确定进行符合性检查的试验装置,将相应地发出制造符合性检查请求单。

(3) 对于已纳入制造符合性检查计划的试验产品和确定进行符合性检查的试验装置,申请人提交试验产品和试验装置进行验证试验时,应向审查组制造符合性检查代表或委任制造检查代表提交制造符合性声明。

(4) 工程审查代表评估局方制造符合性检查结果对试验的影响,以判断试验产品、试验装置状态是否满足开展验证试验的要求。

(5) 除非审查组同意,试验产品、试验装置从提交制造符合性声明表明符合型号资料至开展验证试验这一段时间内不得进行更改。

(6) 对于目击验证试验,审查代表在目击过程中,要核查试验是否遵循了经批准的试验大纲中所规定的试验步骤,试验仪器在试验中采集的数据对于试验是否有效。

(7) 对于目击验证试验过程中发现的问题，审查代表将以试验观察问题记录单立即通知申请人、负责该项目的审查代表(委托其他代表目击时)、专业/专题组组长(如设有)或审查组组长。

(8) 当负责试验项目的工程审查代表不能目击验证试验时，应填写制造符合性检查请求单，委托其他有资质的工程审查代表或委任工程代表，或请求制造符合性检查代表代替其进行目击验证试验。

(9) 试验结束后，在现场目击的审查代表应在 10 个工作日内写出试验观察报告，简述试验结果和发现的问题，以及申请人的处理措施。

(10) 申请人提交工程验证试验报告给工程审查代表审查批准。

2) 工程符合性检查

具体内容详见 11 程序第 3.13.2 节“工程符合性检查”。

(1) 工程符合性检查。用于确定设计对于规章的符合性，审查产品上的安装及其与其他安装之间的关系。

(2) 具体的检查类型。进行工程符合性检查之前，必须确认被检查的对象符合其型号设计。

a. 客舱内部检查。航空器内部的工程符合性检查一般要比其他工程符合性检查更复杂。工程审查代表须非常熟悉当前有效的规章和政策，在进行舱内符合性检查过程中，根据检查结果做出正确的判断。

b. 操纵系统检查。进行操纵系统的工程符合性检查，以确认操纵的灵活性、操纵元器件的强度、干涉检查或操纵系统元件联接处的偏转情况。

c. 防火检查。易燃流体对防火要求的符合性需要用检查来确保易燃流体输送管道与点火源保持了合适的分离和隔离。

d. 系统管线敷设检查。液压和电气系统的管线敷设需要用检查来确保管路和线路得到了适当的支撑固定和隔离。

3) 分析

具体内容详见 11 程序第 3.13.3 节“分析”。

工程分析是生成符合性验证数据或资料活动中的一个重要组成部分，包含分析手段涉及的所有方面，如教科书里的公式、计算机的运算法则、计算机建模/模拟，或结构化的评估。

4) 申请人提交符合性验证资料

具体内容详见 11 程序第 3.13.5 节“申请人提交符合性验证资料”。

符合性验证资料是从中国民用航空局公开出版物、工程验证试验、分析、工程符合性检查、相似性比较、软件设计保证等方面所收集到的、用来证明符合性结论(或声明)的数据资料(含计算分析结果、试验结果、检查记录),以及其他任何被审查代表认为可接受的用于证明符合性结论的数据资料,如局方认可的工业标准等。

5) 申请人提交符合性报告

具体内容详见 11 程序第 3.13.7 节“申请人提交符合性报告”。

符合性报告是申请人证明其型号设计对审定基础符合性的一种途径(也就是表明符合性)。充分的符合性报告是让审查代表信任其符合性声明的有力证据。

在制定 CP 或 PSCP 时,申请人应与审查组就应编写的符合性报告达成一致意见,并列入 CP 或 PSCP 和符合性检查清单中。

6) 审查型号资料

具体内容详见 11 程序第 3.13.8 节“审查型号资料”。

审查代表根据审定基础和经批准的 CP 或签署的 PSCP,对申请人提交的型号设计资料和符合性验证资料进行工程审查。重点审查型号设计是否存在不安全因素,设计特性是否能得到充分的检查和试验。

1.4.5 颁证(第五阶段)

1) 最终 TCB 会议

具体内容详见 11 程序第 3.15 节“最终 TCB 会议”。

根据审查组的请求,确认申请人已经表明了对审定基础中的所有条款的符合性以后,TCB 可以召开最终会议。最终 TCB 会议在审查组审查结论的基础上,做出是否颁发型号合格证的建议。

2) 型号合格证的颁发

具体内容详见 11 程序第 3.16 节“型号合格证的颁发”。

审查工作结束后,对于民航局受理项目,被委托审查单位将向民航局适航审定管理部门提交建议报告,并附上审查组的审查报告。对于同意颁证的,将向申请人颁发相关型号合格证;对于决定不颁发型号合格证的项目,将书面通知申请人并说明理由。每个型号合格证包括型号设计、使用限制、型号合格证数据(TCDS)、局方审查确认已符合的适用的规章,以及针对该产品规定的任何其他条件或限制。

3) 完成型号合格审定总结报告

具体内容详见 11 程序第 3.17 节“完成型号合格审定总结报告”。

型号合格审定总结报告是对整个型号合格审定工作的总结,其内容应当体现出项目的复杂程度和重要性,包括对重大问题及其解决情况的综述说明。该报告作为保存从审定项目中所获取经验和教训的工具,供将来同样或类似型号设计合格审定项目借鉴。

4) 完成型号检查报告

具体内容详见 11 程序第 3.18 节“完成型号检查报告”。

型号检查报告(TIR)包括两部分:第Ⅰ部分——地面检查,第Ⅱ部分——飞行试验。第Ⅰ部分“地面检查”由制造符合性检查代表填写。第Ⅱ部分由飞行试验方面的审查代表、其他专业审查代表或委任工程代表编写。

第 2 章
通航飞机复合材料结构适航符合性

本章将简要介绍通航飞机复合材料结构适航符合性、适航规章、复合材料结构特点、适航符合性验证内容和验证流程，重点梳理和解析通航飞机复合材料结构适用规章中关于材料和制造工艺、结构静强度、疲劳和损伤容限、颤振、持续适航、适坠性、防火、阻燃和受热、雷电防护等条款。

本章内容和信息主要针对通航飞机复合材料结构适航符合性进行编排。可供复合材料航空器结构合格审定申请人、审定/批准责任人、部件制造商、材料供应商、维护和修理机构等单位的技术人员参考使用。本章给出的适航符合性方法选取建议以及通航飞机复合材料结构适航适用技术指南，仅限用作指导性材料。

2.1　通航飞机适航规章

通用航空（简称通航）是指使用民用航空器从事公共航空运输以外的民用航空活动，包括从事工业、农业、林业、渔业和建筑业的作业飞行，以及医疗卫生、抢险救灾、气象探测、海洋监测、科学实验、教育训练、文化体育等方面的飞行活动。

适航即航空器、发动机、螺旋桨或部件符合其经批准的设计并处于安全运行状态的状况。当航空器的类别、重量、可载人员的数量、使用环境等不同时，其审定基础（应符合的适航规章）也有所不同。我国常用的航空器适航规章主要包括 CCAR-23、CCAR-25、CCAR-27 和 CCAR-29 部等。适用于通航小飞机的主要适航规章为 CCAR-23 和 CCAR-27 部。

2.1.1　通航飞机取证情况

截至 2024 年 12 月 31 日，国内取得 CCAR-23 部型号合格证且包括复合材料结构的型号如表 2 - 1 所示。

表 2 - 1　国内取得 CCAR-23 部型号合格证且包括复合材料结构的型号

型　号	颁 证 时 间	审定基础-适航要求
Y12F	CAAC,2015 - 12 - 10； FAA,2016 - 2 - 22； EASA,2023 - 7 - 13	CCAR-23-R3《正常类、实用类、特技类和通勤类飞机适航规定》
CA42	2021 - 09 - 03	CCAR-23-R3《正常类、实用类、特技类和通勤类飞机适航规定》
AG100	2023 - 11 - 10	CCAR-23-R3《正常类、实用类、特技类和通勤类飞机适航规定》； CCAR-23-R4《正常类飞机适航规定》： 第 23.2515 条　电子和电气系统闪电防护， 第 23.2520 条　高强辐射场(HIRF)防护
RX4E	2024 - 12 - 29	CCAR-23-R3《正常类、实用类、特技类和通勤类飞机适航规定》； CCAR-23 - R4《正常类飞机适航规定》中第 23.2320 条、第 23.2515 条、第 23.2520 条、第 23.2700 条、第 23.2705 条和第 23.2710 条

2.1.2　通航飞机适航标准

表 2 - 1 中取证型号的审定基础除个别内容采用了 CCAR-23-R4 版本的相关条款外，主要审定基础是 CCAR-23-R3。

相关知识

CCAR-23 部颁布及修订历史

1986 年 12 月 31 日，CCAR-23-R0《正常类、实用类、特技类飞机适航标准》发布实施；

1990 年 7 月 18 日，CCAR-23-R1《正常类、实用类、特技类和通勤类飞机适航标准》第一次修订；

1993 年 12 月 23 日，CCAR-23-R2《正常类、实用类、特技类和通勤类飞机适航标准》第二次修订；

2004 年 10 月 12 日，CCAR-23-R3《正常类、实用类、特技类和通勤类飞机适航规定》第三次修订；

2022 年 8 月 1 日，CCAR-23-R4《正常类飞机适航规定》第四次修订生效。（主要参考 2017 年 8 月 30 日生效的 FAR23 第 64 修正案）。

CCAR-23-R4《正常类飞机适航规定》于 2022 年 8 月 1 日生效后，为指导和规范正常类飞机型号合格审定工作，适航司制定了咨询通告 AC-23-AA-2022-01《正常类飞机审定》，提供了 CCAR-23-R4 可接受的符合性方法。其中 6.2 节“以 CCAR-23-R3 为基础的可接受的符合性方法”中已经明确：“除新增或修订外，CCAR-23-R4 其余方面的安全性要求基本与 CCAR-23-R3 保持一致。”

因此，在实际型号审查工作中，可以 CCAR-23-R3 为基础，制定 CCAR-23-R4 的符合性方法。对于 CCAR-23-R4 中安全性水平与 CCAR-23-R3 一致的条款，可以使用 CCAR-23-R4 的对应条款作为符合性方法。同时，当采用 CCAR-23-R3 作为符合性方法进行符合性验证时，适航审定部门已经接受的咨询通告和工业标准，仍然可以作为符合性验证工作的指导材料。

由于 CCAR-23-R4 对复合材料结构方面的安全性要求基本与 CCAR-23-R3 保持一致。因此，咨询通告 AC 20-107B 仍然可以作为符合性验证工作的指导材料。

相关知识

咨询通告 AC 20-107B《复合材料飞机结构》

该咨询通告是制定民用航空器复合材料结构适航符合性方法的主要依据，也是 FAA-JAA 联合小组编写的第一个咨询通告。该咨询通告于 1978 年 7 月 10 日颁布了 AC 20-107 版，1984 年 4 月 25 日颁布了 AC 20-107A 版，2009 年 9 月 8 日颁布了 AC 20-107B 版，2010 年 8 月 24 日发布了 AC 20-107B 修订版。AC 20-107B 修订版为现行有效的最新版本。

AC 20-107B 是一份针对复合材料飞机结构的咨询通告。该通告中包括纤维增强复合材料（例如碳纤维和玻璃纤维增强复合材料）飞机结构的适航验证要求，提出了符合联邦法典 14 卷（14 CFR）航空规章第 23，25，27 和 29 部各规章可接受但非唯一的方法。该通告还介绍了与设计、制造和维护方面密切相关的指导性材料。通告中包含的信息，就其性质而言，是指导性而不是指令性的，也不是规章性的。通告附录 1 中给出了该咨询通告覆盖的项目相对应的适用规章列表。多数情况下这些规章均适用，而与飞机结构所用的材料类型无关。

咨询通告 AC 20-107B 中相关章节对应第 64 修正案之前的 FAR-23 部(CCAR-23-R3)的相关条款。考虑 CCAR-23-R3 与 CCAR-23-R4 条款的对应关系后,咨询通告 AC 20-107B 中的相关章节与 CCAR-23-R3 和 CCAR-23-R4 中相关条款的对应关系汇总如表 2-2 所示。

表 2-2　规章条款对应关系

<table>
<tr><th>咨询通告中的章节</th><th>AC 20-107B 中 FAR-23 (Amendment 64 之前)</th><th>CCAR-23-R3</th><th>CCAR-23-R4</th></tr>
<tr><td rowspan="5">6. 材料和制造研究</td><td>603</td><td>603</td><td>2250,2260</td></tr>
<tr><td>605</td><td>605</td><td>2260</td></tr>
<tr><td>609</td><td>609</td><td>2255</td></tr>
<tr><td>613</td><td>613</td><td>2260</td></tr>
<tr><td>619</td><td>619</td><td>2265</td></tr>
<tr><td rowspan="2">7. 结构验证-静强度</td><td>305</td><td>305</td><td>2235</td></tr>
<tr><td>307</td><td>307</td><td>2235</td></tr>
<tr><td>8. 结构验证-疲劳和损伤容限</td><td>573</td><td>573</td><td>2240</td></tr>
<tr><td>9. 结构验证-颤振</td><td>629</td><td>629</td><td>2245</td></tr>
<tr><td>10. 持续适航</td><td>1529 附录 G</td><td>1529 附录 G</td><td>2625 附录 A</td></tr>
<tr><td>11. 其他事项</td><td></td><td></td><td></td></tr>
<tr><td rowspan="7">a. 适坠性</td><td>561</td><td>561</td><td>2270</td></tr>
<tr><td>562</td><td>562</td><td>2270</td></tr>
<tr><td>601</td><td>601</td><td>2250</td></tr>
<tr><td>721</td><td>721</td><td>2305,2430</td></tr>
<tr><td rowspan="3">783</td><td>783(b)(c)(1)/(e)</td><td>2250</td></tr>
<tr><td>783(a)(b)/(c)(2)至(6)/(d)(f)(g)</td><td>2315</td></tr>
<tr><td>783(e)(3)</td><td>2605</td></tr>
</table>

续 表

咨询通告中的章节	AC 20-107B 中 FAR-23 (Amendment 64 之前)	CCAR-23-R3	CCAR-23-R4
a. 适坠性	785	785	2265,2270
	787	787	2270,2315
	807	807(d)(2)	2250
		807(a)(b)(c)(d)(1)(3)(4)/(e)	2315
	965	965	2430
	967	967(a)(b)	2400
		967(a)(c)(d)(e)	2430
b. 防火、阻燃和受热问题	609	609	2255
	787	787	2270,2315
	863	863	2325
	865	865	2330
	867	867	2335
	954	954	2430
	1121	1121	2400,2435
	1182	1182	2440
	1183	1183	2440
	1189	1189	2440
	1191	1191	2440
	1193	1193	2400,2440
	1359	1359(a)(c)	2325
		1359(a)(b)	2330
	1365	1365(b)	2325,2330
		1365	2505

续　表

咨询通告中的章节	AC 20-107B 中 FAR-23 (Amendment 64 之前)	CCAR-23-R3	CCAR-23-R4
c. 雷电防护	867	867	2335
	954	954	2430
	1309	1309(a)(1)(2)	2500
		1309(c)	2510
		1309(d)	2605

2.2　通航飞机复合材料结构

2.2.1　复合材料定义及特点

先进复合材料一般指由两种或两种以上不同性质的材料，通过物理或化学的方法，在宏观(微观)上组成具有新性能的材料。复合材料是一种混合物，组成该混合物的各种材料在性能上互相取长补短，产生协同效应，使复合材料的综合性能优于原组成材料而满足各种不同的要求，并在很多领域都发挥出很大作用，从而代替了很多传统材料。

复合材料通常由基体和增强相组成。如果按基体分类，可分为金属基和非金属基两大类。常用的金属基体有铝、镁、铜、钛及其合金。非金属基体主要有合成树脂、橡胶、陶瓷、石墨、碳等。增强材料主要有玻璃纤维、碳纤维、硼纤维、芳纶纤维、碳化硅纤维、石棉纤维、晶须、金属丝和硬质细粒等。如果按组成分类，可分为金属与金属复合材料、非金属与金属复合材料和非金属与非金属复合材料三大类。如果按结构特点分类，又可分为纤维增强复合材料、夹层复合材料和混杂复合材料三大类。

纤维增强复合材料是将各种纤维增强体置于基体材料内复合而成的，如纤维增强塑料、纤维增强金属等。夹层复合材料由性质不同的表面材料和芯材组合而成。通常面材强度高且薄，芯材虽然质轻强度低，但具有一定刚度和厚度，主要有泡沫实心夹层和蜂窝夹层两种。混杂复合材料则是由两种或两种以上增强相材料混杂于一种基体相材料中构成。混杂复合材料与普通单增强相复合材料相比，其抗冲击强度、抗疲劳强度和抗断裂韧性有显著提高，并具有特殊的热膨胀性能。混杂复合材料分为层内混杂、层间混杂、夹芯混杂、层内/层间混杂和超混杂复合材料。

复合材料具有比强度和比模量高，抗疲劳、耐环境特性好、可设计性强，便于大面积整体成型等优势。其主要特点如下：

(1) 比模量和比强度高。复合材料的突出优点是比模量和比强度高，如碳纤维增强树脂基复合材料的比模量比钢和铝合金高 5 倍，比强度比钢和铝合金也高 3 倍以上。

(2) 耐疲劳性能好。纤维增强树脂基复合材料结构在较低的应力水平下对缺口和应力集中的敏感性小，纤维与基体之间的界面还可以使裂纹尖端变钝或改变裂纹扩展方向，从而阻止裂纹迅速扩展，提高疲劳强度。如碳纤维不饱和聚酯树脂复合材料的疲劳极限可达其拉伸强度的 70%～80%，而金属材料的疲劳极限只有其拉伸强度的 40%～50%。

(3) 抗断裂能力强。纤维增强树脂基复合材料中散布着大量独立存在的纤维，一般每平方厘米内有几千到几万根，并由具有韧性的基体把它们结合成整体。当由于超载或其他原因，致使纤维复合材料构件少数纤维发生断裂时，载荷就会重新分配到其他未断裂的纤维上，使构件不至于在短时间内发生突然破坏。这使得复合材料结构具有较高的抗断裂韧性。

(4) 减振性能好。结构的自振频率与结构本身的质量和形状有关，并与材料比模量的平方根成正比。由于复合材料的比刚度高，因此，复合材料结构的自振频率也有所提高。这一特点使得复合材料结构可以避开较易发生共振的低频区域，从而不容易因为发生共振而引起早期破坏。

(5) 高温性能好，抗变形能力强。由于纤维材料在高温下仍能保持较高的强度，所以纤维增强复合材料，如碳纤维增强树脂基复合材料的耐热性能就比树脂基体有明显提高。金属基复合材料在耐热性方面更显示出其巨大的优越性，如铝合金的强度随温度的增加下降很快，而用石英玻璃增强铝基复合材料后，在 500℃下仍能保持室温强度的 40%。碳化硅纤维、氧化铝纤维与陶瓷复合后，在空气中能耐 1 200～1 400℃的高温，这比所有超高温合金的耐热性还要高出 100℃以上。

(6) 耐腐蚀性好。具有耐酸碱腐蚀性能的复合材料有很多种，如玻璃纤维增强酚醛树脂复合材料，在含氧离子酸性介质中能长期使用，可用来制造耐强酸、盐、酯和某些溶剂的化工管道、泵、阀、容器和搅拌器等设备。

(7) 较优良的减摩性、耐磨性、自润滑性和耐蚀性。

(8) 便于大面积整体成型。由于复合材料构件制造表现出良好的工艺性能，适合整体成型，所以在制造复合材料的同时也就获得了制件，从而减少了零件、紧固件和接头的数目，并可节省原材料和工时。

2.2.2 常用复合材料名词解释

为方便阅读，本节提供下列部分复合材料名词的基本定义，仅供参考。更完整的名词解释可参见 CMH-17G 和其他资料。

(1) A 基值。至少全部数值的 99%落在该值之上，且置信度为 95%。

(2) B 基值。至少全部数值的 90%落在该值之上，且置信度为 95%。

(3) 许用值。采用统计方法，由单层级或层压板级试验数据统计确定的性能值，是材料本身固有的性能。基于试验数据和统计方法得到的 A 基值和 B 基值，可用于特定的复合材料结构设计。

(4) 应变水平。根据结构分析中考虑的临界载荷情况，在结构上施加主要载荷或载荷组合(例如拉伸、弯曲、弯曲-拉伸等)后，部件或零件主轴上产生的总应变状态。

(5) 固化。通过化学反应不可逆转地改变热固性树脂性能的行为。固化可通过添加固化(交联)剂、使用(或不使用)催化剂和加热(或不加热)来完成。

(6) 胶接。用胶作为黏结剂(或不用胶)，把一个结构的表面粘着到另一个结构表面上。

(7) 二次胶接。两个或更多个已固化的复合材料零件，通过黏结剂胶接在一起的行为。这一过程中发生的唯一化学反应或热反应是黏结剂本身的固化。

(8) 共胶接。将一个已固化复合材料零件与一个未固化复合材料零件通过未固化零件树脂的固化而连接在一起。

(9) 共固化。在单个步骤中固化几种不同材料的方法。实例包括多种可相容的树脂系统预浸料采用同一固化周期固化，以生成混合复合材料结构，或者可相容的复合材料和结构黏结剂采用同一固化周期固化，以生成夹层结构或具有整体模压接头的蒙皮。

(10) 预浸料批次。由 1 至 2 批次纤维(或 1 批次织物)和 1 批次树脂在同一设备上，采用同一工艺连续生产(中断不得超过 72 小时，中断期间没有生产过其他的预浸料)的单向/织物预浸料。

(11) 验收试验。对特定批次的材料，通过试验和/或检验确定其是否满足适用的采购规范要求的过程，也称为来料检验或质量一致性检验。

(12) 材料鉴定。用一系列规定的试验来评估按过程控制文件(PCD)生产的材料，并建立其特征值的过程。与此同时，将评估结果与原有的材料规范要求进行比较，或建立新的材料规范要求。

(13) 材料等同性。判别两种材料或工艺的特性与性能是否足够相似，从而在使用时可以不必区分，并无须进行附加的与结构相关的试验评估。

(14) 减量取样。一般指采用至少 3 批次预浸料的试样采样技术来制造试验件和进行试验，并采用统计方法获得 B 基准值的取样方法。

(15) 充分取样。一般指采用至少 5 批次预浸料的试样采样技术来制造试验件和进行试验，并采用统计方法获得 A 基准值的取样方法。

(16) 点设计。对于验证时，认为一般不适用于其他结构的单个元件或者细节的特殊设计(例如耳片和主接头)。这样的元件和细节件可以通过试验或者试验与分析结合的方式来验证。

(17) 试样。用于评定单层板和层压板性能及一般结构基本特征时所使用的小尺寸试验件，如通常使用的层压板条和胶接或机械连接的板条接头。

(18) 元件。复杂结构件中的典型承力单元，如蒙皮、桁条、剪切板、夹层板和各种连接形式的接头或连接带板等。

(19) 典型结构件。具有典型结构细节特征的较复杂结构件，如特殊设计的复杂连接件、典型连接接头、连接带板、长桁及其组合件和较大的检查口等。

(20) 组合件。能够完全代表整体结构全部特征的较大的三维结构，如加强翼肋、加强框、机翼或机身壁板、盒段、框段和舱段等。

(21) 部段。具有独立功能的飞机结构部分(机翼、机身、垂尾、水平安定面等)和能从飞机上整体分离的结构部分(如有设计分离面的外翼、前机身、后机身等)。

(22) 损伤。因制造(加工、制造、装配或转运)或使用而导致的结构异常的通用术语。修理、紧固件安装或外来物冲击都是损伤的潜在来源，并伴随着疲劳和环境影响。

(23) 意外损伤。在使用或制造过程中由于冲击或碰撞产生的离散损伤，例如凹坑、划痕、凹沟、磨损、脱胶、开裂和分层。

(24) 损伤容限。产品的结构强度属性。一般指结构在受到意外或离散源损伤后一个使用期限内，不进行修理，仍能在使用环境下继续承受给定水平的循环载荷，并保持设计所要求的剩余强度的能力。

(25) 破损安全。当结构主元件全部或部分破坏后，在一段不修理使用期内，结构保持其剩余强度要求的能力。

(26) 内在的或离散的制造缺陷。与制造过程、工艺或装配相关的内在的或分散的瑕疵或缺陷，例如不连续、孔隙、夹杂、纤维错位、脱胶和分层等。

(27) 孔隙率。将空气、气泡或空隙密封在固体材料内的一种状态，通常用单位量材料总的非固体容积与总容积(固体＋非固体)的百分比来表示。

(28) 分层。层压板内材料铺层间的分离。

(29) 脱胶。胶接表面因胶质脱落或黏合剂失效而导致的胶接结合部位分离现象。脱胶可能发生在固化或黏接区固化后的使用期限的任何时间内，并可能由多种原因引起。

(30) 疲劳或环境损伤。因为疲劳或环境影响产生的结构损伤(例如分层、脱胶、破裂等)。

(31) 限制载荷。使用中可能遇到的最大载荷。

(32) 极限载荷。限制载荷乘以安全系数后的载荷。

(33) 剩余强度。由于疲劳、意外损伤或者离散源损伤导致的失效或者部分失效后，在不维修状况下使用时保留的强度。

(34) 纤维。单一的均匀材料段，在宏观性能意义上基本是一维的，由于其具有高轴向强度和弹性模量，在先进复合材料中被用作主要成分。

(35) 混杂纤维。纤维类型(例如石墨和玻璃)的混合物。

(36) 纤维体积。复合材料中含有纤维的体积。通常表示为复合材料的体积部分或重量部分的百分比。

(37) 纬纱。纤维织物中的 90°纱线，又叫纬线。

(38) 经纱。沿纤维长度方向延伸的纤维线(0°方向)并且与纬线(90°纤维)交叉。

(39) 基体。通常为各向同性的均匀材料，如树脂，而复合材料纤维或长丝固化在树脂内。大多数航空器结构中使用的树脂是热固性聚合物。

(40) 材料系统。选择的单一组成部分(例如纤维和树脂等)的组合。

(41) 材料系统组成部分。选择材料系统的单一组成部分(成分)，例如纤维和树脂等。

(42) 浸渍。通过以下工艺：热融、溶解涂层或手工敷层，将树脂粘在纤维或纤维织物上的应用。

(43) 预浸料(预先浸渍物)。用树脂预先浸渍过的纤维、织物、纤维丝带或粗纱的组合物，用于最终产品的制造。预浸料有黏性且易于手工铺叠。

(44) 树脂含量。复合材料中的基体含量，以重量百分比或容积百分比表示。

(45) 单向带。形成方向一致的预浸料的热熔融预浸纤维。

(46) 单层。层压板内单一的铺层或薄层，其所有的纤维都具有相同的纤维方向。

(47) 层压板。将两层(或更多层)的一种复合材料(或多种复合材料)层板或薄层粘在一起的产品。

(48) 对称层压板。铺层方向相对层压板中间层对称的复合材料层压板。

(49) 均衡层压板。一种其内部所有的铺层都正负成对(不必相邻)存在，并以大于0°的角度铺叠的复合材料层压板。

(50) 储存期限。材料、物质、产品或试剂在规定的环境条件下继续满足所有适用的技术条件要求和/或保持适合其预定功能的最长储存时间。

(51) 使用期限。化合物在混合了催化剂、溶剂或其他混合成分后，仍能保持适合其预定用途的时间。

(52) 热固性塑料(或化学热固塑料)。因为经历了化学变化，一旦使其凝固或注模成形后就不能再凝固或再注模的塑料(通过加热或其他方法固化后不能充分熔化和溶解)。

(53) 实验室标准环境。指实验室环境温度在(23±3)℃，相对湿度在(50±10)%。

(54) 工程干态。将试样在(71±3)℃条件下干燥120～130小时，然后储存在干燥器中，直至力学性能试验时的试样状态。

(55) 玻璃化转变。在非晶体聚合物或局部结晶聚合物的非晶体区域内，从黏性或似橡胶状态到坚硬且相对易碎状态(或从坚硬且相对易碎状态到黏性或似橡胶状态)的可逆变化。

(56) 玻璃化温度。温度范围内的近似中点，玻璃化转变发生在该点之上。

(57) 环境。使用中预期的并且可能会影响结构的外部非偶然性的(不含机械载荷)独立条件或者复合条件(例如温度、湿度、紫外线和燃油等)。

(58) 最高结构温度。在任何临界载荷情况出现时，由于使用参数，如伴随发生的热熔融、温度和空气流动，而引起的零件、面板或结构元件的温度(每个临界载荷情况都有相关的最高结构温度)。

(59) 热压罐。一种通常具备真空、压力和温度可变条件的密封设备，用于材料的粘接、压缩或固化。

2.2.3　通航飞机复合材料结构特点

为了提高通航飞机运载能力，必须最大限度地减轻飞机的结构重量，提高单位重量下的承载能力。因此，无论国外还是国内通航企业，大多通过在通航飞机结构上大量应用先进复合材料来实现。欧美等通航发达国家的成功经验已经证明，大量应用先进复合材料是实现上述目标最为重要和有效的途径。

先进复合材料是 20 世纪 60 年代中期崛起的一种新型材料，一经问世就显示出强大的生命力。目前，先进复合材料在航空航天结构上已获得广泛应用，已经成为航空航天四大结构材料之一。随着时间推移，复合材料在飞机结构中的使用范围还将不断扩大，相应的复合材料技术也在快速发展，并正在引发飞机设计、制造直至运营整个产业链的重大技术变革，这一变革也正在推动航空产业的快速发展。

目前，国内已有多个通航飞机型号按照 CCAR-23 部进行研制并取得了型号合格证，还有的正在进行适航审查。这些已取证和在审的飞机型号在结构上均大量采用了先进复合材料，有些甚至采用了全复合材料结构。

但是，与金属材料完全不同的是，复合材料在被用于飞机结构制造后，无论由哪家制造商采取何种制造工艺完成零件制造过程，最后得到的飞机结构中的材料性能都已经发生了巨大变化，都已经不再是最初的复合材料“原材料”的性能了，因为最终的飞机结构中的材料性能已经不可避免地融入了各种设计因素(如铺层参数等)变化、不同批次材料性能变化、制造商工艺水平控制和批次稳定性差异及不同制造工艺方法差异等众多因素所带来的“变异性”和“分散性”。

复合材料的这些“变异性”和“分散性”远高于金属材料。与此同时，为了描述不同飞机零件和结构在不同的极端情况下的破坏模式，飞机设计师们所需要的设计许用值更是因为设计参数的千差万别而各不相同。这就是为什么先进复合材料用于通航飞机结构时必须在原材料、单层板、层压板结构三个层次上进行大量性能测试的根本原因，因为这三个层次的复合材料性能数据在任何一个通航飞机型号研制和使用的整个生命周期中都会被用到，并且互相独立存在，无法相互替代且缺一不可。

相比金属飞机结构，复合材料结构在制造和验证中还遇到了完全不同的技术问题。众所周知，飞机复合材料结构制造的最终目标就是要求飞机零部件制造商所生产的复合材料零部件满足结构设计要求，这一要求在制造符合性检查和生产质量控制等方面都会产生大量技术问题。如：如何解决复合材料零部件在多批次重复制造中的质量一致性问题，如何在设计和制造过程中控制结构的粘接质量等问题。由于这些问题直接关系到飞机结构的设计性能甚至安全性，所采用的制造工艺方法和选定的复合材料制造工艺直接影响到材料和结构的最终性能，因此，所有关于这些不确定性的确认和验证一般都需要通过“积木式”验证来解决。

此外，通航飞机复合材料结构还在具体的复合材料选材和制造方法等方面对成本非常敏感，甚至在可以基本满足型号设计要求的前提下，低成本控制可能成为首要考虑因素。因此，通航飞机在选材和确定相关制造工艺时，往往会重点考虑成本较低的材料和制造工艺。比如：选用玻璃纤维而不是碳纤维，选用中温固化材料而不是高温固化材料，选用固化炉成型而不是热压罐成型，尽可能选用整体化成型结构形式和干布浸胶湿法手糊成型工艺，少用或不用预浸料、固化炉或热压罐成型等。在装配形式上，大多选择胶接连接(包括二次胶接)，极少选择机械连接。

这里还需要特别说明：飞机复合材料结构的力学性能不仅与设计和制造密切相关，还与服役损伤威胁和环境暴露密切相关。由于复合材料结构对高应力集中和面外载荷非常敏感，因此，在飞机复合材料结构设计中，需要对高应力集中区的结构细节设计、制造缺陷/冲击损伤对设计值的影响、湿热环境影响等问题予以特殊考虑。这些问题通常会降低复合材料结构设计许用值。另外还需要特别说明的是，大多数复合材料结构的力学性能在厚度方向上明显偏低。虽然厚度方向通常不是飞机结构主要载荷的传递路径，但由于复合材料结构具有拉弯、弯扭耦合效应，局部的结构铺层设计如果不对称，或者组合结构的面外方向有受载情况，也可能会对复合材料结构分层萌生和扩展带来较大影响。因此，飞机型号申请人为了向局方表明上述类似问题都已经得到充分考虑，制造出来的复合材料结构满足设计和适航符合性要求，通常需要进行全尺寸复合材料结构验证试验。

2.3 通航飞机复合材料结构适航要求

2.3.1 适航符合性基本要求

1) 初始适航阶段

通航飞机复合材料结构的设计、制造、试验验证及修理必须在初始适航阶段一体化通盘考虑和规划，必须严格按照飞机结构完整性要求，对照所有适航条款，在设计、制造和验证过程中，考虑所有要素并且按阶段完成所有工作。由于民机复合材料结构设计、制造和验证中的各项工作完成情况和细节质量控制情况与产品最终的可靠性和飞机安全性密不可分，因此，所有在设计、制造和使用环境下可能涉及的载荷工况、制造缺陷、环境暴露、服役损伤等要素都必须在结构验证中予以考虑并通过验证。除此之外，还需要前置考虑并安排在后期使用过程中对飞机执行检查和维修程序时应该考虑和安排的验证，以支持产品的持续生产和服务。某些复合材料结构的验证还需要包括易燃性和雷击防护等。

复合材料结构验证通常包括从试样到结构细节件再到全尺寸结构件不同尺寸级别的试验和分析，一般称为“积木式”试验验证方法。该方法不是复合材料独有的，它依赖于在较低层级的重复试验来获得材料和工艺变异性，以及大尺寸结构试验来验证载荷传递路径和结构设计概念。根据产品性能指标（如减重）和具体的设计与制造细节要求，用于特定结构“积木式”验证所进行分析和试验的试验件数量可能会有一定差异。然而，结构试验通常是用于支持静强度和损伤容限分析方法的最有效手段，特别是在用于确认新的复合材料结构设计和/或工艺时显得尤为必要。实际上，设计和制造细节试验在证明防雷击和防火方面也是至关重要的。

除上述基本要求外，通航飞机复合材料结构设计还应注意以下问题：

(1) 尽可能避免使用完全胶接结构。由于胶接结构的损伤容限认证难度较大，而通航小飞机复合材料结构又多采用胶接连接，因此，必须保证所有胶接结构的无损检测完全可达，如图 2－1 所示。如果采用胶铆/胶螺混合连接，为了表明紧固件与结构之间完全脱粘后的承载能力，必须进行极限载荷试验验证。

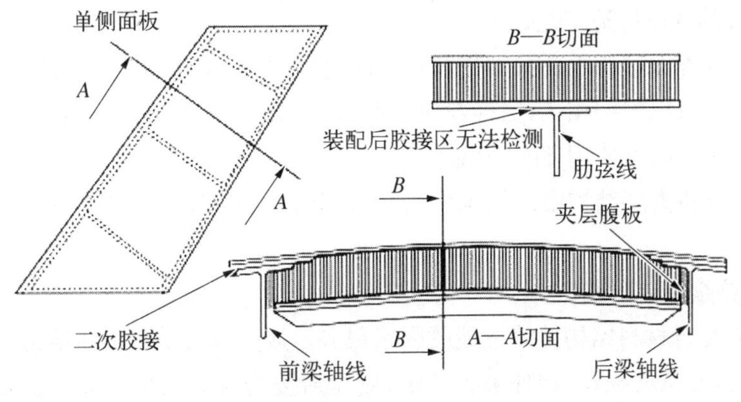

图 2－1　设计示例 1

(2) 防止金属/复合材料接触面可能存在电偶腐蚀风险，如图 2-2 所示。

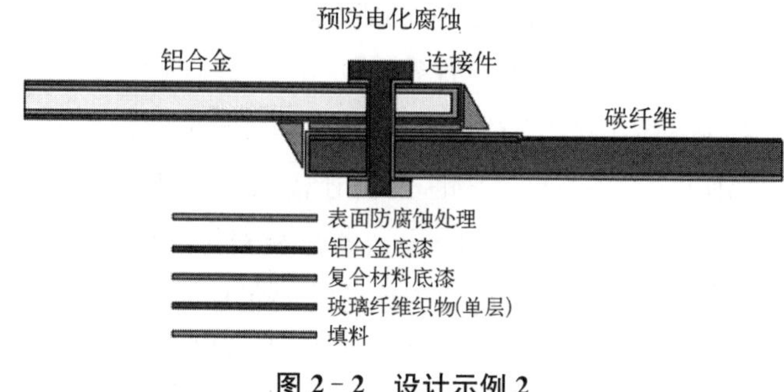

图 2-2 设计示例 2

(3) 制造工艺选取应保证层压板表面和胶接区域的压力均匀性。

(4) 要避免薄壁夹层结构在长期使用时可能出现的透水问题。

(5) 不在型号认证中直接引入没有经过初步探索性研发的创新概念。

由于目前的无损检测技术水平还只能检测到明显的脱粘情况，无法检测出结构实际粘接质量的差异性。因此，只能通过严格的质量保证程序和对制造过程随炉件的监控来获得令人满意的初始质量水平。尽管如此，结构黏接面的在役退化现象仍然无法准确预测和及时发现。

对于具有单一传力路径的主结构，如果采用共固化制造工艺，原则上可以接受，但不推荐。如果采用胶接(包括二次胶接)与机械连接的混合连接方式，当黏接面脱粘可能发生在两排相邻的紧固件之间时，则紧固件的连接强度需要保证脱粘后的连接区能够承受全部极限载荷。

夹层结构的吸湿敏感性较强，预防吸湿设计还应注意以下几个问题：

(1) 尽可能避免采用共固化制造工艺，建议使用先预固化层压面板再进行板芯粘接的两段制造工艺；

(2) 推荐通过在表面共固化胶膜来改善预固化层压面板的紧致度；

(3) 与机织织物相比，更推荐使用单向带，至少对于非贴膜面；

(4) 必要时可使用 Tedlar 薄膜；

(5) 可将夹层结构浸入热水中进行密封性测试，以验证粘接过程的质量控制情况。

2) 持续适航阶段

影响复合材料结构持续适航的因素很多。疲劳裂纹是对金属结构完整性的主要威胁，而意外损伤(如外来物冲击)则是对复合材料结构的关键威胁。制造工艺或维修程序中的错误也需要考虑。如由表面污染引起的弱胶接可能无法通过检验方法检测出来。因此，需要其他质量控制程序介入并采取冗余设计，以确保胶接结构的持续适航性。

对于按照强度、刚度、颤振和损伤容限设计的复合材料结构，必须考虑可能发生的不同程度的材料性能退化和损伤对结构带来的影响，这项工作需要从复合材料的力学性能受环境影响和流体相容性的评估开始就予以充分考虑。例如，以基体性能为主控制的复合材料性能(如压缩强度)就对长期吸湿和高温更加敏感。静强度和耐久性验证试验中已经考虑了生产或维护检查中采用规定的检测方法可能检测不到的较小损伤，而损伤容限验证试验则需要考虑出现较大损伤的情况，以及需要对修理后的剩余强度和寿命进行验证。除满足静强度和耐久性、损伤容限要求外，还需要进行充分、大量的数据积累和数据库建设，以便为批生产中发现的制造缺陷和交付运营后出现的损伤修理和适航评估提供及时的技术支持。

3) 其他因素

其他因素也会影响复合材料产品验证和持续适航管理，如复合材料工程标准缺乏将会影响相关研制成本和周期，项目团队的技术水平高和项目难度小则可减小这种影响。因此，持续地指导和培训新的工程技术人员是成功应用复合材料必不可少的前提条件。

工程团队在复合材料结构设计、分析、制造和维护等方面应优化平衡，以协调产品研发和验证计划。每个专业所承担的工作必须与其他专业协调，以避免在满足项目里程碑节点时增加研制成本和风险。如总体设计和制造工艺确定都应有充分的质量控制，以确保实际生产的飞机结构与飞行试验的飞机的符合性。工程团队还应有复合材料及制造工艺方面的专家，以便解决出现的各类问题。在产品使用中，复合材料产品持续适航管理所涉及的各技术专业之间必须具有良好的沟通渠道，维修和使用人员必须充分了解影响复合材料结构性能的诸多因素，这对工程师处理异常情况和使用中发现的损伤是非常重要的。

2.3.2　适航符合性验证内容

依据咨询通告 AC 20-107B，复合材料结构适航验证至少包括如下内容。

(1) 材料和制造：材料和工艺控制；制造实施；结构胶接；环境考虑；结构防护；设计值；结构细节。

(2) 静强度结构的验证：应在静强度评定中，说明可能引起材料性能退化的重复载荷与环境暴露的影响；应通过分析和“积木式”试验程序，来可靠地确定复合材料结构的强度。

(3) 疲劳和损伤容限结构的验证：损伤容限评估；疲劳评估；损伤容限与疲劳的联合评定。

(4) 颤振结构的验证和气动弹性不稳定性：复合材料结构的评定需要考虑重复载荷、环境暴露和使用损伤事件(如 2、3、4 类损伤)对关键性能(如刚度、质量和阻尼)的影响。

(5) 持续适航：维护设计、维护操作、修理的验证；损伤检出、检测和修理资格。

(6) 其他事项：适坠性；防火、阻燃和受热问题；雷电防护。

2.3.3 适航符合性验证流程

飞机适航验证的最终目的是要求飞机在整个服役寿命期内保持可接受的安全性水平。验证由进入服役前和飞机寿命期间两个阶段的某些工作组成。对结构而言，这些工作的主要目的是预测结构强度，并在服役条件下评定强度的退化效应。这些工作通过采取控制措施和服役检查来完成，以保证结构能够达到适航要求的真实特性，并在辅以必要的修理后，结构应能恢复到可接受的安全性水平。适航验证流程如图 2-3 所示。

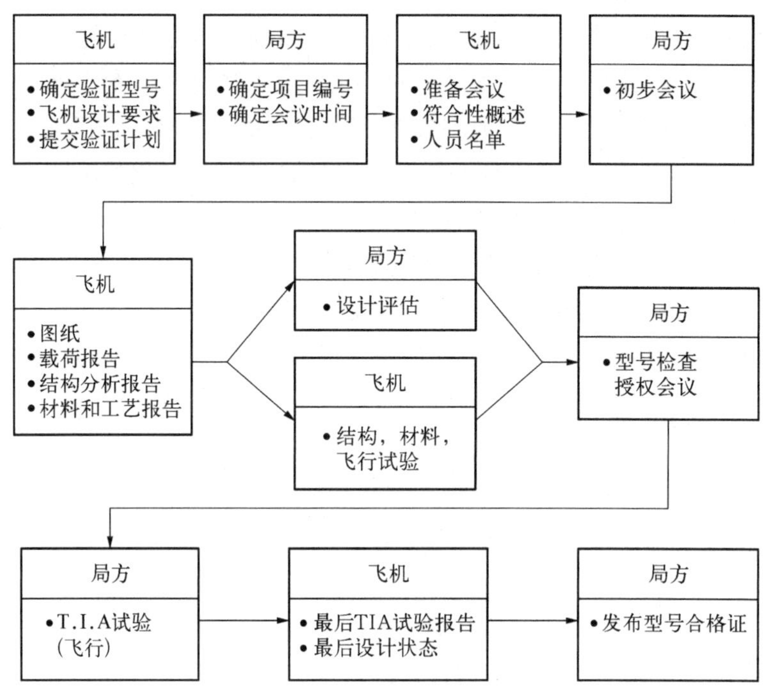

图 2-3 适航验证流程示意图

复合材料飞机结构的研发和验证需要设计、制造和维修人员的密切配合。复合材料结构在整个服役寿命期必须设计成在适当环境条件下能够承受极限载荷，这不仅适用于新结构，也适用于老化结构。对于带有已检出损伤但未修理的老化结构，或者对于无法实施检查的结构，要求在整个服役寿命期内应满足相应的刚度和强度要求。对于某些含有缺陷和/或损伤的结构，应该进行检查，并进行必要的损伤容限评估，对结构上可能的损伤扩展情况及剩余强度进行分析，分析时应该考虑老化和环境的影响，必要时进行修理。复合材料结构适航验证流程如图 2-4 所示。

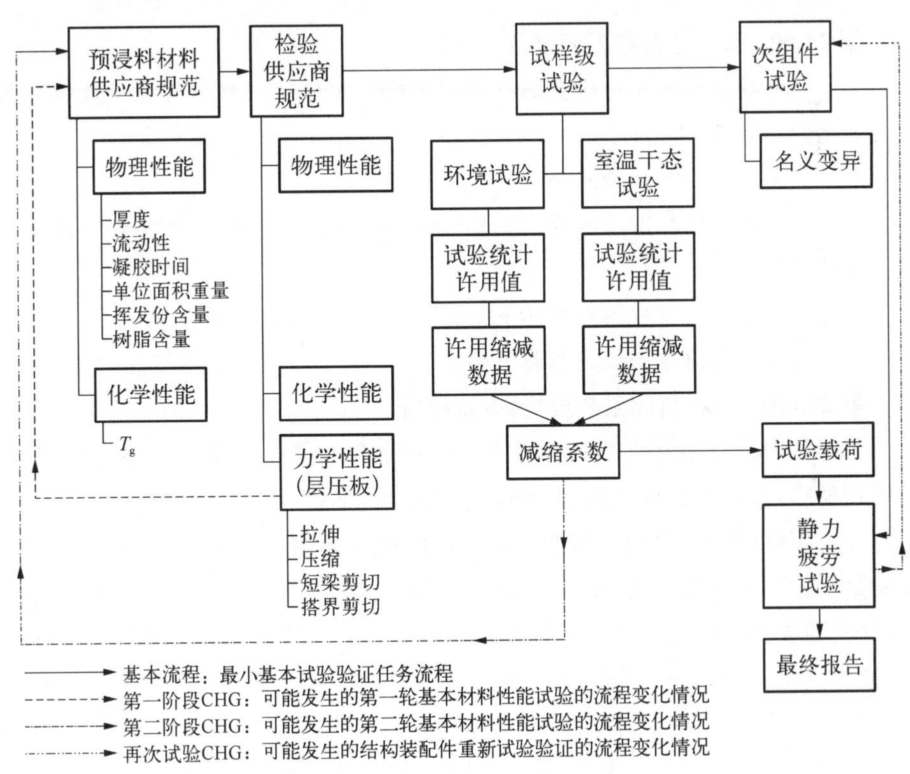

图 2-4　复合材料结构适航验证流程示意图

2.4　通航飞机复合材料结构适用规章条款及解析

AC 20-107B《复合材料飞机结构》包括 11 章和 3 个附录。具体内容包括：材料和工艺控制、制造实施、结构胶结、环境考虑、结构防护、设计值和结构细节、结构的静强度验证、疲劳和损伤容限验证、颤振和气动弹性不稳定性验证、持续适航及复合材料结构的其他适航事项(适坠性、防火、阻燃、闪电防护等)。

依据表 2-2 所示 AC 20-107B 各章节与规章 CCAR-23-R3 中各主要条款的对应关系,本书重点对通航飞机复合材料结构适用条款 23.305、23.307、23.561、23.562、23.573(a)、23.603、23.605、23.609、23.613、23.619、23.863、23.865、23.867 和 23.1529 进行了解析,解析参考了 ACM-TR-23《适航审定手册》,并结合了作者的适航审定经验。

2.4.1 材料和制造工艺

第 23.603 条 材料和工艺质量

(a) 其损坏可能对安全性有不利影响的零件所用材料的适用性和耐久性必须满足下列要求:

(1) 由经验或试验来确定;

(2) 符合经批准的标准,保证这些材料具有设计资料中采用的强度和其他性能;

(3) 考虑服役中预期的环境条件,如温度和湿度的影响。

(b) 工艺质量必须是高标准的。

第 23.603 条(材料和工艺质量)条款解析

本条款对飞机零件所用材料的适用性和耐久性提出了要求,条款中飞机零件所用材料,包括金属材料、非金属材料如复合材料。

飞机零件所用材料的适用性和耐久性的确定必须基于试验或经验。其中,经验是指相同材料用于已经取证并成功运行的相似类型飞机的相同或相似部位上,经验需要得到申请人和局方的共同认可;试验是指充分且必要的静强度试验、疲劳试验、腐蚀试验、功能试验等。

材料的适用性和耐久性必须满足经局方批准的材料标准(规范)。局方批准的标准(规范)可以分为三大类:行业规范、用户规范和技术标准规定。行业规范是指工业规范和军用规范等。用户材料规范即申请人通过试验或经验建立的自己的材料规范。技术标准规定是由局方制定并发布的一类技术标准。

飞机零件所用材料的适用性和耐久性的确定必须考虑预期服役环境条件。预期的服役环境条件如应力、温度、湿度、光照、磨损、腐蚀、氧化等。这些预期服役环境条件不仅包括短时间内对材料性能造成影响的因素,还包括在长时间内对材料性能造成影响的因素。

第 23.605 条　制造方法

(a) 采用的制造方法必须能生产出一个始终完好的结构。如果某种制造工艺(如胶接、点焊或热处理)需要严格控制才能达到此目的,则该工艺必须按照批准的工艺规范执行。

(b) 飞机的每种新制造方法必须通过试验大纲予以证实。

第 23.605 条(制造方法)条款解析

本款中的"采用的制造方法必须能生产出一个始终完好的结构"主要对制造方法的稳定性和适用性提出了要求,即制造方法生产的结构质量是稳定的(对应条款中的"始终"),结构符合所有设计要求(对应条款中的"完好")。

本款中的"飞机的每种新制造方法必须通过试验大纲予以证实"规定了工艺鉴定的范围和方法。新的制造方法,即申请人首次采用的制造方法的工艺鉴定,需编制试验大纲提交局方批准,并进行试验验证。

第 23.609 条　结构保护

每个结构零件必须满足下列要求:

(a) 有适当的保护,以防止使用中由于任何原因而引起性能降低或强度丧失,这些原因中包括:(1) 气候;(2) 腐蚀;(3) 磨损。

(b) 在必须保护的部位有通风和排水措施。

第 23.609 条(结构保护)条款解析

(a) 款要求对使用中由于任何原因引起强度降低或丧失的零件采取适当保护,其中"适当的保护"并非要求杜绝强度衰退,而是在结构保护下发生强度衰退后,结构强度仍然能够满足设计要求。"适当的保护"也仅是为了保护结构的强度性能。

(b) 款特别指出了排水和通风的结构保护要求,保护对象为"必须保护的部位"。"必须保护的部位"一般是指致老化、致腐蚀、致磨损物质(如油、灰尘等)容易积聚的部位,如方向舵根部、液体管路周边区域、运动部件缝隙等。

第 23.613 条　材料的强度性能和设计值

(a) 材料的强度性能必须以足够的材料试验为依据(材料应符合标准),在试验统计的基础上制定设计值。

(b) 设计值的选择必须使因材料偏差而引起结构破坏的概率降至最小。除本条(e)的规定外,必须通过选择确保材料强度具有下述概率的设计值来表明符合本款的要求:

(1) 如果所加的载荷最终通过组件内的单个元件传递,而该元件的破坏会导致部件失去结构完整性，则概率为 99%，置信度 95%。

(2) 对于单个元件破坏将使施加的载荷安全地分配到其他承载元件的静不定结构，概率为 90%，置信度 95%。

(c) 至关重要的部件或结构在正常运行条件下热影响显著的部位，必须考虑温度对设计许用应力的影响。

(d) 结构的设计，必须使灾难性疲劳破坏的概率减至最小，特别是在应力集中处。

(e) 对于一般只能用保证最小值的情况，如果在使用前对每一单项取样进行试验，确认该特定项目的实际强度性能等于或大于设计使用值，则通过这样“精选”的材料采用的设计值可以大于本条要求的保证最小值。

第 23.613 条(材料的强度性能和设计值)条款解析

(a) 款规定材料设计值需要在足够的材料强度性能试验数据基础上，通过统计分析获得。“足够”是指试验数据量足以进行统计分析，并能保证统计结果具有高的置信度。

(b) 款规定材料的设计值必须覆盖材料偏差，从而将因材料偏差引起结构破坏的概率降至最小。这里的“材料偏差”是指材料强度性能的偏差，这些偏差源于材料工艺规范所允许的公差范围。

(c) 款规定当部件或结构同时满足以下两个条件时，其所用材料的设计值必须考虑环境条件的影响：零件对飞机安全有重要影响；受环境影响显著。

(e) 款“精选”的对象是材料。“每一单项”是指采用更高设计值的某一强度性能项目(例如拉伸强度等)。在采用“精选”方法时，需对每一“精选”的性能项目进行试验，高置信度地表明精选材料的该项强度性能全部大于等于选定的设计值。精选不能代替材料的验收，用于精选的材料需要符合经批准的材料规范，用于精选的试验件需要按照经批准的工艺规范制造。

对于申请人期望采用的其他设计值，局方在对这些设计值的来源、在飞机上的使用经验、预期的应用等因素进行评估之后，可视情批准。

第 23.619 条　特殊系数

对于每一结构零件，如果属于下列任一情况，则第 23.303 条规定的安全系数必须乘以第 23.621 至第 23.625 条规定的最高的相应特殊安全系数：

(a) 其强度不易确定；

(b) 在正常更换前，其强度在服役中很可能降低；

(c) 由于制造工艺或检验方法中的不定因素，其强度容易有显著变化。

第 23.619 条(特殊系数)条款解析

本条款规定对于某些结构零件,需要采用更高的安全系数,即 23.303 条规定的安全系数(外载荷是限制载荷时为 1.5)乘以第 23.621 至第 23.625 条规定的最大的特殊系数。对于需要使用特殊系数的零件,其最终的安全系数等于"1.5×特殊系数"。

2.4.2　静强度结构验证

第 23.305 条　强度和变形

(a) 结构必须能够承受限制载荷而无有害的永久变形。在直到限制载荷的任何载荷作用下,变形不得妨害安全运行。

(b) 结构必须能够承受极限载荷至少三秒钟而不破坏,但是如果结构能够承受要求的极限载荷至少三秒钟,则在限制载荷与极限载荷之间产生局部失效或结构失稳是可接受的。当用模拟真实载荷情况的动力试验来表明强度的符合性时,此三秒钟的限制不适用。

第 23.305 条(强度和变形)条款解析

(a) 款规定了结构在限制载荷作用下的变形要求:结构必须能够承受限制载荷而无有害的永久变形;在直到限制载荷的任何载荷作用下,变形不得妨害安全运行。例如,不允许操纵机构在限制载荷作用下产生卡滞或松弛现象,也不允许活动零件因过度磨损而提前修理或更换。

(b) 款规定了结构在表明极限载荷作用下的强度符合性时,必须满足的条件:

(1) 当用极限载荷试验验证结构的强度时,要求结构在极限载荷作用下保持三秒钟而不破坏。

(2) 当用模拟真实载荷情况的动力载荷(如落震试验、振动试验和冲击试验等)来表明结构的强度符合性时,不受这三秒钟的限制。

(3) 进行到极限载荷的静强度试验必须包括加载引起的极限变位和极限变形。

(4) 当采用分析方法(该方法是经过试验验证过的)表明结构在极限载荷作用下的静强度时,必须表明符合给出的三种情况。

第 23.307 条　结构符合性的证明

(a) 必须表明每一临界受载情况下均符合第 23.305 条强度和变形的要求。只有在经验表明某种分析方法对某种结构是可靠的情况下,对于同类结构，才可用结构分析来表明结构的符合性。否则，必须进行载荷试验来表明其符合性。如果模拟该用于设计的载荷情况，则动力试验包括结构飞行试验是可以接受的。

(b) 结构的某些部分必须按照本规章 D 章的规定进行试验。

第 23.307 条(结构符合性的证明)条款解析

对于每一个临界受载情况，都必须采用分析或试验的方法表明结构符合 23.305条款的强度和变形要求。以静强度或动力试验来表明结构在 23.305(b)条款极限载荷情况下的强度符合性时，由于试验件的材料性能和理论值有所差别，因此，需要采用材料修正系数，增大试验载荷。这种修正仅适用于单传力路径的结构(如起落架等)，对于多传力路径结构，当其中某个元件损坏时，通过其他元件内力的重新分布，结构能继续承载，对试验结果不需要进行修正。在缺乏合理分析时，对于金属材料，材料修正系数采用 1.15。

2.4.3 疲劳和损伤容限结构验证

第 23.573 条　结构的损伤容限和疲劳评定

(a) 复合材料机体结构　复合材料机体结构必须按本条要求进行评定，而不用第 23.571 和第 23.572 条。除非表明不可行，否则申请人必须用本条(a)(1)至(a)(4)规定的损伤容限准则对每个机翼(包括鸭式、串列式机翼和翼尖小翼)、尾翼及其贯穿结构和连接结构、可动操纵面及与其连接结构、机身和增压舱中失效后可能引起灾难性后果的复合材料机体结构进行评定。如果申请人确定损伤容限准则对某个结构不可行，则该结构必须按照本条(a)(1)和(a)(6)进行评定。如果使用了胶接连接，则必须按照本条(a)(5)进行评定。在本条要求的评定中，必须考虑材料偏差和环境条件对复合材料的强度和耐久性的影响。

(1) 必须用试验或有试验支持的分析表明，在所使用的检查程序规定的检查门槛值对应的损伤范围内，带损伤结构能够承受极限载荷。

(2) 必须用试验或有试验支持的分析确定，在服役中预期的重复载荷作用下，由疲劳、腐蚀、制造缺陷、或冲击损伤引起的损伤扩展率或不扩展。

(3) 必须用剩余强度试验或有剩余强度试验支持的分析表明，带有可检损伤的结构能够承受临界限制飞行载荷(作为极限载荷)，该可检损伤范围与损伤容限评定结果相一致。对于增压舱，必须承受下列载荷：

(i) 正常使用压力与预期的外部气动压力相组合，并与临界限制飞行载荷同时作用；

(ii) 1g 飞行时预期的外部气动压力与等于 1.1 倍正常使用压差的座舱压差相组合，不考虑其他载荷。

(4) 在初始可检性与剩余强度验证所选的值之间的损伤扩展量(除以一个系数就得到检查周期)必须能够允许制定一个适于操作和维护人员使用的检查大纲。

(5) 对于任何胶接连接件，如果其失效可能会造成灾难性后果，则必须用下列方法之一验证其限制载荷能力：

(i) 必须用分析、试验或两者兼用的方法确定每个胶接连接件能承受本条(a)(3)的载荷的最大脱胶范围。对于大于该值的情况必须从设计上加以预防；或

(ii) 对每个将承受临界限制设计载荷的关键胶接连接件的批生产件都必须进行验证检测；或

(iii) 必须确定可重复的、可靠的无损检测方法，以确保每个连接件的强度。

(6) 对于表明无法采用损伤容限方法的结构部件，必须用部件疲劳试验或有试验支持的分析表明其能够承受服役中预期的变幅重复载荷。必须完成足够多的部件、零组件、元件或试片试验以确定疲劳分散系数和环境影响。在验证中必须考虑直至可检性门槛值和极限载荷剩余强度的损伤范围。

第 23.573 条(结构的损伤容限和疲劳评定)条款解析

23.573(a)条款是对复合材料机体结构损伤容限评定的适航验证要求。它对采用损伤容限评定的机体主要结构进行了界定，对检查门槛值、检查周期、剩余强度评定等给出了具体详细的规定，对不适用损伤容限评定结构的疲劳评定也给出了具体详细的规定。评定中，必须考虑材料偏差和环境条件对复合材料的强度和耐久性的影响。

23.573(a)(1)是对带损伤结构提出的静强度要求，即必须用试验或有试验支持的分析表明，在所使用的检查程序规定的初始可检门槛值对应的损伤范围内，剩余结构均能承受极限载荷。

23.573(a)(2)是对带损伤结构提出的损伤容限要求，需要确定重复载荷谱的编制方法、确定结构初始损伤，且必须用试验或有试验支持的分析确定损伤的扩展率或损伤不扩展。载荷谱的确定常参考 AC 23-13A 中有关载荷谱的编制

要求及 AC 23-13A 附录 1 中的飞行和地面载荷谱，申请人也可依据功率谱密度方法为增压飞机编制突风谱。若申请人已经评估了相似构型或相似用途飞机的大量实测载荷谱数据，且这些数据对于在研机型的严重或专门用途情况特别适用，可考虑更换载荷谱。重复载荷应当包括载荷、温度和湿度。当结构的柔度和载荷速率对载荷有明显影响时，应当在载荷情况中加以考虑。损伤容限评定首先要认定哪些结构可能会减小飞机结构的完整性，即进行主要结构件(primary structural element, PSE)筛选，必须对这些结构进行损伤危险性分析，以确定损伤可能发生的部位、类型和大小，即确定初始损伤。其中还应考虑制造、使用和维护期间可能产生的疲劳、环境影响、固有的裂纹以及外来物的冲击或其他的偶然损伤(包括离散源)。一般可参考 AC 25.571-1D 对评定部位进行鉴别。

23.573(a)(3)是对带损伤结构提出的剩余强度要求。用试验或有试验支持的分析表明，结构损伤从初始可检到临界可检期间，结构均能承受临界限制飞行载荷(此时为极限载荷)，增压舱需能承受临界限制飞行载荷和增压附加载荷的共同作用，需考虑 1g 飞行时预期的外部气动压力与 1.1 倍正常使用压差的座舱压差相组合，不考虑其他载荷。

23.573(a)(4)是对应用损伤容限方法确定检查大纲的要求。用损伤初始可检到剩余强度验证时的临界损伤所对应的周期，除以一个系数后，就可以得到检查周期。据此制定检查大纲时，还必须考虑结构的可检性，如结构可达性、检查手段、操作和维护人员的检查能力等。

23.573(a)(5)是确保可能导致灾难性破坏的胶接连接件的限制载荷承载能力的具体要求，可采用三种方式之一验证其限制载荷承载能力。(i)中为破损安全要求，对于胶接连接件局部区域偶然出现的胶接问题(例如，局部胶接的接触压力不够或污染)，需满足破损安全要求，并从设计上预防开胶范围超出临界值。(ii)要求必须对承受临界限制设计载荷的关键胶接连接件的批生产件进行验证检测。但限制载荷下的静力试验可能检测不出弱胶接，需要长时间暴露在环境下才能使弱胶接连接件的强度降低，这个问题应通过充分证实鉴定合格的胶接材料和胶接工艺具有环境耐久性来解决。(iii)必须确定可重复的、可靠的无损检测方法，以确保每个连接件的强度。

23.573(a)(6)是对不适用损伤容限评定的复合材料结构进行疲劳评定的具体要求。服役中预期的变幅重复载荷确定方法与 23.573(a)(2)中载荷谱的确定方法相同。可采用疲劳统计学方法，设计足够多的部件、零组件、元件或试片并进行试验，进而确定满足规范要求的成活率和置信度水平下的疲劳分散系数和环境影响。在验证中必须考虑直至可检门槛值和极限载荷剩余强度的损伤范围。

2.4.4　颤振结构验证

第 23.629 条　颤振

(a) 必须用本条(b)和(c)或(b)和(d)规定的方法，来表明在 $V-n$ 包线以内的任何运行情况和直到所选择方法所确定的速度以内的所有速度下，飞机不发生颤振、操纵反效和发散。同时需符合下列规定：

(1) 对影响颤振的参数如速度、阻尼、质量平衡和操纵系统刚度的量，必须制定足够的允差；

(2) 主要结构部件的自然频率，必须通过振动试验或其他批准的方法来确定。

(b) 必须用飞行颤振试验表明飞机没有颤振、操纵反效和发散，并表明：

(1) 在直至 V_D 的速度范围内采取了合适的和足够的步骤来激发颤振；

(2) 试验中结构的振动响应表明不发生颤振；

(3) 在速度 V_D 时阻尼有合适的余量；

(4) 接近 V_D 时阻尼没有大而迅速的衰减。

(c) 用于预计不发生颤振、操纵反效和发散的任何合理的分析必须覆盖直到 $1.2V_D$ 的所有速度。

(d) 如果符合下列条件，则可以用满足航空结构和设备工程报告 No.45(修正版)“简化防颤振准则”(美国联邦航空局出版)(第 4～12 页)中的刚度和质量平衡的准则，来表明飞机不发生颤振、操纵反效或发散：

(1) 飞机的 V_D/M_D 小于 482 公里/小时(260 节)(EAS)；并且马赫数小于 0.5；

(2) 以机翼扭转刚度和副翼质量平衡准则表示的机翼和副翼的防颤振准则，只限于在沿机翼展向没有大的集中质量(如发动机、浮筒或机翼外侧的油箱)的飞机上使用；

(3) 飞机布局必须符合下列条件：

(i) 没有 T 型尾翼或其他非常规尾翼构型；

(ii) 没有影响准则适用性的异常质量分布或其他非常规的设计特点；

(iii) 有固定式垂直安定面和固定式水平安定面。

(e) 对涡轮螺桨动力飞机的动态评定必须包括：

(1) 回旋模态自由度，该自由度要考虑螺旋桨旋转平面的稳定性和重要的弹性力、惯性力和空气动力；

(2) 与特定形态相关的螺旋桨、发动机、发动机架和飞机结构刚度和阻尼的变化情况。

(f) 必须在下列情况表明直到 V_D/M_D 不发生颤振、操纵反效和发散：

(1) 对于符合本条(d)(1)到(d)(3)准则的飞机，要考虑任何调整片操纵系统中任何单个元件的损坏、失效或断开的情况；

(2) 对于本条(f)(1)规定以外的飞机，要考虑在主飞行操纵系统、某一调整片操纵系统或某一颤振阻尼器中任何单个元件的损坏、失效或断开的情况。

(g) 对于符合第 23.571 条和第 23.572 条破损-安全准则的飞机，必须用分析表明，主要结构件发生疲劳破坏或明显的局部失效后，飞机在直到 V_D/M_D 的速度范围内不发生颤振。

(h) 对于符合第 23.573 条损伤容限准则的飞机，必须用分析表明，当产生经剩余强度验证的损伤时，飞机在直到 V_D/M_D 的速度范围内不发生颤振。

(i) 当型号设计更改可能影响颤振特性时，必须表明符合本条(a)的要求，除非可以仅以经批准的数据为基础用分析表明，在直到所选择方法所确定的速度以内的所有速度下，飞机不发生颤振、操纵反效和发散。

第 23.629 条(颤振)条款解析

本条款是关于颤振验证方法的通用性叙述。

23.629(a)规定了颤振适航验证必须采用 23.629(b)和 23.629(c)或者 23.629(b)和 23.629(d)的方法，即采用颤振分析和飞行试验的方法或者简化准则和飞行试验的方法进行验证，规定在 $V-n$ 包线以内的任何运行情况和所选择方法规定的速度范围内，飞机不发生颤振、操纵反效和发散。

(a)(1) 要求对影响颤振的参数如速度、阻尼、质量平衡和操纵系统刚度等，必须制定足够的允差。

(a)(2) 要求全机振动特性要通过地面试验进行测定。

23.629(b)规定采用飞行试验表明全机升力面在飞机速度达到 V_D 时不发生颤振、操纵反效和发散。

(b)(1) 要求颤振试飞试验要选择合适的激振方法，激发出全机的颤振模态，并且飞机飞行速度要达到 V_D。

(b)(2) 要求测量飞机的振动响应，并通过数据分析表明飞机未发生颤振。

(b)(3) 要求速度达到 V_D 时，激振后获得的颤振临界模态阻尼应该有余量。

(b)(4) 要求速度达到 V_D 时，激振后获得的颤振临界模态阻尼在 V_D 附近没有大而迅速的衰减。

23.629(c) 要求进行颤振、操纵反效和发散分析时，所分析的速度范围要达到 $1.2V_D$。

23.629(d) 要求适用简化防颤振准则的飞机必须满足 23.629(d)(1)、23.629(d)(2)、23.629(d)(3)条款的条件。

23.629(e) 要对涡轮螺旋桨动力飞机进行螺旋颤振分析。螺旋颤振分析时要考虑螺旋桨、发动机、发动机架和飞机结构刚度及阻尼的变化情况。

23.629(f) 要求能够证明主飞行操纵系统、调整片操纵系统，或影响颤振的阻尼器中的任意单个原件在损坏、失效或断开情况下，在直至 V_D 或 M_D 范围内不发生颤振、操纵反效和发散。

23.629(g) 对于符合第 23.571 条和第 23.572 条破损-安全准则的飞机，要用计算分析表明当主要结构件发生疲劳破坏或明显的局部失效时，直至 V_D 或 M_D 范围内不发生颤振。

23.629(h) 对于符合第 23.573 条损伤容限准则的飞机，应证明在产生满足剩余强度验证要求的损伤时，在直至 V_D 或 M_D 范围内不发生颤振。

23.629(i) 型号设计更改可能影响飞机颤振特性时，必须表明符合 23.629(a)条要求。

备注：V_D 为设计俯冲速度，M_D 为设计俯冲速度(马赫数)。

2.4.5　持续适航

申请人必须根据 23.1529 附录 G 编制适航当局可接受的持续适航文件。如果有计划保证在交付第一架飞机之前或者在颁发标准适航证之前完成这些文件，则这些文件在型号合格审定时可以是不完备的。

第 23.1529(持续适航文件)附录 G 条款解析

该条包括两层含义。首先规定了申请人必须按照附录 G 的要求编制持续适航文件，并且持续适航文件必须被适航当局所接受(接受方式包括批准和认可)。其次该条款规定了持续适航文件必须完成的时间，即在颁发型号合格证时，持续适航文件可以是不完备的，其前提条件是申请人提交了一个经局方认可的持续适航文件的编制和交付计划。但是在飞机交付或者颁发标准适航证之前，本条款规定的持续适航文件必须得到局方的批准或者认可。

2.4.6 适坠性

第 23.561 条 应急着陆总则

(a) 虽然飞机在应急着陆情况中可能损坏，但飞机必须按本条规定进行设计，以在此情况中保护乘员。

(b) 结构的设计必须能在下列条件下给每一乘员以避免严重伤害的一切合理的机会：

(1) 正确使用在设计中规定的座椅、安全带和肩带。

(2) 乘员经受与下列极限载荷系数相对应的静惯性载荷：(i) 向上，3.0，对正常类、实用类和通勤类飞机；4.5，对特技类飞机；(ii) 向前，9.0；(iii) 侧向，1.5；和(iv) 向下，6，当要求按第 23.807 条(d)(4)的应急出口规定进行审定时；和

(3) 舱内可能伤害乘员的质量项目经受与下列极限载荷系数相对应的静惯性载荷：(i) 向上，3.0；(ii) 向前，18.0；(iii) 侧向，4.5。

(c) 具有可收放起落架的飞机，必须设计成在下列情况着陆时为每个乘员提供防护：

(1) 机轮收上；

(2) 中等下沉速度；

(3) 在缺乏详细的分析时，假定经受到下述载荷：(i) 向下的极限惯性载荷系数为 3；(ii) 地面摩擦系数为 0.5。

(d) 如果不能确定应急着陆时飞机翻倒是不大可能的，则结构必须按如下所述设计成能在飞机完全翻倒时保护乘员：

(1) 可以用分析办法表明在下列情况下飞机翻倒的可能性：(i) 重量和重心位置的最不利组合；(ii) 纵向载荷系数为 9.0；(iii) 垂直载荷系数为 1.0；(iv) 对前三点起落架的飞机，前轮支柱失效且机头触地。

(2) 为确定翻倒后作用于飞机上的载荷，必须采用向上极限惯性载荷系数为 3.0，地面摩擦系数为 0.5。

(e) 除了第 23.787 条(c)的规定外，支承结构必须设计成在不超过本条(b)(3)规定值的各种载荷下，能约束住那些在轻度撞损着陆时脱落后可能伤害乘员的每个质量项目。

第23.561条(应急着陆总则)条款解析

(a) 款提出飞机在应急着陆情况下的一般设计要求,即此时允许飞机有损坏,但与乘员安全有关的结构和设备必须满足23.561(b)～(d)款的要求,避免乘员遭受严重伤害。

(b) 款要求飞机在采用合理措施的条件下,能够在23.561(b)(3)款所规定的每一载荷状况下,为乘员提供安全保护,避免乘员在轻度撞损应急着陆过程中受到严重伤害。23.561(b)(3)款所规定的载荷均为极限载荷,不需再乘安全系数。在进行验证时,只需对23.561(b)(3)款所规定的每种载荷状况进行单独考虑,不必考虑多种载荷状况。

(c) 款要求考虑的对象为设备、客舱中的货物和其他大件物品等质量项目,且本款要求这些质量项目不能造成23.561(c)(1)中(ⅰ)～(ⅲ)所述的后果。

(d) 款要求座椅和质量项目及其支撑结构的变形不能影响在轻度撞损着陆后乘员迅速撤离飞机。

第23.562条　应急着陆动态要求

(a) 每个用于正常类、实用类或特技类飞机上的座椅和约束系统,必须设计成在应急着陆时并在下列条件下能保护乘员:

(1) 正确使用在设计中规定的座椅、安全带和肩带;

(2) 乘员受到本条规定条件所产生的载荷。

(b) 除了要符合本条(d)的座椅/约束系统以外,正常类、实用类或特技类飞机上供机组和乘客使用的每一个座椅和约束系统,必须按照下述每一条件成功地完成动力试验或者用有动力试验支持的合理分析来证明。进行动力试验必须用局方认可的拟人试验模型(ATD)或局方批准的等效物模拟乘员,其名义重量为77公斤(170磅),坐在正常的向上位置。

(1) 对于第一次试验,速率的变化不得小于9.4米/秒(31英尺/秒)。座椅和约束系统的取向必须是相对飞机的名义位置。飞机的水平面相对撞击方向上仰60°无偏转。安装在飞机内第一排的座椅和约束系统,最大负加速度必须在撞出后0.05秒内出现,并且最小必须达到19.0g。对于所有其他座椅和约束系统,最大负加速度必须在撞击后0.06秒内出现,并最小达到15.0g。

(2) 对于第二次试验,速率的变化不得小于12.7米/秒(42英尺/秒)。座椅和约束系统的取向必须是相对飞机的名义位置。飞机垂直对称面相对撞击方向偏转10°无俯仰,处于对肩带产生最大载荷的方向上。对于安装在飞机内第一排的座椅和约束系统，最大负加速度必须在撞击后 0.05 秒内出现，并最小达到 26.0g。对于所有其他座椅和约束系统，最大负加速度必须在撞击后 0.06 秒内出现，并最小达到 21.0g。

(3) 考虑到地板变形，在进行本条(b)(2)中所规定的试验之前，必须预加载使得用于将座椅和约束系统连接到机体结构的连接装置或地板导轨相对垂直偏移至少 10 度(即俯仰不平行)。并且必须预加载使导轨或连接装置之一滚转 10 度。

(c) 按照本条(b)进行动力试验，必须表明符合下列要求：

(1) 尽管座椅和约束系统部件可能受到设计上的预期的变形、延伸、位移或撞损，但座椅和约束系统必须约束住拟人试验模型(ATD)。

(2) 尽管座椅结构可能变形，但座椅和约束系统与试验固定装置间的连接必须保持完好。

(3) 撞击过程中，每一肩带必须保持在 ATD 的肩上。

(4) 撞击过程中，安全带必须保留在 ATD 的骨盆上。

(5) 动力试验结果必须表明乘员不受到严重的头部损伤。

(i) 如果乘员可能触及邻近的座椅、结构或其他舱内物件，则必须给乘员提供保护，以使头部伤害判据(HIC)不超过 1 000。

(ii) HIC 值用下列公式确定：

$$HIC=\left\{(t_2-t_1)\left[\frac{1}{(t_2-t_1)}\int_{t_1}^{t_2}a(t)\mathrm{d}t\right]^{2.5}\right\}_{\mathrm{Max}}$$

式中：

t_1 为积分初始时间(秒)；

t_2 为积分终止时间(秒)；

(t_2-t_1)为主要头部撞击持续时间(秒)；

$a(t)$为头部重心处合成负加速度(以 g 的倍数表示)。

(iii) 必须在进行按本条(b)(1)和(b)(2)规定的动力试验时测定头部所受的撞击以表明符合 HIC 限制值；或用试验或分析方法单独表明符合头部伤害判据。

(6) 作用于单肩带系带上的载荷不得超过 7 790 牛(793.8 公斤；1 750 磅)。若用双系带来约束上部躯干，则系带总载荷不得超过 8 900 牛(907.2 公斤；2 000 磅)。

(7) 在 ATD 骨盆和腰脊柱之间测得的压缩载荷不得超过 6 680 牛(680 公斤;1 500 磅)。

(d) 对于在最大重量下 V_{S0} 大于 61 节的所有单发飞机,以及不符合第 23.67 条(a)(1)的最大重量不超过 2 722 公斤(6 000 磅)、在最大重量下 V_{S0} 大于 61 节的多发飞机,必须符合下列要求:

(1) 第 23.561 条(b)(1)的极限载荷系数必须乘以增大的失速速度与 61 节的比值的平方。增大后的极限载荷系数不必大于 V_{S0} 为 79 节时所能达到的值。特技类飞机向上的极限载荷系数不必超过 5.0。

(2) 本条(b)(1)要求的座椅/约束系统试验必须按照下列准则进行:

(i) 速度的变化量不得低于 31 英尺/秒。

(ii) (A) 19g 和 15g 的最大负加速度必须乘以增大的失速速度与 61 节的比值的平方:

$$g_{\rho}=19.0(V_{S0}/61)^2 \text{ 或 } g_{\rho}=15.0(V_{S0}/61)^2$$

(B) 最大负加速度不必超过 V_{S0} 为 79 节时所能达到的值。

(iii) 最大负加速度必须在 t_r 时间内出现,t_r 必须按照下式计算:

$$t_r=\frac{31}{32.2(g_{\rho})}=\frac{0.96}{g_{\rho}}$$

式中:

g_{ρ}为根据本条(d)(2)(ii)计算得到的最大负加速度;

t_r为达到最大负加速度所需要的时间(秒)。

(e) 如果在合理的基础上得到验证,某种替代方法亦可应用,但应达到等效于或高于本条所要求的保护乘员安全水平。

第 23.562 条(应急着陆动态要求)条款解析

对本条(a)款的要求,需要通过(b)款的动力试验给予验证。如果有类似的动力试验结果,也可以通过合理的分析计算给予证明。

(b) 款规定了 23.562 条款的适用范围:在起飞和着陆时用于机组成员和乘客的每种座椅,包括乘客座椅、飞行员座椅和乘务人员座椅等。这些座椅至少应表明在 23.562(b)(1)和(2)所规定的载荷条件下,能满足 23.562(c)款中的所有准则。

在表明符合性时,申请人可以选择试验或分析作为符合性方法。

23.562(c)款给出了动力试验的通过/拒绝标准。

23.562(c)(1)规定了试验过程中机组成员使用的上部躯干系带所经受载荷的允许上限,23.562(c)(2)规定了试验过程中拟人骨盆和腰部脊柱之间允许的最大压缩载荷。

23.562(c)(3)和(4)要求在撞击时，上部躯干系带保持在乘员肩上，安全带保持在乘员骨盆处。

23.562(c)(5)规定采用 *HIC* 判据来表明在可能发生座椅或其他构件触及头部的情况下，在 23.562(b)款所规定的试验中能够保护每一乘员头部免受严重伤害，*HIC* 值不得超过 1 000。

23.562(c)(6)款规定在可能导致腿部受伤的情况下，必须提供防护措施使每一股骨上的轴向压缩载荷不超过 10 008 牛。

23.562(c)(7)要求动力试验过程中和试验后，座椅的所有连接点必须始终连接在试验装置上。

23.562(c)(8)要求，在本条(b)款规定的试验中，座椅的屈服变形不得达到可阻碍乘员迅速撤离飞机的程度。

第 23.601 条　总则

对飞机运行的安全有重要影响的每个有疑问的设计细节和零件的适用性必须通过试验确定。

第 23.601 条(总则)条款解析

本条款是关于飞机设计的通用性要求。该条款强调了飞机设计中进行试验验证的必要性，特别是对与飞行安全密切相关的每个可能有疑问的设计细节和与零件适用性相关的条款及其关系给出了明确要求。

2.4.7　防火、阻燃和受热问题

第 23.863 条　可燃液体的防火

(a) 凡可燃液体或蒸汽可能因液体系统渗漏而逸出的区域，必须有措施尽量减少液体和蒸汽点燃的概率以及万一点燃后的危险后果。

(b) 必须用分析或试验方法表明符合本条(a)的要求，同时必须考虑下列因素：

(1) 液体渗漏的可能漏源和途径，以及探测渗漏的方法；

(2) 液体的可燃特性，包括任何可燃材料或吸液材料的影响；

(3) 可能的引燃火源，包括电气故障、设备过热和防护装置失效；

(4) 可用于抑制燃烧或灭火的手段：例如截止液体流动、关断设备、防火的包容物或使用灭火剂；

(5) 对于飞行安全至关重要的各种飞机部件的耐火、耐热能力。

(c) 如果要求飞行机组采取行动来预防或处置液体着火(例如关断设备或起动灭火瓶),则必须备有迅速向机组报警的装置。

(d) 凡可燃液体或蒸汽有可能因液体系统渗漏而逸出的区域,必须确定其部位和范围。

第 23.863 条(可燃液体的防火)条款解析

该条款的目的是要求包含潜在点火源的区域和可能会有可燃液体或蒸汽泄漏的系统,必须有措施将点燃的可能性降到最低,或者在点燃发生时有措施来最小化所引起的危险。

(a) 款提出必须有措施尽量减少渗漏液体或蒸汽的点燃概率。

(b) 款规定了在用分析或试验的方法表明符合(a)款的要求时须考虑的一些因素。

(c) 款提出必须备有迅速动作的报警装置。

(d) 款规定必须确定可能溢出的可燃液体或蒸汽的部位和范围。

第 23.865 条　飞行操纵系统、发动机架和其他飞行结构的防火

位于指定火区或可能受到指定火区着火影响的邻近区域的飞行操纵系统、发动机架和其他飞行结构,必须用防火材料制造或屏蔽,使之能经受住着火影响。如果发动机振动隔离器的非防火部分受到着火影响性能下降,则振动隔离器必须包含适当的功能确保发动机不脱落。

第 23.865 条(飞行操纵系统、发动机架和其他飞行结构的防火)条款解析

该条款提出了位于指定火区或其邻近可能受到着火影响区域的飞行操纵系统、发动机架和其他飞行结构的防火要求。飞行操纵系统应当理解为飞机操纵系统(包括升降舵、方向舵、襟副翼操纵等)和发动机操纵系统。

2.4.8　雷电防护

第 23.867 条　电气搭铁和闪电与静电防护

(a) 必须防止飞机因受闪电而引起灾难性后果。

(b) 对金属组件可用下列措施之一表明符合本条(a)的要求:

(1) 该组件正确地搭接到飞机机体上;

(2) 该组件设计成不致因闪电而危及飞机。

(c) 对非金属组件可用下列措施之一表明符合本条(a)的要求:

(1) 该组件的设计使闪电的后果减至最小;

(2) 装有可接受的分流措施将产生的电流分流,以使其不危及飞机。

第 23.867 条(电气搭铁和闪电与静电防护)条款解析

该条款的目的是提出飞机闪电防护直接效应的要求。

(a)款要求飞机必须具有防止闪电引起的灾难性后果的保护措施。

(b)款要求对金属组件与飞机机体的搭接和设计要有必要的防护措施,在遇到闪电后不能引起灾难性后果。

(c)款是对非金属组件提出的闪电防护要求,条款中提到的使闪击的后果减至最小,“最小”并没有一个量化的概念,但至少应保证不会产生灾难性的后果。同时可接受的分流措施,也应使飞机的安全性得到保证。

2.5 适航符合性方法选取建议

在适航审查中,可以根据适航条款的具体要求,选取其中的一种符合性方法或多种符合性方法组合的方式来满足条款的要求。适用规章条款和建议的符合性方法如表 2-3 所示。

表 2-3 适用规章条款和建议的符合性方法

CCAR-23 条款	条款名称	符合性方法										备注
		MC0	MC1	MC2	MC3	MC4	MC5	MC6	MC7	MC8	MC9	
305	强度和变形			2		4						
307	结构符合性的证明			2		4						
561	应急着陆总则			2		4						
562	应急着陆动力要求			2		4						
573(a)	结构的损伤容限和疲劳评定			2		4						
601	总则		1									
603	材料和工艺质量		1	2		4						
605	制造方法		1			4						
609	结构防护		1									

续　表

CCAR-23 条款	条款名称	符合性方法										备注
		MC0	MC1	MC2	MC3	MC4	MC5	MC6	MC7	MC8	MC9	
613	材料的强度性能和设计值		1	2		4						
619	特殊系数		1									
863	可燃液体的防火		1			4						
865	飞行操纵系统、发动机架和其他飞行结构的防火		1			4						
867	电气搭铁和闪电与静电防护					4						
1529	持续适航文件		1			4						

2.6　通航飞机复合材料结构适航适用技术指南

通航飞机复合材料结构适航主要技术指南汇总如表 2－4 所示。

表 2－4　通航飞机复合材料结构适航主要技术指南

序号	编　号	名　　称	发布日期
		咨 询 通 告	
1	AC 20-53C	Protection of Airplane Fuel Systems against Fuel Vapor Ignition due to Lightning	2018－09－24
2	AC 20-155A	Industry Documents To Support Aircraft Lightning Protection Certification	2013－07－16
3	AC 20-66B	Propeller Vibration and Fatigue	2001－09
4	AC 20-107B	Change 1 to Composite Aircraft Structure	2010－08－24

续 表

序号	编 号	名 称	发布日期
5	AC 20-135	Change 1 to Powerplant Installation and Propulsion System Component Fire Protection Test Methods, Standards, and Criteria	2018-10-11
6	AC 20-136B	Aircraft Electrical and Electronic System Lightning Protection	2011-09-07
7	AC 21-26A	Quality Control for the Manufacture of Composite Structures	2010-07-23
8	AC 21-31A	Quality Control for the Manufacture of Non-metallic Compartment Interior Components	2010-08-31
9	AC 23-2	Flammability Tests	2013-02-15
10	AC 23-15A	Small Airplane Certification Compliance Program	2003-12
11	AC 23-19A	Airframe Guide for Certification of PART 23 Airplanes	2007-04-30
12	AC 23-20	Acceptance Guidance on Material Procurement and Process Specifications for Polymer Matrix Composite Systems	2003-09-19
13	AC 23.562-1	Dynamic Testing of Part 23 Airplane Seat Restraint Systems and Occupant Protection	1989-06-22
14	AC 23.629-1B	Means of Compliance with Title 14 CFR, Part 23, § 23.629, Flutter	2004-09-28
15	AC 145-6	Repair Stations for Composite and Bonded Aircraft Structure	1996-11-15
		政 策 声 明	
1	PS-ACE100-2-18-1999	Policy on Acceptability of Temperature Differential between Wet Glass Transition Temperature (Tgwet) and Maximum Operating Temperature (MOT) for Epoxy Matrix Composite	1999-02-18
2	PS-ACE100-2001-02	Final Policy for Flammability Testing per 14 CFR Part 23, Sections 23.853, 23.855 & 23.1359	2002-01-23

续　表

序号	编　号	名　　称	发布日期
3	PS-ACE100-2001-006	Static Strength Substantiation of Composite Airplane Structure	2001 - 12 - 21
4	PS-ACE100-2002-006	Material Qualification and Equivalency for Polymer Matrix Composite Material Systems	2003 - 09 - 15
5	PS-ACE100-2004-10030	Substantiation of Secondary Composite Structures	2005 - 04 - 19
6	PS-ACE100-2005-10038	Bonded Joints and Structures-Technical Issues and Certification Considerations	2005 - 09 - 02
7	PS ACE-00-23.561-01	Issuance of Policy Statement, Methods of Approval of Retrofit Shoulder Harness Installations in Small Airplanes	2000 - 09 - 19
8	PS-AIR-100-120-07	Policy Memo on Guidance for Component Contractor Generated Composite Design Values for Composite Structure	2013 - 09 - 20
9	PS-AIR-20-130-01	Bonded Repair Size Limits	2014 - 11 - 24
		技 术 文 件	
1	ACE-100-1	Fatigue Evaluation of Empennage, Forward Wing, and Winglets/Tip Fins	1994 - 02 - 15
2	CMH-17G	Composite Materials Handbook	2012 - 03
3	DOT/FAA/AR-00/12	Aircraft Materials Fire Test Handbook	2000 - 04
4	DOT/FAA/AR-02/109	Guidelines and Recommended Criteria for the Development of a Material Specification for Carbon Fiber/Epoxy Unidirectional Prepregs	2003 - 03
5	DOT/FAA/AR-02/110	Guidelines for the Development of Process Specifications, Instructions, and Controls for the Fabrication of Fiber - Reinforced Polymer Composites	2003 - 03

续 表

序号	编 号	名 称	发布日期
6	DOT/FAA/AR-02/121	Guidelines for Analysis, Testing, and Nondestructive Inspection of Impact Damaged Composite Sandwich Structures	2003-03
7	DOT/FAA/AR-03/19	Material Qualification and Equivalency for Polymer Matrix Composite Material Systems: Updated Procedure	2003-09
8	DOT/FAA/AR-03/53	Effects of Surface Preparation on the Long-Term Durability of Adhesively Bonded Composite Joints	2004-01
9	DOT/FAA/AR-03/74	Bonded Repair of Aircraft Composite Sandwich Structures	2004-02
10	DOT/FAA/AR-06/10	Guidelines and Recommended Criteria for the Development of a Material Specification for Carbon Fiber/Epoxy Fabric Prepregs	2007-05
11	DOT/FAA/AR-07/3	Guidelines and Recommended Criteria for the Development of a Material Specification for Carbon Fiber/Epoxy Unidirectional Prepregs Update	2007-05
12	DOT/FAA/AR-10/6	Determining the Fatigue Life of Composite Aircraft Structures Using Life and Load-Enhancement Factors	2011-06
13	DOT/FAA/AR-96/75	Handbook: Manufacturing Advanced Composite Components for Airframes	1997-04
14	DOT/FAA/AR-96/111	Advanced Certification Methodology for Composite Structures	1997-04
15	DOT/FAA/CT-86/39	Certification Testing Methodology for Composite Structures, Volumes II	1996-05-24
16	DOT/FAA/CT-89/15	Manual for Combustion Tests of Aviation Materials	
17	DOT/FAA/CT-89/22	Aircraft Lightning Protection Handbook	

续　表

序号	编　号	名　　称	发布日期
18	DOT/FAA/CT-91/20	General Aviation Aircraft — Normal Acceleration Data Analysis and Collection Project	1993-02
		CAAC 文　件	
1	ACM-TR-23	适航审定手册	2019-05
2	AC-21-AA-2017-39	复合材料结构制造质量体系要求指南①②	2017-03

注：① 咨询通告AC-21-AA-2017-39《复合材料结构制造质量体系要求指南》是中国民用航空局适航司于2017年3月17日发布的唯一与复合材料有关的AC。

② 本咨询通告提供了符合中国民用航空局CCAR-21《民用航空产品和零部件合格审定规定》对复合材料结构制造质量体系要求的方法。复合材料结构包括纤维增强材料，例如，碳(石墨)纤维、硼纤维、芳纶纤维和玻璃纤维增强的树脂基复合材料。本咨询通告是一种符合CCAR-21质量体系要求的可接受的方法，但不是唯一的方法。复合材料结构制造的生产批准书持有人或申请人可按本咨询通告所提供的方法建立和完善其质量体系。

第 3 章
材料和工艺适航符合性

本章将针对通航飞机复合材料和工艺的适航审定要求，以 AC 20-107B 为指导性资料，进一步具体地给出相关的适航审定符合性方法。这里给出的符合性方法对于工业方和局方都具有指导作用，但不具有指令性，更不具有规章性。

本章内容和信息主要针对通航民用飞机的研制需求进行编排，可供复合材料航空器结构的合格审定申请人、审定/批准责任人、部件制造商、材料供应商、维护和修理机构等单位技术人员参考使用，仅限用作指导性材料。

3.1 材料和工艺适用的适航条款

在 CCAR-23-R3 中，与本章节内容相关的适用条款包括：第 23.603 条 材料和工艺质量、第 23.605 条 制造方法、第 23.609 条 结构保护、第 23.613 条 材料的强度性能和设计值、第 23.619 条 特殊系数。各条款内容及条款解析详见本书第 2 章。

本章将参考 ACM-TR-23《适航审定手册》，结合作者在实际型号合格审定工作中的适航审定经验，针对复合材料结构，给出本章节所涉及条款的符合性建议。

1) 第 23.603 条(材料和工艺质量)条款符合性建议

(1) 说明。

本条款要求其损坏可能对安全有不利影响的材料的适用性和耐久性，必须由下述三方面要求来确定：

a. 依据经验或试验。

b. 满足经批准的规范。

c. 考虑环境条件的影响，如温度和湿度。

(2) 程序。

a. 可采用经验来表明材料能抵抗环境影响引起的磨损和性能降低。环境影响包括自然环境影响(如暴露在阳光、水、盐雾中等),以及安装环境影响(如暴露在燃油、液压液体、防冰液体中等)。安装环境影响既要考虑对潜在有害液体和化合物的直接暴露接触,又要考虑它们的预期流动情况。环境影响试验可以用试样试验、全尺寸试验或两者的组合,也可以采用试验和经验相结合的方法来考虑环境条件对材料性能的影响。

CMH-17 包括了对一些环境影响的考虑,并附有环境影响试验补充方法的参考资料。考虑先进复合材料环境和损伤容限设计时,建议参考咨询通告 AC 20-107B。

b. 使用由某公司研制的材料时,要求有经批准的材料和/或工艺规范,规范应规定原材料和研制每一过程的质量控制,以保证每一批材料都具有完全相同的研制性能。

c. 涉及的材料强度性能和设计值可参见 23.613 条。

2) 第 23.605 条(制造方法)条款符合性建议

(1) 说明。

本条款基本要求是,制造方法必须能始终生产出完好的结构,且要求质量稳定。

a. 对需要严格控制的制造工艺,要求有工艺规范。

b. 对航空器的每种新的制造方法,明确要求经过试验验证。

(2) 程序。

a. 本条款要求的经批准的规范,可以是政府或工业部门制定的规范或标准(例如 ASTM 等),也可以是公司研究制定的专有规范。应向适航当局工程审查人员提供足够的数据,以表明该工艺规范能保持所希望的设计特征。此外,应同适航当局制造检验人员充分协商工艺控制、检验和试验,以保证所规定工艺质量的稳定性。

b. 在先进复合材料制造中,应该考虑制造异常(分层、脱胶、空隙等)的影响。应对无损检测技术和研制工艺程序进行评估,包括可接受的制造允许缺陷和允许的修理程序。在制定复合材料结构制造方法的工艺规范时,尤其是对于结构胶结,必须采用经鉴定的胶结工艺规范和严格的质量控制。

c. 在对新制造方法进行试验验证时,应考虑适用于该工艺的静强度影响、疲劳强度影响和环境影响。

3) 第 23.609 条(结构保护)条款符合性建议

(1) 说明。

结构应按本条款规定作适当保护,以保持它的设计强度。按本条款规定必须有通风和排放措施。对腐蚀液和废液应该设置向机外排放的排放口。

(2) 程序。

a. 为防止结构强度下降,可对结构加以保护、喷涂油漆或化学薄膜处理。处理时应采用经批准的工艺规范。

b. 结构防护可能会要求进行评定和验证,以确保结构或零件在工艺处理期间或在其后不会受到不利影响(涉及工艺规范和制造方法的批准)。

c. 为防止积水,在可能堵水的地方(如舱壁)以及机身和安定面内的低处应设置排水孔。

d. 操纵管件和用作主要安装结构(如传动系统支承结构和发动机安装结构)的管件,应设计成能防止包括水在内的腐蚀液或蒸汽的进入和积聚:(i) 可在每根管件的端头使用密封衬套;(ii) 可在管件端头和每个铆钉头上涂一圈密封剂。

e. 向机外排放的排放口,排放的液体应远离航空器。可采用飞行中排放染色水来确保液体正确地被排放。

4) 第 23.613 条(材料的强度性能和设计值)条款符合性建议

(1) 说明。

本条款要求采用具有已知最低强度值的材料。结构设计不得强度不足,并且必须设计成使疲劳破坏减至最小。典型的材料强度性能包括:压缩、拉伸、挤压、剪切等的极限值和屈服值。

a. 可对新材料或不在规定文件之中的其他材料进行试验,且按 23.613(a)的要求制定其设计值。

b. 23.613(b)要求的设计值通常是根据足够的试验数据进行统计分析确定的,以确保其高置信度。这些值用于设计时,将最大限度减小由于材料变异导致结构失效的可能性。用于材料性能验证测试的试样应按经批准的工艺制成。试样设计、试验方法和试验应满足以下条件之一:(i) 符合行业接受的标准,例如美国材料试验协会(ASTM)或适航机构可接受的其他标准;(ii) 符合《复合材料手册》(CMH-17)或其他认可的等效材料数据手册的适用章节中详述的内容;(iii) 按照经批准的试验规划完成,其中包括试样和试验方法等。

在审查用于生成数据的试样设计、试验方法和试验程序后,适航机构也可以批准使用其他材料测试数据。

c. 23.613(c)对选用材料提出要求。许多材料(如非金属复合材料和黏合剂)的材料强度特性会受到温度和吸湿性的显著影响。对于这些材料,在确定和使用设计值时,应考虑温度和湿度的影响。该材料在典型的使用环境和结构预定使用时间内,应能保持其设计值和特性,包括飞机使用范围内遇到的极端条件。其他环境条件也可能对某些材料的设计值产生重大影响,也应予以考虑。

d. 23.613(d)是一条有关使疲劳破坏减至最小的目标规则，23.573 涉及疲劳验证要求。

e. 如果根据 23.613(e)采用“精选”选择过程,则可以使用大于 23.613(b)确定的设计值。在此过程中,对单个试样进行测试,以确定要安装在飞机上的每个部件的实际强度特性,以确保强度不低于设计强度。如果要使用“精选”选择过程,则必须在设计图纸上指定测试程序和验收标准。

(2) 程序。

a. 可采用本条款文件中的特性和设计值。

b. 设计值和特性必须包括使用环境、使用时间、制造工艺、应力集中、结构不连续、缺陷和损伤的影响。

c. 灾难性疲劳破坏的概率必须减至最小,特别是在应力集中处,这可通过使用被公认的设计特征来实现。

d. 确定非金属材料强度特性时,总是将这些特定概率准则与 CMH-17 一起使用。

e. 其他设计准则可按 23 部的要求制定和批准,它是航空器型号设计中的一个独立部分。

f. 使用经适航机构批准的材料和工艺。

5) 第 23.619 条(特殊系数)条款符合性建议

(1) 说明。

a. 本条款是补充其他条款的通用性规则。为保证航空器结构的适航性,将按本条款的要求采用特殊系数。按本条款规定,要求用特殊系数乘以 23.303 中的极限载荷系数 1.5。

b. 23.623 规定了有活动间隙的支承系数,23.625 规定了接头的特殊系数。此外,任何其他系数可根据“为了确保零件由于 23.619 所规定的不稳定因素而引起强度降低的概率极小”要求选用。

（2）程序。

a. 参考使用接头系数范例：1 000 lb 限制设计载荷×1.15 接头系数×1.5 极限载荷系数=1 725 lb 极限设计载荷，可类似地应用其他特殊系数。

b. 可采用本条款规定的其他系数。咨询通报 AC 20-107B §6 和§7 是要求对部件和子部件结构进行试验，以考虑复合材料结构的强度和刚度可变性的实例。已得到适合于特定设计使用的系数，而且已用在复合材料结构的验证中。

c. 本条款补充了 23.603 和 23.613 的内容。无论采用什么规则，都必须考虑材料和/或组件特性的可变性。

3.2 材料和工艺适航符合性方法及解读

3.2.1 建议的材料和工艺适航符合性方法

本节内容取自 FAA 在 2010 年 8 月 24 日发布的咨询通告 AC 20-107B《Change 1 to Composite Aircraft Structure》中第 6 部分。

下面逐段给出上述咨询通告中§6. Material and Fabrication Development. 中 a. b. d. e. f. g.各节英文原文及参考译文。

【英文原文】

6. Material and Fabrication Development.

All composite materials and processes used in structures are qualified through enough fabrication trials and tests to demonstrate a reproducible and reliable design. One of the unique features of composite construction is the degree of care needed in the procurement and processing of composite materials. The final mechanical behavior of a given composite material may vary greatly depending on the processing methods employed to fabricate production parts. Special care needs to be taken in controlling both the materials being procured and how the material is processed once delivered to the fabrication facility. Regulatory requirements in 14 CFR, parts 2X, § 2x. 603 and 2x. 605 specify the need to procure and process materials under approved material and process specifications that control the key parameters governing performance. 14 CFR, parts 2X, § 2x. 609 and 2x. 613 outlines a need to protect structures against the degradation possible in service. They also require that the design account for any changes in performance (e. g., environmental and variability effects) permitted by material and process specifications.

【参考译文】

6. 材料和制造

结构中采用的所有复合材料及其制造工艺均应进行充分的试制和性能测试并通过鉴定,以证明设计满足可重复生产和可靠性要求。在复合材料生产制造过程中有许多特殊要求,其中之一就是要特别关注复合材料的采购过程和制造工艺。对于给定的复合材料来说,其最终力学性能很可能会因为制造产品零件时采用的工艺方法不同而有很大变化。一旦把材料移交给生产单位,就需要特别注意,既要控制好该材料的采购过程,又要控制好该材料的制造工艺过程。14CFR 第 2X 部 2x.603 和 2x.605 条款特别提出要求,必须按批准的材料和工艺规范采购和加工材料,这些规范中包含控制结构性能的关键参数。14CFR 第 2X 部 2x.609 和 2x.613 条款给出了结构防护要求,以防止结构在使用中可能引起的性能退化。条款还要求设计必须考虑材料和工艺规范允许的任何性能变化(如环境和变异性影响)。

【英文原文】

a. Material and Process Control.

(1) Specifications covering material, material processing, and fabrication procedures are established to ensure a basis for fabricating reproducible and reliable structure. Material specifications are required to ensure consistent material is being procured, and batch acceptance testing or statistical process controls are used to ensure material properties do not drift over time. Specifications covering processing procedures should be developed to ensure that repeatable and reliable structure is being manufactured. The means of processing qualification and acceptance tests defined in each material specification should be representative of the expected applicable manufacturing process. The process parameters for fabricating test specimens should match the process parameters used in manufacturing actual production parts as closely

as possible. Both test and production parts must conform to material and process specifications.

【参考译文】

a. 材料和工艺控制

(1) 应该建立材料、材料加工和生产制造过程等各类规范,以确保具备可重复、可靠制造结构的基础条件。需要用材料规范来确保采购材料的一致性,并采用批次验收试验或对过程控制进行统计,确保材料性能在任何时候都不会出现偏离。应制定加工过程规范,以确保结构可重复、可靠地制造。每个材料规范中定义的工艺鉴定与验收试验方法必须能代表拟采用的实际制造工艺。制造试验件的工艺参数必须与制造实际产品零件时使用的工艺参数尽可能一致,试验件和生产件都必须符合材料和工艺规范。

【英文原文】

(2) Once the fabrication processes have been established, changes should not occur unless additional qualification, including testing of differences is completed (refer to Appendix 3). It is important to establish processing tolerances; material handling and storage limits; and key characteristics, which can be measured and tracked to judge part quality.

【参考译文】

(2) 生产制造工艺一旦确定,就不应随意改变,除非另外完成了包括差异性试验在内的鉴定(参见附录 3)。建立工艺容差、材料处理和储存限制以及关键特征值非常重要,因为凭借这些可测量和可追溯信息,就可以判断零件的质量。

【英文原文】

(3) Material requirements identified in procurement specifications should be based on the qualification test results for samples produced using the related process specifications. Qualification data must cover all properties important to the control of materials (composites and adhesives) and processes used for production of composite structure. Carefully selected physical, chemical, and mechanical qualification tests are used to demonstrate the formulation,

stiffness, strength, durability, and reliability of materials and processes for aircraft applications. It is recommended that material suppliers work closely with airframe manufacturers to properly define material requirements.

【参考译文】

(3) 采购规范中规定的材料要求应基于采用相关工艺规范生产出来的样件获得的鉴定试验结果。鉴定试验数据必须覆盖控制复合材料结构生产所用材料(复合材料和胶黏剂)和工艺的所有重要性能。必须采用经过仔细筛选确定的物理、化学和力学鉴定试验来验证航空器结构在确定的制造工艺下实际使用的材料组分配方、刚度、强度、耐久性和可靠性。建议材料供应商与航空器结构制造商密切合作,以便恰当地定义材料要求。

【英文原文】

(4) To provide an adequate design database, environmental effects on critical properties of the material systems and associated processes should be established. In addition to testing in an ambient environment, variables should include extreme service temperature and moisture content conditions and effects of long-term durability. Qualification tests for environmental effects and long-term durability are particularly important when evaluating the materials, processes, and interface issues associated with structural bonding (refer to paragraph 6.c for related guidance).

【参考译文】

(4) 为了提供设计可用的数据库,就必须确定环境对材料体系关键性能和相关工艺的影响。除了需要在大气环境下测试材料性能外,还应考虑极端使用温度、吸湿量条件及长期耐久性等变量的影响。在评定与结构胶接有关的材料、工艺和界面问题时,环境影响和长期耐久性方面的鉴定试验则特别重要(有关指南参考 § 6.c)。

【英文原文】

(5) Key characteristics and processing parameters will be monitored for in-process quality control. The overall quality control plan required by the

certifying agency should involve all relevant disciplines, i. e., engineering, manufacturing, and quality control. A reliable quality control system should be in place to address special engineering requirements that arise in individual parts or areas as a result of potential failure modes, damage tolerance and flaw growth requirements, loadings, inspectability, and local sensitivities to manufacture and assembly.

【参考译文】

(5) 为了对质量进行全过程控制,应对关键特性和工艺参数进行监控。审定部门要求的全面质量控制计划应包括所有相关部门,即工程、制造和质量控制。应建立可靠的质量控制体系,以表明因潜在失效模式、损伤容限和缺陷增长要求、载荷、可检性,以及制造和装配的局部敏感性,对某个零件或区域的具体工程要求。

【英文原文】

(6) The discrepancies permitted by the specifications should also be substantiated by analysis supported by test evidence, or tests at the coupon, element or subcomponent level. For new production methods, repeatable processes should be demonstrated at sufficient structural scale in a way shown to be consistent with the material and process qualification tests and development of the associated specifications. This will require integration of the technical issues associated with product design and manufacturing details prior to a large investment in structural tests and analysis correlation. It will also ensure the relevance of quality control procedures defined to control materials and processes as related to the product structural details.

【参考译文】

(6) 规范中允许的偏差也应该通过试验支持的分析或试样、元件或组合件级的试验进行验证。对于新的生产方法,应在足够复杂的结构上证明其制造过程的可重复性,并证明其与材料和工艺鉴定试验以及相关规范的制定是一致的。这项工作要求在进行大规模的结构试验和相关分析投入之前,对与产品设计和制造细节相关的技术问题进行整合。这种做法将确保所编制的用来控制材料和工艺的质量控制程序与相应的产品结构细节的相关性。

【英文原文】

（7）The FAA does not generally certify materials and processes. However，the materials and processes may be accepted as part of a particular aircraft product certification. Appropriate credit may be given to organizations using the same materials and processes in similar applications subject to substantiation and applicability. In some cases，material and processing information may become part of accepted shared databases used throughout the industry. New users of shared qualification databases must control the associated materials and processes through proper use of the related specifications and demonstrate their understanding by performing equivalency sampling tests for key properties. Materials and processes used in technical standard order（TSO）articles or authorizations must also be qualified and controlled.

【参考译文】

(7) FAA通常不对材料和工艺进行审定,但材料和工艺可以作为某个航空器产品取证的一部分得到认可。对于那些把验证和使用过的同样材料和工艺再次用在类似应用中的单位,可以给予适当信任。在某些情况下,材料和工艺信息可能会成为整个工业界可接受并使用的共享数据库的组成部分。共享数据库的新用户必须通过正确使用相关的规范来控制有关的材料和工艺,并通过关键性能等同性抽样试验来证明其对上述规范的理解。用于技术标准规范(TSO)或授权文件的材料和工艺也必须通过鉴定并受控。

【英文原文】

b. Manufacturing Implementation.

（1）Process specifications and manufacturing documentation are needed to control composite fabrication and assembly. The environment and cleanliness of facilities are controlled to a level validated by qualification and proof of structure testing. Raw and ancillary materials are controlled to specification requirements that are consistent with material and process qualifications. Parts fabricated meet the production tolerances validated in qualification, design data development, and proof of structure tests. Some key fabrication process considerations requiring such control include material handling and storage; laminate layup and bagging (or other alternate process steps for non-laminated material forms and advanced processes); mating part dimensional tolerance control; part cure (thermal management); machining and assembly; cured part inspection and handling procedures; and technician training for specific material, processes, tooling and equipment.

【参考译文】

b. 制造实施

(1) 需要采用工艺规范和制造文件来控制复合材料结构的制造和装配。生产设施的环境和清洁度应该控制在通过相关鉴定并满足结构验证试验件制造所要求的水平。原材料和辅助材料的控制应与材料和工艺鉴定中相关规范要求相一致。所制造的零件要满足鉴定、设计数据库建立及结构试验验证环节已经验证的产品容差要求。必须按照上述要求严格控制制造工艺的关键制造过程包括:材料处置和储存、层板铺放与装袋(或其他可替代的非层压板材料和先进工艺)、配合零件的尺寸容差控制、零件固化(加热控制)、加工与装配、已固化零件的检测和处置程序,以及对具体材料、工艺、模具和设备操作技术人员的培训。

【英文原文】

(2) Thorough manufacturing records are needed to support parts acceptance and allowable discrepancies (defects, damage and anomalies). Substantiating data is needed to justify all known defects, damage and anomalies allowed to remain in service without rework or repair. Manufacturing records are also needed for all substantiated design and process changes.

【参考译文】

(2) 需要建立完整的生产记录,以便支持零件验收和允许偏差(缺陷、损伤和异常)。需要提供验证数据,以便判断所有已知并被允许继续使用的缺陷、损伤和异常不需要返工或修理。所有经过验证的设计和工艺变化也需要建立生产记录。

【英文原文】

(3) New suppliers of parts for previously certified aircraft products are qualified by manufacturing trials and quality assessments to ensure equivalent production and repeatability. Some destructive inspection of critical structural details is needed for manufacturing flaws that are not end item inspectable and require process controls to ensure reliable fabrication.

【参考译文】

(3) 对于那些先前已经认证的航空器产品的新的零件供应商，应通过制造验证和质量评估来获得资格，以确保所生产零件的等同性和可重复性。对于某些关键结构细节中无法进行最终检查且需要进行工艺控制的制造缺陷，需要进行破坏性检测，以保证可靠生产。

【英文原文】

d. Environmental Considerations.

Environmental design criteria should be developed that identify the critical environmental exposures, including humidity and temperature, to which the material in the application under evaluation may be exposed. Service data (e.g., moisture content as a function of time in service) can be used to ensure such criteria are realistic. In addition, the peak temperatures for composite structure installed in close proximity to aircraft systems that generate thermal energy need to be identified for worst-case normal operation and system failure cases. Environmental design criteria are not required where existing data demonstrate that no significant environmental effects, including the effects of temperature and moisture, exist for the material system and construction details, within the bounds of environmental exposure being considered.

【参考译文】

d. 环境考虑

需要制订环境设计准则，确定材料在应用中经评估可能遭受的临界湿度和温度环境条件。可以使用服役实测数据(如服役中吸湿量与时间的函数关系)来确认上述准则与实际情况的符合性。此外，对于航空器系统中靠近热源的复合材料结构,还需要确定在最严酷但属正常操作及系统失效情况时结构上的最高温度。如果已有数据可以证明,在所考虑的临界环境暴露范围内,环境(包括温度和湿度)对该材料体系和结构细节没有明显影响,则无须制订该环境设计准则。

【英文原文】

(1) Experimental evidence should be provided to demonstrate that the material design values or allowables are attained with a high degree of confidence in the appropriate critical environmental exposures to be expected in service. It should be realized that the worst case environment may not be the same for all structural details (e.g., hot wet conditions can be critical for some failure modes, while cold dry conditions may be worse for others). The effect of the service environment on static strength, fatigue and stiffness properties and design values should be determined for the material system through tests; e.g., accelerated environmental tests, or from applicable service data. The maximum moisture content considered is related to that possible during the service life, which may be a function of a given part thickness, moisture diffusion properties and realistic environmental exposures. The effects of environmental cycling (i.e., moisture and temperature) should be evaluated when the application involves fluctuations or unique design details not covered in the past. Existing test data may be used where it can be shown to be directly applicable to the material system, design details, and environmental cycling conditions characteristic of the application. All accelerated test methods should be representative of real-time environmental and load exposure. Any factors used for acceleration that chemically alter the material (e.g., high temperatures that cause post-cure) should be avoided to ensure behavior representative of real environmental exposures.

【参考译文】

(1) 需要提供试验数据证明,材料许用值或设计值是在高置信度和符合服役预期的临界环境条件下获得的。应该知道,某个最恶劣环境并不一定对所有结构细节影响都一致(如湿热条件对某些失效模式最严酷,而干冷条件则可能对其他失效模式最严酷)。应通过试验,如加速环境试验或适用的使用数据来确定使用环境对该材料体系的静强度、疲劳和刚度性能以及设计值的影响。设计时采用的最大吸湿量只是整个使用寿命期内可能的最大值,它可能与具体零件的厚度、吸湿扩散特性和实际环境暴露情况有关。当实际应用情况有变化或出现以前没有覆盖的设计细节时，应该对环境循环(温度和湿度)影响进行评估。如果现有试验数据可以表明适合对该应用的材料体系、设计细节和环境循环条件特性进行分析，则可以直接使用这些数据。所有的加速试验方法应能代表实际的环境与载荷暴露条件。应避免在加速试验中出现可能引起材料化学变化的任何因素(如引起后固化的高温)，以确保得到的性能数据可以代表真实的环境暴露条件。

【英文原文】

(2) Depending on the design configuration, local structural details, and selected processes, the effects of residual stresses that depend on environment must be addressed (e.g., differential thermal expansion of attached parts).

【参考译文】

(2) 必须根据设计构型、局部结构细节和所选工艺，对因环境产生的残余应力影响加以说明(如相互连接的零件之间出现不同的热膨胀)。

【英文原文】

e. Protection of Structure.

Weathering, abrasion, erosion, ultraviolet radiation, and chemical environment (glycol, hydraulic fluid, fuel, cleaning agents, etc.) may cause deterioration in a composite structure. Suitable protection against and/or consideration of degradation in material properties should be provided for conditions expected in service and demonstrated by test. Where necessary, provide provisions for ventilation and drainage. Isolation layers are needed at the interfaces between some composite and metal materials to avoid corrosion (e.g., glass plies may be used to isolate carbon composite layers from aluminum). In addition, qualification of the special fasteners and installation procedures used for parts made from composite materials need to address the galvanic corrosion issues, as well as the potential for damaging the composite (delamination and fiber breakage) in forming the fastener.

【参考译文】

e. 结构防护

风化、磨蚀、腐蚀、紫外线辐射和化学环境(乙二醇、液压油、燃油、清洗剂等)可能会引起复合材料结构的性能退化。应针对服役中预期的使用条件，提出防止材料性能退化的有效防护措施和/或注意事项，并通过试验验证。必要时，提供通风和排水措施。在某些复合材料与金属材料之间的界面，需要设立隔离层以避免电化学腐蚀(如，可以使用玻璃布隔离碳纤维复合材料铺层与铝合金)。此外，还需要对复合材料零件装配时所用的特殊紧固件和安装程序进行鉴定，解决电偶腐蚀，以及在安装紧固件时可能对复合材料产生的损伤问题(分层和纤维断裂)。

【英文原文】

f. Design Values.

Data used to derive design values must be obtained from stable and repeatable material, which are procured per a mature material specification and processed per a representative production process specification. This is done to ensure that the permitted variability of the production materials is captured in the statistical analysis used to derive the design values. Design values derived too early in the material's development stage, before raw material and composite part production processes have matured, may not satisfy the intent of the associated rules. Laminated material system design values should be established on the laminate level by either test of the laminate or by test of the lamina in conjunction with a test validated analytical method. Similarly, design values for non-laminated material forms and advanced composite processes must be established at the scale that best represents the material as it appears in the part or by tests of material substructure in conjunction with a test validated analytical method.

【参考译文】

f. 设计值

用于确定设计值的数据必须来自稳定的可重复生产的材料，这些材料必须根据成熟的材料规范进行采购，采用能够代表生产的工艺规范进行试验件制造。这样做是为了保证在导出设计值的统计分析中已经获取了生产材料允许的变异性。如果设计值确定得过早，如在材料研发阶段，原材料和复合材料零件的生产工艺还不够成熟，此时确定的设计值或许不能满足相关规定的要求。层压材料体系的设计值必须通过层压板试验或单层板试验，并结合经过试验验证的分析方法来确定，类似地，非层压材料形式和先进复合材料工艺的设计值必须通过最能代表材料在零件中实际状态的具有一定规模的试验来确定，或由那些用于验证分析方法的复合材料组合件试验来确定。

【英文原文】

g. Structural Details.

For a specific structural configuration of an individual component (point design), design values may be established which include the effects of appropriate design features (holes, joints, etc.). Specific metrics that quantify the severity of composite structural damage states caused by foreign impact damage threats are needed to perform analysis (i. e., the equivalent of a metallic crack length). As a result, testing will often be needed to characterize residual strength, including the structural effects of critical damage location and combined loads. Different levels of impact damage are generally accommodated by limiting the design strain levels for ultimate and limit combined load design criteria. In this manner, rational analyses supported by tests can be established to characterize residual strength for point design details.

【参考译文】

g. 结构细节

可以针对单个组合件(点设计情况)的具体结构形式，建立包括相应设计特征(孔、接头等)影响的设计值。需要建立专门的表征方法，用来量化外来物冲击损伤威胁所造成的复合材料结构损伤严重程度(类似金属的裂纹长度)，以便完成结构分析。因此，常常需要通过试验来表征结构的剩余强度，包括临界损伤位置和复合载荷对结构剩余强度的影响。通常采用限制设计应变水平的方法来对应不同的冲击损伤水平，而这些设计应变值又分别与极限载荷和限制组合载荷下的设计准则相对应。这样，就能够建立试验支持的合理的分析方法，并用来表征点设计结构细节的剩余强度。

3.2.2 材料和工艺适航符合性方法解读

3.2.2.1 环境考虑

1) 基本要求

由于复合材料的性能对温度和湿度环境敏感，在飞机复合材料结构的选材和设计中，应当制订环境设计和选材准则。环境设计准则应给出具体部位和材料所遭受的最严重环境状态，即复合材料结构所能达到的吸湿量与所处部位的最高温度相结合的环境状态。这是因为湿、热相结合的环境状态会明显降低复合材料基体控制的性能(例如压缩性能和剪切性能)。另外，还应考虑受拉伸载荷作用部位，干冷环境对拉伸强度(纤维控制性能)的影响。当已有的设计经验和数据表明，某种材料体系和结构细节在所暴露的环境状态(包括温度和湿度)范围内，对材料性能不存在明显的环境影响时，无须制订环境设计准则。复合材料结构所处环境状态的取值，应得到合格审定机构的认可或批准。环境影响还涉及 23.305、23.307、23.573、23.629、23.1529 等条款。

2) 温度环境的取值

民用飞机结构的最高温度状态是飞机处在地面时达到的(局部区域，如涡轮排气区域等)。它与结构部位和构型等密切相关。在制订环境设计准则时，要确定不同部位温度环境的取值范围。需要在统计大量实测数据的基础上，确定结构可能遇到的最高温度。推荐结构最高温度为 75～82℃，最低温度为－54～－60℃。紧靠热源部位复合材料结构的峰值温度要通过实测和分析确定。

3) 最高使用温度限制

复合材料吸湿后，玻璃化转变温度(T_g)将会降低。在给定的吸湿条件下，随着温度的增加，聚合物基复合材料的性能(主要是基体材料控制性能)会明显降低。材料性能急剧降低的温度被定义为材料工作限制(MOL)，或称最高使用温度限制。材料的吸湿量对 MOL 有显著影响。推荐选取 85%RH 下的吸湿量所对应的 MOL 作为最高使用温度限制。为保证结构温度不会达到或接近 T_g，不会使强度降低到设计极限载荷之下，也不会产生蠕变，MOL 需满足下式要求：

$$\mathrm{MOL}=T_g-\Delta T \tag{3-1}$$

式中，ΔT 为温度裕度。

对于环氧树脂基体的复合材料，选取 28℃(50℉)作为温度裕度；对于双马树脂基复合材料，选取 50℃作为温度裕度。应该通过试验方法，测量干材料和湿材料状态(每种状态最少 3 个试样)，给出玻璃化转变温度值。需要通过一定数量的力学性能试验来验证由 T_g 数据所确定的 MOL。

4) 加速吸湿处理的温度和相对湿度

试件加速吸湿处理时的相对湿度取为 85%RH，在前期阶段也可取为 95%RH。

5) 水分含量的取值

对厚度较厚的结构件，可能吸湿时间超过飞机使用寿命，也难以达到平衡水分含量。测量平衡水分含量最少需要 3 个试件，取平均值作为平衡水分含量。

试件中的水分含量应当是飞机寿命结束时的水分含量，或者是设计寿命内的最大水分含量，两者中取较高者。如果没有试件应达到的最大水分含量数据，推荐水分含量的设计取值为 1.2%。

3.2.2.2　材料的鉴定、验收与等效

1) 材料鉴定

材料鉴定是指型号合格证(type certification, TC)申请人为满足适航审查要求所制定和实施的对材料全面性能进行多批次取样试验和鉴定的行为，其目的是确定材料性能的变异性，获得具有一定置信度和存活概率的材料许用值。

适航审定当局通常不对材料和工艺进行合格审定，但可以将复合材料作为特定飞机产品合格审定的一部分被适航审定当局认可。申请合格审定的产品，其原材料应当符合适航当局认可的材料规范。由制造商制订的材料规范应包括以下方面的标准：物理和化学性能；力学性能(试样级)；可重复性(通过若干批次试验)。

关于这些性能的测试方法需要给出参考标准，或者在规范中进行完整描述。

(1) 预浸料的物理和化学特性试验。

预浸料鉴定过程中的试验项目包括：树脂含量、挥发分含量、凝胶时间、树脂流动性、纤维面积重量等。在运输和储存过程中，如果控制不当，树脂的性能会发生改变，导致预浸料在使用时出现问题，也有可能对用预浸料制成结构件的短期和长期性能产生极大的负面影响。因此，在预浸料鉴定过程中，需要关注它的运输和存储条件是否符合相关要求。

应检查材料供应商的质量控制体系，以确保对原始纤维和树脂采取了适当的质量控制。材料供应商应当向每个制造商提供它的质量控制程序，用作飞机结构制造商材料鉴定的一部分，并作为飞机结构制造商的质量保证文件的一部分。

在材料鉴定过程中，为评估环境对材料性能的影响，经常使用代表极端暴露情况的 4 种环境条件：

① 低温干态(CTD)：−55℃，制造状态的吸湿量；

② 室温干态(RTD)：大气实验室条件，制造状态的吸湿量；

③ 高温干态(ETD)：71℃，制造状态的吸湿量；

④ 高温湿态(ETW)：71℃,在85%RH环境下达到平衡的吸湿量。

室温干态、热/湿条件下,复合材料体系或结构黏结剂的应力-应变关系应该包含在材料规范中,也应该作为材料鉴定要求的一部分。

(2) 材料耐液体浸渍性能的鉴定。

原材料的材料鉴定还应该包括原材料耐液体浸渍性能的鉴定。为了评估各种类型液体的影响,采用对基体降解敏感的试验方法度量液体敏感性,并可与室温干燥和高温干燥环境状态下的非暴露结果相比较。为了确定基体降解程度,经常采用目视方法、立体显微镜下检查和厚度测量的方法。应当采用工程判断和统计检验的方法来评估基体降解程度。如果发生明显降解,则必须重新评估材料体系可能的液体降解情况(水或水汽等)。

2) 材料的验收

需要制订材料标准来保证所采购材料的一致性。通过验收试验和对试验数据的统计分析来检出预浸料批次中大的变异,或不希望出现的高性能和低性能。一般说来,大部分交付/接收试验在供应商那里进行。验收试验用于保证用于制造复合材料结构的材料与研发材料许用值时所用的材料性能相同。

在材料验收检验中,制造商需要依据鉴定合格的材料规范对每批次材料进行检验,并对多批次材料进行统计分析,进而评估供应商提供的材料组分(纤维、树脂等)、包装及运输方式、生产工艺等是否满足材料规范的要求。建议制造商要进行独立的化学性能测试试验,对树脂、预浸料、胶黏剂等进行分析,评估产品是否满足合格鉴定要求。对于不同的复合材料航空器结构制造商,验收试验可能不同。材料验收试验应分别由材料供应商和复合材料航空器结构制造商完成,或由它们二者共同完成。随着材料应用时间和信任的增加,依据材料的使用和验收情况,并与材料制造商和适航当局代表协商,可以修改验收试验和检测的频率。需要注意的是,在验收试验中,要制定特殊的检验方法和程序,以保证能够检出预浸料在运输过程中被暴露于有害环境的情况。此外,除了周期性抽样外,必须由原制造商(original equipment manufacturer, OEM)或一个独立的机构来进行年度的材料性能验证。在材料验收标准中,应当把制造商和材料供应商一致同意的来料或材料体系的物理和化学特性偏差作为验收标准的一部分。

制造商在接收来料时,验收检验员要证实来料装运的情况,判断卖方的包装是否存在疏忽,并要检查产品合格证。所有的检验应当遵循采购订单中确定的检验标准。每次取发放材料的一段(沿材料的宽度方向截取)作为验收试验的一部分,送交实验室进行试验。试验要按照采购订单中指定的规范进行。

3) 材料等同性鉴定

在复合材料结构研制和生产过程中，可能发生了如下情况：材料供应商改变了原来的材料产品，或原来的材料供应商停止了生产，需要更换材料供应商；复合材料结构制造商可能发现必须改变生产工艺来提高效率或消除产品缺陷。在初始鉴定的材料和/或工艺发生变化或者进行了更换的情况下，必须对材料的等同性进行静强度验证和鉴定。

(1) 材料等同性验证的一般程序。

材料等同性的验证工作可能需要超越单层性能这一级别的评定，而进行更复杂的验证，包括分析与试验。这些试验可能包括层压板级试样、元件及组合件级试验，例如开孔、充填孔、螺栓挤压、低速冲击、疲劳和壁板屈曲试验等。对一种材料进行等同性验证所要遵循的一般程序如下：

① 鉴别出控制材料性能的关键参数，并指出它们为什么是关键的；

② 对每一个参数，确定适当的试验、测量方法或评定方法。这些都必须与原来材料所做的试验、测量方法或评定方法严格地对应(例如同样的试样形式和同样的试验条件)；

③ 针对试验、测量或评定，给出是否通过的准则；

④ 准备试验计划并获得必须的批准；

⑤ 进行试验并给出试验报告；

⑥ 给出验证结论：通过或不通过；

⑦ 向合格审定机构报告材料等同性验证结果(包括相关文件)，并获得认可或批准。

(2) 关键性能参数的选取。

关键的材料或结构性能参数是可以测量的量。将它们与原来的数值进行比较，就能定量给出制造或结构性能方面的差异。这些参数与材料和结构细节有关，并可能随设计、工装、制造和使用等因素而变化。

性能参数的重要性和完整性随构件设计、载荷与应用情况而变化。有些情况下，只要报告其测量值即可。而在另一些情况下，其测量值必须满足或超过原来的值。还有些情况下的测量值与原来的值不允许存在较大的差别，既不能过高，也不能过低。例如模量、纤维面积重量、基体含量和固化后的单层厚度等就属于这种情况。

(3) 材料或工艺变化的分类。

材料或工艺的变化可以分为如下三种情况。

情况 A：基本组分，即树脂或纤维（仅包括上浆剂或表面处理）中的一种发生变化或二者同时变化，其他变化包括织物机织形式、纤维面积重量和树脂含量的变化；

情况 B：基本组分相同，但浸渍树脂方法发生变化（任何变化）。这样的变化包括：(i) 预浸工艺（例如由溶液变成热溶浸渍）；(ii) 具有同一纤维面积重量单向带材料形式的丝束大小（3k，6k，12k）；(iii) 同一供应商的预浸设备；(iv) 改变同一材料的供应商（取得许可证的供应商）。

情况 C：材料不变，但工艺流程进行了改进（如果工艺流程的改进控制了最终的复合材料力学性能）。显著工艺变化的例子包括：(i) 固化周期；(ii) 胶接面制备；(iii) 用干纤维成型件制造零件所用树脂传递模塑工艺的变化；(iv) 模具；(v) 铺贴方法；(vi) 材料铺放工作间的环境参数和(vii) 主要的装配步骤。

相似材料和替代材料的划分，依据上述变化情况对关键材料参数和结构性能参数影响的严重程度，可把这三种变化情况分别归为“相似材料/工艺”（具有较小改变）和“替代材料/工艺”（具有较大改变）两大类。“相似材料/工艺”类包括情况 B 和某些情况 C。例如结构制造商采用与原工艺稍微不同的工艺，包括增大固化压力或真空度，改变固化参数，如停留时间和升温速率等。

“替代材料/工艺”类包括情况 A 和某些情况 C。另外，对于采用已经取得许可证的工艺生产的、据称是对原有纤维的完全复制的新型纤维材料这种变化，也被认为是“替代材料/工艺”类。

(4) 两种材料体系的兼容性和试验。

由于材料等同性验证的目的不是确定材料的基准值，而是评估相似材料与原来材料的一致性，作为准备与原有数据进行比较的第二个数据母体，其试验数量可以相应减少。实际所需的等同性验证试验的数量，取决于两种材料体系之间的兼容程度。

在实际的材料等同性验证中，可能还需要更高级别的元件/组合件的力学性能验证试验。这取决于关键材料参数或结构参数的变化程度，并与具体的应用情况有关。

应当注意：进行等同性试验证明时，必须用与确定基准值试验相同的方式和方法。试验后，需要进行统计分析，来评估材料等同性。

(5) “相似材料/工艺”类材料等同性试验验证的说明。

首先，需要指出：可能不会对结构性能产生影响的某些小变化不应作为重新鉴定的一部分，例如预浸料的隔离纸、某些真空袋材料等的改变。然而，制造商或供应商应建立筛选这些变化的体系来审查那些变化。对于属于情况B的较小变化,可以只用积木式较低级别的试样试验证明材料的等同性。

应提供验证原设计值保持有效的数据。对数据需要采用统计方法来保证关键的设计性能来自与原来材料/工艺组合相同的母体。

(6)"替代材料/工艺"类的材料等同性试验验证的说明。

对可能引起材料和结构性能较大变化的情况C,需要在积木式试验计划的适当级别上进行评定(试验的方式和方法应与原来的相同),以确定制造工艺变化得到的是"相似材料"还是"替代材料"。需要根据所提出的制造变化,做出工程判断确定试验的范围。

应当把情况A看作需要进行结构验证的显著变化。AC 20-107B不推荐按所改变的基本组分再进一步分类,因为材料行为,例如对应力集中的敏感性,可能受界面性能控制,而界面性能则可能受纤维或树脂变化的影响。

对任何替代材料/工艺的组合,应确定所有相关性能的新设计值。应当重新审查初始的结构分析模型,包括预计破坏模型。如果需要,应通过试验验证。应当修改采购标准或应当确定适合于所选材料的新标准,来保证能恰当地控制关键参数变异性和确定新的验收准则。例如从第一代碳纤维换成第二代碳纤维,拉伸强度可提高20%以上,则在替代材料的标准中需要有新的验收门槛值来保证检出质量变异性。对涉及模具的一些变化,如从全真空袋装工艺变为热膨胀芯工艺,评估应包括对部件本身的评定,有时称为"模具验证试验"。在这种情况下,应要求对所制造出的首件进行更充分的无损检测。若认为需要,可通过从代表性部件上"切出"试验件来进行物理或力学检查。

(7)试验的批次数。

进行多批次试验是为了验证材料特性的再现性是否可以接受。要求的材料批次应考虑:验证的等同性类别(相似或替代),研究的等级(非通用或通用试验件),供应来源以及所研究的性能。可参考CMH-17和DOT/FAA/AR-03/19,制订直到层压板级的试验矩阵。

(8)材料等同性试验数据的统计检验。

需要对材料等同性试验数据进行统计检验,决定材料的等同性。依据关注的材料特性,选择检验统计量。对于某些性能,不希望其有高的平均值,例如预浸料的挥发分含量,这些性能的统计检验将拒绝高的平均值。其他一些性能(例如模量)要求平均值在可接受的范围内,高的或低的平均值都是不希望的,这些性能的检验统计量拒绝高或低的平均值。另外,对强度性能的检验统计量既拒绝低的平均值，又拒绝低的最低单个值。

对于强度来说，试验数据应具备足够数量，以允许进行统计分析。对于非通用类试验，当只用一个试验件来评估结构特性时，通过的准则应是试验结果满足设计极限载荷要求。

顺便指出，在进行材料等同性试验数据的统计检验时，对于纤维控制的力学特性，需要将试验数据进行归一化处理后，再进行统计检验和分析。

3.2.2.3 制造过程工艺控制

1) 质量控制体系

复合材料结构制造商应构建完善的、可靠的质量控制体系，来确保所制造的复合材料结构具有重复性，并达到设计与合格审定所要求的可靠性和安全性。

质量控制体系应包括来料检验、生产过程控制、最终产品的评估(评估与设计要求的一致性)与验收；还应包括批准采用的非破坏性和破坏性检验标准，以及产品最终可接受的标准。合格审定部门要求的全面质量控制计划涉及工程、制造和质量控制部门。咨询通告 AC 21-26 对构建复合材料结构质量控制体系给出了指导，可广泛用于复合材料结构领域。

2) 制造工艺规范

复合材料结构制造商应制订材料和工艺规范以及制造过程控制文件，以确保生产出具有重复性和可靠性的结构。规范(或标准)所允许的缺陷以及其他容差应通过试验支持的分析或试样、元件或组合件的试验进行验证。

在执行积木式试验计划过程中，应不断地监测制造的质量，以保证早期所建立的性能数据始终有效。这种行为可能会包括对工艺周期的巡检，来核实较大部件所经历的工艺历程与较小元件及试样是相似的。此外，通常采用无损检查(如超声)来评定层压板的质量(如孔隙/空隙率)。也可能用破坏性试验来检验纤维体积含量等。

与金属材料结构的制造工艺不同，复合材料结构成型与材料成型是同时进行的。因此，用于生产复合材料结构的材料和工艺规范必需包含足够的信息，以便通过这些信息可以控制制造工艺的关键参数，保证产品的生产合格率。

要求控制的某些关键制造工艺包括：材料处理与储存、层压板铺放与装袋(或非层压材料形式和先进工艺的其他替代工艺)、相配合构件的尺寸容差、构件固化(加热控制)、机加与装配、固化构件检测与处理方法，以及对涉及具体材料、工艺、模具和设备的技术人员培训。

工艺鉴定与验收试验应代表拟采用的制造工艺。生产试验件的工艺参数应与制造真实复合材料结构所用的工艺参数尽可能相一致。试验件的产品都必须符合材料标准和工艺规范。一旦确定了生产工艺,除非完成差异性试验,并且经过附加审定,否则就不能改变生产工艺。

应控制生产厂房的环境和清洁度,达到结构试验件生产的同样水平。原材料和辅助材料要按材料和工艺鉴定时一致的标准(规范)进行控制。制造的构件要满足鉴定和建立数据库时所规定的要求及结构试验验证中证实的产品容差要求。

对于新的制造工艺,应进行材料工艺质量评定试验,并进行结构级试验验证,最后制订新的工艺规范。

3) 工艺过程控制

复合材料结构制造商应通过批次试验和基于统计的工艺过程控制,来确保材料性能在任何时候都不会出现偏离。工艺质量控制主要监控关键的材料特性和工艺参数。

工艺过程控制的首要任务就是按照严格程序收集数据(通过试验或测试方法获得数据)。数据收集完成之后,通常要按某种方式将数据绘制成曲线(因为数据列表很难识别出其变化趋势,即使只有少量的数据点,情况也可能如此)。

可利用控制图来度量工艺过程中产品的变异性。产生变异性的因素包括随机性因素和系统性因素。当工艺过程中存在系统性影响因素时,数据会呈现出某一简单规律。这说明工艺过程存在问题,需要进行处理。

在很多情况下,应该以几个不同的方式绘制相同数据的曲线图(控制图),找出各因素之间的联系或相对于时间的变化趋势。

4) 制造缺陷的允许范围(接收/拒收标准)

复合材料结构在制造时产生的缺陷通常有两种形式:一是复合材料结构件制备期间产生的缺陷;二是结构件的加工、操作和最后装配期间产生的缺陷。装配缺陷经常是由于刻痕、划伤、冲击分层、纤维断裂、钻孔不当、紧固件安装过紧等原因使最后产品出现损伤而产生的。在决定含缺陷的结构件是否需要修理或报废时,需要考虑缺陷的位置和尺寸、缺陷类型、该结构预计承受的载荷以及结构件的重要性。

复合材料结构制造商应针对复合材料结构件制造过程产生的缺陷和结构件的加工、操作和最后装配期间产生的缺陷填写生产记录表,对生产过程和存在的缺陷进行记录,以支持构件的验收。如果经过验证的设计和工艺发生变化,也需要进行记录。

在所有复合材料结构制造缺陷中，最严重的损伤形式是分层和脱胶（包括弱胶接）损伤，对此种类型损伤应引起特别关注。完全避免出现上述缺陷是不可能的，但是，这些缺陷必须在质量控制的范围之内。允许的缺陷范围需要考虑缺陷的位置和尺寸、缺陷类型和结构件的重要性，并依据试验数据确定。有些制造缺陷在结构投入使用之前，可能是不可检的。例如，胶接表面受到污染的连接（弱胶接），直到弱胶接进一步退化之前，可能是不可检的。在铺层和胶接过程中，比较容易产生这种弱胶接。大面积的弱胶接是很危险的。

通常复合材料结构的接收/拒收标准需要进行试验验证。目前还没有可参考的标准。一般说来，应结合许用值试验以及静强度、疲劳和损伤容限验证试验，采用积木式试验计划确定复合材料结构缺陷接收/拒收标准。在确定接收/拒收标准时，还应综合考虑工艺和检测能力。

5）制造缺陷的检测

（1）适用的非破坏性检测方法。

在确保生产过程得到控制后，还必须检查复合材料细节构件是否符合尺寸和制造质量要求，并对工艺过程导致的缺陷和损伤进行无损检测（NDI）。

常用的检测技术包括目视、超声波和X射线检测。复合材料部件NDI的范围，取决于部件是主要结构，还是次要结构（部件的类型与分类一般是在工程图纸中规定的）。工程图纸也应注明规定的NDI试验和含有接收/拒收标准的工艺规范。NDI用于发现缺陷和损伤，如空隙、分层、夹杂物和基体中的微裂纹。

目视检查用于核查并确认部件满足图纸要求，以及评定部件的表面与外观。目视检查包括检查表面气泡、凹陷、外来物夹杂、铺层变形和折叠、表面粗糙度、表面孔隙和褶皱。在制造方的工艺规范中应给出这些缺陷的接收/拒收标准。

复合材料生产最广泛使用的NDI技术是超声波透射C-扫描检测，其次是超声波脉冲回波A-扫描检测。用超声方法进行评估的主要缺陷是内部空隙和分层。这些检测需要制造出具有已知内置缺陷的标准件。它的输出形式为显示整个部件声衰减变化情况的曲线图。将曲线图与部件上显示的声衰减变化的位置相比较，如果发现缺陷超过了规范允许的范围，则拒收该构件并由工程技术部门进行处置。构件的处置可能有(i) 按现状接收；(ii) 经过进一步再加工或修理使该构件可接收；(iii) 报废。

在NDI中，经常用X射线检测评价层压板中镶嵌件的胶接，以及夹芯板中蜂窝芯子与面板的胶接情况。所要求的检测范围由工程图纸按检测的类型或分类指定，这些类型或分类通常在一个独立的文件中规定，由制造方的工艺规范加以引用。如同超声波检测一样，为了正确地评价 X 射线胶片，通常需要有内置缺陷的标准件。

为使无损检测技术有效、重复性好、可靠，需要采取一些必要的措施来控制无损检测的质量。这些措施主要包括：

① 无损检测说明书和使用的检测程序应由质量保证部门批准；

② 参与检测的技术人员，必须经过培训，考试合格后，持证按级上岗。对检测人员定期进行观察力考核，并用带有已知缺陷的标准样件对检测人员进行无损检测能力的考核；

③ 制订成型工艺过程和最终接收/拒收的实际验收标准，供检测人员使用；

④ 无损检测仪器的校验设备，包括带有已知缺陷的质量控制标准样件，均应定期进行鉴定；

⑤ 建立无损检测程序项目生效的审查和批准手续(制度)。

(2) 破坏性检验。

对于关键构件或结构部位，当单独采用非破坏性技术不能保证构件的结构完整性时，或者无法采用无损检测技术进行检测时，需要采用破坏性检验，来确保工艺过程的可靠性。这些破坏性检验包括周期性地解剖需要进行破坏性检测的部位，以及从构件多余部分(构件的毛边部分)切下试件进行力学试验。

6) 更换制造商

当已获得型号合格证的飞机更换复合材料结构制造商时，应对其生产工艺过程、生产样件进行质量评定和审查，确定其产品具有等同性和可重复性，才能批准生产资格。

3.2.2.4　材料许用值与设计许用值

材料许用值与设计许用值主要涉及的条款有 23.603、23.605、23.613 等。

1) 材料许用值

(1) 材料许用值的定义和表征。

材料许用值是通过对试验数据进行统计分析得到的材料性能值(例如模量、应变或应力)。材料许用值通常用平均值(用于模量)、B 基准值和 A 基准值表征。材料许用值多采用材料的应变值。

如果所设计构件的失效会导致结构完整性(承受极限载荷的能力)丧失，即施加到结构上的外载荷通过单一途径传递或通过单一构件传递，而单一途径或构件的失效可能会导致整个结构出现灾难性后果，则该结构的设计使用 A 基准值。如果某一构件失效后，载荷会可靠地传递到其他构件上，载荷重新分配，则设计该构件时，使用B基准值。

(2) 材料许用值的应用。

复合材料的材料许用值是评估材料的分散性、环境影响(包括确定环境补偿因子)和确定设计许用值的基础，并为设计分析提供所需的模量值。除了模量值以外，其他材料性能并不直接应用于复合材料结构设计。

(3) 试验数据的统计分析。

与金属材料相比，复合材料静强度、剩余强度和疲劳寿命的试验数据均具有较高分散性。为保证复合材料结构与金属结构具有相同水平的可靠性，需要采用统计分析方法对复合材料性能试验数据进行统计分析，并给出基于统计的材料许用值，从而将复合材料性能数据的差异性纳入复合材料结构的设计许用值中。

a. 异常数据的判断

异常数据就是在数据集中，比大多数观测值低很多或高很多的观测值。异常数据通常是错误的数据。这些错误数据是由于记录错误、试验中不正确的试验状态或者采用了含有缺陷的试件而产生的。必须对数据集进行异常数据筛选，并舍去异常数据，因为这些数据对统计分析结果有实质性的影响。对删除的异常数据，应在试验报告中加以说明。需要对异常数据进行定量判别和利用图表进行目视检查，但是，这两种判断并不是完全可靠的。

在确定异常数据的产生原因之前，不能舍弃异常数据。需要对产生异常数据的物理原因进行调查，并进行工程判断，以确保不会意外地舍弃应当保留的异常数据，同时也不会保留那些应当舍弃的异常数据。

b. 试验数据的归一化处理

由于基体树脂含量和空隙率大小的不同，导致材料之间、批次之间、板件之间，甚至同一板件内试件之间纤维体积含量存在差异。在复合材料试样或结构元件试验的数据处理过程中，如果试件具有不同的纤维体积含量，则统计分析的结果可能是不正确的。对于纤维控制的力学性能，应当对其试验数据进行归一化处理。归一化就是把纤维控制的性能试验数据折合到一个规定的纤维体积含量基础上。如果不进行纤维控制试验数据的归一化处理，试验数据将会呈现出附加性质的变异源，可能导致错误的结论。试验数据归一化处理的目的是减少纤维控制力学性能的变异性。

c. 非结构型数据的基准值

计算非结构型数据基准值的方法取决于样本的数据集所服从的母体分布形式。通过拟合优度检验，来确定样本的数据集是否服从 Weibull 分布、正态分布和对数正态分布。如果能够用 Weibull 分布适当地拟合该非结构型数据，则推荐该拟合模型。对于复合材料性能数据的统计分析，即使是其他模型显得拟合程度更好，通常也采用 Weibull 分布拟合模型。这是因为 Weibull 分布更适合用于脆性材料性能试验数据（例如复合材料的静强度试验数据）的拟合。另外，还应指出：采用 Weibull 分布计算非结构型数据的基准值，通常偏于保守，更可靠。研究结果表明：对于拉伸载荷情况，按 Weibull 分布比按正态分布给出的 A 基准值和 B 基准值分别偏低 9.7％和 2.6％；对于压缩载荷情况，分别偏低 16.1％和 5.2％。

当采用 Weibull 分布计算基准值时，如果计算得到的形状参数（α）大于 20.0（对于静强度），则取 $\alpha=20.0$；如果 $\alpha<20.0$，则通过计算得到 α 值。这样做是为了使计算结果偏于保守，降低风险性。

如果经过拟合优度检验，不能采用 Weibull 分布拟合试验数据，则依次对正态分布和对数正态分布进行拟合优度检验。如果这三种分布模型都不适合于拟合该非结构型数据，则应采用非参数法来计算基准值。

d. 若干批次试验数据下的基准值

通常采用单因素方差分析的随机影响分析模型处理来自几个厂家各自的若干批次的数据，但需要确认所有这些数据来自相同的生产工艺和试验条件，可以忽略数据来自多个厂家的事实，也就是认为各厂家的批间与批内差异接近相同。否则，应采用方差分析单因素混合模型，给出多个数据来源的基准值。

应当指出：方差不相同表明各批试件的生产工艺和试验数据的生成可能存在不一致的问题，应当进行方差不相等的原因调查。如果在方差不相等的情况下，进行基准值计算，可能会在一些情况下导致非常保守的基准值。

e. 不同温度或湿度试验变量下的基准值

试验数据统计分析经验表明，在不同环境条件下，试验数据的变异性是类似的，并且每种环境下的失效模式没有明显变化。在这种情况下，可以合并不同环境条件下的试验数据，通过采用简单线性回归分析和组合 Weibull 分析方法，获得较高的基准值，并可以得到两种（或多种）对应试验数据环境以外的其他环境下的基准值。例如，现有－67℃和 75℃两个温度环境（相同水分含量）下的试验数据，经过简单线性回归分析，可得两温度之间任何温度（具有相同水分含量）下的基准值。但是，为了使统计分析有效，需要满足以下的相关假设和限制：至少有两种不同环境下的试验数据；每种环境下的试验数据均为非结构型试验数据；残差关于回归直线为正态分布。

2）设计许用值

在复合材料结构研发过程中，最终确定设计许用值之前，需要先给出用于研发过程的设计许用值，以便用于设计分析，确定几何尺寸。最终设计许用值用于合格审定。

确定复合材料结构设计许用值时，要涉及复合材料结构的静强度、疲劳强度、损伤容限和修理等方面。首先，需要确定相应的静强度设计许用值、疲劳强度设计许用值、损伤容限设计许用值和修理设计许用值。然后，再对这些设计许用值进行综合分析，给出结构的设计许用值。确定设计许用值，需要结合设计经验，并需要经过试验验证。

一般情况下，在复合材料结构设计中采用两个设计许用值：一个是静强度设计许用值，另一个是损伤容限设计许用值。静强度设计许用值通常涵盖了疲劳强度设计许用值和修理设计许用值。

用于复合材料结构设计的设计许用值，应获得合格审定机构的批准。

（1）静强度设计许用值。

静强度设计许用值是在已有的材料许用值的基础上，结合设计经验和更高层级试件的试验验证结果给出的。它用作静强度结构设计与分析的设计阈值。也就是说，静强度设计许用值是在设计极限载荷作用下结构应变（或应力）的限制值。

应当指出：静强度设计许用值需要采用组合件和/或部件进行试验验证。静强度设计许用值包括拉伸强度许用值、压缩强度许用值（还包括构件稳定性设计许用值）和剪切强度许用值。因为确定设计许用值的试验件可能很特殊，所以，对于其他复合材料结构，除非与所设计的结构相似，否则，不应采用此设计许用值。

含有勉强目视可见冲击损伤（BVID）和工艺规范允许制造缺陷的复合材料结构应能承受设计极限载荷。因此，这样的结构设计应当属于静强度设计范畴。这也就是说，确定复合材料的材料许用值和设计许用值时，应该考虑工艺规范允许缺陷和 BVID。应采用组合件和/或部件对材料许用值进行试验验证，并结合设计经验，给出相应的设计许用值。

（2）疲劳强度设计许用值。

在确定疲劳强度设计许用值时，应当考虑湿热环境的影响。对于每种环境状态，至少需要进行 4 个应力水平的疲劳寿命试验（应力水平的选取要使它靠近疲劳门槛值，因为疲劳寿命试验的目的主要是确定疲劳门槛值）。

确定疲劳强度设计许用值的疲劳寿命试验，除最低应力水平外，所有疲劳寿命试验均要进行到发生疲劳破坏。

因为疲劳寿命试验时间长、成本高，可以选择具有代表性的结构构型制作试件进行疲劳寿命试验。在确定复合材料结构门槛值时，可以采用不同构型的试件：无缺口的层压板（边缘分层试验）；带有一个开孔的层压板；带有加强件的层压板；螺接连接件（复合材料-复合材料，复合材料-钛合金）；圆角细节件（圆角处具有应力集中）。

经过对试验数据进行统计分析后，可以给出 4 个应力水平的疲劳寿命 B 基准值和 A 基准值。然后，就可以给出对应 B 基准值和 A 基准值的 $S-N$ 曲线。由 $S-N$ 曲线就可以确定对应 B 基准和 A 基准的疲劳门槛值。

复合材料具有良好的抗疲劳特性，高的疲劳门槛值。对于典型的碳/环氧复合材料，疲劳门槛应力水平在 60%平均静强度以上。因此，可以采用极限强度方法确定疲劳强度设计许用值（包括 B 基准和 A 基准）。也就是要求疲劳载荷中的最大载荷对应的应力水平不大于疲劳门槛应力水平。这样一来，就简化了疲劳设计过程。这种确定疲劳强度设计许用值的方法比较保守。

（3）损伤容限设计许用值。

含有缺陷/损伤复合材料结构的设计许用值可分为两类：一类是含有勉强目视可见损伤（BVID）复合材料结构的设计许用值，也可以把它看作静强度设计许用值。这类设计许用值是为符合 23.305 极限载荷要求进行分析所使用的设计许用值；另一类是含有最大设计损伤（MDD）的复合材料结构设计许用值。这一类许用值为符合 23.573(a)损伤容限要求进行分析时所使用的设计许用值。这类设计许用值常称为损伤容限设计许用值。

在复合材料结构设计中，大部分结构部位所采用的设计许用值是损伤容限设计许用值（包括上述两类损伤容限设计许用值）。

a. 含 BVID 的损伤容限设计许用值（属于静强度设计许用值）

确定含勉强目视可见冲击损伤（BVID）的损伤容限设计许用值，必须进行剩余强度试验和“损伤无扩展试验”。含 BVID 结构的剩余强度应能达到设计极限载荷以上的承载能力。需要通过试验验证含 BVID 结构在 1.5 倍疲劳寿命试验中损伤“无扩展”。为了证实损伤“无扩展”，除采用全尺寸试验外，还可采用下列结构元件和组合件进行疲劳寿命试验：含 BVID 的层压板；开口边缘含 BVID 的剪切壁板；含胶接修理和 BVID 的筋条壁板；含 BVID 的蒙皮对接接头壁板；腹板开口边缘含 BVID 的受剪梁。

在确定含 BVID 的损伤容限设计许用值时，可以参考上述的试验类型，确定证实 BVID“无扩展”的试验计划。因为压缩加载是关键的加载方法，损伤“无扩展”验证试验应选取压缩加载方法。

b. 含最大设计损伤(MDD)的结构损伤容限设计许用值

含 MDD 损伤的复合材料结构必须具有承受设计限制载荷以上的承载能力，并且在两倍检查间隔的疲劳试验中，损伤“无扩展”。

可以通过含 MDD 损伤组合件级和/或子部件级的剩余强度试验以及结合设计经验，确定含 MDD 损伤的复合材料结构剩余强度设计许用值。关键的冲击损伤位置通常发生在应力集中处(如检查孔的边缘)或在骨架元件的上方(如加筋条处的蒙皮)。

c. 含离散源损伤情况

含离散源损伤(例如鸟击损伤)的复合材料结构应具有“持续安全飞行”的能力。因此，在确定损伤容限设计许用值时，应通过组合件或部件试验考虑这种损伤情况。

(4) 针对修理的设计许用值。

复合材料结构修理方案通常采用模拟修理部位构型、材料和工艺的试件进行试验。通常，对于修理设计不需要给出以统计为基准的材料许用值。但是，应给出材料间的性能差异，这对于湿铺层修理是需要的。

通常可将原复合材料结构的材料许用值乘以减缩系数(通过少量复杂性较低试件的试验给出)，给出修理情况下的材料许用值。以反映修理材料以及固化温度和压力与原结构存在差异的情况。采用上述方法给出材料许用值以后，应进行少量的组合件和/或子部件试验验证，并结合修理设计经验，给出用于修理设计的设计许用值。

用于修理设计的试样通常采用螺接或胶接简单连接试样。这种试验一般是二维的试验。螺栓连接的试样可以是单螺栓连接或双螺栓连接，通过这些试验可以获得挤压、挤压/旁路和净拉伸试验值。胶接连接试样通常采用搭接形式的胶接连接，以获得连接处的胶接连接强度。

3.3 材料和工艺适航评审要素及审查要求

AC 20-107B 中给出了正常类飞机复合材料结构在适航审定过程中需要关注的技术要点和要求。本节在对这些技术要点和要求进行分析总结后，给出了复合材料结构适航评审要素及评审要求。

3.3.1　材料和工艺控制要求

复合材料结构的材料和工艺控制要求主要包括以下几点：

(1) 应当建立相应的工艺标准来保证复合材料结构性能稳定；

(2) 复合材料制造工艺的制定应基于材料标准中定义的工艺鉴定与验收试验的方法；

(3) 复合材料试验件与产品零件的工艺参数应尽可能一致，且都必须符合材料标准与工艺规范；

(4) 除非进行包括差异性试验在内的鉴定，否则复合材料生产工艺一旦确定，就不应改变；

(5) 采购标准中的材料要求应基于采用合格工艺规范生产的试件的鉴定结果，鉴定结果必须包括复合材料结构生产所用材料和工艺的所有性能；

(6) 材料或工艺中的允许偏差应通过试样、元件或组合件级试验来证实，或者采用由试验数据支持的分析方法证实；

(7) 技术标准规定或授权书中的材料和工艺必须经过鉴定方可使用。

3.3.2　环境审查要求

复合材料结构的环境审查要求主要包括以下几点：

(1) 应当制订环境设计准则，确定复合材料结构可能遭受的最严酷环境暴露条件，包括温度和湿度等；

(2) 应当提供试验数据来证实，复合材料设计值或许用值是在严酷的环境条件下以高置信度来获得的；

(3) 应当通过试验来确定使用环境对复合材料静强度、疲劳和刚度性能以及设计值的影响；

(4) 所有的加速试验方法应代表实际的环境与载荷暴露。

3.3.3　结构防护要求

风化、磨蚀、腐蚀、紫外线辐射和化学环境可能会引起复合材料结构的退化。应提出防止复合材料结构性能退化的有效防护措施和/或注意事项，并用试验验证。

3.3.4　设计值确定要求

复合材料结构的设计值确定要求主要包括以下几点：

（1）设计值的具体数值必须采用由实际生产条件下的材料和工艺制得的试验件进行试验和对试验数据进行计算后确定，并保证设计值的统计分析真实考虑了产品材料允许的变异性；

（2）层压板材料的设计值必须通过层压板试验，或单层级试验与经试验验证的分析相结合的方法来进行确定；

（3）非层压板材料的设计值，必须通过结构试验与经试验验证的分析相结合的方法来进行确定。

3.3.5 复合材料和/或工艺变化审查要求

在生产期间，已鉴定过的材料和/或工艺发生变化或进行替换时，复合材料结构必须重新评估，并且确保评估过的复合材料结构仍然满足要求。

3.4 材料和工艺鉴定的适航符合性验证

选用的材料进入型号应用前，需要通过足够的试制和试验，证明所制定的材料规范、工艺规范和建立的质量保证体系能够保证复合材料构件生产的可重复性和质量一致性，能够持续满足型号设计要求。

复合材料结构的一个独特之处是需要特别关注复合材料的采购和加工。选定复合材料的最终力学性能可能会因为制造产品零件时所用的工艺方法的变化而变化很大。在材料采购和交付生产后，需要特别关注对材料加工的控制，因为材料和工艺对复合材料结构的最终力学性能有决定性影响。为此，要求对复合材料采购和加工环节特别关注，并要求通过足够的试制和验证试验证明，复合材料从材料（包括原材料、中间材料和预制体）采购到加工成产品（包括结构胶接）的全过程质量控制是合格有效的，可以实现复合材料和工艺的可重复性和可靠性设计。适航也是重点关注材料的稳定性、制造的可重复性和质量的一致性。复合材料适航验证路线图如图 3-1 所示。

材料的全面适航鉴定试验通常为试样级试验，这类试验一般是与具体型号设计无关的材料性能数据，可以共享。试样级试验矩阵的目标如下：

（1）验证制造工艺；

（2）验证分析中使用的材料许用值；

（3）验证材料老化性能；

（4）识别不同批次之间可能存在的差异。

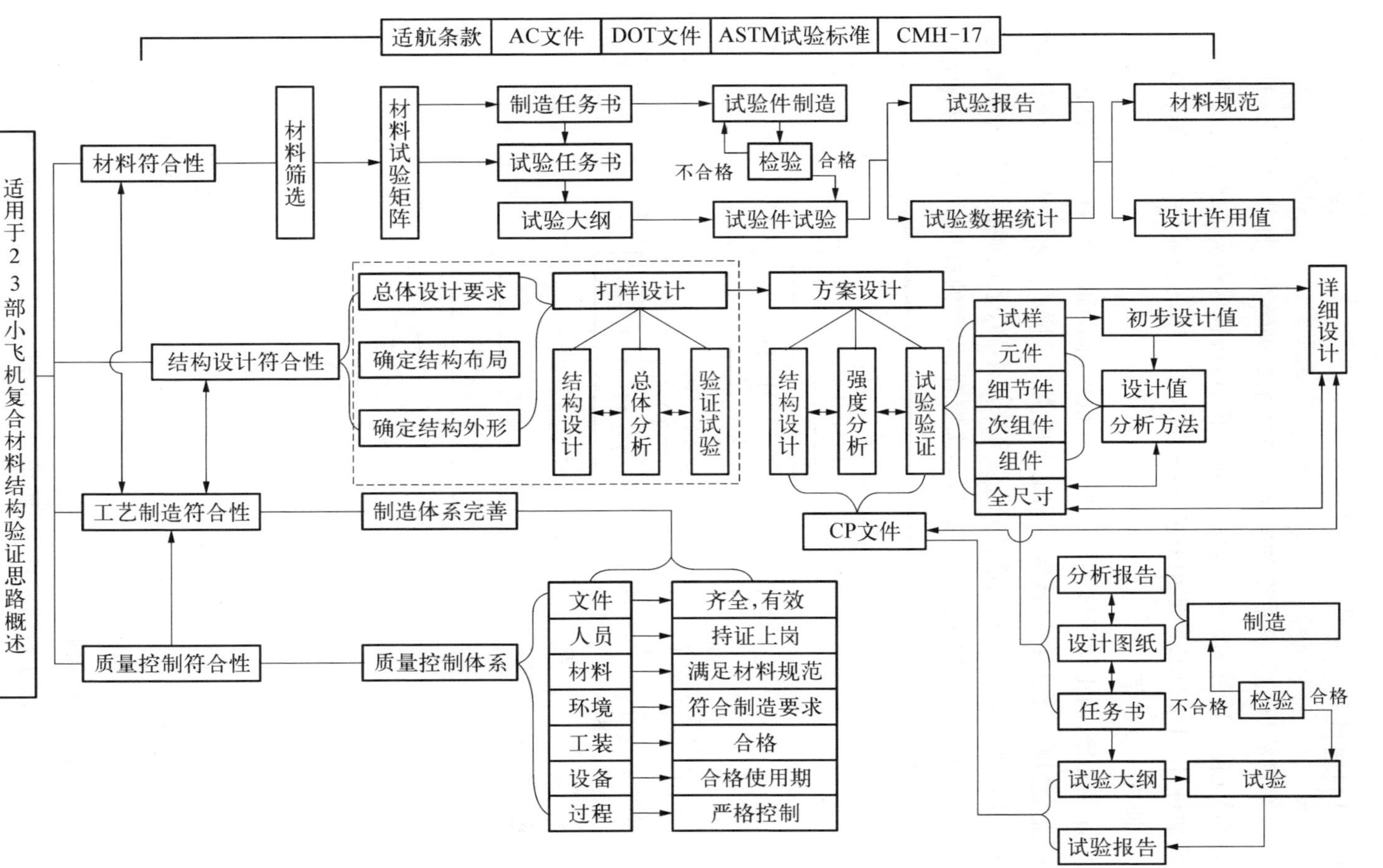

图 3-1　复合材料适航验证路线图

3.4.1 材料筛选

材料筛选的目的是揭示新的候选材料体系的关键力学性能属性和/或不足之处,同时又使试验量为最小。经过初步分析后,所选材料应能满足飞机复合材料结构的设计、性能和长期使用要求,既不能大材小用,也不能弱为强用。

1) 选材一般过程

设计是先导,而正确选材则是飞机结构设计的基础。结构材料的性能在很大程度上会影响所设计的结构能否满足飞机使用和技术要求。先进复合材料能够减轻结构重量,提高飞机先进性,也会带来成本高、适航验证较复杂等问题。因此,材料的选择是在许多矛盾中进行多次综合、权衡的过程。图 3-2 展示了选材的一般过程。

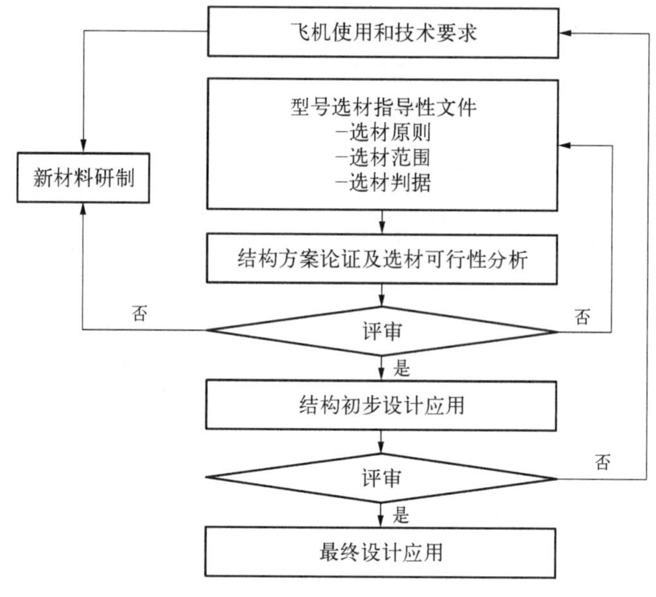

图 3-2 选材的一般过程

在具体型号研制中,为了规范设计,在方案论证阶段应根据使用需求和技术要求制订出选材原则、候选材料的范围和选材判据,作为选材的指导性文件,并随着设计工作的深入及时完善。

2) 复合材料选材原则

复合材料选择应在对结构性能、环境、成本、进度和风险要求的全面评估基础上进行,即应根据飞机的使用和技术要求进行选材。复合材料预浸料主要由增强材料(纤维)和基体(树脂)复合而成,因此选材时要同时考虑纤维和树脂。目前,国内现有用于飞机结构设计的具有一定成熟度的材料较少,材料供应商可能需要根据用户的飞机使用需求和技术要求而专门研发新材料。

(1) 复合材料选材需要考虑的因素。

正确的设计选材是复合材料结构设计能否成功的关键因素之一。因此对特定的应用选择复合材料时,需要考虑许多问题。

① 在同等机型的其他飞机上有过成功应用的复合材料应优先考虑,被选入适航部门认可的材料目录中的材料也优先考虑;

② 选材时,要评估材料供应商的质量管理体系,以及是否具备保证所选材料的稳定性和长期供货能力;

③ 结构选用的复合材料必须能满足飞机的使用和技术要求,材料应有高的比强度和比刚度;

④ 材料应满足结构使用环境要求,即考虑在适用于飞机零部件的极端环境下产生的性能退化,如工作温度、吸水性能、湿热老化性能等;

⑤ 材料应满足结构特殊性能要求,如阻燃、烟雾、燃烧、毒性、耐冲击等;

⑥ 许多预浸料既可通过热压罐固化,也可通过真空袋-烘箱工艺固化。在预浸料制造、固化成型、机械加工、修补等方面应具有良好的工艺性;

⑦ 应选择成本低,性能-价格比高的复合材料;

⑧ 还要考虑重量、储存/储存寿命、外置时间、操作寿命等。

(2) 纤维选择需要考虑的因素。

针对23部飞机常用的增强材料为各类高性能连续纤维,包括碳纤维、玻璃纤维等,有时内饰也选择芳纶纤维。在具体选择纤维时,应按比强度、比刚度、拉伸断裂应变和性能-价格比四项指标,并结合结构使用要求综合考虑后选定。

(3) 基体选择需要考虑的因素。

目前,飞机复合材料结构采用的基体主要为树脂基,分热固性和热塑性两类。先进复合材料树脂基体选取原则如下:

① 应满足结构的使用温度范围要求;

② 应满足基体的力学性能要求,基体与纤维应具有较高的界面结合强度;

③ 树脂应具有良好的耐介质和自然老化性能,对高温下使用的基体要考虑热老化性能。对于民机内饰,树脂基体还应满足适航条例规定的有关阻燃、燃烧、毒性方面的指标要求;

④ 满足工艺性要求,如挥发物含量、黏性、预浸料使用期、固化加压带、固化

温度、制件固化后的收缩率等。

总之，应根据结构的使用要求选择耐湿耐热性能好、韧性高、工艺性好且价格合适的树脂。

3) 设计选材判据

复合材料设计选材除了要求材料性能应满足飞机设计所需要的材料性能外，最重要的就是材料的稳定性。材料的稳定性可通过材料供应商的关键参数控制统计数据来评判，如 CPK＞1，还可增加 KP、KCC 等评价参数。

4) 材料供应商

材料供应商应具有多年的复合材料生产经验，且管理制度健全，制造体系完善，质量控制系统全面，供货渠道应畅通。材料最好已经被选入适航部门认可的材料目录中或材料有在某取证型号上应用过的经验。

5) 材料选择阶段应掌握的主要材料信息

在确定主要材料如预浸料时，需要了解拟选定材料的基本信息。选材阶段，这些基本信息一般由材料供应商提供，如：预浸料牌号、纤维类型、树脂类型、树脂含量、单位面积重量、固化后单层厚度、固化温度、T_g、适用温度范围、适用工艺、基本性能（见表 3-1）、稳定性、适用飞机何种结构、应用案例（如有）、适航认证情况等。材料价格与材料供应商洽谈。

在选材阶段，待选材料物理和力学的基本性能一般由材料供应商提供。如果用户计划自己通过试验获取待选材料的某些基本信息，用于支持选材对比分析，那么可以按照材料供应商的材料规范中指定的试验方法，也可以选定被局方接受和认可的标准进行。表 3-1 为待选材料推荐的基本性能试验矩阵。

表 3-1 待选材料推荐的基本性能试验矩阵

试验项目	试验标准	铺层[①]/铺层比例	测试性能	批次×试板数×每个试板的试样数量		
				试验条件[④]		
				CTD	RTD	ETW
未固化预浸料试验矩阵						
纤维面积重量/(g/m²)	ASTM D3776	N/A	—	—	3×6	—
树脂含量/(%重量)	ASTM D3529	N/A	—	—	3×6	—

续　表

试验项目	试验标准	铺层[①]/铺层比例	测试性能	批次×试板数×每个试板的试样数量		
				试验条件[④]		
				CTD	RTD	ETW
固化预浸料材料物理性能试验矩阵						
单层固化厚度	—	—	—		通过力学性能试验件尺寸测量数据得到	—
玻璃化转变温度(干态)[②]	ASTM D7028	—	—		1	—
单层级力学性能试验矩阵						
0°拉伸/经向拉伸[③]	ASTM D3039	[0]n	强度、模量	3×2×3	3×2×3	3×2×3
0°压缩/经向压缩[③]	ASTM D6641	[0]n	强度、模量		3×2×3	3×2×3
面内剪切	ASTM D3518	[45/−45]ns	强度、模量		3×2×3	3×2×3
冲击后压缩强度/MPa	ASTM D7136 ASTM D7137	25/50/25	强度		3×2×3	3×2×3

注：① 根据预浸料固化后单层厚度，n 的选择应满足试验标准中推荐的试验件厚度要求；如果材料的单层厚度无法满足标准中厚度的要求，则应控制在标准要求的公差范围内。
② 玻璃化转变温度不少于 24 件。
③ 0°指单向带预浸料，经向指织物预浸料。
④ 试验条件定义详见 3.5.2 节。

6) 国产复合材料选材渠道调研

截至 2024 年 12 月，国内取得 23 部型号合格证且包括复合材料结构的机型仅有四款(参见表 2-1 国内取得 CCAR-23 部型号合格证且包括复合材料结构的型号)，表中前三款机型均选用了国外复合材料。一款机型为通勤类，其升降舵、方向舵、副翼、机身驾驶员/客货舱门框、地板、舱门和整流罩等结构采用了复合材料，复合材料用量约占结构重量的 10%左右，采用真空袋-热压罐成型工艺。另外两款机型为正常类，均为全复合材料结构。一款主要采用湿法手糊成型工艺，另一款采用真空袋- OoA 成型工艺，除主要承载结构外，主要为玻璃纤维预浸料。表中第四款机型也是全复合材料结构正常类飞机。其中，大梁缘条选用了国产碳纤维单向带环氧树脂中温固化预浸料，并采用真空袋热压罐工艺制造，其他复合材料结构则选用了国产碳纤维织物和国外树脂及固化剂，采用湿法手糊成型工艺制造。

当前，国产复合材料技术水平正在稳步提升。如果选材定位于国产复合材料，就要掌握国内复合材料现状和第一手资料。申请人对材料及其供应商的选择要十分慎重，除考虑材料的性能和稳定性外，还要综合考虑材料供应商的规模、材料品种、产能、质量控制、长期稳定供货能力、研发能力等方面。

本书作者基于国内复合材料供应商情况，对中航复合材料、江苏恒神、威海光威等国内企业的复合材料情况进行了调研。主要预浸料材料如表 3 - 2 所示。此表信息来源于各材料供应商提供的可公开的材料，仅供参考。如有需求，请直接与材料供应商联系。

表 3 - 2　国内复合材料调研汇总表

预　浸　料　汇　总				
序号	材 料 牌 号	名　称	纤 维 牌 号	材料供应商
中温固化环氧树脂碳纤维预浸料				
1	ACTECH®1203/GW7011/38	碳纤织物	T700 级碳纤维织物	中航复合材料
2	ACTECH®1203/GW700S/38	碳纤单向带	T700 级碳纤维	中航复合材料
3	EM916B/HF10B	碳纤维单向	HF10B - 12K 碳纤维(T300 级)	江苏恒神
4	EM916/HFW200T	碳纤维织物	HF10B - 3K 碳纤维(T300 级)	江苏恒神
5	EM817B/HF30F	碳纤维单向	HF30F - 12K 碳纤维	江苏恒神
6	EM817B/HFW200P	碳纤维织物	HF10 - 3K 碳纤维	江苏恒神
7	USN12500/9A16/33%	单向碳纤维	GW300 - 3K(T300 级)	威海光威
8	WP - 3021/9A16/38%	碳纤维织物	W - 3021(3K 斜纹织物)	威海光威
9	GW3052/9A16/38%	碳纤维织物	GW3052(5 枚 2 飞缎纹织物)	威海光威

续　表

预　浸　料　汇　总				
序号	材料牌号	名　称	纤维牌号	材料供应商
中温固化环氧树脂玻纤织物预浸料				
10	ACTECH®1203/EW301F/38	玻纤织物	EW301F 无碱玻璃布	中航复合材料
11	ACTECH®1203/SC8-480W/38	玻璃粗纱	高强玻璃粗纱	中航复合材料
12	ACTECH®1203/SW280/38	玻璃纤维	高强玻璃布	中航复合材料
13	ACTECH®1203/S6W301F/38	玻璃纤维	高强玻璃布	中航复合材料
14	ACTECH®1203/UQW220/38	石英玻纤料	石英玻璃布	中航复合材料
15	EM916/HSGFW200T	玻璃纤维织物	E 玻璃纤维	江苏恒神
16	EW210B/9A16/38%	玻璃纤维织物	EW210B(斜纹织物)	威海光威
17	EW110/9A16/50%	玻璃纤维织物	EW110(4 枚缎纹织物)	威海光威
高温固化环氧树脂碳纤维预浸料				
18	EH918/HF40C	碳纤维单向	HF40C-12K 碳纤维(T800 级)	江苏恒神
19	UIN14500/GE10/35%	单向碳纤维	CCF800H(T800 级)	威海光威
20	CF8611/GE10/40%	碳纤维织物	CF8611(T800 级 6K 平纹织物)	威海光威

3.4.2　材料和工艺鉴定适航符合性验证

1) 材料/胶验证

用于飞机构件制造的所有材料体系(如预浸料、黏结剂、芯材等)和组分(如纤维、树脂等)必须获取相应资格,并有助于确保材料的性能和可重复加工得到有效控制。首次鉴定获得的关键属性可用于质量控制。如果随后材料和工艺发生任何微小变化,都将需要进行额外测试,以确定与原始数据的等同性。对材料和工艺的重大变化或替代材料的使用必须进行重新鉴定。

在确定材料研发投资之前，应完成材料的筛选及与供应商建立工作关系，确定制造工艺，并确认选择的复合材料能够发挥其功能。可以依据材料筛选试验指南的帮助做出正确判断，如在湿态玻璃化转变温度（T_{gwet}）和飞机最高工作温度限制（MOT）之间应有足够的裕度。

飞机零部件制造商将原材料加工成结构所采用的制造工艺至关重要，因为制造工艺将直接影响材料性能。在进行全面鉴定试验之前，确定制造工艺和建立适当的质量控制体系是非常重要的。零部件制造商形成的材料规范和工艺规范初稿也有助于其与材料供应商建立工作关系，然后再根据测试结果统计数据，最终确定材料要求。

材料的 A 和 B 基准值和其他基本材料特性通常由用于适航验证工作的试样试验来确定。对于所选用的每个材料体系，通常采用预处理试样来考虑温度和湿度的影响。在试样水平上确定的材料许用值和对设计细节进行的附加试验将有助于建立用于分析的设计许用值。为获得可接受的材料和设计许用值，需要根据经适航机构认可的材料规范和工艺规范购买和处理材料。

材料选择原则和指导：（T_{gwet}－MOT）＞50℉（28℃）典型指导原则；制造工艺定义（如固化过程）；材料关键特性的试样级试验；等同性和质量控制试验的可接受原则；选择已有数据的新用户的首次验证或取样；许用值验证程序研究以及材料和工艺变更处理等。

2）环境暴露与流体相容性

环境暴露将导致结构性能的变化。典型的环境暴露包括高温环境和长期暴露的湿度环境。长期暴露在热/湿环境下可降低基体控制的特性，如压缩强度等。两种环境暴露对性能的影响都与暴露时间有关，前者关系到最高温度，后者关系到吸湿量。复合材料静强度的降低可能会持续很长时间，因此，在材料鉴定试验中和选材时，都需要考虑环境影响。

应评估复合材料结构在使用过程中接触不同类型液体的情况及其对强度降的影响。

关于与候选基体材料的流体相容性的一些信息应该在选材时考虑，并在进行材料测试前完成评估。评估包括：最大使用温度热分析；建立临界温湿度限制值；湿热标准；油漆颜色影响温度限制；紫外线影响和涂料要求；结构装配的热失配考虑；流体考虑；流体对粘接的影响等。

3）符合性检查

当复合材料零件制造完成后，需要通过检查确定复合材料零件的制造过程是否符合要求。符合性从材料入厂检验开始，经过出库、解冻、下料、铺层、打袋、固化、起模、切边钻孔到交付装配的整个过程。符合性检查由适航机构实施。根据所用材料的类型、制造缺陷检查方法（目视、超声等），符合性检查必须在制造复合材料零件之前确定。

4）相关文件

材料和工艺涉及的文件至少包括预浸料过程控制文件（PCD）、材料规范、工艺规范、试验大纲、试验数据分析报告和试验数据报告（后面两个文件有的申请人合并为一个文件）等。

每一类文件编写都要做到完整全面、规范标准和真实准确。各类文件编写应符合 11 程序，也可参考表 2－4 通航飞机复合材料结构适航主要技术指南。

5）建议的试验标准

建议的试验标准对于材料鉴定是必不可少的。凡是标注日期或版次的引用文件，其随后的修改单（不包括勘误的内容）或修订版将不再适用。凡是不标注日期或版次的引用文件，其最新版次（包括所有的修改单）则仍适用。国内外主要试验标准如下。

（1）国外试验标准。

表 3－3　国外主要试验标准汇总表

试 验 标 准	名　　称
ASTM C272/C272M	Standard Test Method for Water Absorption of Core Materials for Sandwich Constructions
ASTM C273/C273M	Standard Test Method for Shear Properties of Sandwith Core Materials
ASTM C297/C297M	Standard Test Method for Flatwise Tensile Strength of Sandwich Constructions
ASTM C364/C364M	Standard Test Method for Edgewise Compressive Strength of Sandwich Construction
ASTM C365/C365M	Standard Test Method for Flatwise Compressive Properties of Sandwich Cores
ASTM C393/C393M	Standard Test Method for Core Shear Properties of Sandwich Constructions by Beam Flexure

续 表

试验标准	名　　称
ASTM C613	Standard Test Method for Constituent Content of Composite Prepreg by Soxhlet Extraction
ASTM D792	Standard Test Method for Specific Gravity (Relative Density) and Density of Plastics by Displacement
ASTM D1622/D1622M	Standard Test Method for Apparent Density of Rigid Cellular Plastics
ASTM D1781	Standard Test Method for Climbing Drum Peel for Adhesives
ASTM D2344/D2344M	Standard Test Method for Short-Beam Strength of Polymer Matrix Composite Materials and Their Laminates
ASTM D2584	Standard Test Method for Ignition Loss of Cured Reinforced Resins
ASTM D2734	Standard Test Methods for Void Content of Reinforced Plastics
ASTM D3039/D3039M	Standard Test Method for Tensile Properties of Polymeric Matrix Composite Materials
ASTM D3171	Standard Test Method for Constituent Content of Composite Materials
ASTM D3410/D3410M	Standard Test Method for Compressive Properties of Polymer Matrix Composite Materials with Unsupported Gage Section by Shear Loading
ASTM D3418	Standard Test Method for Transition Temperatures of Polymers by Differential Scanning Calorimetry
ASTM D3518/3518M	Standard Test Method for In-Plane Shear Response of Polymer Matrix Composite Materials by Tensile Test of a ±45° Laminate
ASTM D3529/D3529M	Standard Test Method for Matrix Solids Content and Matrix Content of Composite Prepreg
ASTM D3530/3530M	Standard Test Method for Volatiles Content of Composite Material Prepreg
ASTM D3531	Standard Test Method for Resin Flow of Carbon Fiber-Epoxy Prepreg
ASTM D3532/D3532M	Standard Test Method for Gel Time of Carbon Fiber-Epoxy Prepreg

续　表

试验标准	名　　称
ASTM D3776	Standard Test Methods for Mass Per Unit Area (Weight) of Fabric
ASTM D3846	Standard Test Methods for In-Plane Shear Strength of Reinforced Plastics
ASTM D5229/D5229M	Standard Test Method for Moisture Absorption Properties and Equilibrium Conditioning of Polymer Matrix Composite Materials
ASTM D5379/D5379M	Standard Test Method for Shear Properties of Composite Materials by V-Notched Beam Method
ASTM D5528	Standard Test Method for Mode I Interlaminar Fracture Toughness of Unidirectional Fiber - Reinforced Polymer Matrix Composites
ASTM D5687/D5687M	Standard Guide for Preparation of Flat Composite Panels with Processing Guidelines for Specimen Preparation
ASTM D5766/D5766M	Standard Test Method for Open Hole Tensile Strength of Polymer Matrix Composite Laminates
ASTM D5961/D5961M	Standard Test Method for Bearing Response of Polymer Matrix Composite Laminates
ASTM D6415/6415M	Standard Test Method for Measuring the Curved Beam Strength of a Fiber - Reinforced Polymer-Matrix Composite
ASTM D6484/D6484M	Standard Test Method for Open-Hole Compressive Strength of Polymer Matrix Composite Laminates
ASTM D6641/D6641M	Standard Test Method for Compressive Properties of Polymer Matrix Composite Materials Using a Combined Loading Compression (CLC) Test Fixture
ASTM D6671/D6671M	Standard Test Method for Mixed Mode I-Mode II Interlaminar Fracture Toughness of Unidirectional Fiber Reinforced Polymer Matrix Composites
ASTM D6742/D6742M	Standard Practice for Filled-Hole Tension and Compression Testing of Polymer Matrix Composite Laminates

续 表

试验标准	名称
ASTM D7028	Standard Test Method for Glass Transition Temperature (DMA Tg) of Polymer Matrix Composites by Dynamic Mechanical Analysis (DMA)
ASTM D7136/D7136M	Standard Test Method for Measuring the Damage Resistance of a Fiber - Reinforced Polymer Matrix Composite to a Drop-Weight Impact Event
ASTM D7137/D7137M	Standard Test Method for Compressive Residual Strength Properties of Damaged Polymer Matrix Composite Plates
ASTM D7249/D7249M	Standard Test Method for Facing Properties of Sandwich Constructions by Long Beam Flexure
ASTM D7766/D7766M	Standard Practice for Damage Resistance Testing of Sandwich Constructions
ASTM E168	Standard Practice for General Techniques of Infrared Quantitative Analysis
ASTM E1237	Standard Guide for Installing Bonded Resistance Strain Gages
ASTM E1252	Standard Practice for General Techniques for Obtaining Infrared Spectra for Qualitative Analysis
ASTM E1356	Standard Test Method for Assignment of the Glass Transition Temperatures by Differential Scanning of Calorimetry
ASTM E2160	Standard Test Method for Heat of Reaction of Thermally Reactive Materials by Differential Scanning Calorimetry
SACMA SRM 1R	SACMA Recommended Test Method for Compressive Properties of Oriented Fiber - Resin Composites
SACMA SRM 2R	SACMA Recommended Test Method for Compression After Impact Properties of Oriented Fiber - Resin Composites
SACMA SRM 10R	SACMA Recommended Method for Fiber Volume, Percent Resin And Calculated Average Cured Ply Thickness of Plied Laminates
SACMA SRM 20R	SACMA Recommended Method for High Performance Liquid Chromatography of Thermoset Resins
SACMA SRM 25R	SACMA Recommended Method for Onset Temperature and Peak Temperature for Composite System Resins using Differential Scanning Calorimetry(DSC)

(2) 国内试验标准。

表 3-4　国内主要试验标准汇总表

试验标准	名　　称
HB 7736.1—2004	复合材料预浸料物理性能试验方法 第 1 部分：总则
HB 7736.2—2004	复合材料预浸料物理性能试验方法 第 2 部分：面密度的测定
HB 7736.3—2004	复合材料预浸料物理性能试验方法 第 3 部分：纤维面密度的测定
HB 7736.4—2004	复合材料预浸料物理性能试验方法 第 4 部分：挥发份含量的测定
HB 7736.5—2004	复合材料预浸料物理性能试验方法 第 5 部分：树脂含量的测定
HB 7736.6—2004	复合材料预浸料物理性能试验方法 第 6 部分：树脂流动度的测定
HB 7736.7—2004	复合材料预浸料物理性能试验方法 第 7 部分：凝胶时间的测定
HB 7736.8—2004	复合材料预浸料物理性能试验方法 第 8 部分：粘性的测定
GB/T 1447—2005	纤维增强塑料拉伸性能试验方法
GB/T 3354—2014	定向纤维增强聚合物基复合材料 拉伸性能试验方法
GB/T 3856—2005	单向纤维增强塑料平板压缩性能试验方法
GB/T 5258—2008	纤维增强塑料面内压缩性能试验方法
GB/T 1449—2005	纤维增强塑料弯曲性能试验方法
GB/T 3356—2014	定向纤维增强聚合物基复合材料弯曲性能试验方法
Q/6S 2708	复合材料三点弯曲试验方法
GB/T 3355—2014	聚合物基复合材料纵横剪切试验方法
JC/T 773—2010	纤维增强塑料 短梁法测定层间剪切强度
Q/AVIC 06082—2014	聚合物基复合材料层合板的层间剪切强度试验方法
GB/T 30968.3—2014	聚合物基复合材料层合板开孔/受载孔性能试验方法 第 3 部分：开孔拉伸强度试验方法
GB/T 30968.4—2014	聚合物基复合材料层合板开孔/受载孔性能试验方法 第 4 部分：开孔压缩强度试验方法
GB/T 21239—2007	纤维增强塑料层合板冲击后压缩性能试验方法

(3) 国内外部分试验标准对比分析。

声明：下述分析是国内某用户针对目前版本的试验标准，经过实践和对比分析后给出的结论，具有一定的参考价值，但不是局方给定的结论，仅供使用者参考。

a. 拉伸试验标准对比分析结论

GB/T 1447—2005 技术内容相对落后，尤其所推荐的哑铃试样经工程实践证明是最大技术缺点，因哑铃试样圆弧过渡区应力集中和纤维被机加工时切断，该部位总是试样断裂位置，结果往往是无效的。

GB/T 3354 技术内容等效采用 ASTM D3039 2010 年以前的版本，在试样尺寸和弹性模量取值推荐应变范围等方面均有差异，因此，GB/T3354—2014 与 ASTM D3039/D 3039M—2017 不能完全等效。

b. 压缩试验标准对比分析结论

GB/T 3856—2005 技术内容相对落后，试样宽度小，对大板复合材料的代表性相对较弱，工作段长度在几个方法中是最大的，更容易弯曲失稳。另外，套筒式夹具的安装复杂，试样容易打滑，成功率低。该方法目前基本被弃用。

GB/T 5258—2008 将 ASTM D3410\6641\695 三个较早版本标准中的试样和夹具集于一身，看似全面，但对于缺少经验的工程人员来讲，实则是最为混乱的一种压缩方法，因为不知道该选哪个试样和夹具。

ASTM D3410 技术内容较为先进，但夹具与 GB/T 3856 类似，套筒式夹具的安装复杂，试样容易打滑，成功率低。目前基本不用该方法。

ASTM D6641 目前使用最为普遍，基本适用于各种铺层复合材料层压板。缺点是对于 T800 及以上级别碳纤维增强聚合物基复合材料的压缩性能表征不太合理，但是 SACMA SRM 1R—1994 却可以解决该问题，然而 SACMA SRM 1R—1994 强度和模量是两个试样分开测试。

SACMA SRM 6—1994 获得的单向板 0°压缩强度数值最高。该标准采用 $[0/90]ns$ 层压板获得试验结果，需结合层压板理论计算获得单向板性能。

总体上讲，GB 压缩方法与 ASTM D6641 和 SACMA 方法比，技术水平差距较大，且可操作性较差。

c. 弯曲试验标准对比分析结论

GB/T 1449—2005 技术内容落后，主要表现在三个方面：一是允许在加载头和试样间承垫薄片和薄垫块，规定不清楚，无法操作，可能导致对承垫物的选择千差万别；二是模量获取的应变范围与其他先进方法均不同，模量的取值可能不可比；三是对于跨厚比的规定不科学(“很厚的试样，为避免发生层间剪切破坏，跨厚比可以取 32 或 40"；"对于很薄的试样，为使载荷满足试验机的要求，跨厚比可以选择 16 或 10"），很厚和很薄都没有定量，不可操作，而且跨厚比是影响弯曲试验最为关键的技术参数，不能因试验机的情况而改变，相反应该找合适的试验机来适应试样才对。

GB/T 3356—2014 在失效模式的规定方面表现出了先进性，但是跨厚比因材料不同给了 16 和 32 两个不同的选择，不适用于 T800 及其以上级别碳纤维增强的复合材料。

Q/6S 2708—2016 兼顾目前 T300\T700\T800 等各级别纤维增强复合材料弯曲性能试验；

ASTM D7264 与 GB/T 3356—2014 比，跨厚比统一为 32；但是不适用于 T800 复合材料。

总体上，GB 标准与 ASTM 标准在技术上不完全等效。

d. 面内剪切试验标准对比分析结论

GB/T 3355—2014 抛弃了 GB/T 3355—2005 对面内剪切强度的定义，与 ASTM D3518 一致了。但是，ASTM D3518—2018 对弹性模量的取值具体说明更加详细。

ASTM D5379 与 GB/T 3355—2014、ASTM D3518 试验原理都不同，试样的应力状态也不同，结果不可比。ASTM D5379 提供了 1-2、2-3、3-1 三个面的剪切性能测定方法，GB/T 3355—2014、ASTM D3518 仅针对 1-2 平面。

结论：GB/T 3355—2014 和 ASTM D3518 技术基本等效，ASTM D3518 更细致、全面。

e. 层间剪切试验标准对比分析结论

JC/T 773—2010、Q/AVIC 06082—2014、ASTM D 2344—2016 获得的层间剪切强度都是表观层间剪切强度，因为试样的应力状态不是纯层间剪切应力状态，ASTM D 5379—2019 剪切面是纯面内剪切状态。从物理意义上讲，JC/T 773—2010、Q/AVIC 06082—2014、ASTM D 2344—2016 层间剪切度相当于 ASTM D 5379—2019 中的 3-1 面内剪切性能，但结果不可比。

JC/T 773—2010 跨厚比是 5，ASTM D 2344—2016 跨厚比是 4，跨厚比是弯曲试验和层间剪切试验最重要的参量，对结果影响最大，因此二者技术不等效。

结论：Q/AVIC 06082—2014 仅针对芳纶纤维增强的韧性很好的材料，是对其他方法的技术补充。

f. 开孔拉伸试验标准对比分析结论

ASTM D 5766—2007 与 GB/T 30968.3—2014 从试样到加载形式、失效模式都基本一致，可以认为二者基本等效。

g. 开孔压缩试验标准对比分析结论

GB/T 30968.4—2014 在加载细节方面不如 ASTM D 6484—2020 规定细致。但从试样和夹具方面看二者技术基本等效。

h. 冲击后压缩(CAI)试验标准对比。

GB/T 21239—2007 是参照 ASTM D7136—2007、ASTM D7137—2007 制定的，相较于 ASTM D7136—2020、ASTM D7137—2017，GB21239 在预加载和失效模式方面有所欠缺；该标准后来进行了修订，添加了“1 mm 凹坑”试验内容。

GB/T 21239—2007 与 ASTM D7136—2007、ASTM D7137—2007 技术上等效，但相比 ASTM D7136—2020、ASTM D7137—2017 仍有不足。

(4) 试验标准选择。

一般情况下，如果申请人在进行材料鉴定试验时，选择了 ASTM 等试验标准，审查组一般无异议。反之，如果选择了其他试验标准或自己企业标准，申请人需要说明所选用标准与 ASTM 相应标准的差异，提交审查组评估判断。

3.4.3 材料和工艺鉴定各方关系

如图 3-3 所示，在材料和制造工艺研发过程中，主要涉及局方、型号申请人、材料供应商、零件制造商和试验等部门。整个材料和制造工艺研发过程以型号申请人为中心，每个角色各负其责。

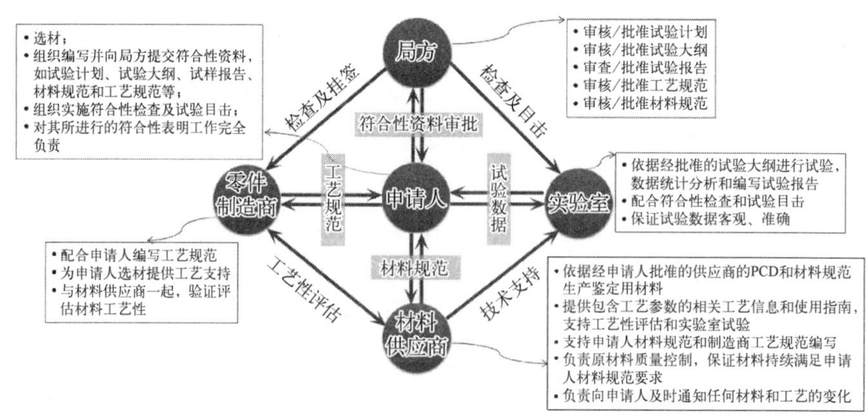

图 3-3 各方关系示意图

局方负责审核/批准试验计划、试验大纲、试验报告、认可和批准材料规范和工艺规范等需满足规章条款 23.603、605、613 的符合性验证文件。

型号申请人负责选材；组织编写并向局方提交符合性资料，如试验计划、试验大纲、试验报告、材料规范和工艺规范等；组织实施符合性检查及试验目击；对其所进行的符合性表明工作完全负责。

零件制造商负责配合申请人编写工艺规范；为申请人选材提供工艺支持；与材料供应商一起，验证评估材料工艺性。

试验部门负责依据经批准的试验大纲进行试验、数据统计分析和编写试验报告；配合符合性检查和试验目击；保证试验数据客观、准确。

材料供应商负责依据经申请人批准的供应商的 PCD 和材料规范生产鉴定用材料；提供包含工艺参数的相关工艺信息和使用指南，支持工艺性评估和实验室试验；支持申请人材料规范和制造商工艺规范编写；负责原材料质量控制，保证材料持续满足申请人材料规范要求；负责向申请人及时通知任何材料和工艺的变化。

3.5　材料和工艺鉴定要求

鉴定用试样必须满足相应的试验标准要求，确保不因试样的质量偏离影响最终的材料鉴定性能数据。因此，试板制造、加强片粘贴、试样加工、试样编号等各环节都必须严格依据批准的相关技术文件并严格按照质量控制程序进行。

推荐的试验标准应为局方可接受的标准，标准中应明确规定每种试样的几何尺寸及公差精度，同时详细规定试验所用仪器、工具和夹具、操作步骤、数据处理及可接受的失效模式。试样尺寸和试验步骤可参考相应的试验标准。

3.5.1　试板及试样制备技术要求

1) 试板制造技术要求

在实际零件生产过程中，一般不会使用均压板。但为了满足相应的试验方法对试样表面平整度的要求，建议在试板的制造中使用均压板或采取其他等效措施。经验表明，使用可剥布可能对试验结果的精度有负面影响。除此之外，剥离层还可能吸收树脂并改变试板的固化后单层厚度、纤维体积含量以及空隙含量。因此，若使用了可剥布，在开始进行实际的鉴定试验以前，必须研究可剥布的影响。

每个试板都应有一个可追溯的基准边，并在试样加工的整个过程中使用这些基准边，直至加工出全部单个试样。对于每种铺层的试板，其尺寸大小应考虑所加工试样的尺寸、数量、夹持余量及加工余量(通常不少于 25 mm)，还应考虑在出现意外错误时需要的额外试样。同时，每块试板应有足够的余量用于加工物理性能试样和吸湿处理的伴随件。一般建议试板的尺寸至少为 300 mm×300 mm。

试板在完成制造后需要进行外观和无损检测，并标识出缺陷大小和位置，以便试样加工时避让。

相关知识

试板铺贴和封袋技术要求——由于试板的质量合格是进行固化后物理和力学性能试验的前提条件，因此，应依据相应的工艺规范和质量控制要求进行试板铺贴和封袋。推荐的两种封袋技术如图 3-4 所示。在图 3-4 中，未示出透气材料、TFE 膜(脱模剂或隔离膜)、真空袋和密封材料。铺层应使各单层的边缘平行/垂直于经向或 0°方向。在铺贴过程中，每层预浸料的边缘应紧靠在涂有脱模剂的金属挡块边缘，并用胶带固定就位。金属边缘挡块用于形成试板的直线基准边，在机械加工和加强片的粘贴过程中，将按这个直线基准边来保持纤维的方向。

在图 3-4 中，应用柔性的边缘挡块环绕层压板的其余三边，以防止树脂从横向渗出，柔性的边缘挡块可以用密封带或固化的硅材料制成。宜使用厚的均压板(3 mm 或更厚的铝板)或等效的措施来防止板弯曲，避免造成层压板边缘附近的厚度不匀。

图 3-5 给出了均压板与铺贴件的关系。这个均压板要小于铺贴件，铺贴件有三个边，每边露出约 25 mm。均压板可用铝板制成，厚度可为 1 mm。采用该技术生产的层压板，不容易在边缘附近出现厚度不匀的情况。

由于织物没有示踪纱，在装袋以前，应清楚地在铺贴件上标注出经向/纬向。标注方向的两个方法是：

(1) 用一个有刻痕的均压板，指明经向/纬向；

(2) 放置一个标明经向/纬向的条带，并确保经过固化后，仍然可以看见这个标记。

无论哪个方法，都应把方向标识在层压板上。一种可取的做法是，一旦完成了铺贴工艺，就把板的铺贴方式和试板的唯一识别号或试板名标注在一起。应能够从这个试板识别号或试板名，追踪出预浸料的名称、预浸料的批组号、固化或工艺循环的编号、试验方法、铺贴顺序和铺层数等。

当采用缎纹织物(例如 8 综缎和 7781 形式)进行试板铺贴时，由于织物本身具有不对称性，因此必须十分小心。

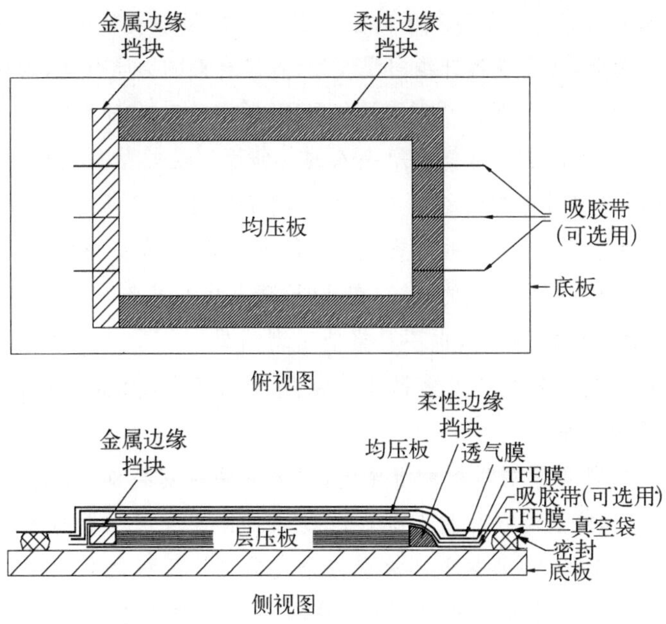

图 3－4　推荐的铺贴技术(带柔性边缘挡块)

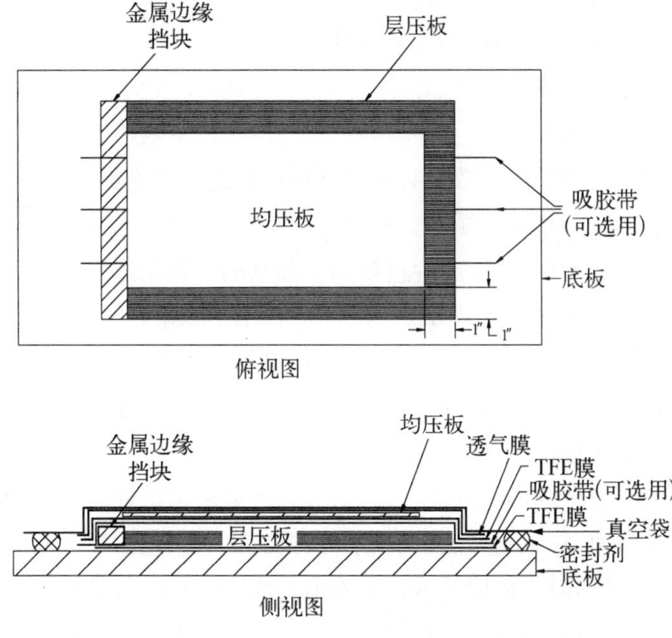

图 3－5　推荐的铺贴技术(不带柔性边缘挡板)

关于选用导气带。选用导气带的主要目的是排除预浸料中所夹入的气体，由于导气带吸收树脂，且会导致纤维出现波纹，可能会影响力学性能，因此，若使用导气带，则应越细越好。已经证明，1581 或 7781 形式的玻璃纤维纱束/丝束在用脱膜剂预先处理后，可以有效地排除所夹入的气体而不会排除预浸料的挥发分。同时，很容易在固化之后把它去除。导气带的丝束应与真空袋的透气层直接接触。若把导气带用到单向层上，它的设置应与纤维方向呈 90°角。替代导气带的另外一个方法是沿着铺贴件/层压板的边缘，在 TFE 膜上加工出来一些小孔(贯通孔)。

必须避免使用隔离织物，也不希望使用剥离层。

除非均压板有足够的刚度能防止在层压板上产生印记，否则不应把真空管口放置在层压板上面。

当应用热电偶测量层压板的温度时，主要有两种安装方法：

① 将热电偶放置在层压板与模具的接触面且靠近层压板的边缘，试板固化后，该处将被修整掉；② 将热电偶放置在透气层与均压板之间，并位于层压板的中心处。这个方法要求均压板非常薄，并具有良好的导热性(例如，1 mm 厚的铝板)。后一种方法可允许热电偶重新使用。

除了以上要求外，试板的制造工艺应在最大程度上与产品零件的制造工艺保持一致，并体现在设计图纸和工艺文件上。

2) 试样加工技术要求

(1) 试样选择要求。

材料鉴定的试板和试样数量必须能够覆盖制造工艺变异性的影响。试板制造工艺应代表多个固化工艺循环。对鉴定试验的每一性能、环境条件、试验方法和材料批次所制造的试板，应至少包括两个独立的工艺制造过程。图 3-6 为用于充分取样的试样选择的典型方法，图 3-7 为用于减量取样的试样选择的典型方法。统计分析获得的许用值必须考虑鉴定材料体系中固有的预浸料批次间差异和工艺变异性。因此，正确理解并贯彻试样选择要求是非常重要的。

(2) 试样的可追溯性要求。

为确保试样信息的可追溯性，必须定义合理清晰的试样命名系统，以保证对试板、子板、试验项目、试验方法、试验条件、批次以及工艺固化过程的可追溯性。在试样加工前，可用耐久标记笔或画笔在每个试板/子板标记如图 3-8 所示的横跨整个试板/子板的斜线，以便能够在试验后重新拼凑出试板/子板。试验后如果需要追查试验数据中的异常点，这种标记将非常有用。

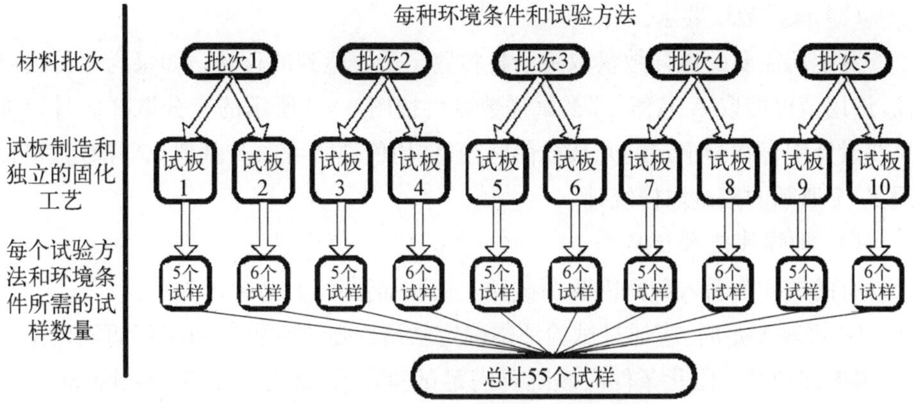

每种环境条件和试验方法
材料批次
批次1
批次2
批次3
批次4
批次5
试板制造和独立的固化工艺
试板 1
试板 2
试板 3
试板 4
试板 5
试板 6
试板 7
试板 8
试板 9
试板 10
每个试验方法和环境条件所需的试样数量
5个试样
6个试样
5个试样
6个试样
5个试样
6个试样
5个试样
6个试样
5个试样
6个试样
总计55个试样

图 3－6　充分取样的试样选择要求

每种环境条件和试验方法
材料批次
批次1
批次2
批次3
试板制造和独立的固化工艺
试板 1
试板 2
试板 3
试板 4
试板 5
试板 6
每个试验方法和环境条件所需的试样数量
3个试样
3个试样
3个试样
3个试样
3个试样
3个试样
总计18个试样

图 3－7　减量取样的试样选择要求

斜线

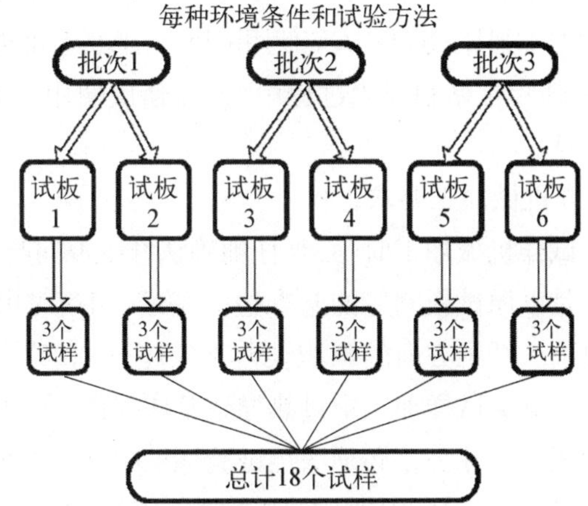

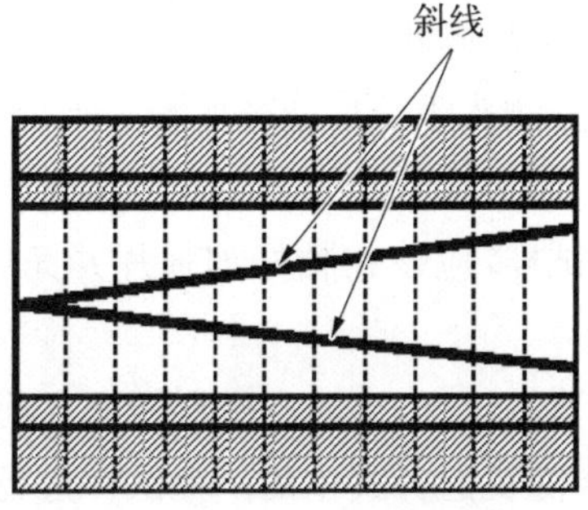

图 3－8　横跨试板/子板的斜线

(3) 试样数量要求。

鉴定所需要的试样数量取决于材料鉴定所要达到的目的。如果为单传力路径,许用值可能取A基值,那么试样数量可按图3-6所示的充分取样统计。如果在设计中存在静不定的冗余载荷路径,许用值通常可取B基值,试样数量可按图3-7所示的减量取样统计。

(4) 加强片技术要求。

有的试样为引入载荷需要在试样上粘贴加强片,具体要求如下:

① 经验不足时,应通过试验评估确定粘贴加强片时胶黏剂固化的固化条件(如温度、时间)。固化条件应该既要满足试验要求(如湿态处理、加载),也不会导致复合材料性能显著下降。

② 应选择与试样材料应变协调的加强片材料。通常情况下,由玻璃纤维或碳纤维织物制造的加强片应变协调性好,容易使试样产生可以接受的试样失效模式。

③ 在粘贴加强片的过程中,应使用试板/子板的基准边,以保证加强片能够对中。

④ 在加强片粘贴和固化过程中,强烈建议使用工装,以便加强片粘贴牢固且不发生滑移。

(5) 试样机械加工要求。

在进行试样机械加工时,必须仔细确认纤维取向与基准边一致。试板/子板切割时应总是以原试板制造的基准边为基准,切割时可使用定位销或指示线来实现这一要求。纤维方向的累积误差不应超过0.25°。试样加工通常使用金刚石砂轮片。为避免试样加工中过热导致基体损伤,在加工过程中应采用水冷却。

加工的试样尺寸公差必须满足试验标准中规定的尺寸公差要求。如果尺寸公差不能满足要求,需仔细评估偏离情况。必要时,需重新加工试样。

(6) 试样尺寸测量与检验要求。

测量并记录用于计算力学和其他物理性能的所有尺寸,这些尺寸必须满足相应的试验标准要求,具体要求如下:

① 所有厚度应使用点测头千分尺或球形测头千分尺测量,而所有宽度应使用游标卡尺测量。

② 对于有加强片的试样,应该在粘好加强片并完成最后机械加工后,再进行所有的测量。

③ 对于进行吸湿调节的试样,应该在吸湿浸润之前记录所有的尺寸。

④ 每组试样,至少要随机选择其中的一个试样进行相应的每个尺寸及其表面质量和加强片的检查。

(7) 应变片粘贴要求。

应变片的粘贴应按照 ASTM E1237 的要求和指南进行，同时应遵循以下针对复合材料应变片粘贴的建议：

① 任何湿打磨或表面清洁都应使用异丙醇或无水乙醇。

② 应用 280～600 粒度的砂纸打磨表面，注意不要损伤纤维。

③ 进行吸湿调节的试样，应在吸湿平衡后粘贴应变片。粘贴应变片时，试样吸湿平衡后至多可在大气环境下暴露 2 小时。

④ 焊接导线时，不允许烧伤试样。

⑤ 应变片面积应大于织物的一个重复的编织图案。若可能，所选应变片的面积应足以覆盖织物的三倍重复的编织图案。

3.5.2 试验环境及试样环境调节要求

1) 试验环境要求

为了验证环境(温度和湿度)对材料性能的影响，许用值试验规划必须包含几种环境条件下的试验。试验环境包括低温干态(CTD，－54±3℃)、室温干态(RTD，23±3℃)、高温干态(ETD，按需)和高温湿态(ETW，按需)。

CTD 和 ETD 试样工程干态处理后，应在实验室标准环境下保持，直至试验；RTD 试样工程干态处理后，应在实验室标准环境下保持和试验；ETW 试样完成吸湿平衡后在高温下进行试验。

2) 试样环境调节设备要求

所用设备环境箱必须可以追溯到相应的国际或国家标准组织的校准，或者根据自然物理常数的可接受值，使用自校准的比例法进行校准。

3) 伴随件要求

试样在吸湿调节过程中，由于无法对每个试样进行吸湿量的测定(由于尺寸及加强片的影响)，因此通常使用伴随件来进行吸湿测量。伴随件来自材料鉴定用试板，建议每一批次的每一块试板上至少加工一个伴随件，尺寸为 50 mm×50 mm。

3.5.3 高温和低温试验要求

为了评估温度对力学性能的影响，需要进行高温和低温试验，通常用附加在加载装置上的环境试验箱，来完成高温和低温试验。

1) 温度箱

环境试验所用的温度箱，应能以所需温度±1.8℃的精度进行试验。温度箱应具有适当的尺寸，以便将所有试验夹具和加载装置的夹头都放在箱内。温度箱的加热速率还应能够在规定的时间内，达到期望的试验温度。

2）高温试验

试验前应将温度箱和试验夹具预热到规定的温度。试样也应加热到所需温度，用热电偶对试样工作段进行温度测量。试样加热时间不应超过 5 min，应在试样到达试验温度后的2^{+1}_{-0} min 开始试验。试验过程中，在试样上测得的温度应在所需试验温度的±3℃范围内。

3）低温试验

每个试样都应冷却到所需要的试验温度，并用热电偶对试样工作段进行温度测量。应在试样到达试验温度后的5^{+1}_{-0} min 开始试验。试验过程中，在试样上测得的温度应在所需试验温度的±3℃范围内。

3.6 材料鉴定规划建议

申请人选材时，一是选择未经过适航验证的或者是某个用户验证过该材料但未实现数据共享的需要全面适航鉴定的材料；二是选择已经过材料适航鉴定且实现数据共享并纳入局方认可的数据库中的材料。针对上述两种情况，材料适航鉴定是完全不同的，第一种要对选择的材料进行全面的材料鉴定。第二种情况将首先进行评估，根据评估结果来制定材料鉴定/等同性试验规划。

3.6.1 材料的全面适航鉴定

推荐对拟选用的材料进行材料鉴定试验。材料鉴定（或称为初始材料鉴定）就是证明特定材料及工艺满足材料规范要求的过程，也是建立材料规范限制值的过程。通过对预浸料的物理、化学和力学性能鉴定试验，可以得到用于建立材料验收、等同性、质量控制和许用值的各种统计量。

1）材料鉴定前提条件

在开展材料鉴定前，材料供应商应完成材料规范（或产品标准）以及过程控制文件（PCD）的初稿，并完成多批次（至少 3 个批次）的材料基本性能摸底试验，以证明材料的稳定性。材料规范及 PCD 初稿作为鉴定用材料的生产及合格判定的依据。

2）材料初始鉴定时推荐的试验规划

本节推荐的预浸料鉴定试验规划仅以减量取样要求为例，包括单向带和织物预浸料。具体试验规划可根据选择材料和用途进行调整,试验规划需经审查组批准后方可实施。

织物预浸料包括经纱面和纬纱面,其铺层与单向带不同。表3-5为织物预浸料试验规划的铺层定义。

表3-5 织物预浸料试验规划的铺层定义

铺层方向	定义
0	经向纤维在0°方向,经纱面朝下
0*	经向纤维在0°方向,经纱面朝上
90	经向纤维在90°方向,经纱面朝下
90*	经向纤维在90°方向,经纱面朝上
45	经向纤维在45°方向,经纱面朝下
45*	经向纤维在45°方向,经纱面朝上
−45	经向纤维在−45°方向,经纱面朝下
−45*	经向纤维在−45°方向,经纱面朝上

(1) 未固化预浸料物理及化学性能试验规划。

进行未固化预浸料物理和化学性能试验的目的是为了获取表征预浸料的基本性能数据,这些性能数据是材料生产需要控制的重要特性参数,可以为材料质量控制和力学性能数据正则化处理提供数据支撑。这些试验一般由材料供应商完成,试验条件为实验室环境要求。表3-6为推荐的未固化预浸料物理及化学性能试验规划,包括单向带和织物预浸料。

表3-6 推荐的未固化预浸料物理及化学性能试验规划③

试验项目	试验标准	试验条件	试验件数量(批次×每批试样数量)
纤维面积重量/(g/m²)①	ASTM D3529②	N/A	3×6
树脂含量/(%重量)①	ASTM D3529,ASTM C613	N/A	3×6

续 表

试验项目	试验标准	试验条件	试验件数量（批次×每批试样数量）
挥发分/(% 重量)①	ASTM D 3530	N/A	3×6
树脂流动性/(% 重量)①	ASTM D3531	N/A	3×6
凝胶时间/min①	ASTM D3532	N/A	3×6
HPLC(高精度液相色层分离法)①	SACMA SRM 20R	N/A	3×3
IR(红外光谱)	ASTM E1252,ASTM E168	RTD	3×3
DSC(差示扫描量热法)	ASTM D 3418,ASTM E1356	N/A	3×3

注：① 批次接收试验。
② 虽然该标准中未提及纤维面积重量,但其内容适用于纤维面积重量的试验。
③ 试验取样应在卷头和卷尾,并在边缘和中心的整个宽度上进行。

(2) 预浸料固化后物理性能试验规划。

进行预浸料固化后物理性能试验是为了表征固化后材料的物理特性,为力学性能数据正则化处理提供数据支撑。试验统计结果可用于建立材料规范,建立可接受的限制值。表 3-7 为推荐的预浸料固化后物理性能试验规划,包括单向带和织物预浸料。

表 3-7 推荐的预浸料固化后物理性能试验规划

试验项目	试验标准及方法	试验条件	每块试板的最小试验件数量
固化后单层厚度/mm①	SACMA SRM10 或任何协商的方法	RTD	③
纤维含量/(%体积)	ASTM D3171 或 ASTM D2584②	RTD	3
树脂含量/(%重量)	ASTM D3171 或 ASTM D2584②	N/A	3
空隙含量/(%体积)	ASTM D2734 或 ASTM D3171	N/A	3
层压板密度/(g/cm^3)	ASTM D792	RTD	3

续　表

试 验 项 目	试验标准及方法	试验条件	每块试板的最小试验件数量
玻璃化转变温度(干态)④	ASTM D7028	N/A	1⑥
玻璃化转变温度(湿态)⑤	ASTM D7028	N/A	1⑥

注：① 批次接收试验。
② ASTM D3171 用于碳和玻璃纤维；ASTM D2584 用于玻璃纤维。
③ 可通过力学性能测试试样获得。
④ 干态指工程干态。
⑤ 湿态指试样在 71℃/85%RH 条件下达到吸湿平衡状态。
⑥ 玻璃化转变温度干态和湿态的试验件分别不少于 24 件。

(3) 单层级力学性能试验规划。

进行单层级力学性能试验的目的是获取材料单层级许用值，试验统计结果可用于建立材料规范，建立可接受的限制值。由于单向带和织物预浸料单层级的铺层定义和试验获取性能有所差异，试验规划也不同。表 3-8 为推荐的单向带单层级力学性能试验规划。表 3-9 为推荐的织物预浸料单层级力学性能试验规划。

表 3-8　推荐的单向带单层级力学性能试验规划

试验项目	试验标准	铺　层②	测试性能	批次×试板数×每个试板的试样数量			
				试 验 条 件③			
				CTD	RTD	ETD	ETW
0°拉伸	ASTM D3039	[0]n	模量	3×2×3	3×2×3	3×2×3	3×2×3
90°拉伸	ASTM D3039	[90]n	极限强度、模量	3×2×3	3×2×3①	3×2×3	3×2×3
0°压缩	ASTM D6641	[0]n	模量	3×2×3	3×2×3	3×2×3	3×2×3
90°压缩	ASTM D6641	[90]n	极限强度、模量	3×2×3	3×2×3	3×2×3	3×2×3
0/90 拉伸	ASTM D3039	[0/90]ns	极限强度、模量	3×2×3	3×2×3①	3×2×3	3×2×3
90/0 压缩	ASTM D6641	[90/0]n	极限强度、模量	3×2×3	3×2×3	3×2×3①	3×2×3

续 表

试验项目	试验标准	铺 层	测试性能	批次×试板数×每个试板的试样数量			
				试验条件[③]			
				CTD	RTD	ETD	ETW
面内剪切	ASTM D3518	[45/−45]ns	强度、模量	3×2×3	3×2×3	3×2×3	3×2×3
短梁强度	ASTM D2344	[0]n	极限强度	3×2×3	3×2×3[①]	3×2×3	3×2×3

注：① 批次接收试验。
② 铺层中数量 n 可根据相关试验标准中对试样厚度要求确定，s 指对称铺层。
③ 试验条件定义详见 3.5.2 节。

表 3-9 推荐的织物预浸料单层级力学性能试验规划

试验项目	试验标准	铺 层[②]	测试性能	批次×试板数×每个试板的试样数量			
				试验条件[③]			
				CTD	RTD	ETD	ETW
经向拉伸	ASTM D3039	[0/0*]n	极限强度、模量、泊松比	3×2×3	3×2×3	3×2×3	3×2×3
纬向拉伸	ASTM D3039	[90/90*]n	极限强度、模量	3×2×3	3×2×3[①]	3×2×3	3×2×3
经向压缩	ASTM D6641	[0/0*]n	极限强度、模量	3×2×3	3×2×3	3×2×3[①]	3×2×3
纬向压缩	ASTM D6641	[90/90*]n	极限强度、模量	3×2×3	3×2×3	3×2×3	3×2×3
面内剪切	ASTM D3518	[45/−45/45/−45//−45*/45*/−45*/45*]	强度、模量	3×2×3	3×2×3	3×2×3	3×2×3
短梁强度	ASTM D2344	[0/0*]n	极限强度	3×2×3	3×2×3[①]	3×2×3	3×2×3

注：① 批次接收试验。
② 铺层中数量 n 可根据相关试验标准中对试样厚度要求确定，//表示铺层的中面。
③ 试验条件定义详见 3.5.2 节。

(4) 层压板级力学性能试验规划。

进行层压板级力学性能试验的目的是获取层压板级许用值,这是材料鉴定主要内容之一。试验完成后需按有效的统计方法对试验数据进行处理。表 3-10 为推荐的单向带层压板级力学性能试验规划。表 3-11 为推荐的织物预浸料层压板级力学性能试验规划。

表 3-10　推荐的单向带层压板级力学性能试验规划

试验项目	试验标准	铺　层[①]	测试性能	批次×试板数×每个试板的试样数量			
				试验条件[②]			
				CTD	RTD	ETD	ETW
无缺口拉伸(准各向同性)	ASTM D3039	[45/0/−45/90]ns	极限强度、模量、破坏应变	3×2×3	3×2×3	—	3×2×3
无缺口拉伸("软"铺层)	ASTM D3039	[45/−45/90/45/−45/45/−45/0/45/−45]s	极限强度、模量、破坏应变	3×2×3	3×2×3	—	3×2×3
无缺口拉伸("硬"铺层)	ASTM D3039	[45/90/−45/0/0/45/0/0/−45/0]ns	极限强度、模量、破坏应变	3×2×3	3×2×3	—	3×2×3
无缺口压缩(准各向同性)	ASTM D6641	[45/0/−45/90]ns	极限强度、模量、破坏应变	—	3×2×3	3×2×3	3×2×3
无缺口压缩("软"铺层)	ASTM D6641	[45/−45/90/45/−45/45/−45/0/45/−45]s	极限强度、模量、破坏应变	—	3×2×3	3×2×3	3×2×3
无缺口压缩("硬"铺层)	ASTM D6641	[45/90/−45/0/0/45/0/0/−45/0]ns	极限强度、模量、破坏应变	—	3×2×3	3×2×3	3×2×3
面内剪切(准各向同性)	ASTM D5379	[45/0/−45/90]ns	强度、模量	—	3×2×3	—	3×2×3

续 表

试验项目	试验标准	铺 层[1]	测试性能	批次×试板数×每个试板的试样数量			
				试 验 条 件[2]			
				CTD	RTD	ETD	ETW
面内剪切（“软”铺层）	ASTM D5379	[45/−45/90/45/− 45/45/−45/0/45/−45]s	强度、模量	—	3×2×3	—	3×2×3
面内剪切（“硬”铺层）	ASTM D5379	[45/90/−45/0/0/45/0/0/−45/0]*n*s	强度、模量	—	3×2×3	—	3×2×3
开孔拉伸（准各向同性）	ASTM D5766	[45/0/− 45/90]*n*s	极限强度	3×2×3	3×2×3	3×2×3	3×2×3
开孔拉伸（“软”铺层）	ASTM D5766	[45/−45/90/45/− 45/45/−45/0/45/−45]s	极限强度	3×2×3	3×2×3	—	3×2×3
开孔拉伸（“硬”铺层）	ASTM D5766	[45/90/−45/0/0/45/0/0/−45/0]*n*s	极限强度	3×2×3	3×2×3	—	3×2×3
开孔压缩（准各向同性）	ASTM D6484	[45/0/− 45/90]*n*s	极限强度	—	3×2×3	3×2×3	3×2×3
开孔压缩（“软”铺层）	ASTM D6484	[45/−45/90/45/− 45/45/−45/0/45/−45]s	极限强度	—	3×2×3	—	3×2×3
开孔压缩（“硬”铺层）	ASTM D6484	[45/90/−45/0/0/45/0/0/−45/0]*n*s	极限强度	—	3×2×3	—	3×2×3
充填孔拉伸（准各向同性）	ASTM D6742	[45/0/− 45/90]*n*s	极限强度	3×2×3	3×2×3	—	—

续　表

试验项目	试验标准	铺　层[①]	测试性能	批次×试板数×每个试板的试样数量			
				试验条件[②]			
				CTD	RTD	ETD	ETW
充填孔拉伸(“软”铺层)	ASTM D6742	[45/−45/90/45/−45/45/−45/0/45/−45]s	极限强度	3×2×3	3×2×3	—	—
充填孔拉伸(“硬”铺层)	ASTM D6742	[45/90/−45/0/0/45/0/0/−45/0]ns	极限强度	3×2×3	3×2×3	—	—
充填孔压缩(准各向同性)	ASTM D6742	[45/0/−45/90]ns	极限强度	—	3×2×3	—	3×2×3
充填孔压缩(“软”铺层)	ASTM D6742	[45/−45/90/45/−45/45/−45/0/45/−45]s	极限强度	—	3×2×3	—	3×2×3
充填孔压缩(“硬”铺层)	ASTM D6742	[45/90/−45/0/0/45/0/0/−45/0]ns	极限强度	—	3×2×3	—	3×2×3
单剪挤压(准各向同性)	ASTM D5961	[45/0/−45/90]ns	极限强度、变形	—	3×2×3	—	3×2×3
单剪挤压(“软”铺层)	ASTM D5961	[45/−45/90/45/−45/45/−45/0/45/−45]s	极限强度、变形	—	3×2×3	—	3×2×3
单剪挤压(“硬”铺层)	ASTM D5961	[45/90/−45/0/0/45/0/0/−45/0]ns	极限强度、变形	—	3×2×3	—	3×2×3

续 表

试验项目	试验标准	铺 层①	测试性能	批次×试板数×每个试板的试样数量			
				试 验 条 件②			
				CTD	RTD	ETD	ETW
冲击后压缩(6.7 J/mm)(准各向同性)	ASTM D7136 ASTM D7137	[45/0/−45/90]ns	极限强度、破坏应变	—	3×2×3	—	3×2×3
Ⅰ型断裂韧性	ASTM D5528	[0]n	G_{IC}	3×2×3	3×2×3	—	3×2×3
Ⅱ型断裂韧性	ASTM D6671③	[0]n	G_{IIC}	3×2×3	3×2×3	—	3×2×3
层间拉伸	ASTM D6415	[0]n	极限强度	3×2×3	3×2×3	—	3×2×3

注：① 铺层中数量 n 可根据相关试验标准中对试样厚度要求确定，s 指对称铺层。
② 试验条件定义详见 3.5.2 节。
③ 该标准为Ⅰ型和Ⅱ型混合断裂韧性的试验方法，但可以用于Ⅱ型断裂韧性的试验。

表 3-11 推荐的织物预浸料层压板级力学性能试验规划

试验项目	试验标准	铺 层①	测试性能	批次×试板数×每个试板的试样数量			
				试 验 条 件②			
				CTD	RTD	ETD	ETW
无缺口拉伸(准各向同性)	ASTM D3039	[(45/0/−45/0)n//(0*/−45*/0*/45*)n]	极限强度、模量、破坏应变	3×2×3	3×2×3	—	3×2×3
无缺口拉伸(“软”铺层)	ASTM D3039	[(45/−45/0/45/−45)n//(−45*/45*/0*/−45*/45*)n]	极限强度、模量、破坏应变	3×2×3	3×2×3	—	3×2×3
无缺口拉伸(“硬”铺层)	ASTM D3039	[(0/0/45/0/0)n//(0*/0*/45*/0*/0*)n]	极限强度、模量、破坏应变	3×2×3	3×2×3	—	3×2×3

续 表

试验项目	试验标准	铺 层[1]	测试性能	批次×试板数×每个试板的试样数量			
				试 验 条 件[2]			
				CTD	RTD	ETD	ETW
无缺口压缩（准各向同性）	ASTM D6641	[(45/0/−45/0)n//(0*/−45*/0*/45*)n]	极限强度、模量、破坏应变	—	3×2×3	3×2×3	3×2×3
无缺口压缩（“软”铺层）	ASTM D6641	[(45/−45/0/45/−45)n//(−45*/45*/0*/−45*/45*)n]	极限强度、模量、破坏应变	—	3×2×3	3×2×3	3×2×3
无缺口压缩（“硬”铺层）	ASTM D6641	[(0/0/45/0/0)n//(0*/0*/45*/0*/0*)n]	极限强度、模量、破坏应变	—	3×2×3	3×2×3	3×2×3
面内剪切（准各向同性）	ASTM D5379	[(45/0/−45/0)n//(0*/−45*/0*/45*)n]	强度、模量	—	3×2×3	—	3×2×3
面内剪切（“软”铺层）	ASTM D5379	[(45/−45/0/45/−45)n//(−45*/45*/0*/−45*/45*)n]	强度、模量	—	3×2×3	—	3×2×3
面内剪切（“硬”铺层）	ASTM D5379	[(0/0/45/0/0)n//(0*/0*/45*/0*/0*)n]	强度、模量	—	3×2×3	—	3×2×3
开孔拉伸（准各向同性）	ASTM D5766	[(45/0/−45/0)n//(0*/−45*/0*/45*)n]	极限强度	3×2×3	3×2×3	3×2×3	3×2×3
开孔拉伸（“软”铺层）	ASTM D5766	[(45/−45/0/45/−45)n//(−45*/45*/0*/−45*/45*)n]	极限强度	3×2×3	3×2×3	—	3×2×3

续 表

试验项目	试验标准	铺 层①	测试性能	批次×试板数×每个试板的试样数量			
				试 验 条 件②			
				CTD	RTD	ETD	ETW
开孔拉伸（“硬”铺层）	ASTM D5766	[(0/0/45/0/0) n//(0*/0*/45*/0*/0*)n]	极限强度	3×2×3	3×2×3	—	3×2×3
开孔压缩（准各向同性）	ASTM D6484	[(45/0/−45/0) n//(0*/−45*/0*/45*) n]	极限强度	—	3×2×3	3×2×3	3×2×3
开孔压缩（“软”铺层）	ASTM D6484	[(45/−45/0/45/−45) n//(−45*/45*/0*/−45*/45*)n]	极限强度	—	3×2×3	—	3×2×3
开孔压缩（“硬”铺层）	ASTM D6484	[(0/0/45/0/0) n//(0*/0*/45*/0*/0*)n]	极限强度	—	3×2×3	—	3×2×3
充填孔拉伸（准各向同性）	ASTM D6742	[(45/0/−45/0) n//(0*/−45*/0*/45*) n]	极限强度	3×2×3	3×2×3	—	—
充填孔拉伸（“软”铺层）	ASTM D6742	[(45/−45/0/45/−45) n//(−45*/45*/0*/−45*/45*)n]	极限强度	3×2×3	3×2×3	—	—
充填孔拉伸（“硬”铺层）	ASTM D6742	[(0/0/45/0/0) n//(0*/0*/45*/0*/0*)n]	极限强度	3×2×3	3×2×3	—	—
充填孔压缩（准各向同性）	ASTM D6742	[(45/0/−45/0)n//(0*/−45*/0*/45*) n]	极限强度	—	3×2×3	—	3×2×3

续　表

试验项目	试验标准	铺　层[①]	测试性能	批次×试板数×每个试板的试样数量			
				试 验 条 件[②]			
				CTD	RTD	ETD	ETW
充填孔压缩（“软”铺层）	ASTM D6742	[(45/－45/0/45/－45) n//(－45*/45*/0*/－45*/45*)n]	极限强度	——	3×2×3	——	3×2×3
充填孔压缩（“硬”铺层）	ASTM D6742	[(0/0/45/0/0) n//(0*/0*/45*/0*/0*)n]	极限强度	——	3×2×3	——	3×2×3
单剪挤压（准各向同性）	ASTM D5961	[(45/0/－45/0)n//(0*/－45*/0*/45*)n]	极限强度、变形	——	3×2×3	——	3×2×3
单剪挤压（“软”铺层）	ASTM D5961	[(45/－45/0/45/－45) n//(－45*/45*/0*/－45*/45*)n]	极限强度、变形	——	3×2×3	——	3×2×3
单剪挤压（“硬”铺层）	ASTM D5961	[(0/0/45/0/0) n//(0*/0*/45*/0*/0*)n]	极限强度、变形	——	3×2×3	——	3×2×3
CAI 冲击后压缩（6.7 J/mm）（准各向同性）	ASTM D7136 ASTM D7137	[(45/0/－45/0)n//(0*/－45*/0*/45*)n]	极限强度、破坏应变	——	3×2×3	——	3×2×3
Ⅰ型断裂韧性	ASTM D5528	[0/0*]n	G_{IC}	3×2×3	3×2×3	——	3×2×3

续 表

试验项目	试验标准	铺　层①	测试性能	批次×试板数×每个试板的试样数量			
				试 验 条 件②			
				CTD	RTD	ETD	ETW
Ⅱ型断裂韧性	ASTM D6671③	[0/0*]n	G_{IIC}	3×2×3	3×2×3	——	3×2×3
层间拉伸	ASTM D6415	[0/0*]n	极限强度	3×2×3	3×2×3	——	3×2×3

注：① 铺层中数量 n 可根据相关试验标准中对试样厚度要求确定，//表示铺层的中面。
② 试验条件定义详见 3.5.2 节。
③ 该标准为Ⅰ型和Ⅱ型混合断裂韧性的试验方法，但可以用于Ⅱ型断裂韧性的试验。

（5）夹层板力学性能试验规划。

进行夹层板力学性能试验的目的是提供适用于飞机夹层结构设计的力学性能。夹层板试验仅适用于自粘型预浸料。夹层板所用芯子(蜂窝或泡沫)必须是满足其自身材料规范要求的合格材料。表 3-12 为推荐的单向带夹层板力学性能试验规划。表 3-13 为推荐的织物预浸料夹层板力学性能试验规划。

表 3-12　推荐的单向带夹层板力学性能试验规划

试 验 项 目	试验标准	铺　　层	测试性能	批次×试板数×每个试板的试样数量	
				试验条件①	
				RTD	ETW
夹层长梁弯曲	ASTM D7249	[0/90/90/0/芯子/0/90/90/0]	极限强度	3×2×3	3×2×3
夹层长梁弯曲(准各向同性)	ASTM D7249	[0/45/90/−45/芯子/−45/90/45/0]	极限强度	3×2×3	3×2×3
冲击后夹层长梁弯曲(3.3J)(准各向同性)	ASTM D7249	[0/45/90/−45/芯子/−45/90/45/0]	极限强度	3×2×3	——
冲击后夹层长梁弯曲(13.6J)(准各向同性)	ASTM D7249	[0/45/90/−45/芯子/−45/90/45/0]	极限强度	3×2×3	——

注：① 试验条件定义详见 3.5.2 节。

表 3-13　推荐的织物预浸料夹层板力学性能试验规划

试验项目	试验标准	铺　　层①	测试性能	批次×试板数×每试板的试样数量	
				试验条件②	
				RTD	ETW
夹层结构长梁弯曲(经向)	ASTM D7249	[0*/0*/芯子/0/0]	极限强度	3×2×3	3×2×3
夹层结构长梁弯曲(纬向)	ASTM D7249	[90*/90*/芯子/90/90]	极限强度	3×2×3	3×2×3
夹层结构长梁弯曲(准各向同性)	ASTM D7249	[45*/0*/芯子/0/45]	极限强度	3×2×3	3×2×3
冲击后夹层结构长梁弯曲(3.4J)(准各向同性)	ASTM D7249	[45*/0*/芯子/0/45]	极限强度	3×2×3	—
冲击后夹层结构长梁弯曲(13.3J)(准各向同性)	ASTM D7249	[45*/0*/芯子/0/45]	极限强度	3×2×3	—

注：① 与芯子接触的铺层，应使经纱面挨着芯子。
② 试验条件定义详见 3.5.2 节。

(6) 液体敏感性试验规划。

进行液体敏感性试验的目的是评估复合材料结构在液体暴露后对层压板性能的影响，通常选择对液体暴露最为敏感的剪切性能试验。

液体通常分为两种：一种是与材料长期接触的液体，而另一种则是与材料接触时间比较短，且涂抹后会擦除(或蒸发)的液体。根据飞机复合材料构件制造过程和使用情况，材料鉴定试验规划推荐的液体如下：

① 长期接触的液体：100 低铅航空燃料；JP-4 发动机燃油；100＃航空汽油；MIL-H-5606 液压油；MIL-H-83282 液压油；讯兴 46＃液压油；MIL-L-7808 发动机润滑油；MIL-L-23699 发动机润滑油；W50 发动机润滑油。

② 短期接触的液体：甲基乙酮 MEK 洗涤液(ASTM D740)；ES-AIR 飞机清洗液；聚丙烯乙二醇除冰剂(Type 1)MIL-A-8243；异丙醇除冰剂 TT-I-735；Safe-wing 丙二醇除冰剂。

一般情况下，复合材料结构会在室温条件下暴露于上述液体。如果复合材料结构在服役期长期暴露于非室温的液体环境中，那么试样处理应按要求暴露在实际使用温度的液体中。例如，用于整体油箱的复合材料构件，评估其液体敏感性时，试样应暴露在油箱使用温度范围(通常为冷-热状态)的液体中。

评估长期接触液体的试样，一般要求在液体中浸泡 500±50 h；而评估短期接触液体的试样，一般要求在液体中浸泡 48±4 h。通常认为剪切模量降低 20%～40%是不可接受的。表 3 - 14 为推荐的液体敏感性试验规划，包括单向带和织物预浸料。

表 3 - 14　推荐的液体敏感性试验规划①

液体种类②	暴露条件(温度/时间)	试验标准	铺　层③	测试性能	批次×每批试样数量 试验条件④ RTD	ETD
航空燃油	23℃/500 h±50 h	ASTM D3518	[45/—45/45/—45//—45*/45*/—45*/45*]	极限强度	1×6	1×6
液压油	70℃/500 h±50 h	ASTM D3518	[45/—45/45/—45//—45*/45*/—45*/45*]	极限强度	1×6	1×6
润滑油	70℃/500 h±50 h	ASTM D3518	[45/—45/45/—45//—45*/45*/—45*/45*]	极限强度	1×6	1×6
清洗剂	23℃/1 h	ASTM D3518	[45/—45/45/—45//—45*/45*/—45*/45*]	极限强度	1×6	1×6
除冰剂	23℃/48 h±4 h	ASTM D3518	[45/—45/45/—45//—45*/45*/—45*/45*]	极限强度	1×6	1×6

注：① 对于液体敏感性的力学试验项目，CMH-17G 第 1 卷 2.3.1.3 节推荐进行开孔压缩和±45°面内剪切试验，同时也提到，出于经济性考虑，也可用短梁强度试验替代，同时该章节明确了应在室温和最大使用温度条件下进行力学性能试验。

② 本规划中所列的液体类型及其规格或牌号为一般飞机可能使用到的液体。经审查组同意后，试验规划中液体种类可根据实际情况更换，但液体种类、暴露条件应与实际飞机结构使用情况相符。

③ 表中所示铺层为织物预浸料铺层，单向带铺层则为[45/—45]ns，铺层中数量 n 可根据相关试验标准中对试样厚度要求确定，s 指对称铺层。

④ 试验条件定义详见本章 3.5.2 节。

(7) 疲劳寿命试验规划。

通常情况下,复合材料结构承受高周疲劳载荷时应考虑疲劳问题,以确认材料在预期的使用寿命内的耐久性。疲劳试验项目和数量可根据材料应用的对象和部位而定。含冲击损伤的疲劳试验不在此讨论。表 3-15 为推荐的单向带疲劳寿命试验规划。表 3-16 为推荐的织物预浸料疲劳寿命试验规划。

表 3-15　推荐的单向带疲劳寿命试验规划①

试验项目	试验方法②	铺　　层③	测试性能	批次×试板数×每个试板的试样数量 试验条件⑤	
				RTD	ETW
疲劳 (准各向同性)	开孔疲劳 $R=-1$(拉-压)	[45/0/−45/90]ns	疲劳寿命④	3×2×3	3×2×3
疲劳 (“软”铺层)	开孔疲劳 $R=-1$(拉-压)	[45/−45/90/45/−45/45/−45/0/45/−45]s	疲劳寿命④	3×2×3	3×2×3
疲劳 (“硬”铺层)	开孔疲劳 $R=-1$(拉-压)	[45/90/−45/0/0/45/0/0/−45/0]ns	疲劳寿命④	3×2×3	3×2×3

注:① 疲劳试验规划仅为有需要的用户提供参考。
② 试样尺寸设计可参考试验标准 ASTM D5766。
③ 铺层中数量 n 可根据相关试验标准中对试样厚度要求确定,s 指对称铺层。
④ 疲劳寿命试验应至少进行 1×10^6 循环,若材料在更严酷的疲劳环境下使用,应增加疲劳循环数。
⑤ 试验条件定义详见 3.5.2 节。

表 3-16　推荐的织物预浸料疲劳寿命试验规划①

试验项目	试验方法②	铺　　层③	测试性能	批次×试板数×每个试板的试样数量 试验条件⑤	
				RTD	ETW
疲劳 (准各向同性)	开孔疲劳 $R=-1$(拉-压)	[(45/0/−45/0)n//(0*/−45*/0*/45*)n]	疲劳寿命④	3×2×3	3×2×3

续 表

试验项目	试验方法②	铺　层③	测试性能	批次×试板数×每个试板的试样数量	
				试验条件⑤	
				RTD	ETW
疲劳（“软”铺层）	开孔疲劳 $R=-1$(拉-压)	[(45/−45/0/45/−45)n//(−45*/45*/0*/−45*/45*)n]	疲劳寿命④	3×2×3	3×2×3
疲劳（“硬”铺层）	开孔疲劳 $R=-1$(拉-压)	[(0/0/45/0/0)n//(0*/0*/45*/0*/0*)n]	疲劳寿命④	3×2×3	3×2×3

注：① 疲劳试验规划仅为有需要的用户提供参考。
② 试样尺寸设计可参考试验标准 ASTM D5766。
③ 铺层中数量 n 可根据相关试验标准中对试样厚度要求确定，//表示铺层的中面。
④ 疲劳寿命试验应至少进行 1×10^6 循环，若材料在更严酷的疲劳环境下使用，应增加疲劳循环数。
⑤ 试验条件定义详见 3.5.2 节。

3) 试验数据统计

试验完成后，应对试验数据进行统计处理。统计方法的选择可根据 CMH-17 最新版相关章节确定。当允许采用环境样本合并方法计算基准值时，可采用 ASAP 程序进行统计分析计算。当不允许采用环境样本合并方法计算基准值时，在数据量足够的前提下，可以使用 STAT17 程序采用单点法进行统计分析计算。如果数据（或数据量）不满足单点法计算要求，也可以根据现有可用数据，采用最合适的方法得到预估值。

试验数据统计方法可查阅相关公开资料，这里仅简述数据正则化方法。

由于结构设计时采用材料规范给出固化后单层厚度（对应于规定的纤维体积含量），而制造工艺带来的变异性，会导致试样纤维体积含量不同，为了直接比较力学性能试验结果，需要把试验的真实测量值调整到一个规定的纤维体积含量所对应的性能值，这个方法称为正则化。设计所需的关键性能多数是由纤维控制的力学性能，数据正则化的过程就是为了减少这些性能的虚假变异性。对于由基体控制的性能，虽然已经看到纤维体积含量对这些性能的影响，但目前还没有一个明确的模型来对基体控制的性能进行正则化。

实施正则化的前提假设是，在整个纤维/树脂比的范围内，纤维体积含量与层压板极限强度之间呈线性关系(这里忽略了高纤维含量时贫胶的影响)。通常不对每个试样测量纤维体积含量,而是利用纤维体积含量与层压板固化后单层厚度之间的关系,来考虑各个单独试样在纤维体积含量方面的变化。在纤维体积含量为 45%～65%的范围内,这个关系实际上是线性的。正则化的方法详见 CMH-17 最新版相关章节。并非所有试验项目都可以进行正则化处理。

可进行正则化的项目包括:0°(经向)和多向层压板拉伸强度及模量(机织织物及单向带);纬向拉伸强度及模量(仅机织织物);0°(经向)和多向层压板压缩强度及模量(机织织物及单向带);纬向压缩强度及模量(仅机织织物);典型层压板开孔(含充填孔)拉伸强度;典型层压板开孔(含充填孔)压缩强度;典型层压板冲击后压缩强度;典型层压板挤压强度。

不可进行正则化的项目包括:90°拉伸强度及模量(仅单向带);90°压缩强度及模量(仅单向带);面内剪切强度与模量;短梁强度;泊松比。

进行正则化处理以后,数据的分散将减小或保持相同。但是,如果进行正则化处理以后,数据的分散明显增大,则应研究其原因。

3.6.2　材料等同性验证

已鉴定的材料在使用过程中,材料和/或工艺均可能发生变化。特别是选择共享数据库中材料的新用户,其工艺条件可能不会与材料初始鉴定入库时的试板制造商完全相同。为了评定变化后的材料和/或工艺是否能够产生与初始鉴定时等同的材料性能,需明确材料和/或工艺等同性评定技术要求。开展等同性评定的前提是该材料具有经局方批准的可追溯的材料性能共享数据。

等同性评定可对材料组分及生产工艺的变化,或是同一种材料仅制造工艺发生变化进行评估,以判断该变化是否依然满足同一材料规范的最低要求。因此,材料和/或工艺等同性评定的目的是确定材料和/或工艺变化前后的材料特性和性能是否足够相似,使用时有无差别,是否需要重新进行材料鉴定等。

在进行等同性评定时,通过统计检验来确定材料和/或工艺变化前后数据是否有显著性差异。需要注意的是,材料和/或工艺变化前后试板制造、试样加工及相应试验要求应与材料鉴定时相同,数据统计方法和数据正则化处理原则也要保持一致。

本节所采用的准则中,大部分是以统计检验(通常称为假设检验)为基础的。对于强度性能,考虑了平均值和最小个体值两种情况,这是一个对单侧检验的共同/联合。因此,将拒绝小的平均值或小的最小个体值或两者。对于模量类性能,只考虑其平均值。

当进行等同性评定时，不要忽略工程判断。若在一个温度下某个力学性能没有呈现统计上的等同性，则在确定该材料是否等同前，应研究该性能的重要性和偏离的大小。例如，拉伸强度与模量以及 ETW 压缩强度与模量，在设计上通常都是关键的和比较重要的性能，应当按统计检验的结果处置。

本节所述的准则仅适用于假设批次间变异不大的情况。对于批次间变异较大的情况，CMH-17 最新版相关章节提供了处理这种情况的指南。

1) 材料变化的等级分类

是否需要进行等同性评定以及等同性评定的试验规划，主要取决于材料变化的等级。根据材料变化对材料性能及复合材料结构的影响程度，可以将变化分成以下 5 级。

(1) 0 级变化。

0 级变化定义为对材料和结构性能没有影响的变化，供应商只需按照材料规范进行正常的出厂检验，此类变化可不通知用户。

0 级变化包括对规范或过程控制文件中的印刷错误的改正、由于公司名称变更引起原材料名称的变化，以及储存条件不变但改变了储存设备和/或地点。

(2) 1 级变化。

1 级变化是较小的变化，供应商可按照材料规范进行正常的出厂检验。如果发现对材料性能没有影响，则不需要进行额外的试验验证；如果发现对材料性能产生了影响，则应调整为 2 级或更高级别的变化。此类变化应通报给目前的终端用户，在正式执行这类变化前，应获得用户的批准，并对适用材料规范进行修订。

1 级变化包括(但不限于)如下变化：

① 与增强体有关的变化：碳纤维包装形式和单位包装数量的变化(如由 5 000 m 锭长改为 8 000 m 锭长)。

② 与树脂有关的变化：树脂包装形式和单位包装数量的变化(如由 5 kg 的袋装改为 25 kg 的桶装)。

③ 与预浸料有关的变化：离型(背衬)纸或其他工艺辅助材料的改变；包装方法与材料的变化。

(3) 2 级变化。

2 级变化是一种重要变化，应由供应商进行材料等同性评定。通过材料等同性评定后，在供应商工艺控制文件中说明变更的类型和等同性试验的结果，并对材料规范和/或工艺规范进行相应修订，经批准后采用，并将这些变化通知用户。必须在供应商 PCD 的适当部分，用文件说明变化的类型和试验证实没有明显影响。

2 级变化包括(但不限于)如下变化：

① 与增强体有关的变化：碳纤维生产线的改变；原丝生产线的改变；织物生产工艺的修订，但不改变关键特性(key characteristics, KC)或关键工艺参数(key process parameter, KPP)；增加类似的辅助设备，增添附加的辅助生产设备或设施；生产线主要或关键设备的改造或工艺修订，但不改变关键特性(KC)或关键工艺参数(KPP)；原丝或碳纤维生产过程中化学成分和物理形态类似的第二来源辅助材料；纺丝液配方的调整，但不改变原关键特性(KC)或关键工艺参数(KPP)；化学和物理形态相同的第二来源原丝。

② 与树脂有关的变化：树脂各组分的原料的改变；化学和物理形态相同的第二来源树脂原材料；启用大小相同的新的树脂混合釜；混合设备的改造或工艺的修订，但不改变关键特性(KC)或关键工艺参数(KPP)。

③ 与预浸料有关的变化：增添类似的新设备，扩充现有设备；工艺设备的改造或工艺的修订，但不改变关键特性(KC)或关键工艺参数(KPP)；为降低数据变异性，试验方法的改进。

(4) 3 级变化。

3 级变化是一种较大变化，有可能改变零件工艺特性，或改变固化后单层性能，使其偏离对材料所确定的平均值，要编制充分的等同性试验计划。供应商应将变化通知用户，编制试验规划，对材料与工艺规范提出修改建议，并补充试验来说明特定的关键设计问题。试验应在获得用户批准后实施，复合材料试板应由用户制备。通过材料等同性评定并得到用户认可后，应对材料规范和/或工艺规范进行相应修改，并经用户批准后采用。

3 级变化包括(但不限于)如下变化：

① 与增强体有关的变化：碳纤维丝束中名义纤维数量的改变(较小，每束小于 200 根纤维的差别)；碳纤维生产工艺的改变；纤维上浆剂类型、上浆剂含量、表面处理的改变；纤维生产地点的改变。

② 与树脂有关的变化：树脂各组分物理形态的改变，如黏度的改变、粒径的改变；树脂配方比例的微小改变；树脂混合设备、工艺的改变，且引起关键特性(KC)或关键工艺参数(KPP)的改变；树脂生产地点的改变。

③ 与预浸料有关的变化：树脂含量的变化(较小，树脂重量含量小于 2%的差别)；涂膜和含浸设备、工艺的改变，且会引起关键特性(KC)或关键工艺参数(KPP)的改变；黏性的改变；预浸料生产地点的改变。

(5) 4 级变化。

4 级变化是重大的变化,通常指无法验证等同性的 3 级或更低级别的变化,或即使通过了材料等同性评定,仍无法确认不会对结构制造工艺和性能产生影响的变化。此时,供应商应在第一时间将变化通知用户,并编制材料等同性试验计划,在获得用户批准后,实施该计划。等同性验证计划的复合材料试板应由用户自行制备。在通过材料等同性评定后,用户应根据具体结构情况,进行补充的环境影响试验,以及通过典型结构件和具有相当大尺寸的结构件制造和地面试验进行验证。结构验证试验完成后,供应商应根据试验结果修订材料规范并经用户批准后使用。

4 级变化包括(但不限于)如下变化:

① 与增强体有关的变化:丝束中名义纤维数量的改变(如从 3 k 到 6 k);改变纤维牌号(如由 T300 变为 AS4);纤维制造商的改变(如从 A 到 B);织物机织形式的改变(如由平纹织物变为 8 综缎);织物中增加导电纤维(如为防雷击目的)。

② 与树脂有关的变化:树脂各组分的改变;树脂配方比例较大的改变;性能相当的树脂牌号改变。

③ 与预浸料有关的变化:树脂含量的改变(较大,树脂重量含量大于 2%的差别);纤维面积重量的改变(如由 145 g/m^2 改为 190 g/m^2)。

因 4 级变化被认为是新材料,若用户希望使用该新材料,必须进行材料的全面适航鉴定。

2) 工艺变化等级分类

是否需要进行等同性评定以及为等同性评定制定试验规划,主要取决于复合材料制造工艺变化的等级。根据制造工艺变化对材料性能的影响程度,可以将变化分成以下 3 级。

(1) 1 级变化。

1 级变化是较小的变化,用户只需要进行验收试验。如果发现对材料性能没有影响,则不需要进行额外的试验验证;如果发现对材料性能产生了影响,则应调整为 2 级或更高级别的变化。此类变化包括(但不限于)封装用辅助材料(如真空袋、隔离膜、脱模布/脱模剂)的来源和规格的改变。此类变化应进行材料规范和/或工艺规范的修订,并将这类变化通知供应商。

(2) 2 级变化。

2 级变化是一种较大变化,应进行材料等同性评定。通过进行材料等同性评定,对材料规范和/或工艺规范进行相应修订,经批准后采用,并将这些变化通知供应商。此类变化包括(但不限于)脱模剂变为隔离膜,或隔离膜改为脱模剂;增加或去掉可剥布;全程抽真空变为加压后通大气。

(3) 3 级变化。

3 级变化是一种重大变化,有可能改变零件工艺特性,或改变固化后单层性能,使其偏离材料之前确定的平均值,要进行等同性试验。通过材料等同性评定后,应对材料规范和/或工艺规范进行相应修改,并通知供应商。此类变化包括(但不限于)从热压罐到真空袋压固化,或从真空袋压到热压罐固化的改变;固化工艺的改变(如温度、保压时间和压力)。

因 3 级变化被认为是新工艺(相对于原工艺规范),若用户希望使用该新工艺,必须进行材料的全面适航鉴定。

3) 等同性评定情况分类

根据材料和/或工艺变化的等级分类,等同性评定分为以下 5 种情况:

① 新用户选择已完成鉴定的材料的等同性评定;

② 用户复合材料制造工艺发生变化的等同性评定;

③ 已鉴定材料(组分和/或制备工艺)发生变化的等同性评定;

④ 替代材料的等同性评定(前提是替代材料已完成材料鉴定);

⑤ 验收试验。

4) 推荐的等同性评定试验规划

需要说明的是,以下给出的为推荐的试验规划,并非唯一要求。在实际应用中,用户与材料供应商应根据材料和/或工艺的具体变化情况做出必要的调整,可增加或减少试验项目及批次。

由于实际零件制造的复杂性会导致结构具有不同的性能,也就是说,即使材料变化后的所有数据通过了等同性评定,也并不意味着变化后的材料和/或工艺能在元件和组合件级上获得相同的性能,因此,为确定较复杂外形和结构构型是否引起任何性能变化,通常需要做一些类似于典型结构件和部件级的更高级别的试验,以完成复合材料结构验证要求。

除此之外,若预期材料会暴露在不同于原来材料鉴定的液体中,则应把液体敏感性的评估包括在材料等同性试验规划中。

(1) 新用户选择已完成鉴定材料的等同性评定技术要求。

如果新用户选择已完成鉴定的材料且未发生任何变化,制造工艺也一致,则必须证明新用户采用相同制造工艺制造的试板获得的材料性能与已鉴定材料的性能值相当。在这种情况下,原材料规范、许用值统计数据和复合材料制造工艺规范仍然有效,这被称为新用户使用已完成鉴定的材料的等同性评定。

若采用已鉴定材料的用户在材料和工艺不变的情况下,仅是更换了复合材料制件的生产地点,也必须进行等同性评定,但可根据实际情况适当减少等同性评定的试验量。

新用户选择已鉴定入库材料的等同性评定流程如图 3-9 所示。由于等同性评定的材料相同、工艺方法一致,新用户只是增加或原制造商更换了制造地点,因此,仅需进行固化后预浸料物理性能和单层级力学性能的等同性评定即可。

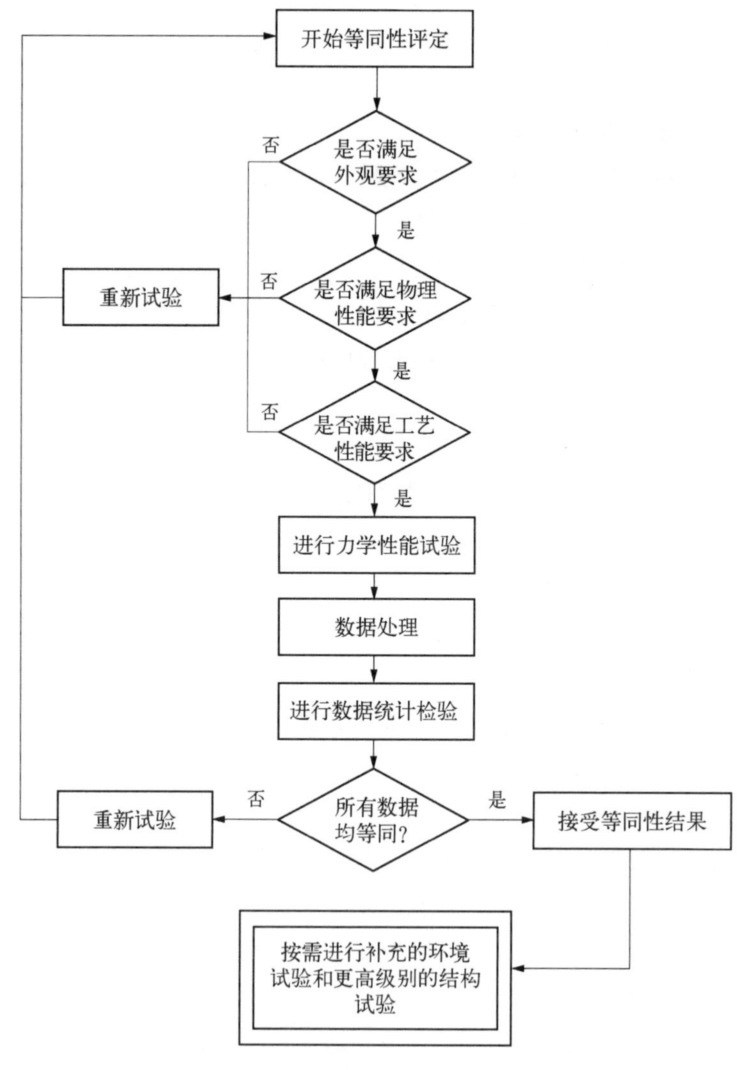

图 3-9 新用户使用已完成鉴定材料的等同性评定流程图

a. 推荐的预浸料固化后物理性能等同性评定试验规划

表3-17为推荐的预浸料固化后物理性能等同性评定试验规划，适用于单向带和织物预浸料。

表3-17　推荐的预浸料固化后物理性能等同性评定试验规划①

试验项目	批次×试板数×每个试板的试样数量	通过/拒绝准则及检验统计量⑥
固化后单层厚度/mm	②	3.6.3节
纤维含量/(%体积)	③	3.6.3节
树脂含量/(%重量)	③	3.6.3节
空隙含量(%体积)	③	3.6.3节
层压板密度/(g/cm^3)	③	3.6.3节
玻璃化转变温度(干态)④	1×1×2	3.6.3节
玻璃化转变温度(湿态)⑤	1×1×2	3.6.3节

注：① 本试验规划适用于单向带和织物预浸料固化后物理性能试验，规划中试验项目所对应的试验标准及方法和试验条件与表3-7一致。
② 可通过力学性能测试试样获得。
③ 建议每块试板至少应做一个试验。
④ 干态指工程干态。
⑤ 湿态指试样在(71±3)℃和(85±5)% RH条件下达到吸湿平衡状态。
⑥ 也可以通过用户与供应商协商一致的指标(如采用材料规范)进行等同性评定，但不应与统计检验结果存在显著差异。相关内容也适用于本章表3-18至表3-27。

b. 推荐的单层级力学性能等同性评定试验规划

由于单向带和织物预浸料单层级的铺层定义和试验获取性能有所差异，将分别对单向带和织物预浸料进行等同性评定试验规划。表3-18为推荐的单向带单层级力学性能等同性试验规划。表3-19为推荐的织物预浸料单层级力学性能等同性试验规划。

表3-18　推荐的单向带单层级力学性能等同性试验规划①

试验项目	批次×试板数×每个试板的试样数量			通过/拒绝准则及检验统计量
	试验条件②			
	CTD	RTD	ETW	
0°拉伸强度	1×2×4	1×2×4	—	3.6.3节
0°拉伸模量	1×2×4	1×2×4	—	3.6.3节

续 表

试验项目	批次×试板数×每个试板的试样数量			通过/拒绝准则及检验统计量
	试验条件[②]			
	CTD	RTD	ETW	
90°拉伸强度	——	1×2×4	1×2×4	3.6.3 节[③]
90°拉伸模量	——	1×2×4	1×2×4	3.6.3 节[③]
0°压缩强度	——	1×2×4	1×2×4	3.6.3 节
0°压缩模量	——	1×2×4	1×2×4	3.6.3 节
90°压缩强度	——	1×2×4	1×2×4	3.6.3 节[③]
90°压缩模量	——	1×2×4	1×2×4	3.6.3 节[③]
面内剪切强度	——	1×2×4	1×2×4	3.6.3 节[③]
面内剪切模量	——	1×2×4	1×2×4	3.6.3 节[③]
短梁强度	——	1×2×4	1×2×4	3.6.3 节[③]

注：① 本试验规划中试验项目所对应的试验标准、试样铺层及测试性能均与表 3-8 一致。
② 试验条件定义详见 3.5.2 节。
③ 这些性能不能进行正则化，性能值比较小，但可能对纤维体积含量敏感，若这些性能不满足评定准则，也许在数据变异性范围内，必须研究其原因，且应进行工程判断来确定其未通过的影响。

表 3-19 推荐的织物预浸料单层级力学性能等同性试验规划[①]

试验项目	批次×试板数×每个试板的试样数量			通过/拒绝准则及检验统计量
	试验条件[②]			
	CTD	RTD	ETW	
经向拉伸强度	1×2×4	1×2×4	——	3.6.3 节
经向拉伸模量	1×2×4	1×2×4	——	3.6.3 节
纬向拉伸强度	1×2×4	1×2×4	——	3.6.3 节
纬向拉伸模量	1×2×4	1×2×4	——	3.6.3 节
经向压缩强度	——	1×2×4	1×2×4	3.6.3 节

续　表

试验项目	批次×试板数×每个试板的试样数量			通过/拒绝准则及检验统计量
	试　验　条　件[②]			
	CTD	RTD	ETW	
经向压缩模量	——	1×2×4	1×2×4	3.6.3 节
纬向压缩强度	——	1×2×4	1×2×4	3.6.3 节
纬向压缩模量	——	1×2×4	1×2×4	3.6.3 节
面内剪切强度	——	1×2×4	1×2×4	3.6.3 节[③]
面内剪切模量	——	1×2×4	1×2×4	3.6.3 节[③]
短梁强度	——	1×2×4	1×2×4	3.6.3 节[③]

注：① 本试验规划中试验项目所对应的试验标准、试样铺层及测试性能均与表 3－9 一致。
② 试验条件定义详见 3.5.2 节。
③ 这些性能不能进行正则化，性能值比较小，但可能对纤维体积含量敏感，若这些性能不满足评定准则，也许在数据变异性范围内，必须研究其原因，且应进行工程判断来确定其未通过的影响。

(2) 用户复合材料制造工艺发生变化的等同性评定。

对于已完成鉴定的材料，在材料未发生任何变化的情况下，若用户的复合材料制造工艺发生变化，应证明后来的制造工艺与原用工艺水平相当，原来的许用值数据仍然有效，这称之为用户复合材料制造工艺的等同性评定。此时，仅需进行固化后预浸料物理性能和单层级力学性能的等同性评定即可。

用户复合材料制造工艺发生变化的等同性评定流程如图 3－10 所示。

根据复合材料制造变化的等级和结构的重要程度(如主承力结构、次承力结构、内饰结构)，考虑其变化对复合材料性能参数的影响，以此来确定等同性评价所需的试验项目、试验标准、试验数量及试验条件等。应根据复合材料制造工艺的变化情况进行等级分类定义，制造工艺变化的等同性试验评定主要针对复合材料制造工艺的 2 级和 3 级变化。

a. 固化后预浸料物理性能等同性试验规划

推荐的固化后预浸料物理性能等同性试验规划同表 3－17，适用于单向带和织物预浸料的复合材料制造工艺的 2 级和 3 级变化。

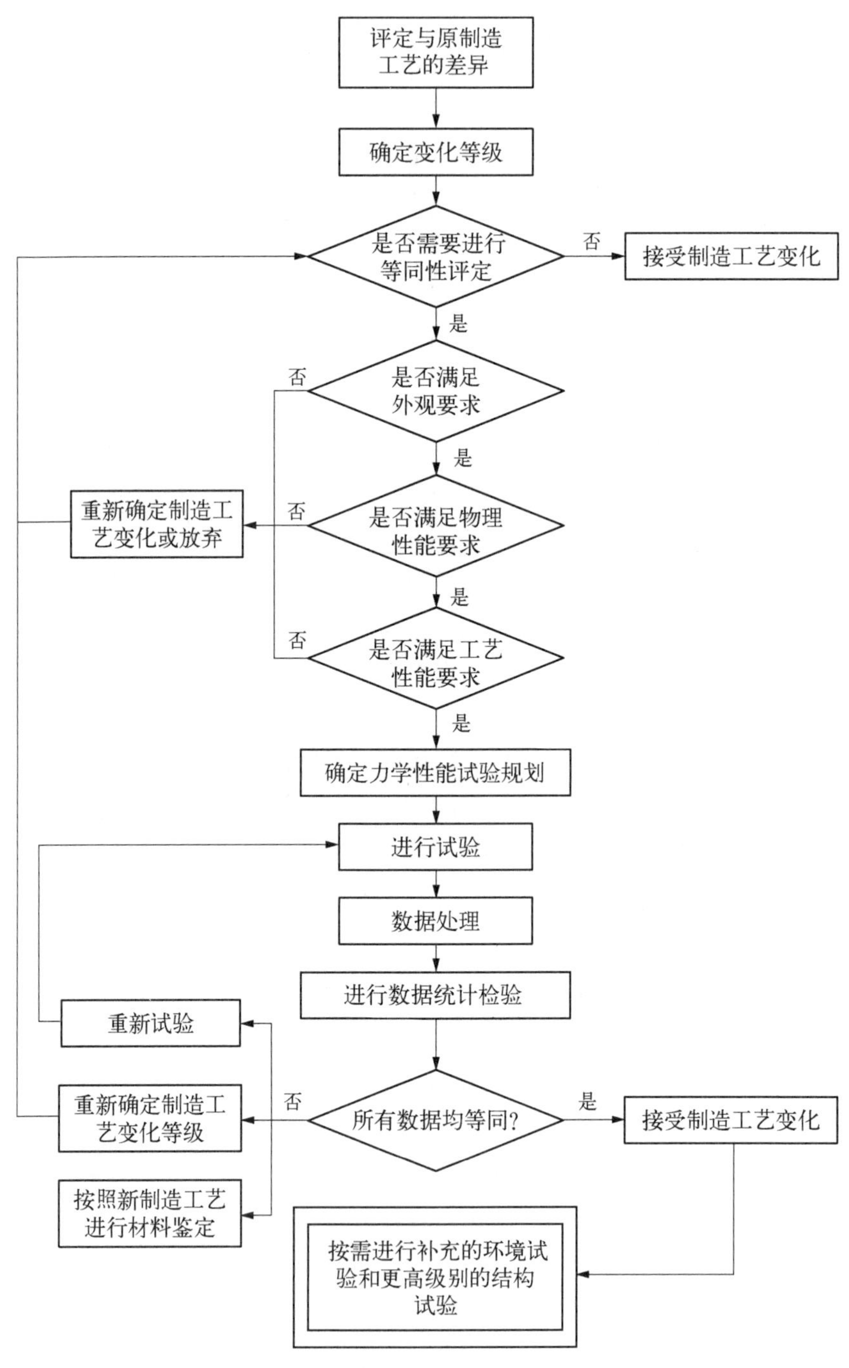

图 3-10 用户复合材料制造工艺变化的等同性评定流程图

b. 单层级力学性能等同性评定试验规划

① 复合材料制造工艺 2 级变化：推荐的单向带单层级力学性能等同性试验规划同表 3－18，适用于单向带复合材料制造工艺的 2 级变化；推荐的织物预浸料单层级力学性能等同性试验规划同表 3－19，适用于织物预浸料的复合材料制造工艺的 2 级变化。

② 复合材料制造工艺 3 级变化：由于单向带和织物预浸料单层级的铺层定义和通过试验获取的性能有差异，因此，应对单向带和织物预浸料分别进行等同性评定试验规划。表 3－20 为推荐的单向带单层级力学性能等同性试验规划。表 3－21 为推荐的织物预浸料单层级力学性能等同性试验规划。

表 3－20 推荐的单向带单层级力学性能等同性试验规划①

试验项目	批次×试板数×每个试板的试样数量			通过/拒绝准则及检验统计量
	试验条件②			
	CTD	RTD	ETW	
0°拉伸强度	1×2×8	1×2×8	——	3.6.3 节
0°拉伸模量	1×2×8	1×2×8	——	3.6.3 节
90°拉伸强度	——	1×2×8	1×2×8	3.6.3 节③
90°拉伸模量	——	1×2×8	1×2×8	3.6.3 节③
0°压缩强度	——	1×2×8	1×2×8	3.6.3 节
0°压缩模量	——	1×2×8	1×2×8	3.6.3 节
90°压缩强度	——	1×2×8	1×2×8	3.6.3 节③
90°压缩模量	——	1×2×8	1×2×8	3.6.3 节③
面内剪切强度	——	1×2×8	1×2×8	3.6.3 节③
面内剪切模量	——	1×2×8	1×2×8	3.6.3 节③
短梁强度	——	1×2×8	1×2×8	3.6.3 节③

注：① 本等同性试验规划适用于单向带的复合材料制造工艺 3 级变化，试验项目所对应的试验标准、试样铺层及测试性能与表 3－8 一致。

② 试验条件定义详见 3.5.2 节。

③ 这些性能不能进行正则化，性能值比较小，但可能对纤维体积含量敏感，若这些性能不满足评定准则，也许在数据变异性范围内，必须研究其原因，且应进行工程判断来确定其未通过的影响。

表 3-21 推荐的织物预浸料单层级力学性能等同性试验规划[①]

试验项目	批次×试板数×每个试板的试样数量			通过/拒绝准则及检验统计量
	试验条件[②]			
	CTD	RTD	ETW	
经向拉伸强度	1×2×8	1×2×8	——	3.6.3 节
经向拉伸模量	1×2×8	1×2×8	——	3.6.3 节
纬向拉伸强度	1×2×8	1×2×8	——	3.6.3 节
纬向拉伸模量	1×2×8	1×2×8	——	3.6.3 节
经向压缩强度	——	1×2×8	1×2×8	3.6.3 节
经向压缩模量	——	1×2×8	1×2×8	3.6.3 节
纬向压缩强度	——	1×2×8	1×2×8	3.6.3 节
纬向压缩模量	——	1×2×8	1×2×8	3.6.3 节
面内剪切强度	——	1×2×8	1×2×8	3.6.3 节[③]
面内剪切模量	——	1×2×8	1×2×8	3.6.3 节[③]
短梁强度	——	1×2×8	1×2×8	3.6.3 节[③]

注：① 本等同性试验规划适用于单向带的复合材料制造工艺 3 级变化，试验项目所对应的试验标准、试样铺层及测试性能与表 3-9 一致。

② 试验条件定义详见 3.5.2 节。

③ 这些性能不能进行正则化，性能值比较小，但可能对纤维体积含量敏感，若这些性能不满足评定准则，也许在数据变异性范围内，必须研究其原因，且应进行工程判断来确定其未通过的影响。

推荐的层压板力学性能等同性评定试验规划如表 3-22 所示，同时适用于单向带和织物预浸料的复合材料制造工艺 3 级变化。

表 3-22 推荐的单向和织物预浸材层压板级力学性能等同性评定试验规划[①]

试验项目	批次×试板数×每个试板的试样数量		通过/拒绝准则及检验统计量
	试验条件[②]		
	RTD	ETW	
无缺口压缩强度(准各向同性)	1×2×8	1×2×8	3.6.3 节
无缺口压缩模量(准各向同性)	1×2×8	1×2×8	3.6.3 节

续　表

试验项目	批次×试板数×每个试板的试样数量		通过/拒绝准则及检验统计量
	试验条件[②]		
	RTD	ETW	
开孔压缩(准各向同性)	1×2×8	1×2×8	3.6.3 节
冲击后压缩强度(30.5J)(准各向同性)	1×2×8	1×2×8	3.6.3 节

注：① 本等同性试验规划适用于单向带和织物预浸料的复合材料制造工艺 3 级变化。对于单向带，试验项目所对应的试验标准、铺层及测试性能与表 3-10 一致；对于织物预浸料，试验项目所对应的试验标准、铺层及测试性能与表 3-11 一致。

② 试验条件定义详见 3.5.2 节。

(3) 已鉴定材料(组分和/或制备工艺)发生变化的等同性评定。

对于已完成鉴定的材料，如材料(组分和/或制备工艺)发生了变化(详见材料变化的等级分类)，应证明原材料体系的材料规范、许用值数据和工艺规范仍然有效，称为已鉴定材料发生变化的等同性评定。

已完成鉴定的材料，当出现材料变化时，可按照图 3-11 所示的流程进行等同性评定。其中预浸料外观和工艺性按照相应的材料规范和工艺规范要求进行至少一个批次的验证和评价。等同性评定试验规划包括预浸料固化后物理性能、单层级和层压板力学性能的等同性评定技术要求。等同性评定试验规划适用于材料的 2 级和 3 级变化。

a. 未固化预浸料物理和化学性能等同性评定试验规划

表 3-23 为推荐的未固化预浸料物理和化学性能等同性评定试验规划，适用于单向带和织物预浸料的 2 级和 3 级变化。

b. 预浸料固化后物理性能试验规划

表 3-24 为推荐的预浸料固化后物理性能等同性评定试验规划，适用于单向带和织物预浸料的 2 级和 3 级变化。

c. 单层级力学性能试验规划

由于单向带和织物预浸料单层级的铺层定义和试验获取性能有差异，因此，这里分别对单向带和织物预浸料进行等同性评定试验规划。表 3-25 为推荐的单向带单层级力学性能等同性试验规划。表 3-26 为推荐的织物预浸料单层级力学性能等同性试验规划。

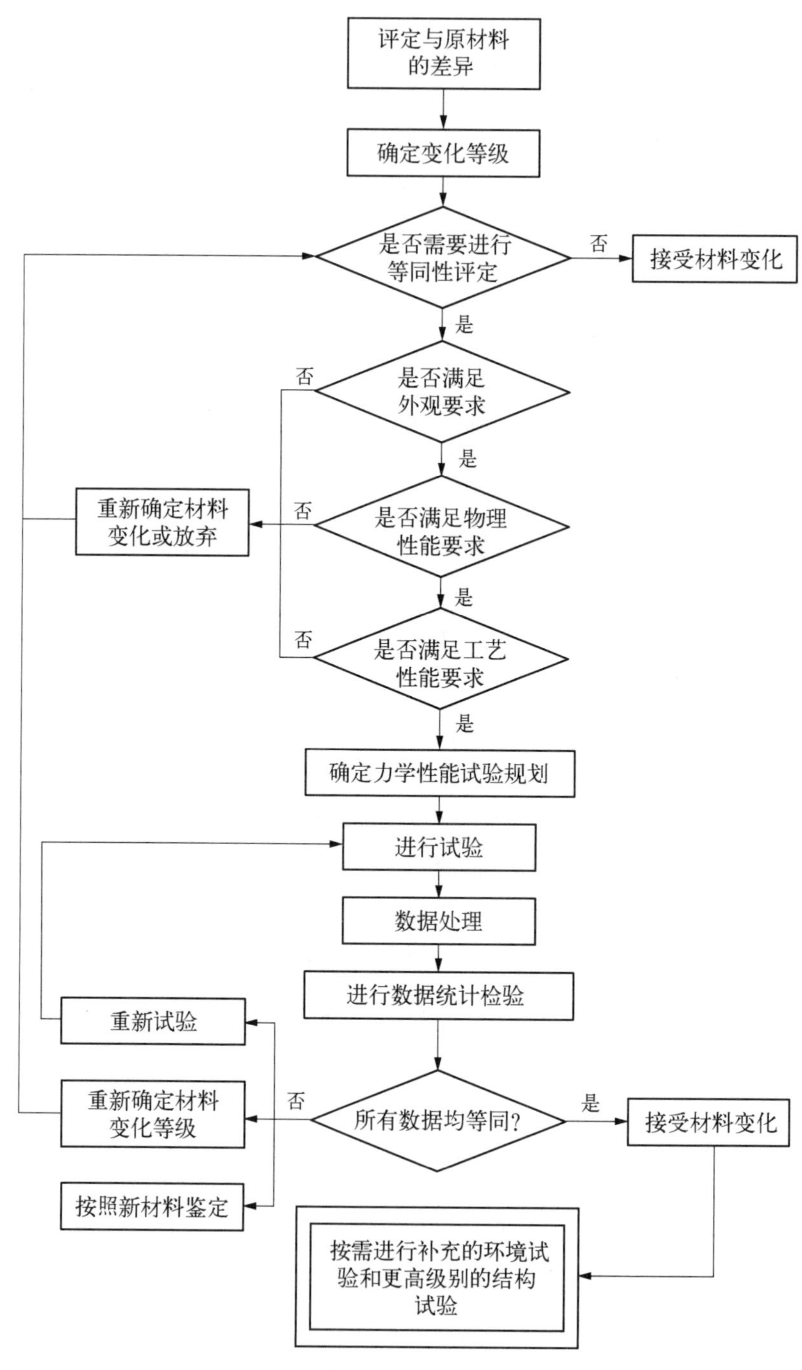

图 3-11 已鉴定材料发生变化的等同性评定流程图

表 3-23　推荐的未固化预浸料物理和化学性能等同性评定试验规划①②

试 验 项 目	批次×每批的试样数量		通过/拒绝准则及检验统计量
	2 级变化	3 级变化	
纤维面积重量/(g/m²)	2×6	3×6	3.6.3 节
树脂含量/(%重量)	2×6	3×6	3.6.3 节
挥发分/(% 重量)	2×6	3×6	3.6.3 节
树脂流动性/(% 重量)	2×6	3×6	3.6.3 节
凝胶时间/min	2×6	3×6	3.6.3 节
HPLC(高精度液相色层分离法)	2×3	3×3	③
IR(红外光谱)	2×3	3×3	③
DSC(差示扫描量热法)②	2×3	3×3	3.6.3 节

注：① 本规划适用于单向带和织物预浸料的 2 级和 3 级变化，试验项目所对应的试验标准及试验条件与表 3-6 一致。

② 试验取样应在卷头和卷尾，并在边缘和中心的整个宽度上进行。

③ 目视比较后来的曲线和原始的曲线是否足够相似，但推荐采用定量方法进行评价，如可以，通过软件比较两条曲线的重合度。

表 3-24　推荐的预浸料固化后物理性能等同性评定试验规划①

试 验 项 目	批次×每批的试样数量		通过/拒绝准则及检验统计量
	2 级变化	3 级变化	
固化后单层厚度/mm	2×试样数②	3×试样数②	3.6.3 节
纤维含量/(%体积)	2×试样数③	3×试样数③	3.6.3 节
树脂含量/(%重量)	2×试样数③	3×试样数③	3.6.3 节
空隙含量/(%体积)	2×试样数③	3×试样数③	3.6.3 节
层压板密度/(g/cm³)	2×试样数③	3×试样数③	3.6.3 节

续 表

试验项目	批次×每批的试样数量		通过/拒绝准则及检验统计量
	2级变化	3级变化	
玻璃化转变温度(干态)④	2×2	3×2	3.6.3节
玻璃化转变温度(湿态)⑤	2×2	3×2	3.6.3节

注：① 本试验规划适用于单向带和织物预浸料的2级和3级变化，试验项目所对应的试验标准及方法和试验条件与表3-7一致。
② 可通过力学性能测试试样获得。
③ 建议每块试板至少应做一个试验。
④ 干态指工程干态。
⑤ 湿态指试样在71℃/85%RH条件下达到吸湿平衡状态。

表3-25 推荐的单向带单层级力学性能等同性试验规划①

试验项目	批次×试板数×每个试板的试样数量						通过/拒绝准则及检验统计量
	试验条件②						
	CTD		RTD		ETW		
	2级变化	3级变化	2级变化	3级变化	2级变化	3级变化	
0°拉伸强度	2×2×3	3×2×3	2×2×3	3×2×3	—	—	3.6.3节
0°拉伸模量	2×2×3	3×2×3	2×2×3	3×2×3	—	—	3.6.3节
90°拉伸强度	—	—	2×2×3	3×2×3	2×2×3	3×2×3	3.6.3节③
90°拉伸模量	—	—	2×2×3	3×2×3	2×2×3	3×2×3	3.6.3节③
0°压缩强度	—	—	2×2×3	3×2×3	2×2×3	3×2×3	3.6.3节
0°压缩模量	—	—	2×2×3	3×2×3	2×2×3	3×2×3	3.6.3节
90°压缩强度	—	—	2×2×3	3×2×3	2×2×3	3×2×3	3.6.3节③
90°压缩模量	—	—	2×2×3	3×2×3	2×2×3	3×2×3	3.6.3节③
面内剪切强度	—	—	2×2×3	3×2×3	2×2×3	3×2×3	3.6.3节③
面内剪切模量	—	—	2×2×3	3×2×3	2×2×3	3×2×3	3.6.3节③
短梁强度	—	—	2×2×3	3×2×3	2×2×3	3×2×3	3.6.3节③

注：① 本试验规划适用于单向带的2级和3级变化，试验项目对应的试验标准、铺层和测试性能与表3-8一致。
② 试验条件定义详见3.5.2节。
③ 这些性能不能进行正则化，性能值比较小，但可能对纤维体积含量敏感。若这些性能不满足评定准则，也许在数据变异性范围内，必须研究其原因，且应进行工程判断来确定其未通过的影响。

表 3-26　推荐的织物预浸料单层级力学性能等同性试验规划[①]

试验项目	批次×试板数×每个试板的试样数量						通过/拒绝准则及检验统计量
	试验条件[②]						
	CTD		RTD		ETW		
	2 级变化	3 级变化	2 级变化	3 级变化	2 级变化	3 级变化	
经向拉伸强度	2×2×3	3×2×3	2×2×3	3×2×3	—	—	3.6.3 节
经向拉伸模量	2×2×3	3×2×3	2×2×3	3×2×3	—	—	3.6.3 节
纬向拉伸强度	2×2×3	3×2×3	2×2×3	3×2×3	—	—	3.6.3 节
纬向拉伸模量	2×2×3	3×2×3	2×2×3	3×2×3	—	—	3.6.3 节
经向压缩强度	—	—	2×2×3	3×2×3	2×2×3	3×2×3	3.6.3 节
经向压缩模量	—	—	2×2×3	3×2×3	2×2×3	3×2×3	3.6.3 节
纬向压缩强度	—	—	2×2×3	3×2×3	2×2×3	3×2×3	3.6.3 节
纬向压缩模量	—	—	2×2×3	3×2×3	2×2×3	3×2×3	3.6.3 节
面内剪切强度	—	—	2×2×3	3×2×3	2×2×3	3×2×3	3.6.3 节[③]
面内剪切模量	—	—	2×2×3	3×2×3	2×2×3	3×2×3	3.6.3 节[③]
短梁强度	—	—	2×2×3	3×2×3	2×2×3	3×2×3	3.6.3 节[③]

注：① 本试验规划适用于织物预浸料的 2 级和 3 级变化，试验项目对应的试验标准、铺层和测试性能与表 3-9 一致。

② 试验条件定义详见 3.5.2 节。

③ 这些性能不能进行正则化，性能值比较小，但可能对纤维体积含量敏感，若这些性能不满足评定准则，也许在数据变异性范围内，必须研究其原因，且应进行工程判断来确定其未通过的影响。

d. 层压板级力学性能等同性评定试验规划

推荐的层压板级力学性能等同性评定试验规划如表 3-27 所示，适用于单向带和织物预浸料的 2 级和 3 级变化。

表 3-27　推荐的层压板级力学性能等同性评定试验规划[①]

试验项目	批次×试板数×每个试板的试样数量						通过/拒绝准则及检验统计量
	试验条件[②]						
	CTD		RTD		ETW		
	2 级变化	3 级变化	2 级变化	3 级变化	2 级变化	3 级变化	
无缺口拉伸强度（准各向同性）	2×2×3	3×2×3	2×2×3	3×2×3	—	—	3.6.3 节

续 表

试验项目	批次×试板数×每个试板的试样数量						通过/拒绝准则及检验统计量
	试验条件②						
	CTD		RTD		ETW		
	2级变化	3级变化	2级变化	3级变化	2级变化	3级变化	
无缺口拉伸模量（准各向同性）	2×2×3	3×2×3	2×2×3	3×2×3	—	—	3.6.3节
无缺口压缩强度（准各向同性）	—	—	2×2×3	3×2×3	2×2×3	3×2×3	3.6.3节
无缺口压缩模量（准各向同性）	—	—	2×2×3	3×2×3	2×2×3	3×2×3	3.6.3节
开孔拉伸（准各向同性）	2×2×3	3×2×3	2×2×3	3×2×3	—	—	3.6.3节
开孔压缩（准各向同性）	—	—	2×2×3	3×2×3	2×2×3	3×2×3	3.6.3节
冲击后压缩强度（30.5 J）（准各向同性）	—	—	—	3×2×3	—	3×2×3	3.6.3节

注：① 本等同性试验规划适用于单向带和织物预浸料的2级和3级变化。对于单向带，试验项目所对应的试验标准、铺层及测试性能与表3-10一致；对于织物预浸料，试验项目所对应的试验标准、铺层及测试性能与表3-11一致。

② 试验条件定义详见3.5.2节。

（4）替代材料的等同性评定。

替代材料的等同性评定前提是替代材料已完成材料鉴定。

已通过适航鉴定的结构如果需要或计划采用替代的材料体系和/或材料供应商，需要对替代材料进行评价，确定是否可用它取代原用的材料体系，而不会对制造或结构性能带来影响。为此，应证明原材料体系的材料规范、许用值数据和结构件制造工艺规范仍然有效，此称为替代材料的等同性评定。替代材料包括：同类型性能相近的树脂替代原树脂、同类型性能相近的纤维替代原纤维、用新的机织物类型替代原机织物以及以上三种情况的组合。

对替代材料进行等同性评定的前提是该替代材料已完成材料鉴定，并获得该材料的原始性能数据，此时，才可以利用等同性方法来验证和替代。

可以用替代材料的性能数据与原材料性能数据进行对比，进而根据替代材料与原材料的差异程度，选择或确定哪些关键的性能参数参加等同性检验。CMH-17 最新版相关章节给出了这方面的建议，即根据替代材料与原材料兼容性原则，确定替代材料需要进行等同性评定的试验规划，若等同性检验结果显示替代材料与原材料不等同，则应考虑其他替代材料。图 3-12 给出了替代材料等同性评定的流程。

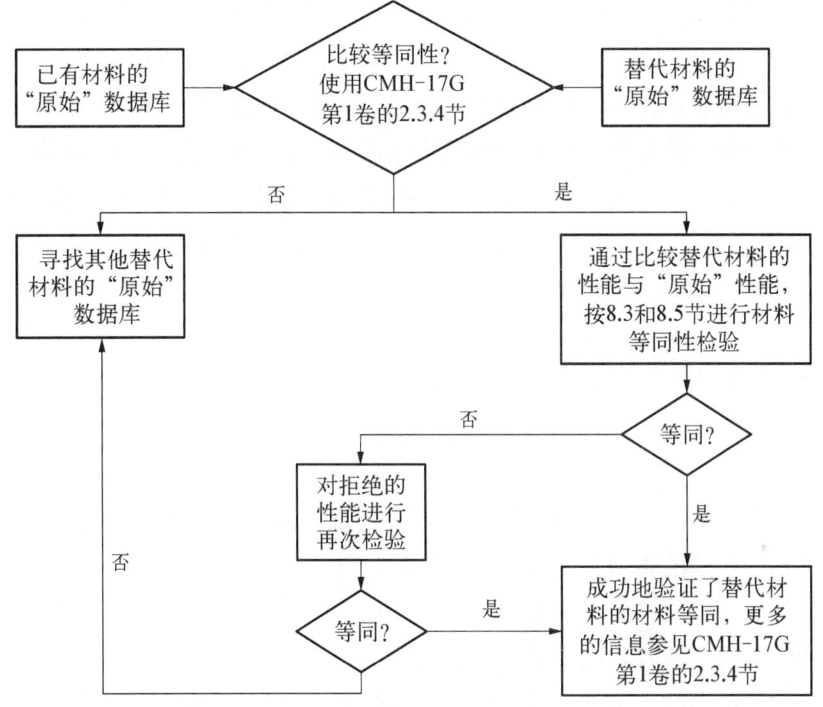

图 3-12　替代材料等同性评定程序的流程图

两种材料数据的对比必须显示这两种材料体系是相等的，或者表明该替代材料比原材料更优越，审查组一般都要介入这个决策过程。通常，替代材料和原材料的模量值必须相当，替代材料的平均强度性能应相当或略高于现有材料的值。替代材料的 A 基值和/或 B 基值也应相当或略高于现有材料。除此之外，通常需要更高级别(元件和组合件)的附加试验，来验证对于具有代表性的预期应用的结构设计细节，两个材料体系之间的等同性是可以接受的。需要通过更高级别的试验来证实，当对层压板和结构中的开孔、螺栓或胶接连接、冲击损伤、大开口等关键设计特征进行量化的性能影响因素分析时，两个材料体系是等同的。

在完成等同性评定后，这两种材料体系在用户同一个材料规范和工艺规范内将共用同样的材料许用值(A-基值、B-基值、模量和泊松比)。预浸料的接受门槛值和范围,应以单独材料体系的原始鉴定为基础。所有的层压板、元件、部件或全尺寸试验,应保证足以覆盖最低的结构强度考核安全性要求。

(5) 验收试验。

验收试验本质上是等同性评定试验的特殊情况,也称为原材料质量控制检验。通过对关键性能的验收试验,证实来料与鉴定过的材料是等同的。它用于检出预浸料批产中大的变异和不希望的高或低性能。提供的试验方法是飞机制造商通常使用的方法。来料检验的材料体系和制造工艺必须与原始鉴定时相同。

验收试验应依据相应的材料规范来进行,各飞机制造商的验收试验要求可能不同。试验应由材料供应商(出厂检验)和飞机制造商(入厂复验)共同完成。随着使用或信任度的增加,在保证材料合格的情况下,可修改入厂复验试验项目和频次。验收试验一般包括未固化理化性能验收试验及固化后物理性能和单层力学性能验收试验。材料规范中明确规定了试验项目、试验方法及接受/拒绝限值等信息。对于验收试验,所有试板均可以通过一个制造固化过程完成。

除上述验收试验外,材料规范中通常定义了目视可见缺陷类型和接受标准。实际上,材料入厂检验不可能打开每一卷预浸料。因此,预浸料缺陷的检验过程通常交给负责切割和铺贴预浸料的人员去完成。必须对这些人员进行训练,使其熟悉预浸料缺陷类型和验收标准,掌握目视检查技术。

正是由于验收试验不可能检验每一卷预浸料,材料规范中制定了检测频率,检测频率与每次所收到的预浸料卷数有关。表3-28给出了典型的检测频率与所收到预浸料卷数的关系。随着信任度的增加,检测频率可以适当减少,但保留的检测必须足以保证材料能满足工程要求。

表3-28 验收试验的检测频率(仅为建议)

收到的卷数	检测频率
1～10	从随机选择的卷中抽取,进行1次
11～30	从第一卷和最后一卷中抽取,进行2次
31～60	从第一卷和最后一卷,以及随机选择的卷中抽取,进行3次
61～90	从第一卷和最后一卷,以及其他随机选择的卷中抽取,进行4次
90以上	从第一卷和最后一卷,以及随机选择的卷中抽取,每增加40卷,增加1次

对不满足要求的性能需要做重复检验。建议使用 5 个或者更多的试样，以降低接受“坏”预浸批料的概率，而又不会增加拒绝“好”批料的概率。推荐对每个材料体系建立验收限值(通过/拒绝门槛值)。当在材料规范和工艺规范中有多个材料体系(备用的材料体系)时，每个材料体系应有其自身的验收限值。通过这个方法可检测出每个材料性能中不希望的变异。

3.6.3　材料等同性的统计检验

本节将讨论材料等同性的统计检验问题。所选择的试验统计方法应以所关注的材料性能为基础。对于某些性能(如预浸料的挥发分含量)不希望其有较高平均值，这类性能的统计检验将拒绝高的平均值。其他性能(如模量)的平均值应落在一个可接受的范围内，不希望过高或过低的平均值。在对这些性能进行统计检验时，应规定拒绝高的或低的平均值。另一方面，对强度性能的统计检验应规定拒绝低的平均值或低的最小个体值。

为了确定材料的等同性，建议对使用此检验统计量的所有检验方法设置错判概率(α)为 0.05。可对每个性能进行一次重新检验，同时真实的概率降低为 0.002 5。在进行强度性能比较时，推荐至少采用 8 个试样(通常分别从两个固化炉批各取 4 个)。在进行模量比较时，推荐至少采用 4 个试样(通常分别从两个固化炉批各取 2 个)。在有一个或多个性能不满足该准则时，可以只选择检验不满足准则的这些性能。然而，若在力学性能中有半数以上不满足标准，建议重复整个材料等同性试验过程。

离散系数有以下影响因素：当离散系数(C_V)太大和试样数太少时，统计检验提供的结果可能不够保守。当 C_V 错误地偏小时，可接受范围或门槛值可能变得过于保守。当复合材料的 C_V 值在 4%～10%时，将可获得足够保守的结果。当 C_V 出现异常或可接受范围和/或门槛值没有工程意义时，可以用工程判断来取代由统计检验得出的门槛值。

具体材料等同性统计检验方法详见 DOT/FAA/AR-03/19 相关章节。

3.7　工装和零件固化

这部分内容涉及 603 条和 605 条。

在制造过程中，通常使用工具或模具来帮助确定复合材料零件的形状。模具必须在整个使用寿命内可重复使用，且保证所需的零件形状。用于零件铺层和固化的模具应该经过模具打样/鉴定，以表明该模具能够生产出符合图纸和规格要求的零件。模具通常在特定工程图或其他适当文档的注释部分指定，并成为设计数据的一部分。必须定期验证模具配置，以确保模具配置符合设计要求。

零件的几何形状和质量取决于模具、铺层和装袋等因素。制造的模具材料和复合材料零件的热膨胀系数的差异可能会影响零件的尺寸和轮廓。零件轮廓还取决于零件和模具之间的摩擦力，这就是需要确保模具表面的质量和在固化前进行处理的原因。在铺层和装袋中进行的制造步骤也会影响零件和模具之间的摩擦，以及其他零件尺寸和公差（例如厚度、铺层方向和褶皱）。需要建立质量控制程序来确保一致和可重复的铺层和装袋程序，并采用模板和/或测量设备等辅助工具检验零件的轮廓和尺寸是否满足图纸要求。

在整个固化周期中，需要建立生产程序来监控温度、真空度和压力。当使用烘箱或热压罐进行固化时，必须使用热电偶以确保烘箱/热压罐达到所需的温度，保证模具在固化部件时传热均匀。热电偶和真空管通常连接在自动控制和/或记录设备上，用于监测热压罐固化时的压力。不适当的固化会导致力学性能下降和零件几何形状改变。

关于工装和零件固化，主要从以下方面进行控制：工装设计、工装构型验证和持续质量控制、变形问题和气动外形控制、工装表面处理和持续质量控制、层压板铺层、装袋程序和质量控制、零件固化循环控制和监控方法等。

第 4 章 结构胶接适航符合性

本章将针对民用飞机复合材料结构胶接适航审定要求，以 AC 20-107B 为指导性资料，进一步具体地给出相关的适航审定符合性方法。这里给出的符合性方法对于工业方和局方都具有指导作用，但不具有指令性，更不具有规章性。

本章内容和信息主要针对通航民用飞机的研制需求进行编排。可供复合材料航空器结构的合格审定申请人、审定/批准责任人、部件制造商、材料供应商、维护和修理机构等单位技术人员参考使用，仅限用作指导性材料。

4.1 结构胶接适用的适航条款

在 CCAR-23-R3 中，与本章节相关的适用条款包括：第 23.305 条 强度和变形、第 23.307 条 结构符合性的证明、第 23.573(a)条 结构的损伤容限和疲劳评定、第 23.603 条 材料和工艺质量、第 23.605 条 制造方法、第 23.609 条 结构保护、第 23.613 条 材料的强度性能和设计值、第 23.1529 条 持续适航文件。各条款内容及条款解析详见本书第 2 章。

本章将参考 ACM-TR-23《适航审定手册》，结合作者在实际型号合格审定工作中的适航审定经验，针对复合材料结构，给出本章节所涉及条款的符合性建议。

除 23.573(a)外，这些条款具有通用性，适用于金属结构和复合材料结构。第 23.573(a)节规定了复合材料机身结构的适航要求，包括损伤容限、疲劳和胶接连接的考虑因素。23.573(a)(5)规定：

对于任何胶接连接件，如果其失效可能会对飞机造成灾难性后果，则必须用下列方法之一验证其限制载荷能力：

(1) 与第 23.573(a)(3)项中承受载荷的能力相一致的每个胶接连接的最大脱胶面积必须通过分析、试验或两者兼有的方法来确定。必须通过改进设计特

征，防止每个大于此值的胶接件的脱离；或

(2) 必须对每个关键胶接连接生产件进行临界限制设计载荷下的验证试验；或

(3) 必须建立可重复和可靠的无损检测技术，以确保每个胶接连接的连接强度。

上述第 23.603、605、609、613 条款符合性建议详见第 3 章；第 23.305、307 条款符合性建议详见第 5 章；第 23.573(a)条款符合性建议详见第 6 章；第 23.1529 条符合性建议详见第 8 章。

4.2 结构胶接适航符合性方法及解读

4.2.1 建议的结构胶接适航符合性方法

本节内容取自 FAA 在 2010 年 8 月 24 日发布的咨询通告 AC 20-107B,《Change 1 to Composite Aircraft Structure》中第 6 部分。

下面逐段给出上述咨询通告中 § 6. Material and Fabrication Development. 中 c 节英文原文及参考译文。

【英文原文】

c. Structural Bonding.

Bonded structures include multiple interfaces (e. g., composite-to-composite, composite-to-metal, or metal-to-metal), where at least one of the interfaces requires additional surface preparation prior to bonding. The general nature of technical parameters that govern different types of bonded structures are similar. A qualified bonding process is documented after demonstrating repeatable and reliable processing steps such as surface preparation. It entails understanding the sensitivity of structural performance based upon expected variation permitted per the process. Characterization outside the process limits is recommended to ensure process robustness. In the case of bonding composite interfaces, a qualified surface preparation of all previously cured substrates is needed to activate their surface for chemical adhesion. All metal interfaces in a bonded structure also have chemically activated surfaces created by a qualified preparation process. Many technical issues for bonding require cross-functional teams for successful applications. Applications require stringent process control and a thorough substantiation of structural integrity.

【参考译文】

c. 结构胶接

胶接结构包括多种界面(如复合材料与复合材料、复合材料与金属或金属与金属),其中,至少需要对界面中一个表面进行胶接前的额外表面制备。控制不同种类胶接结构界面技术参数的特性一般是类似的。当表面制备的工艺步骤通过了可重复性和可靠性的验证后,就要对胶接工艺进行鉴定并形成文件。显而易见,胶接结构性能会对该工艺文件中允许的预期可能出现的差异性非常敏感。建议对超出工艺限制值后的影响进行表征,以确保工艺的鲁棒性(robustness)。对于复合材料胶接界面,必须对所有之前已经固化的基材进行合格的表面制备,激活其表面以实现化学粘接。胶接结构中的所有金属界面也需要采用合格的表面制备工艺对其表面进行化学激活。为了解决众多的胶接技术问题,需组建专业交叉的技术团队,以实现胶接结构的成功应用。胶接结构应用要求对工艺过程进行严格控制,并对结构完整性进行充分验证。

【英文原文】

(1) Many bond failures and problems in service have been traced to invalid qualifications or insufficient quality control of production processes. Physical and chemical tests may be used to control surface preparation, adhesive mixing, viscosity, and cure properties (e.g., density, degree of cure, glass transition temperature). Lap shear stiffness and strength are common mechanical tests for adhesive and bond process qualification. Shear tests do not provide a reliable measure of long-term durability and environmental degradation associated with poor bonding processes (i.e., lack of adhesion). Some type of peel test has proven more reliable for evaluating proper adhesion. Without chemical bonding, the so-called condition of a "weak bond" exists when the bonded joint is either loaded by peel forces or exposed to the environment over a long period of time, or both. Adhesion failures, which indicate the lack of chemical bonding between substrate and adhesive

materials, are considered an unacceptable failure mode in all test types. Material or bond process problems that lead to adhesion failures are solved before proceeding with qualification tests.

【参考译文】

(1) 使用中出现的很多胶接失效问题均可追溯到生产过程中的无效鉴定或质量控制不到位。可以采用物理或化学检测的方法来控制表面制备、胶黏剂混合、黏度和固化性能(如密度、固化度、玻璃化转变温度)。通常采用搭接板的剪切刚度与强度力学试验来对胶黏剂和胶接工艺进行鉴定。但是,剪切试验并不能可靠地测试出由于胶接工艺质量差(如缺胶)产生的对长期耐久性和环境退化的影响;某种剥离试验已被证实能更可靠地评定胶接质量。若无化学键合,当胶接连接区受到剥离力或长期暴露于环境条件下,或同时受到二者作用时,就会出现所谓的"弱胶接"情况。在所有试验破坏类型中,基材与胶接材料之间由于缺乏化学键合而发生胶接破坏被认为是最不可接受的失效模式。因此,在进行鉴定试验前,首先需要解决导致胶层失效的材料或胶接工艺问题。

【英文原文】

(2) Process specifications are needed to control adhesive bonding in manufacturing and repair. A "process control mentality," which includes a combination of in-process inspections and tests, has proven to be the most reliable means of ensuring the quality of adhesive bonds. The environment and cleanliness of facilities used for bonding processes are controlled to a level validated by qualification and proof of structure testing. Adhesives and substrate materials are controlled to specification requirements that are consistent with material and bond process qualifications. The bonding processes used for production and repair meet tolerances validated in qualification, design data development, and proof of structure tests. Some key bond fabrication process considerations requiring such control include material handling and storage; bond surface preparation; mating part dimensional tolerance control; adhesive application and clamp-up pressure; bond line thickness control; bonded part cure (thermal management); cured part inspection and handling procedures; and bond technician training for specific material, processes,

tooling, and equipment. Bond surface preparation and subsequent handling controls leading up to the bond assembly and cure must be closely controlled in time and exposure to environment and contamination.

【参考译文】

(2) 需要用工艺规范来控制制造和修理中的胶接质量。实践证明,"过程控制法"是保证胶接质量最可靠的方法,该方法包括在线检测与试验相结合。要对用于实施胶接工艺的厂房环境和清洁度进行控制,洁净度水平要通过结构试验进行鉴定和验证。对胶黏剂和基材的控制需满足相关规范要求,并与材料和胶接工艺鉴定时的要求相一致。用于生产和修理的胶接工艺应符合材料和胶接工艺鉴定、建立设计数据和结构试验验证时已经证实的容差。需要按照上述要求控制胶接制造工艺的关键过程包括:材料处置和储存、胶接表面制备、装配零件的尺寸容差控制、涂胶和夹紧压力、胶层厚度控制、胶接零件固化(加热控制)、已固化零件检测与处置程序及对接触特定材料、工艺、模具和设备的胶接技术人员培训。必须严格控制胶接表面制备及后续操作工序,特别要控制好从完成上述工序(此时暴露在环境与污染物下)到进行胶接组装和固化时间的提前量。

【英文原文】

(3) 14 CFR § 23.573(a) sets forth requirements for substantiating the primary composite airframe structures, including considerations for damage tolerance, fatigue, and bonded joints. Although this is a small airplane rule, the same performance standards are normally expected with transport and rotorcraft category aircraft (via special conditions and issue papers).

【参考译文】

(3) 14 CFR § 23.573(a) 提出了对复合材料机体主承力结构进行验证的要求,验证内容包括对损伤容限、疲劳和胶接接头的相关考虑。虽然这是针对小飞机的法则,但通常对运输类飞机和旋翼机预期也会采用同样的性能标准(通过专用条件和问题纪要)。

【英文原文】

(a) For any bonded joint, § 23.573(a)(5) states in part: "the failure of which would result in catastrophic loss of the airplane, the limit load capacity must be substantiated by one of the following methods—(i) The maximum disbonds of each bonded joint consistent with the capability to withstand the loads in paragraph (a)(3) of this section must be determined by analysis, tests, or both. Disbonds of each bonded joint greater than this must be prevented by design features; or (ii) Proof testing must be conducted on each production article that will apply the critical limit design load to each critical bonded joint; or (iii) Repeatable and reliable non-destructive inspection techniques must be established that ensure the strength of each joint."

【参考译文】

(a) 对任何胶接连接件，§23.573(a)(5)规定："如果其失效可能会造成飞机发生灾难性后果，则必须用下列方法之一验证其限制载荷能力：(i) 必须用分析、试验或两者相结合的方法确定每个胶接连接件能承受本条(a)(3)的载荷的最大脱胶范围。必须采取设计手段对任一胶接连接件上可能出现的大于该值的脱胶情况加以预防；或 (ii) 对每个将承受临界限制设计载荷的关键胶接连接件的批生产件都必须进行验证检测；或 (iii) 必须确定可重复的、可靠的无损检测方法，以确保每个连接件的强度。"

【英文原文】

(b) These options do not supersede the need for a qualified bonding process and rigorous quality controls for bonded structures. For example, fail safety implied by the first option is not intended to provide adequate safety for the systematic problem of a bad bonding process applied to a fleet of aircraft structures. Instead, it gives fail safety against bonding problems that may occasionally occur over local areas (e. g., insufficient local bond contact pressure or contamination). Performing static proof tests to limit load, which is the second option, may not detect weak bonds requiring environmental exposure and time to degrade bonded joint strength. This issue should be covered by adequately demonstrating that qualified bonding materials and processes have long-term environmental durability. Finally, the third option is open for future advancement and validation of non-destructive inspection

(NDI) technology to detect weak bonds, which degrade over time and lead to adhesion failures. Such technology has not been reliably demonstrated at a production scale to date.

【参考译文】

(b) 上段中那些选项并不能替代对胶接工艺进行鉴定和对胶接结构进行严格的质量控制的要求。例如,第一个选项中所说的破损安全,并非指一个机群的飞机结构在采用了不合格的胶接工艺而产生系统性问题后还符合安全性要求,恰恰相反,该选项只是对局部区域可能偶尔出现的胶接质量问题(如胶接固化时局部压力不够或有污染)是否还满足破损安全要求给出意见。第二个选项中提到的进行限制载荷下的静力试验验证,可能也不能检测出弱胶接问题,因为弱胶接需要在环境下暴露一段时间后,胶接连接件的强度才会出现退化。该问题应该采用对已鉴定的胶接材料和工艺进行适当的长期环境耐久性试验来解决。最后,第三个选项只能不关闭,留给未来先进的无损检测(NDI)技术能够检出随着时间不断退化直至发生胶接破坏的弱胶接并得到验证。迄今为止,这种无损检测技术还没有在规模化生产中得到可靠验证。

【英文原文】

(4) Adhesion failures found in production require immediate action to identify the specific cause and isolate all affected parts and assemblies for disposition. Adhesion failures discovered in service require immediate action to determine the cause, to isolate the affected aircraft, and to conduct directed inspection and repair. Depending on the suspected severity of the bonding problem, immediate action may be required to restore the affected aircraft to an airworthy condition.

【参考译文】

(4) 生产中一旦发现胶接破坏,必须立即采取措施找出具体原因,并将所有受影响的零件和装配件隔离开,以便处置。使用中一旦发现胶接破坏,必须立即采取措施确定原因,同时将受影响的航空器隔离开,并进行直接检测和修理。根据对胶接问题严重性的初步判断,可能需要立即采取措施,将受影响的航空器修复到适航状态。

4.2.2 结构胶接适航符合性方法解读

结构胶接包括复合材料构件之间的胶接、复合材料构件与金属构件之间的胶接以及金属构件与金属构件之间的胶接。控制不同类型结构件胶接的技术参数是类似的。这里涉及的是复合材料构件之间以及复合材料构件与金属构件之间胶接的合格审定。飞机胶接结构涉及的条款主要有 23.573、23.603、23.605、23.609、23.613 等。

1) 胶接连接的应用局限性

在飞机主要受力结构设计中，通常采用机械紧固件连接，尽量避免采用全胶接连接。胶接连接最好与机械紧固件连接混合使用，以满足损伤容限的设计要求。

2) 胶接连接设计准则

当依据 23.573(a)(5)(i)设计胶接结构时，必须通过分析、试验或两者结合的方法，确定含有最大脱胶尺寸的胶接连接能否承受设计限制载荷，并采用结构详细设计特征(止裂或终止)避免每一胶接结构的脱胶尺寸达到这个最大脱胶尺寸。

一般来说，胶接连接的胶层中可能存在较高的应力集中。剪应力的应力集中是由于各被胶接件的轴向应变不相等而引起的；剥离应力的应力集中是由于载荷的偏心引起的。胶接连接设计应尽可能消除或降低胶层中的应力集中。

从连接可靠性的观点出发，最主要的是避免胶层成为连接的薄弱环节，这就意味着连接设计应尽可能保证被胶接件的破坏发生在胶层破坏之前。

应充分认识到低周加载对胶接连接耐久性的影响，还要考虑湿热环境对耐久性的影响，并使胶接连接在最严重的湿热环境下不产生蠕变。

3) 胶接表面处理

(1) 表面处理的必要性。

结构件粘接处的表面处理对于胶接结构的结构完整性是至关重要的，是胶接质量的重要影响因素。粘接处的表面粗糙程度不够、环境影响、可能的保护层/脱模织物/脱模胶的化学污染及其他机械和化学等因素都会严重影响胶接连接的粘接质量，形成弱粘接，甚至导致界面失效。在这种情况下，胶接结构的失效载荷会低于无缺陷正常胶接结构的失效载荷。如果弱粘接的面积较大就更加危险。

在对复合材料结构进行胶接连接前，必须进行胶接前的表面处理，使表面粗糙化和清除化学污染，以确保胶接的质量。

(2) 表面处理的手段。

为清除待胶接构件表面的污物，并使表面粗糙化，可采用喷砂和手工打磨方法。喷砂处理的效果优于手工打磨(可能破坏表面纤维)。轻度喷砂是一种可靠的表面处理方法，不会因暴露纤维而形成“弱胶接”。

待胶接构件中的水分可能会妨碍正常化学键结合(基体材料与黏结剂材料之间缺乏化学键结合是不可接受的)；固化过程中的水蒸气会造成局部压力增大，并产生分离和变形。因此，被胶接件应进行干燥处理。应根据被胶接件的结构构形、材料的固化温度合理确定干燥温度和时间。

被胶接件表面几乎总是存在化学污染。因此，在进行任何其他表面处理之前，应使用丙酮等溶剂对表面进行清洁处理。

(3) 表面处理效果的检查。

在复合材料结构生产线上，可以采用最简单、最便宜、最快捷的水膜试验法，粗略评估待胶接表面的化学污染情况和粗糙度。当有特殊需要时，还可以采用扫描电子显微镜评估喷砂或打磨的充分程度，以及是否存在过量的磨损。另外，可采用能量分散谱和 X 射线光电子能谱检查化学污染情况。

4) 胶接工艺控制

胶接连接常见的缺陷包括脱胶、裂缝、空隙、胶层厚度偏差、固化不完全等。其中，脱胶和裂缝是最应引起重视的缺陷。任何胶接缺陷都将导致载荷在整个胶层上的重新分配，从而使得胶层不连续处应力显著增加。需要制定质量标准，以判断胶接缺陷达到什么程度后，胶接连接质量不合格。

在生产过程中，应采用物理和/或化学检验方法来控制表面处理、胶黏剂的混合、黏度和固化性能。

在胶接连接的制造和修理过程中，应控制厂房环境温度、湿度和清洁度，以达到资质验证和结构试验所需要的工艺水平要求。要按照胶接材料和工艺进行审定时相同的要求，对胶黏剂和基体材料进行生产控制。用于制造和修理的胶接工艺应满足设计数据、结构试验验证和审定中所确定的公差要求。必须严格控制胶接表面处理及后续操作工序之间的时间和暴露状态(环境与污染物)。

关键的胶接制造工艺要求主要包括以下几个方面：材料处理与储存；胶接表面的处理；配合构件的尺寸容差控制；涂胶和夹紧压力；胶接层的厚度控制；胶接层的固化；固化构件的检测与操作程序；对人员进行具体材料、工艺、模具和设备的胶接技术培训。

胶接连接工艺经过试验验证后，应制订胶接工艺文件，并在制造和修理中实施严格的工艺控制。胶接工艺文件应得到合格审定机构的批准。

5）缺陷的检测

在各种胶接缺陷中，表面处理引起的缺陷是最应该引起重视的，因为目前的无损检测技术还不能成功地检测出胶层和被胶接件之间的低界面强度。因此，23.573(a)(5)(iii)要求的“必须确定可重复的、可靠的无损检测方法，以确保每个连接件的强度”，在目前的无损检测技术水平下是无法满足的，只能用作将来的选项。

6）试验验证

(1) 胶黏剂性能试验。

通过符合 ASTM 标准的剪切试验和拉伸试验来确定胶黏剂的力学性能。因为胶黏剂的力学行为是弹塑性的，采用极限强度和初始切线模量不足以表征胶黏剂的特性。所需要的性能数据应来自使用温度和吸湿环境下的剪切与拉伸应力-应变曲线。

试件的吸湿处理可采用如下方法：在适当温度（环氧树脂 71～82℃）下，把试件暴露在所需要的相对湿度下 1 000 小时，以达到所希望的吸湿状态。

胶黏剂的性能试验应分别在室温/大气环境（RTA）以及最高和最低使用温度下进行。每种环境至少获得 5 个有效试验数据。

(2) 胶接连接静强度试验。

对于采用胶接连接的结构连接（包括蜂窝夹芯与面板、蒙皮与加筋条、单搭接和双搭接等），必须按照实际的胶接连接形式进行试验，以验证胶接连接的结构完整性。

胶接连接的静强度分散性高于机械紧固件连接的静强度分散性。胶接连接试验数据的高分散性对设计许用值和结构可靠性的确定具有显著影响。因此，用于确定许用值的试件个数应足够多，以便提高设计许用值的置信度。

对于搭接形式的胶接连接，构件承受纵向拉伸和压缩载荷时，胶接界面上均存在法向应力集中。确定设计许用值时，应考虑这一情况。

胶黏剂易受环境状态（温度和湿度）的影响。因此，确定设计许用值和进行胶接连接结构试验时，应考虑环境的影响。试验环境及试样环境调节要求可参考本书 3.5.2 节。

(3) 耐久性试验。

胶接层的剪切静强度试验不能表征胶接连接的耐久性和环境退化。23.573

(a)(5)(ii)要求“对每个将承受临界限制设计载荷的关键胶接连接件的批生产件都必须进行验证检测”，即对于每个关键胶接结构，必须施加最严重的设计限制载荷进行试验验证。限制载荷下的静力试验可能不能检测出弱粘接问题，试验件也需要在环境下暴露足够长时间后，胶接结构才会出现强度退化。因此，应当通过适当的试验验证，证明胶接结构与工艺具有在长期环境影响下的耐久性。也就是说，为满足合格审定要求，只进行限制载荷下的静强度试验可能是不够的，还必须对胶接结构进行耐久性试验。已有胶接与机械紧固件连接的对比试验结果表明：控制胶接设计的是耐久性而不是静强度。

复合材料胶接结构的耐久性试验需要考虑环境条件的影响。需要特别注意的是，加速老化试验(搭接剪切静力和疲劳试验)不能充分定量表征胶接结构的环境老化作用。

复合材料胶接结构耐久性试验一般分为标准试样、元件、子结构和全尺寸结构试验。标准试样试验可用于确定材料的许用值。元件和子结构试验主要用来证实结构满足完整性要求及获得结构可靠性和生存力方面的信息，并用于确定设计许用值，这部分试验件一般是从结构上具有代表性的高载和危险区域中选择。子结构和全尺寸试验是用来证明结构满足局部和总体设计要求的重要试验，它们并不能代替前面的标准试样试验和元件试验。

复合材料胶接结构耐久性试验项目的确定，一般要考虑胶接结构的重要程度、受力特点、成本等因素，试验件的设计应具有典型性和代表性，应尽可能模拟被胶接结构的受力特征、边界条件及工作环境等。

7) 胶接结构的维修

当飞机在使用中发现胶接破坏时，要立即分析破坏的原因，对受影响的飞机采取处理措施。复合材料结构生产商应通过结构修理手册(SRM)或服务通告(SB)提供检测和修理指导，并依据该胶接结构的重要性，立即采取必要措施，使受影响的飞机恢复到适航状态。

4.3　胶接结构适航评审要素及审查要求

(1) 对于复合材料结构的胶接处理，必须严格控制时间和暴露条件；

(2) 应当通过适当的验证来证明经鉴定的胶接材料与工艺是否具有长期环境耐久性。

4.4 胶接结构适航符合性验证

通用航空(小型飞机)行业在开发胶接应用方面通常处于领先地位。其应用从金属胶接的主要承载结构扩展到了复合材料胶接结构,修理通常也采用胶接。胶接结构可节省成本、减轻重量,但胶接应用对操作人员来说更具有挑战性。飞机结构连接和维修中的二次胶接(通过胶接工艺将两个或更多已经固化的复合材料零件胶接在一起)能否成功应用,取决于材料、工艺和设计方面的多种考虑因素,而且每个因素都必须得到足够的关注,并详细了解胶黏剂、被粘物和胶接工艺的具体组合是否符合独特的性能表征要求。严格控制胶接工艺过程对结构胶接质量至关重要。结构胶接材料和工艺的确认除了需要考虑结构静强度设计和验证所需的性能评估外,还应该包括对所有关键特性的评估和考虑可靠性要求的长期耐久性评估。设计应包含足够的冗余度,以考虑可能无法通过质量控制程序检测到的制造缺陷。

胶接结构的应用可以通过结构构型、载荷类型/特性、使用环境和服役经验等几个关键参数来评估,一般来讲,越是关键的应用,就越需要更严格的过程控制和验证以确保结构的完整性。在二次胶接结构中,胶接表面制备对胶接质量的控制至关重要。由于表面粗糙、预胶接湿气、表面污染、化学制剂等因素影响,可能不能保证胶黏剂与复合材料结构的胶接质量。现在已经知道,如果表面制备不好,随着环境暴露时间的增加会导致胶接面失效,这种失效模式不可接受且无法预测。目前用于控制胶接质量的传统检测方法(如超声)还不能可靠地检测出由于表面处理不好而造成的“弱胶接”,为确保制备合格的胶接表面,高标准的胶接工艺(包括严格的生产程序和质量控制要求)尤为重要。经验表明,某种形式的胶接线劈裂试验对于胶接材料、工艺鉴定和质量控制是有效的。

还有一些设计和工艺技术对保证胶接质量也很重要,如:① 胶层厚度对胶接强度有重要影响。如果胶层较厚或厚度变化较大,胶接线通常会导致胶接强度降低。垫片可用于控制胶接线厚度的变化,这取决于配合部件的固化几何形状和设计余量,需要避免干涉。还可以采用糊状或薄膜胶黏剂,通过使用不同的制造方法来控制胶接线的厚度。② 固化度。充分固化的胶黏剂对于结构胶接质量和完整性也是必不可少的,特别是当考虑使用环境时。③ 细节设计。胶接结构界面设计细节和参数也是胶接需要考虑的问题。采用胶接结构细节和冗余设计可为生产奠定基础(如经过测试验证的公差控制)。

因此，胶接结构适航应考虑：胶黏剂、被粘物和工艺组合确认；长期耐久性和结构验证；胶接表面制备和修理程序；现场修理前的表面清洁；现场修理前泡沫和蜂窝芯的干燥；胶层厚度验证；胶接环境和工艺控制；胶接结构细节和冗余设计；胶层适用温度(如油漆颜色限制)等。为保证持续的操作安全，胶接应用需综合考虑设计、制造和维护等因素。

4.4.1　胶接结构适航相关技术问题

胶接结构的关键技术问题很复杂，其成功应用依赖于多学科协调工作，包括材料、工艺、设计、分析、制造和修理等。其复杂性与基底材料与胶接材料之间的界面有关。该界面被视为一种独特的材料，在固化过程中所选择的表面处理方法会改变基底材料，使其与胶黏剂化学结合。表面处理也会去除或磨损基材，增加了与胶黏剂机械键合的表面积。类似于飞机结构中使用的任何材料或制造工艺，胶接结构也需要研发可靠的和可重复的制造工艺过程控制技术。一般来说，用于胶接的材料和工艺控制比用于其他制造工艺的材料和过程控制更加严格。

1) 材料和工艺的鉴定和控制

材料和工艺鉴定用于证明飞机选用的胶接材料的稳定性和工艺的可靠性。鉴定工作从确定胶接工艺和选择相互兼容的基材、胶黏剂和辅助材料开始。

鉴定测试项目用于评估胶接结构性能、环境影响和耐久性等。为保证鉴定测试有效，必须确定制造允许公差、材料运输和储存限制、质量控制中需要监控的关键特性和工艺参数等。大多数胶接缺陷和服役中损伤都被追溯到资质无效或生产过程的质量控制不足。

(1) 材料选择。

胶黏剂和基底材料的选择应考虑胶接连接的设计构型、载荷要求、制造工艺限制、环境条件和对使用中流体的耐化学性等。对于每种应用，应该知晓在最高工作温度(MOT)下的强度降。聚合物复合材料基材和胶黏剂材料的性能受到温度和湿度的影响，如高于湿态玻璃化转变温度(T_{gwet})，强度将显著降低。因此，复合材料基材的选择应保证 T_{gwet} 比结构应用的 MOT 高 28℃；胶黏剂材料的选择应保证 T_{gwet} 比 MOT 高 16℃。当选定的聚合物材料不符合时，预计会对特定设计细节进行更严格的环境测试。知晓预期制造或维修设施的工装/工具和工艺步骤也有助于选材。材料供应商提供相关数据也可以帮助用户选择用于胶接的兼容材料。

(2) 胶接工艺。

应明确规定胶接的制造工艺，并通过试验证明基材、胶黏剂和工艺之间的兼容性。胶接工艺步骤涉及基材储存、处理和表面制备等多方面因素，可靠的胶接质量取决于胶接表面是否无污染、具有化学活性和表面干燥，而这取决于特定的基材和胶黏剂。比如复合材料与金属基材有着明显的差异，蜂窝和泡沫等夹芯材料也会有工艺差异，胶膜也有类似于预浸料的储存和处理要求。糊状胶黏剂可能有不同的成分，在使用前需要按文件要求进行精确混合。胶接工艺过程的另一个重要方面是胶黏剂固化。胶接表面必须在足够的压力和温度下与胶黏剂接触以实现固化，这就需要在工艺文件中详细定义固化温度和压力曲线，确定升温速率和保温时间等，并通过材料相容性试验定义树脂混合、表面制备和固化的胶接工艺容差，编写完成初步工艺规范。申请人在建立完整的材料和工艺鉴定试验大纲，并经审查组批准后方可进行正式试验。申请人还应使用具有代表性的结构和工具进行胶接工艺鉴定试验，确保飞机结构胶接的可靠性。

(3) 胶接材料和工艺鉴定。

胶接材料和工艺鉴定应符合飞机结构要求，且可以代表实际飞机结构中的材料和工艺，其试验项目和试验条件也取决于实际应用情况。必须通过鉴定试验来获得化学、物理、工艺和力学性能等基准数据，这些基准数据与其他质量检验一起用于后续对材料和工艺的控制。材料鉴定应至少基于两次工艺制造、三个材料批次和按试验标准进行性能测试，以确保基准数据的可靠性。飞机产品中使用的基材通常在胶接工艺之前进行鉴定。胶接材料的鉴定也可以与胶接工艺鉴定分开进行。在实践中，当一种胶黏剂与几种不同基材一起使用时，因为基材和胶黏剂之间的复杂界面取决于许多变量(如材料兼容性、表面制备和固化等)，所以每种材料组合都需要进行单独的胶接工艺鉴定。有时，胶黏剂和胶接工艺的鉴定结果可能只能用于某种特定材料。

应采用物理、化学和力学性能测试进行胶接材料和工艺的鉴定。物理和化学测试用于控制表面处理、胶黏剂混合、黏度和固化性能(如密度、固化度、玻璃化转变温度等)。最常用的力学性能测试为剪切强度和刚度试验。除在室温进行测试外，还应考虑极端使用环境(温度和湿度)条件。虽然剪切试验结果对材料表征和结构设计有一定用处，但它并不能提供与“弱胶接”相关的长期耐久性和环境退化可靠性衡量指标，采用剥离试验评估黏结力则更可靠，这与胶黏剂制备后渗透到基材粗糙表面时发生的机械键合有关。只有在机械键合的情况下，其剪切静强度和刚度才足够。反之，在没有机械键合的情况下，就会存在所谓的

"弱胶接"。当胶接连接受到剥离力或长时间环境暴露,或两者兼有时,则会导致胶接失效。可采用双悬臂梁和平面拉伸试验来评估复合材料"弱胶接"。夹层结构通常使用滚筒剥离或平面拉伸试验进行类似评估。在所有力学测试类型中,胶接失效被认为是不可接受的失效模式,要仔细检查和准确评估胶接缺陷。在正式进行鉴定试验之前,必须解决导致胶接失效的材料或工艺问题。

(4) 材料规范。

材料规范涉及基材、胶黏剂和其他与胶接工艺有关的重要材料和辅助材料。材料规范包括鉴定和验收测试要求。胶膜规范还有存储和处理要求。糊状胶黏剂规范包含所有组分信息,加工过程要控制胶黏剂的挥发分含量等。用户和供应商应对材料可能发生的变化达成共识,提供程序来判断是否可以通过等同性试验来验证微小变化,是否需要对重大变化重新进行全面鉴定等。

(5) 工艺规范。

工艺规范用于控制胶接过程和胶接要求。工艺规范应规定胶接操作区域清洁度和环境控制要求,规定基材存储和搬运要求,明确关键胶接步骤,包括表面处理、胶粘剂混合和应用、胶接厚度公差、固化周期、胶接后检验等。工艺过程控制规定过程检查和随炉试样测试。工艺过程变化都需要有文件记录。如果变化不大,可以通过等同性抽样测试进行验证。重大变化则需要对胶接工艺重新进行完整的鉴定。

(6) 工艺过程控制。

工艺过程控制是确保胶接质量的最可靠手段,过程控制测试中发现的任何黏结力缺陷都表明存在需要解决的问题。重视过程检查和测试是因为缺乏可靠的无损检测(NDI)方法来检测出"弱胶接"或使用中胶接失效因素。尽管无损检测方法(如超声)在检测"弱胶接"方面有局限性,但它们仍可以检测出胶接连接中的其他缺陷(如孔隙、脱胶和异物夹杂等)。

2) 结构胶接连接设计和验证

结构胶接连接设计主要用于传递剪切载荷。通过结构细节设计,避免(或最大限度减小)面外载荷。结构胶接连接的应力分布和强度与基材的几何形状、胶层厚度、胶线长度有关。复合材料基材则与层压板或结构有关。由于基材的热膨胀和刚度在不同方向上存在差异,因此,设计时必须考虑残余应力。

为了满足小型飞机复合材料结构损伤容限设计相关要求,许多胶接连接结构采用了破损-安全设计,即通过胶接加紧固件或附加结构的方式来实现多路传载。对于胶接和紧固件混合连接方式,设计上一般假设只有胶接或紧固件在传递载荷。

结构胶接分析方法通常是先在粗模型上进行简单的二维分析，然后再使用软件完成精细模型建模和分析。在将剪流和其他载荷施加在粗模型上求出平均剪应力后，通常使用保守的设计值来计算胶接连接能力。虽然选取的设计值比较保守，但仍需要通过试验来验证实际结构的设计细节。通过分析模型预测局部剪切和剥离应力分布，有助于确定设计参数，获得最佳性能。应设计足够的胶接长度，确保发生塑性变形时不会有胶接失效风险。胶接结构设计需要了解工艺、工装、检查和维修等信息，以便可靠地生产出合格的胶接结构件，满足设计性能要求。

应依据设计标准、分析方法和测试数据，及时处理制造缺陷和使用损伤。胶接修理的设计采用了许多与胶接结构设计相同的方法和工具，典型的胶接修理须考虑补片几何形状、搭接角度和胶接厚度等。在修理设计和分析中，还需要考虑层压板刚度和胶接补片与基材之间的热膨胀差异引起的残余应力等。

复合材料胶接结构验证采用积木式适航验证方法。不同层级试验件（试样、元件、典型结构件和组合件）在尺寸和装配方面都有所不同。通过试验来验证分析方法的准确性，并应用到结构的细节设计、缺陷处理和损伤修理中。积木式验证试验和分析应考虑长期暴露在环境温度和湿度及其他流体中，长期使用中可能的含水量，损伤威胁评估结果，场内和场外用于维修的材料、条件和工艺，胶接缺陷和损伤，胶接结构的耐久性，元件和典型结构件可接受的胶接工艺等。应采用代表实际生产工艺制造的全尺寸试验件进行静强度、疲劳和损伤容限试验，以证明胶接结构设计的合理性和胶接工艺的可靠性。在积木式试验过程中发现的任何黏附力缺陷都是不可接受的。

对于温度和湿度引起的性能退化，通常在全尺寸试验中采用来自试样试验获得的环境因子进行处理。在全尺寸试验中难以解决的问题是对胶黏剂是否完全固化的判断，以及材料在峰值温度和湿度下的相关性能在结构级别上的可用性问题。

3）制造实施

在采用新的胶接制造设备和工艺时，需要重新进行工艺鉴定，以评估胶接制造实施的可靠性。与结构细节质量相关的问题可能会涉及相关的胶接工艺步骤，如表面处理、胶黏剂应用和固化控制等。用于胶接连接和固化的工装质量则决定了零件的几何形状、固化公差以及与设计细节相关的其他因素。过去已验证过的结构细节定义、工艺验证和性能测试结果可应用于新设计之中。随着制造商的胶接制造经验积累越来越多，胶接制造也将变得更加有效。

需要有特殊设施和程序来管理和控制材料和关键胶接工艺步骤，这涉及清洁度、环境条件、储存、材料寿命、加工记录、员工培训和维修等。应按照采购规范进行材料控制，以确保材料稳定性。应通过质量程序记录来管理所有未固化材料的储存、保质期、使用寿命和处理方法等，确保符合相关规范要求。某些类型的胶黏剂需要冷藏和处理（如开箱使用前在操作环境中放置所需时间以避免冷凝）。基材的操作环境和储存条件也需要控制（基材和胶接过程受预胶接水分的影响）。为管理所有污染源，需要控制胶接装配环境、设备、工具和操作人员等。胶接过程中使用的辅助材料也应受控，目的是管理污染源且避免胶接过程步骤变化。例如用于不同表面处理技术的化学品和喷砂介质，应根据需要进行控制、清除和更换，以保证符合工艺标准。应按需维护设施、设备和工具，确保重复生产胶接结构所需的清洁度、材料和工艺控制等满足要求。

表面处理是结构胶接过程中最重要的工艺步骤。金属和复合材料基材的表面制备技术存在明显差异。针对基材和胶黏剂的不同组合，采用喷砂、介质和剥离层表面处理技术可成功解决复合材料胶接问题。对于胶接夹层结构中使用的蜂窝或泡沫芯材（复合材料或金属），需要采用芯材面板控制程序才能成功实现胶接，如果在蜂窝芯表面使用溶剂，可能会导致后续胶接问题。

在进行胶接工艺鉴定的表面处理时，需要考虑实际胶接结构的制造尺寸问题。如果表面制备工艺是合格的，基材表面形态和化学性质就不会在生产实施中发生变化。实际上，胶接零件的几何形状比鉴定试样更复杂，因此，会额外增加加工难度。表面处理的生产过程控制包括目视检查、偏振光检查、耐水性测试、化学分析和胶接试样的力学测试。一旦制备好表面，胶接装配过程的质量控制就取决于对时间的控制。如果胶接操作没有在指定的时间内完成，就需要重新制备胶接表面。

在胶接装配中，需要考虑几何形状、装配和时间等问题，以便有效地控制胶接装配零件的尺寸公差和固化后的翘曲变形。由于胶层厚度会影响局部胶接应力分布和剪切强度，因此也应对其进行工艺检查和监测。可以采用装配夹具对胶接前的间隙进行评估，而辅助剂可用于评估胶接过程所需公差。需要建立严格的胶膜胶接过程控制要求和程序。糊状胶黏剂的混合和使用也需要有专门的处理和控制要求，以便糊状胶黏剂的成分和填料混合比都受到控制和监测。只有严格进行工艺控制，才可确保混合过程的完整性，包括根据所用糊状胶黏剂的类型，确定从胶黏剂混合到完成表面胶接装配所需的时间限制。可以使用多种不同类型的垫片（如粗布、玻璃珠或微球等）来控制最小胶层厚度，并按程序要求，根据使用时间和频率，对装配夹具公差进行监测和维护。

胶接结构固化应确保胶黏剂润湿基材表面，保持所需温度。大尺寸如大型机身结构的胶接过程会非常复杂，在固化过程的不同阶段，热传递、胶接表面接触压力和胶黏剂特性都会影响整个结构胶接的最终状态。新的零件、工装和设备等组合通常也需要先进行制造试验，以确定公差和建立实施过程控制方案，监控整个胶接固化循环并避免过热。应对工装和设备进行控制和维护，对用于过程监控的程序进行验证并定期校准。

质量管理对胶接工艺至关重要，可采用严格的过程控制和胶接后检查相结合的方法。胶接结构无损检测（NDI）可提供必要但不充分的证据，可证明已经实现了适当的胶接，但不能可靠地检测出“弱胶接”。目前的无损检测方法，如超声，可以定位脱胶、孔隙和外来夹杂物等区域（如胶层中剥离层或衬纸），但无法可靠地检测由污染或不正确的材料或处理引起的胶接缺陷。后一种情况最好通过过程检查来控制。过程质控通常应用于表面制备、胶黏剂混合、胶接装配和固化等。胶接制造试验考虑了这些工艺步骤的综合影响，但试样相对简单。因此，需通过其他质量控制措施，为实际结构提供补充检查。

关于制造缺陷的处理，应通过设计研发和结构验证来解决这一技术问题。胶接技术人员和质量检测人员必须接受相关培训，以便能够正确识别和纠正胶接缺陷及分析相关原因。应该记录材料的使用情况、工艺步骤和每个胶接结构的质量检查结果。对于“弱胶接”或脱粘问题，如果无法追溯到特定的材料批次或制造过程，则表明该工厂或服务的相关胶接过程不可靠。

4）修理实施

胶接的许多技术问题对保证修理实施非常重要。胶接修理首先需要确定修复的部位的损坏程度和范围。在大多数情况下，需要对受损区域进行无损检测，以便准确评估损伤范围。

胶接修理与胶接连接具有许多相同的设计考虑因素。比如针对具体的设计和工艺细节，选择适用于胶接修理的胶黏剂和贴片材料等。当使用不同的材料、设计或工艺时，需要分别对场内和场外维修情况单独进行验证。

可以采用被认可的与分析和测试相关的数据，对胶接修理进行结构验证，并为维护手册提供证据基础，也为设计研发未涵盖的损伤修理提供支持。通过试验来验证分析方法的可靠性。维护手册中应详细描述经批准的检查、损伤处理和修理程序，还应记录允许的缺陷或损伤以及胶接修理限制。胶接和紧固件的修理方法应分别考虑每种连接方式的承载能力。

用于胶接修理的材料和工艺必须是合格的。材料的储存条件、保质期、使用寿命和运输等要求应通过维修程序和记录进行管理。需要对胶接维修环境、设备、工具和人员进行管控,以避开污染源。应对胶接过程中使用的所有耗材进行管控,以管理污染源并避免引起胶接过程变化。应确保维修车间设施、设备和工具的清洁度,并对胶接修理所需的其他材料和工艺进行控制。

重要的工艺步骤(如损伤去除、表面处理、胶黏剂应用和固化)决定了损伤和胶接修理的结构细节质量。当必须在飞机上进行胶接修理时,工艺问题就变得更加重要,维护手册中需要专门考虑特定部件的修理问题。复合材料基材上的损伤去除后,通常需要制备斜面,该斜面在指定的公差范围内。对于夹层结构,去除和更换损坏的芯材时,可用合适的聚合物材料填充。

相比储存在工厂受控环境中的新零件,基材修理的现场状态可能更需要关注。需要清除结构修理区域可能存在的水、油和液压流体,以避免引起污染和固化问题。使用时间越长,复合材料基材或芯材(蜂窝或泡沫)中的水分或其他流体越可能在固化温度下导致胶接问题。现场修理程序需要定义并记录去除污染源、湿气和其他流体等要求。

现场胶接修复固化需要特别注意加热和加压的方法(如加热毯、真空袋和控制装置等)。胶接修理固化的热传递可能会非常复杂,因此,需要根据结构细节、相邻系统,以及是否在飞机上进行修理、固化等具体情况来选择所采用的修理方法。飞机结构具有不同的框梁元件、系统和外表面下的空间,这些元件、系统、空间与从飞机上拆下并在工厂或车间设备中固化的零件的胶接相比,热传导会改变。需要在修理过程中采取适当的过程控制措施,以确保适当的加热速率,使其在整个修理胶接表面保持固化温度。

在胶接修理中,应避免因相邻结构过热导致的结构损坏或退化。正确放置热电偶或其他热测量装置,以便监测胶接修理固化过程中高、低温变化,这对修理过程控制非常重要。特定结构的加热器配置和修理方案受益于预胶接加热试验,应确保热控制设备的正确放置。如果发现无法在飞机上正确实施胶接修理,应联系制造商以获得可行的现场修理方案(如经批准的紧固件修理等)。

质量管理对胶接修理至关重要,应采用修理过程控制和胶接后检查相结合的方法。与工厂中的结构胶接一样,无损检测(NDI)可以提供必要但不充分的证据。其他的修理质量控制通常应用于表面处理、胶黏剂混合、胶接组装和固化等过程控制,以补充无损检测(NDI)的不足。

参与维修的技术人员和检查员需接受相关技术培训,包括设备的正确使用等。维修人员应对材料使用、工艺步骤和每次胶接修理的质量检查情况进行记录,并能够正确识别和分析产生胶接缺陷的原因。如遇到无法追溯到特定材料批次或修理工艺的问题,则表明该胶接修理工艺不可靠。出现胶接问题后,需报告给相关工程技术人员。

5) 服务经验

胶接结构使用和维修服务经验可为正确执行可靠的胶接工艺提供最终证明。如果在使用中发现胶接失效,应立即进行检查和维修。完整的生产或维修记录对于追踪此类问题的原因非常重要。胶接结构使用或维修服务经验也包括对飞机采用选定的无损检测方法进行检查和对退役飞机进行拆卸检查等,这些都会为适航鉴定和过程控制提供与实际使用相关的数据。

4.4.2 胶接结构适航验证注意事项

必须确保胶接结构细节具有可生产性并遵循质量控制程序。确保已对关键设计特征进行了验证,并在设计中考虑了对胶接结构进行检查或其他维护的可达性问题。型号取证期间进行的结构验证工作通常会对后续的生产和维护产生影响,处理制造缺陷和使用损伤时也需要借助设计数据或经验证的分析,或两者兼而有之。所使用的维修程序以及修理设计方法均需要通过在工厂和现场实施后得到验证。

1) 设计和制造

图纸和规范可用来定义飞机型号设计,包括定义飞机结构强度设计中所需的尺寸、材料和制造信息。型号设计数据中应包括影响胶接结构性能的设计和工艺细节,并在生产中进行控制。如 23.601 条所述,对飞机运行安全有重要影响的每个有疑问的设计细节和零件的适用性都必须通过试验验定。

所有新的材料和制造方法都需要进行测试,包括来自温度和湿度等环境的影响,以确定其能否在飞机结构设计和制造中使用。使用鉴定测试结果可有助于材料和制造的过程控制,材料采购规范可用于控制胶黏剂、基材和辅助材料等。胶黏剂、基材和胶接工艺程序的每种特定组合都应是合格的,胶黏剂可与不同基材和胶接工艺一起使用,胶黏剂材料的鉴定可以单独进行,以支持后续的材料控制。然而,每一胶接过程仍然需要鉴定和支持数据。

根据 23.605 条,制造方法要求“必须能生产出一个始终完好的结构”。在进行胶接连接强度和耐久性试验时,可采用加速试验方法,使用剥离力将胶接表面暴露在极端环境条件下,这样的测试有助于检测与不良胶接过程有关的“弱胶接”。鉴定试验中发现的任何胶接失效都表明可能材料不相容或胶接不充分，或两者兼而有之。在 23.605 条中，还特别提到了制造方法“如胶接、点焊或热处理”，这些制造方法需要采用经批准的工艺规范。

材料和工艺的规范有效非常有助于快速确定材料鉴定最小材料批次、工艺制造批次并最终获得所需的测试数据。如果鉴定测试不足以正确表征胶接材料和工艺，就很难满足后续的质量控制要求。

经验表明，材料鉴定至少基于两次工艺制造和 3 个材料批次。这种方法对于胶黏剂或耦合剂和胶接工艺鉴定仍然适用。每一项胶接工艺鉴定建议至少基于 6 次胶接工艺制造，每一次工艺制造应唯一指向某个合格胶黏剂和基材的批次组合。从材料鉴定或其他试验中得出的材料强度性能和设计值不应包含任何附着力已失效的数据。等同性测试用于验证胶接材料或工艺的微小变化，重大变化则需要重新鉴定。

2）结构验证

根据 23.305 和 23.307 条要求，应该进行大规模测试，以验证新的结构设计和制造工艺。通常情况下，可以用已完成的积木式适航验证分析和测试结果来减少后续试验数量，并可用于支持取消新设计结构在最终验证试验中使用的过载系数。但是，这种方法只有在设计和制造经验能够表明该方法可靠的情况下（如改进改型飞机），才可用于替代结构的最终验证，而无须进行大规模试验。

胶接连接结构静强度验证指南涉及具体的设计细节、尺寸确定方法和测试注意事项。在最终结构积木式验证试验过程中发现的任何胶接缺陷都要查找原因（如制造错误），并进行纠正以进行后续认证。在考虑环境影响因素和剪应力分析时，应谨慎使用根据试样测试数据推导出来的过载系数，这种做法通常不能考虑实时退化机理。例如，当胶接长度不足时，胶接连接的抗蠕变性能就会较差。另外，在实际结构中，还可能存在二次传载路径问题等。为了验证胶接连接尺寸的确定方法，需要进行足够多的胶接结构细节试验并获得相应数据，同时还要考虑预期的性能变化，以确保胶接结构满足实际环境下的传载要求。

根据 23.573 条，还需要进行大量测试，以验证新设计和制造的胶接结构的疲劳和损伤容限。积木式适航验证分析和试验提供了静强度验证支持，并提供了缺陷和损伤威胁评估。静强度和疲劳评估已经考虑了工厂的质量控制或现场检查方法可能无法检测到的制造缺陷和意外损伤，损伤容限评估已经考虑了现场可检测到的意外或环境损伤，包括从可直接检查到的小尺寸损伤到几次飞行后容易检测到的更严重损伤。通过静力、疲劳及损伤容限试验验证的结构，应基本上不会出现极限承载能力不满足要求的情况。

23.573(a)(5)要求“对于任何胶接连接件，如果其失效可能会造成灾难性后果，则必须用下列方法之一验证其限制载荷承载能力”，共有三种可选方法来验证限制载荷承载能力。这些选择并不能取代对合格胶接工艺和胶接连接的严格质量控制要求。如第一种选择并不旨在为应用于飞机机队的不良胶接过程的系统性问题提供足够的安全性，但可以为防止局部区域出现胶接问题(如固化不足或胶接面污染)提供破损安全性。第二种选择的限制载荷静力试验可能不会发现随时间和环境暴露所带来的可降低胶接连接强度的“弱胶接”。第三种选择是希望无损检测(NDI)技术的进步可以检测出“弱胶接”。虽然时间可以暴露“弱胶接”所造成的性能退化和导致胶接失效，但迄今为止，NDI 技术尚未在批生产中得到可靠验证。

在验证期间进行大量测试以评估胶接结构耐久性(包括实时环境暴露)是不切实际的。应在小试样试验中将胶接界面暴露在腐蚀环境和极端载荷下，这将加速“弱胶接”或污染胶接界面的降载情况出现。尽管这种试验方法有助于获取良好的胶接工艺控制参数，但胶接连接飞机结构的长期耐久性仍然需要通过服务经验得到验证。因此，制造商的服务部门与生产部门之间保持密切联系是至关重要的。

3) 生产

胶接连接装配的质量管理至关重要，制造商应始终如一地将环境和胶接过程的清洁度控制在通过资格鉴定和结构试验验证的水平。胶黏剂和基底材料应按照与材料和胶接工艺资格鉴定一致的规范要求进行控制，包括材料的化学、物理和力学性能所需的储存、运输和材料特性或工艺参数等要求。胶接过程中使用的辅助材料也应按要求进行质控和处理，以确保胶接结构的完整性。此外，还需确定生产设施的定期维护计划并照此实施。

胶接结构的完整性至关重要，这需要在工艺规范或类似文件中对工艺步骤、设备和工装及其公差限制范围进行充分定义和严格控制。制造公差应符合鉴定、设计数据研发和结构试验验证标准。关键胶接工艺步骤包括：表面处理；配合零件尺寸公差控制；胶黏剂混合和应用；胶层厚度；胶黏剂固化等。应该妥善保留生产设施和工装的定期维护记录。

生产许可证持有者须表明已经建立了胶接装配的质量控制和维修体系。能够可靠地生产出具有足够强度和耐久性的胶接结构。工艺控制表和生产记录单应记录关键特性(KC)、关键工艺参数(KPP)或等效数据，以表明正确应用了胶接工艺。

应及时处理质量控制系统检测到的所有制造缺陷和不符合项。应采用试验验证的设计数据或分析，或两者一起进行胶接连接的验收、返工或维修等工作。生产过程中发现的任何胶接缺陷都需要立即解决，并确定产生原因。

4）持续适航性

胶接连接和维修必须满足持续适航性要求。由于意外事件（如异物撞击）、环境影响或其他原因造成的损伤，必须进行维护检查和维修。对复合材料或金属胶接结构的损伤进行初步检测后，需进行详细检查（如超声），以确定需要修复的损伤范围和程度。

维护手册中应给出被批准的检查和维修步骤要求（已通过材料鉴定和结构验证）。如果损伤超出批准范围，制造商或其他批准机构将参与处理，也可能需要额外的数据来证明。在使用中发现的任何脱粘，包括严重的胶接缺陷，都应向制造商报告。发现后必须立即采取措施，确定并纠正脱粘原因（如制造错误）。应完整记录维护活动，包括维修、检查和返工等。

对于在车间或飞机上进行的机身结构胶接修理，质量管理是至关重要的。胶接修理过程的环境条件和清洁度水平需要控制在通过资格鉴定和结构试验验证的水平，胶黏剂和基底修复材料应符合经批准的规范，包括材料的化学、物理和力学性能所对应的储存、运输要求和材料特性或工艺参数要求。胶接过程中使用的辅助材料也应按要求进行质控和处理，以确保胶接结构的完整性。应完整保留维修车间设施、设备和工具的定期维护记录。

在役机身结构的胶接修理必须遵循与在工厂内进行胶接施工时相同的基本原则。如果需要采取额外工艺步骤以解决与结构损伤状况相关的技术问题，应将其记录在批准的维修程序中，并对现场的修理难度进行识别和解决。

修理始于结构损伤检查和工程处理。应按照批准的程序清除损坏的材料、漆层和其他表面涂层，包括航空流体清除、结构清洁和干燥处理等。应遵循经批准的程序进行修理，严格控制表面处理、胶黏剂混合、修补材料应用和胶接固化的工艺步骤等实施过程，并对胶接修理所需的必要设备、工具和辅助材料进行控制，直至完成整个修理。

应按照经批准的胶接维修程序中定义的工艺控制数据和质量检查要求实施修理并记录。质量控制应侧重于胶接表面制备和修理过程中应用的加热速率、固化温度和停留时间等现场维修环节。成功的胶接修理记录表明，正确执行修理程序，可以产生具有高度可靠性的良好结构。

检查中发现的不合格（如固化温度不足、过热）和缺陷（如孔隙、脱胶）等问题都需要进行处理，并按照经批准的数据和程序进行验收和返工。

5）其他因素

当潜在的胶接问题对安全性和持续适航性有影响时，修理的设计、生产和服务团队之间的充分沟通和协调工作就显得尤为重要。在材料鉴定或结构验证过程中，如果发现黏附力失效，则表明材料不相容或胶接过程不可接受，或者两者兼而有之。如果在生产中发现胶接缺陷，必须立即采取措施，并确定具体原因，隔离所有受影响的零件和组件。如果在使用中发现胶接损伤，也需要立即采取措施并确定原因，隔离飞机并进行检查和维修，同时立即报告给监管机构。

参与设计、生产和维护活动的工程师、技术人员和检验员需要了解关键技术问题以及用于胶接结构和维修的处理程序。应对工厂员工进行培训，以确保其能正确执行胶接装配的工艺步骤和质量检查要求。应对维修人员进行培训，以确保其能正确执行胶接维修步骤和质量检查要求。

第 5 章 结构静强度适航符合性

本章将针对民用飞机复合材料结构静强度适航审定要求，以 AC 20-107B 为指导性资料，进一步具体地给出相关的适航审定符合性方法。这里给出的符合性方法对于工业方和局方都具有指导作用，但不具有指令性，更不具有规章性。

本章内容和信息主要针对通航民用飞机的研制需求进行编排。可供复合材料航空器结构的合格审定申请人、审定/批准责任人、零部件制造商、材料供应商、维护和修理机构等单位技术人员参考使用，仅限用作指导性材料。

需要特别强调的是，由于复合材料在材料批次和制造工艺等方面具有较大的差异性，力学性能除了受湿热环境的影响较大外，还受重复载荷的影响较大。在静强度评定中，需要特别关注可能引起材料性能退化的重复载荷影响。因此，读者在设计规划复合材料结构静强度适航符合性工作时，应该注意结合本书第 6 章的结构疲劳和损伤容限适航符合性相关内容。

5.1 结构静强度适用的适航条款

在 CCAR-23-R3 中，与结构静强度相关的适用条款主要包括：第 23.305 条“强度和变形”和第 23.307 条“结构符合性的证明”。各条款内容及条款解析详见本书第 2 章。

本章将参考 ACM-TR-23《适航审定手册》，结合作者在实际型号合格审定工作中的适航审定经验，针对复合材料结构，给出本章节所涉及条款的符合性建议。

1) 第 23.305 条(强度和变形)条款符合性方法建议

(1) 说明。

a. 这是一条通用规则。该条款从结构最大允许变形和结构承载能力两个层面明确定义了结构在限制载荷和极限载荷作用下的刚度和强度设计要求。

b. 如果用静力试验来表明对本条款的符合性，则在限制载荷作用下，该结构上的任何部位都不得发生有害的永久变形或破坏；当实际载荷在限制载荷与极限载荷之间时，可以接受该结构发生局部失效或失稳；当结构在极限载荷作用下时，该结构必须能够承受至少 3 秒钟而不发生破坏。如果采用模拟真实载荷情况的动力试验来表明强度的符合性时，此 3 秒钟的限制不适用。

c. 第 23.307 条与结构验证有关，它要求进行某些规定的试验。该条款允许采用经过试验验证的结构分析方法来证实结构满足要求，详见第 23.307 条“结构符合性的证明”。

(2) 程序。

每一项静力或动力试验结果，都必须满足本条款中的限制或可接受的准则。

a. 为了获得批准而提交的用于表明符合 23 部条款的任何试验建议，均必须包括本条款规定的准则。

b. 任何试验结果报告必须有表明该试验结果符合本标准的数据和资料。

2) 第 23.307 条(结构符合性的证明)条款符合性方法建议

(1) 说明。

a. 本条款要求航空器结构应符合每个临界受载情况的强度和变形要求。必须按规定进行某些试验。

b. 只有在经验表明某结构分析方法对某种结构是可靠的情况下，才可以对这种结构采用该分析方法而不必进行载荷试验。

c. 必须考虑航空器在运行中其结构所经受的环境要求。

d. 疲劳验证要求在第 23.573 条中有进一步说明。

(2) 程序。

a. 设计准则和/或设计载荷报告中应包含所有典型或有代表性的受载情况。在对这些受载情况进行结构(静强度和疲劳强度)分析、动力学(振动和稳定性)分析及相关的静力、疲劳和动力学试验等相关工作后，就可以依据上述分析和试验报告，挑选确定出可用于分析验证的临界受载情况。

b. 无论是例行试验还是要求的试验，试验之前必须批准试验大纲。试验件必须接受符合性检查，并且必须由适航当局认可后方可用于试验。试验装置和测试仪器也必须在试验开始前得到适航当局认可。可以使用试验大纲来确定和核准对试验装置和测试仪器实施检查的方法。适航当局可以利用图纸、草图或照片来控制和确保载荷的正确位置、方向和大小，以及其他关键试验参数。

c. 无论是试验还是分析，均明确要求必须考虑环境对复合材料力学性能的影响，即必须考虑复合材料暴露在高温、潮湿或其他工作环境下时的强度和刚度降，并应在分析报告和试验报告中予以说明。

d. 可以接受使用 AC 20-107B 或 CMH-17 中的数据和程序以表明复合材料受环境影响的符合性。

e. 在确定试验验证的必要性和范围（包括要达到的承载能力）时，适航机构应考虑以下因素：

① 在飞机设计、制造和试验等方面，考虑制造商对这类飞机的经验。

② 飞机是否有可借鉴的具有相同的结构设计且成功取证的应用案例，并且相关经验和技术资料可以用于分析新研发飞机在静力试验中承受类似大小载荷时的静强度。

③ 典型结构件和/或组合件试验的重要性和试验结果的准确性。

④ 必须通过试验支持来证明分析方法的可靠性，或通过与其他已知和公认的方法和结果进行比较，或通过两者的结合来证明分析方法的可靠性。

⑤ 如果结构超出了制造商以往的经验，制造商应建立强度测试程序。对于机翼、中央翼、机身和尾翼等结构，需进行极限载荷试验。极限载荷静强度试验在结构设计中至关重要。

⑥ 试验件应符合与批生产相同的设计规范。制造商应通过其质量体系确保试验件的强度（如材料特性和尺寸）可以代表飞机生产中实际结构的强度。

⑦ 应使用试验校正系数来考虑生产过程中的工艺和材料变化，特别是生产复合材料结构时。该系数可以根据制造商制造能力而变化（见表 5－1）。

表 5－1　试验系数（T_f）与变异系数（C_v%）

C_v%	5	6	7	8	9	10	12	14	15	20
T_f	1.00	1.03	1.06	1.10	1.12	1.15	1.22	1.30	1.33	1.55

注：变异系数的定义，以百分比表示的变异系数 C_v%定义为 $C_v\% = 100 * \sigma/M$。

5.2　结构静强度适航符合性方法及解读

5.2.1　建议的结构静强度适航符合性方法

本节内容取自 FAA 在 2010 年 8 月 24 日发布的咨询通告 AC 20-107B《Change

1 to Composite Aircraft Structure》中第 7 部分。

下面逐段给出上述咨询通告中结构静强度适航条款的英文原文及参考译文。

【英文原文】

7. Proof of Structure — Static. The structural static strength substantiation of a composite design should consider all critical load cases and associated failure modes. It should also include effects of environment (including structural residual stresses induced during the fabrication process), material and process variability, non-detectable defects or any defects that are allowed by the quality control, manufacturing acceptance criteria, and service damage allowed in maintenance documents of the end product. The static strength of the composite design should be demonstrated through a program of component ultimate load tests in the appropriate environment, unless experience with similar designs, material systems, and loadings is available to demonstrate the adequacy of the analysis supported by subcomponent, element and coupon tests, or component tests to accepted lower load levels. The necessary experience to validate an analysis should include previous component ultimate load tests with similar designs, material systems, and load cases.

【参考译文】

7. 结构验证——静强度

复合材料结构在进行静强度设计验证时,不仅应该考虑所有临界载荷情况和相关失效模式,还应考虑环境的影响(包括制造过程引起的结构残余应力)、材料和工艺的变异性、不可检缺陷、质量控制和制造验收准则允许的任何缺陷,以及最终产品维修文件中允许的使用损伤。复合材料结构的静强度应通过适当环境下的部件极限载荷试验程序来进行验证,除非已有类似设计、材料体系和加载条件的研制经验可以证明,用组合件、元件和试样试验支持的分析方法来代替上述部件极限载荷试验是合适的,则可在可接受的较低载荷水平下进行部件试验。这里用来验证某个分析方法所必需的研制经验应该包括之前基于类似设计、材料体系和载荷工况完成的部件级极限载荷试验。

【英文原文】

a. The effects of repeated loading and environmental exposure which may result in material property degradation should be addressed in the static strength evaluation. This can be shown by analysis supported by test evidence, by tests at the coupon, element or subcomponent level, as appropriate, or alternatively by relevant existing data. Earlier discussions in this AC address the effects of environment on material properties (paragraph 6. d) and protection of structure (paragraph 6.e). For critical loading conditions, three approaches exist to account for prior repeated loading and/or environmental exposure in the full scale static test.

【参考译文】

a. 必须重视重复加载和可能导致材料性能退化的环境暴露对静强度评估的影响。这种影响可用试验支持的分析,用相关的试样、元件或组合件级试验,或采用之前已有的相关数据来说明。在本咨询通告前面的讨论中,强调了环境对材料性能的影响(§6.d)和结构防护(§6.e)。在全尺寸静力试验中,对于那些关键加载工况,通常采用以下三种方法来考虑前面提到的重复加载和/或环境暴露的影响。

【英文原文】

(1) In the first approach, the full scale static test should be conducted on structure with prior repeated loading and conditioned to simulate the critical environmental exposure and then tested in that environment.

(2) The second approach relies upon coupon, element, and subcomponent test data to determine the effect of repeated loading and environmental exposure on static strength. The degradation characterized by these tests should then be accounted for in the full scale static strength demonstration test (e.g., overload factors), or in analysis of these results (e.g., showing a positive margin of safety with design values that include the degrading effects of environment and repeated load).

(3) In practice, aspects of the first two approaches may be combined to get the desired result (e.g., a full scale static test may be performed at critical

operating temperature with a load factor to account for moisture absorbed over the aircraft structure's life). Alternate means to account for environment using validated tests and analyses (e.g., an equivalent temperature enhancement to account for the effect of moisture without chemically altering the material) may be proposed by the applicant to the administrator for approval.

【参考译文】

(1) 第一种方法,在全尺寸结构上先进行模拟严重暴露环境条件的重复加载试验,再在该环境下进行全尺寸静力试验。

(2) 第二种方法,采用试样、元件和组合件试验数据确定重复加载和环境暴露对静强度的影响,首先通过上述试验数据对性能退化影响进行表征,然后在全尺寸静强度验证试验中(如采用过载系数)或在对试验结果进行分析时(如采用已考虑环境和重复载荷对材料性能退化影响的设计值进行强度计算,安全裕度为正)予以考虑。

(3) 实际应用中,可以把前两种方法结合起来得到所需的结果(如全尺寸静力试验可以在临界工作温度下进行,并用载荷系数来考虑飞机结构在全寿命周期内的吸湿影响)。申请人也可以向局方提出其他考虑环境影响的替代方法并需获得批准,该方法应该已经通过试验和分析验证(如采用不引起材料化学变化的等效升温来考虑吸湿影响)。

【英文原文】

b. The strength of the composite structure should be reliably established, incrementally, through a program of analysis and a series of tests conducted using specimens of varying levels of complexity. Often referred to in industry as the "building block" approach, these tests and analyses at the coupon, element, details, and subcomponent levels can be used to address the issues of variability, environment, structural discontinuity (e.g., joints, cut-outs or other stress risers), damage, manufacturing defects, and design or process-specific details. Typically, testing progresses from simple specimens to more complex elements and details over time. This approach allows the data collected for sufficient analysis correlation and the necessary replicates to quantify variations occurring at the larger structural scales to be economically obtained. The lessons learned from initial tests also help avoid early failures in more complex full scale tests, which are more costly to conduct and often occur later in a certification program schedule.

【参考译文】

b. 复合材料结构的强度必须通过系统性分析和一系列各种不同复杂程度的试验来逐步、可靠地确定。这些工业界通常称之为“积木式”方法的试验和分析由试样、元件、典型结构件和组合件级的试验和分析组成，可以用来说明变异性、环境、结构不连续(如接头、开口或其他应力集中部位)、损伤、制造缺陷、细节设计或特定工艺等问题。试验通常从简单的试样开始，逐步发展到更加复杂的元件和典型结构件试验。该方法可以非常经济地获得数据，用于进行充分的分析方法验证，并可为较大尺寸结构上出现的变异性问题的量化分析提供必要的重复数据。初期试验中获得的经验也非常有助于帮助避免在较复杂的全尺寸试验中发生提前破坏。由于开展全尺寸试验的费用较高，通常都会将全尺寸试验安排在取证计划的后期。

【英文原文】

(1) Figures 1 and 2 provide a conceptual schematic of tests typically included in the building block approach for fixed wing and rotor blade structures, respectively. The large quantity of tests needed to provide a statistical basis comes from the lowest levels (coupons and elements) and the performance of structural details are validated in a lesser number of subcomponent and component tests. Detail and subcomponent tests may be used to validate the ability of analysis methods to predict local strains and failure modes. Additional statistical considerations (e. g., repetitive point design testing and/or component overload factors to cover material and process variability) will be needed when analysis validation is not achieved. The static strength substantiation program should also consider all critical loading conditions for all critical structure. This includes an assessment of residual strength and stiffness requirements after a predetermined length of service, which takes into account damage and other degradation due to the service period.

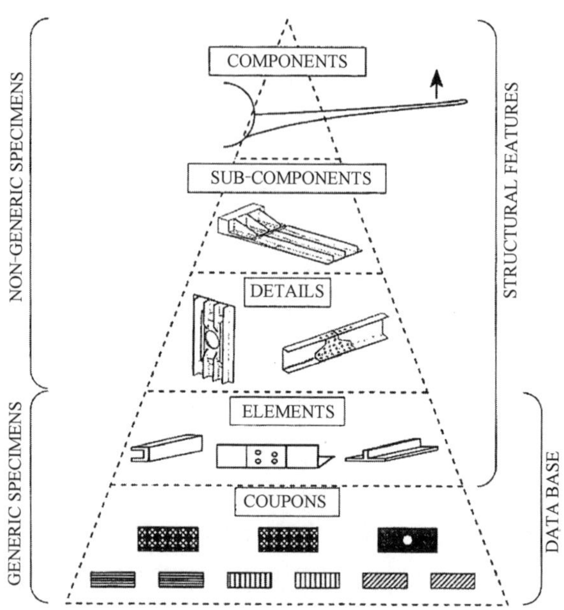

Figure 1 Schematic diagram of building block tests for a fixed wing

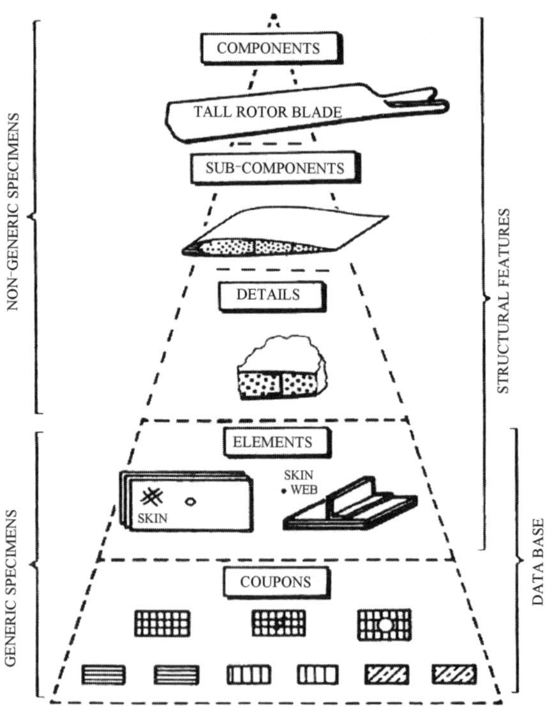

Figure 2 Schematic diagram of building block tests for a tail rotor blade

【参考译文】

(1) 图 1 和图 2 分别给出了固定翼和旋翼结构积木式方法中包括的典型试验概念图。建立统计数据基础所需要的大量试验来自最低层级(试样和元件)试验,而结构细节性能则用较少的组合件和部件试验来验证。典型结构件和组合件试验可以用来验证分析方法在预测局部应变和失效模式时的适用性。如果分析方法没有得到验证,则需要进行另外的满足统计要求的考虑(如重复对该设计点进行试验和/或在部件试验中使用过载系数来覆盖材料和工艺的变异性)。静强度验证计划还必须考虑到所有关键结构的所有关键载荷情况,该验证计划包括对飞机在总体设计时确定的服役寿命期后飞机结构的剩余强度和刚度是否满足要求进行评估,评估时需要考虑整个服役期内出现的损伤和其他退化问题。

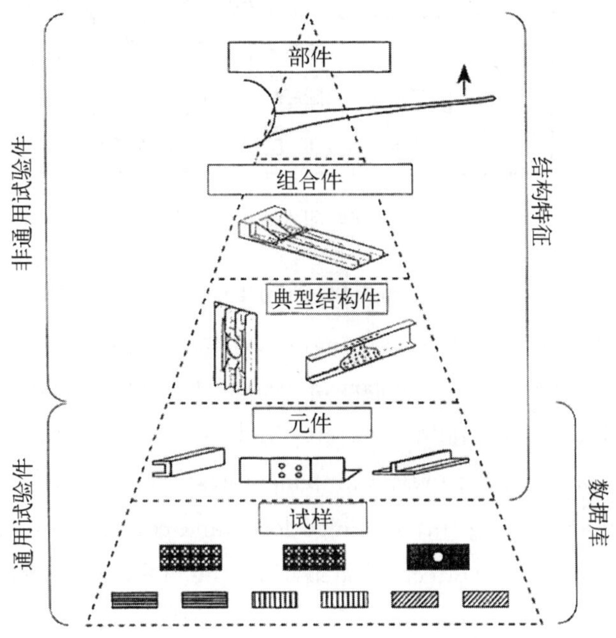

图 1　固定翼结构积木式试验简图

【英文原文】

(2) Successful static strength substantiation of composite structures has traditionally depended on proper consideration of stress concentrations (e.g., notch sensitivity of details and impact damage), competing failure modes, and out-of-plane loads. A complete building block approach to composite structural

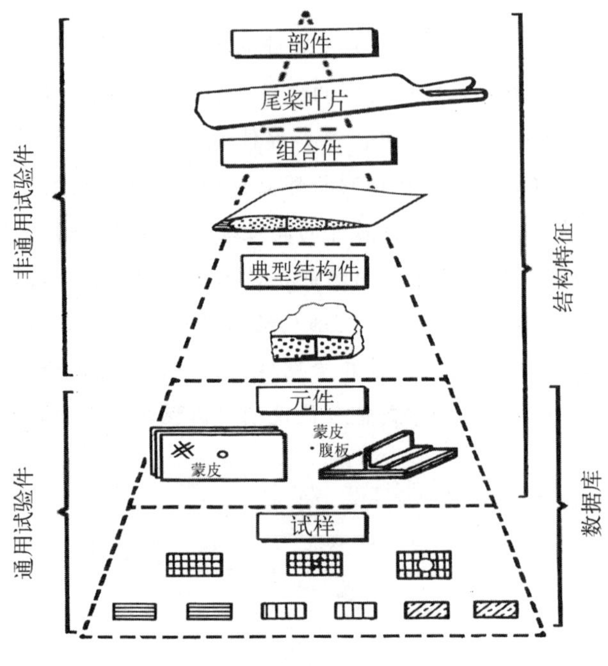

图 2 尾桨叶积木式试验简图

substantiation addresses most critical structural issues in test articles with increasing levels of complexity such that many areas of reliable performance can be demonstrated prior to the component tests. The details and subcomponent testing should establish failure criteria and account for impact damage in assembled composite structures. Component tests are needed to provide the final validation accounting for combined loads and complex load paths, which include some out-of-plane effects. When using the building block approach, the critical load cases and associated failure modes would be identified for component tests using the analytical methods, which are supported by test validation.

【参考译文】

(2) 复合材料结构静强度的成功验证,通常取决于对应力集中(如典型结构件上的缺口敏感性和冲击损伤)、实际发生的失效模式和面外载荷的恰当考虑。一个完备的复合材料结构积木式验证方案,能够用复杂程度逐步增加的试验件来验证结构上的大部分关键问题。于是，许多性能指标在部件试验之前就能够得到可靠验证。典型结构件和组合件试验需要建立失效判据，并考虑已完成装配的复合材料结构上的冲击损伤。部件试验的目的是对结构承受复合载荷和多条复杂传力路径，包括某些面外效应的情况进行最终的验证。由此可见，采用积木式方法，可以借助试验验证的分析方法，为后续部件级试验提前识别出关键载荷工况和相应的各种破坏模式。

【英文原文】

c. The component static test may be performed in an ambient atmosphere if the effects of the environment are reliably predicted by building block tests and are accounted for in the static test or in the analysis of the results of the static test.

【参考译文】

c. 如果通过积木式试验能够对环境影响进行可靠预测，并在静力试验或对静力试验结果进行分析时考虑环境影响，则部件静力试验可以在大气环境下进行。

【英文原文】

d. The static test articles should be fabricated and assembled in accordance with production specifications and processes so that the test articles are representative of production structure including defects consistent with the limits established by manufacturing acceptance criteria.

【参考译文】

d. 静力试验件的制造和装配必须与生产规范和工艺相一致，以使试验件可以代表实际生产结构，包括试验件上的缺陷处置也要依据制造验收标准中的限制值进行。

【英文原文】

e. The material and processing variability of the composite structure should be considered in the static strength substantiation. This is primarily achieved by establishing sufficient process and quality controls to manufacture structure and reliably substantiate the required strength by test and analysis.

The scatter in strength properties due to variability in materials and processes are characterized by proper allowables or design values, which are derived in compliance with 14 CFR § 2x.613. When the detail, subcomponent and component tests show that local strains are adequately predicted, and positive margins of safety exist using a validated analysis everywhere on the structure, then proof of static strength is said to be substantiated using analysis supported by test evidence. Alternatively, in the absence of sufficient building block test data and analysis validation, overloads are needed in the component test to gain proof of static strength for the structure using an approach referred to as substantiated by tests. The overload factors applied in this case need to be substantiated either through tests or past experience and must account for the expected material and process variation.

【参考译文】

e. 静强度验证中必须考虑复合材料结构的材料和工艺变异性。这主要通过建立完备的结构制造工艺和质量控制程序,以及借助测试和分析手段对结构应具有的强度进行可靠验证来实现。材料和工艺变异性引起的强度性能分散性可以采用与 14CFR§2x.613 相一致的方法得到的适当的材料许用值或设计值来表征。当典型结构件、组合件和部件试验表明,局部应变预测正确,并且采用经过验证的分析方法计算得到的结构各处的安全裕度均为正值时,则可以说采用试验支持的分析对静强度进行分析的正确性得到了验证。反之,如果缺乏足够的积木式试验数据和对分析方法的验证,则需要采用试验验证的方法,在部件试验中施加过载系数,对结构静强度进行验证。该情况下施加的过载系数需要通过试验或用过去的经验数据来验证,而且必须考虑预期的材料和工艺变异性。

【英文原文】

f. It should be shown that impact damage that can be likely expected from manufacturing and service, but not more than the established threshold of detectability for the selected inspection procedure, will not reduce the structural strength below ultimate load capability. This can be shown by analysis supported by test evidence, or by a combination of tests at the coupon, element, subcomponent, and component levels. The realistic test assessment of impact damage requires proper consideration of the structural details and boundary conditions. When using a visual inspection procedure, the likely impact damage at the threshold of reliable detection has been called barely visible impact damage (BVID). Selection of impact sites for static strength substantiation should consider the criticality of the local structural detail, and the ability to inspect a location. The size and shape of impactors used for static strength substantiation should be consistent with likely impact damage scenarios that may go undetected for the life of an aircraft. Note that it is possible for some designs to have detectable impact damage and still meet static strength loads and other requirements without repair (refer to allowable damage discussions in paragraph 10.c.(1)).

【参考译文】

f. 应该表明,如果制造和使用中预计可能出现的冲击损伤不大于根据规定的检测方法确定的可检门槛值,则结构强度就不会低于极限载荷承载能力。这可通过试验支持的分析来证明,或者结合试样、元件、组合件和部件级试验结果来证明。理想的冲击损伤试验评估需要合理考虑结构细节和边界条件。当采用目视检测方法时,那个能够被可靠地检出的冲击损伤门槛值被称为目视勉强可见冲击损伤(BVID)。静强度验证中冲击部位的选择应该考虑具体局部结构细节的重要程度和对任一部位的检测能力。静强度验证所用的冲击头尺寸和形状应与航空器整个寿命期内可能漏检的冲击损伤事件相匹配。请注意,可能有些设计允许结构含有可检冲击损伤,且不予修理仍需满足静强度相关载荷和其他要求[参见§10.c.(1)中允许损伤的讨论]。

【英文原文】

g. Major material and process changes on existing certified structure require additional static strength substantiation (e.g., refer to Appendix 3).

【参考译文】

g. 如果已取证结构上的材料和工艺发生重大变化,必须另外进行静强度验证(如参见附录 3)。

5.2.2 结构静强度适航符合性方法解读

飞机结构静强度验证主要涉及第 23.305 条和第 23.307 条。

1) 试验方法

复合材料的物理性能和力学性能的影响因素众多且错综复杂，这就使得复合材料结构的力学性能具有极高的分散性和失效模式的多样性。通常可以采用由试验支持的分析方法进行复合材料结构设计和审定。用试验来验证分析方法和结果，再用经过试验验证过的方法分析和指导试验。这是一个比较复杂的试验和分析相结合的过程。但是，采用试验支持的分析方法，不仅可以降低整个试验计划的费用，还可以增加可靠性。

复合材料结构存在对面外载荷的敏感性、破坏模式的多样性、环境影响的严重性、试验数据的较大分散性以及缺乏标准的分析方法等诸多不确定性，采用“积木式”方法制订试验计划，通常被认为是复合材料结构合格审定中不可缺少的技术途径。

2) 全尺寸结构静力试验

全尺寸结构静力试验是积木式试验计划的最高层级试验。它是复合材料结构合格审定工作最终和最重要验证环节。全尺寸结构试验能否成功，直接关系到积木式试验计划的成败，也直接影响到复合材料结构的适航取证。就静强度合格审定而言，全尺寸结构试验通常被用来验证结构设计、分析结果(应变、应力和变形)和结构失效模式的正确性，验证结构是否具有承受设计极限载荷的能力，还被用来发现没有预料到的重大次级载荷。

应按照生产规程和工艺规范要求来制造和安装静力试验件，以使静力试验件能够代表生产型结构。

如果有足够的低层级积木式试验数据，并且能够表明重复载荷和静力加载试验程序可以代表真实飞机的使用情况，或者可以提供保守的评估结果，则可以采用一个全尺寸部件试验进行最终的静强度、疲劳和损伤容限验证。当采用一个试验件进行全尺寸结构试验时，可以在施加重复载荷以后，再施加设计极限载荷进行静力试验。如通航某型飞机复合材料方向舵、升降舵等部件就是先进行了一倍寿命的重复载荷试验，然后再进行设计极限载荷下的静力试验。

飞机部件不同结构部位的严重受载情况往往会对应不同载荷情况。因此，在确定飞机复合材料结构部件的静力试验载荷情况时，应当根据所有严重受载情况和相关失效模式，最终确定全尺寸结构部件的试验载荷情况。

当确定了不同载荷情况下的设计限制载荷后,应采用1.5倍的安全系数给出设计极限载荷。在设计极限载荷作用下,结构必须能够承受极限载荷3 s。在设计限制载荷作用下,不能产生不可接受的位移和变形,部件的变形不能妨碍安全运行。

申请人所采用的全尺寸结构静力试验载荷情况,应当得到合格审定机构的批准。并且,全尺寸结构试验应在合格审定机构的目击下进行。

3) 制造缺陷和冲击损伤

含有材料与工艺规范允许的制造缺陷和勉强目视可见冲击损伤(BVID)的复合材料结构应具有设计极限载荷承载能力,并且在1.5倍或2倍设计使用寿命期内,损伤不发生扩展。全尺寸结构静力试验破坏载荷必须大于或等于设计极限载荷,否则将得不到合格审定机构的批准和取证。

(1) 制造缺陷。

复合材料结构的静强度验证应当考虑不可检缺陷或质量控制和制造验收标准所允许的任何缺陷。这些缺陷应在说明书和/或图纸中给予说明或注释。如脱胶、分层和断裂、表面划伤、面板与蜂窝夹芯脱胶、连接区缺装紧固件(用空孔模拟)等。脱胶或分层的平面形状和尺寸至少按照工艺规范所允许的最大缺陷要求确定,用于静强度试验验证的试验件引入制造缺陷的尺寸可以为所允许最大缺陷的1.5～2倍。

(2) 勉强目视可见冲击损伤(BVID)。

BVID是制造和使用中预计很可能出现,但不大于按所选检测方法确定的可检门槛值的冲击损伤,该损伤不应使结构强度降低到极限载荷以下。这可通过由试验证据支持的分析,或用试样、元件级、组合件级试验及其组合来证明。通航某型机复合材料方向舵、升降舵等全尺寸结构试验项目中,在试验前就引入了BVID,验证了BVID在一倍寿命疲劳试验中无扩展,并能承受极限载荷。实际的冲击损伤评估需要正确地考虑结构细节和边界条件。静强度验证中选择的冲击部位,应考虑局部结构细节的重要性和对该部位进行无损检测的能力。静强度验证所用的冲击头尺寸和形状应当与飞机寿命期间也许漏检的可能冲击损伤事件中对应的损伤威胁相一致。通常,金属球形冲击头的直径在12.7～25.4 mm。应当指出:复合材料结构设计允许带有BVID冲击损伤而不予修理,仍需要满足极限载荷和其他要求。

4) 环境影响及其处理方法

(1) 环境影响。

影响复合材料不同结构细节静强度的最严酷环境是不相同的。当结构件或结构部位承受压缩或剪切载荷时，湿热环境是影响静强度的最严重环境状态。当结构部位或构件承受拉伸作用时，与湿热环境相比，干冷环境也可能成为静强度降低的严重环境状态。

应当通过试验或适用的使用数据确定环境对材料体系静强度、刚度的影响。

(2) 环境影响的处理方法。

除非已有类似的设计、材料体系和载荷状态的设计经验(包括类似设计、材料体系和载荷情况下所进行的部件极限载荷试验)可以证实，或者采用试样、元件和组合件试验支持的分析方法或者采用组合件试验验证其适用性，否则，就应该通过在适当环境下的部件级极限载荷试验来验证复合材料结构的静强度。

a. 环境箱模拟法

该方法将全尺寸复合材料结构试验件整体置于环境箱中，并在规定的环境状态下对复合材料结构进行设计限制载荷、设计极限载荷以及剩余强度试验。试验前，需要对试验件进行环境吸湿试验，达到吸湿平衡。环境箱在试验过程中需要保持稳定的相对湿度(通常为 85%RH)和温度。通航某型机复合材料蒙皮元件试验就采用在环境箱中模拟真实温湿度环境进行试验。

在环境箱中模拟真实温湿度环境进行的全尺寸结构试验可以比较真实地反映飞机所处的湿热环境状态。但是，该方法存在以下几个方面的问题：

① 试验成本高，周期长。

② 加载系统安装和应变测量难度增加，特别是应变片在湿热环境中极易发生失效而得不到数据，从而给通过试验数据来验证分析计算结果带来困难。

③ 对于承受拉伸载荷的结构件(例如机翼下翼面的桁条)，严重的环境状态也可能是干冷状态。所以，采用该方法也许不能对承受拉伸载荷的结构承载能力进行验证。

b. 环境因子补偿法

该方法将全尺寸结构静力试验件置于室温大气环境下进行试验(试验件不进行吸湿处理)。但是，需要将作用于结构上的设计限制载荷和设计极限载荷均乘以一个大于 1 的环境补偿因子，以考虑湿热环境引起的材料性能降带来的结构强度降低。

环境补偿因子方法通过加大设计限制载荷或设计极限载荷来考虑湿热环境对全尺寸结构静强度或剩余强度的影响。这种试验方法简单、成本低。但是，该方法也存在以下几个方面的问题：

① 由于提高了设计极限载荷，复合材料/金属混合结构中的金属构件就要承受过高的设计极限载荷。这对于具有较高强度裕度的结构(比如按刚度设计的结构)来说，可能不会带来增重问题。但是，对于按强度设计的结构来说，可能就会为了金属结构不提前发生破坏而进行加强(或者金属结构的强度裕度足够，不进行加强，金属结构发生“过考核”)，从而带来不必要的增重。

② 提高设计极限载荷后，可能会改变真实环境状态下的传力路线和失效模式(特别是在高载阶段)，削弱全尺寸结构试验验证的作用。

③ 环境补偿因子来自积木式试验中较低层级试验数据分析结果对比。由于不同材料体系、不同力学性能指标受湿热环境影响后引起的性能降不同，因此，设计师在确定环境补偿因子时带有一定的主观性。目前，国际上还没有公认的确定环境补偿因子的准则。

④ 环境补偿因子方法适用的前提条件是直到复合材料结构破坏，应力-应变关系一直是线性关系，并且失效模式不发生改变。但是，在湿热环境下，受基体控制的复合材料压缩应变通常都呈现出非线性特性。这使得在达到设计极限载荷之前，复合材料结构受压区在湿热环境状态下的应变值实际上可能已经超过了设计许用应变值，从而使得复合材料结构可能在小于设计极限载荷下的时候就提前发生了破坏。也就是说，如果申请人采用在室温大气环境下考虑环境补偿因子进行试验的方法作为适航合格审定的符合性方法，可能会因为理论分析时采用线性应力-应变关系得到的应变小于试验时施加环境因子后复合材料结构受压区的实际应变，而给设计和适航合格审查带来潜在危险。建议申请人重点关注分析方法的可靠性，或者是在结构设计上留出一定的安全裕度，以覆盖可能的潜在危险。

c. 试验支持的分析方法

如果在确定材料许用值时，已采用最严重的环境(ETW)对试样(包括元件)进行了试验，并对试验数据进行了统计分析，给出了具有高置信度(95%)和高可靠度(对 B 基准值为 90%，对 A 基准值为 99%)的材料许用值，在确定复合材料结构的设计值时，也已经充分考虑了最严重的环境状态对复合材料结构强度的影响，组合件(甚至包括典型结构件)也在最严重环境状态下进行了验证试验，由于环境状态对复合材料结构强度和刚度的影响与结构复杂性程度关系不大，组合件或典型结构件在最严重环境下的试验验证作用就可以代替全尺寸结构的环境试验验证作用。因此，在上述条件下，可以不考虑在最严重的环境状态下进行全尺寸结构验证试验，只在室温下进行不考虑环境补偿因子的全尺寸结构验证试验,并同时辅以经过前面各层级湿热环境下试验验证过的分析方法对全尺寸结构在湿热环境下进行试验的评估结果来表明其静强度的适航符合性。

在进行结构应变分析时,应当计算由于复合材料湿膨胀和热膨胀在超静定结构内产生的应变,并应叠加到外载荷产生的应变上去,最后的叠加应变应小于结构设计许用应变,即结构要具有正的安全裕度。

5) 面外载荷

复合材料结构具有很低的层间剥离强度,它对面外次级载荷作用非常敏感。此外,胶接连接也对面外载荷非常敏感。面外载荷一般多在结构因不对称存在偏心处、刚度变化处和材料不连续处产生面外应力,结构因翘曲变形也会产生面外应力。

对于复杂的全尺寸复合材料结构来说,面外载荷的来源、大小和影响一般都存在不确定性。在全尺寸复合材料结构静力试验或剩余强度试验中,已经有若干个飞机型号因次级载荷作用而导致结构出现意料外的失效模式的案例。如,在某飞机垂直安定面静力试验中,结构在 98%设计极限载荷下就发生了失效。失效模式表现为前梁与补偿片之间沿整个梁长度方向发生了脱胶分离。经分析后确认,这种失效是面外载荷引起的。这种面外载荷产生的主要原因是补偿片产生了局部翘曲。

由此可见,进行复合材料结构静强度验证,不仅要足够重视面内载荷,还要特别关注面外载荷产生的应力集中可能给结构带来的其他破坏模式。因此,在复合材料结构设计中,应当仔细识别次级面外载荷,并在设计中消除它们,或对其进行量化分析(因为有时完全消除面外载荷是不现实的)。

由于正确识别和分析面外载荷具有较高难度,因此,通过试验支持的分析识别面外载荷就成为一条有效途径。首先,应当尽可能地通过组合件和典型结构件试验识别出面外载荷。但是,组合件和典型结构件试验不可能完全发现所有的面外载荷,这是因为在较低层级的试验中难以模拟实际的边界条件和载荷状态,更难模拟次级载荷状态和角铺设受载、不对称载荷状态。因此,某些次级载荷源很可能直到进行全尺寸结构试验时才首次出现,甚至更晚。由于这些面外次级载荷常隐藏在全尺寸结构中,难以识别和分析,因此,必须通过全尺寸结构试验去发现那些低层级试验中不能发现的面外载荷。

6) 设计分析

通常采用试验支持的分析方法,进行复合材料结构设计与审定。通过试验与分析相结合,用试验验证分析结果,用分析来指导试验计划或试验件设计。这种方法可降低研发成本,增加可靠性。已经证明:通过分析方法准确预计复合材料结构的刚度、变形、载荷传递路线和分配比例是可行的。但是，复合材料结构的静强度和剩余强度必须通过全尺寸结构试验进行验证。

在复合材料结构分析中，除了进行外载荷作用下的变形和应力(或应变)分析外，还要进行湿热状态和干冷状态的应力(或应变)分析，并将环境分析结果与外载荷作用下的分析结果相叠加。

可以用典型结构件和组合件，直至全尺寸结构试验数据来验证分析结果的准确性。采用经过试验验证的分析方法得到的应变分析结果，应当与全尺寸结构试验测得的应变值相吻合。

依据经过验证的分析方法得出的飞机结构各个零组件在极限载荷作用下的强度应满足如下要求：

$$M.S. = \frac{\text{设计许用值}}{\text{由分析方法得到的应变值}} - 1 \geqslant 0 \tag{5-1}$$

式中，$M.S.$表示安全裕度。

应当指出：除了需要通过试验数据确定和验证设计许用应变(或应力)外，还需要用全尺寸结构设计载荷作用下的应变测量结果来验证分析结果的正确性。

当通过典型结构件、组合件和部件试验表明，经过验证的分析方法可以正确预估局部应变，并且所有结构部位的安全裕度均为正值时，才可以说采用试验支持的分析方法验证了静强度。如果缺乏足够的积木式试验数据对分析方法的证明，就需要在部件试验中施加过载系数，以达到对结构静强度验证的目的。在该情况下，施加的过载系数需要通过试验或以往的经验来证实，并必须考虑预期的材料和工艺变异性。施加的过载系数应得到合格审定机构的批准。

5.3　结构静强度适航评审要素及审查要求

1) 评审要素

复合材料结构静强度验证应考虑所有临界载荷情况和失效模式，还应包括环境影响(包括在制造过程中引起的结构残余应力)、材料和工艺的变异性、不可检缺陷或由质量控制、制造验收准则允许的任何缺陷以及最终产品的维护文件允许的使用损伤。

2) 审查要求

(1) 复合材料结构静强度应该通过部件在相应环境下的极限载荷试验来验

证。除非已有类似的结构设计、材料体系和受载情况的验证经验可以表明，采用经过试样、元件、组合件试验，或者可接受的较低载荷水平下的部件试验验证过的分析方法，能够可靠地验证部件在极限载荷下的静强度。这些经验对于验证分析方法是必不可少的，且应包括来自以前具有类似的结构设计、材料体系和受载情况的部件极限载荷试验获得的经验。

(2) 重复载荷和环境暴露会导致复合材料的性能退化，这种影响必须在静强度评定中予以考虑。可以采用相应的由试验支持的分析，试样、元件或组合件级的试验，或者直接采用已有的相关数据予以说明。目前，常采用以下三种方法考虑全尺寸静力试验中关键载荷情况下的重复载荷和/或环境暴露的影响：

方法一：在全尺寸试验件结构上施加重复载荷和模拟严重环境暴露的环境条件，然后直接在该环境下进行静力试验。

方法二：根据试样、元件和组合件的试验数据，确定重复载荷和环境暴露对静强度的影响。通过上述试验对材料的性能退化进行量化表征，然后在全尺寸静强度验证试验中予以考虑(如采用过载系数)。

方法三：在实际应用中，还可以把上述两种方法结合起来满足验证要求。比如，可以在严重的工作温度下进行全尺寸静力试验，而采用载荷放大系数来另外考虑飞机结构在整个寿命期内吸湿的影响。申请人也可以提出其他考虑环境影响被证实的试验和分析方法(如采用不会引起材料化学变化的升温和其他可以等效代替湿度影响的方法)，但需征得局方批准。

(3) 复合材料结构的静强度必须通过一套分析程序和采用一系列各种复杂程度的试验件完成的“积木式”试验来进行可靠性验证。

(4) 复合材料结构静强度验证中必须考虑材料和工艺的变异性。

(5) 大量的基础性能数据只能通过大量的试样级和元件级试验来获取，而结构件的性能则可以通过较少的组合件和部件级试验来验证。

(6) 必须用试验支持的分析或用试样、元件或组合件级试验来证明，制造缺陷和使用中可能遇到的 BVID 冲击损伤不会使结构的静强度低于极限载荷承载能力。

(7) 必须按照复合材料结构生产规程和工艺规范来制造和装配静力试验件。

5.4 结构静强度适航符合性验证

复合材料结构静强度适航符合性验证应考虑所有关键载荷情况和相关失效模式，包括但不限于来自环境、重复载荷、制造中的不可检或允许缺陷及公差、材料和工艺变异性、各类缺陷和损伤以及修理等各方面影响因素。应该对每个主要结构部件进行极限载荷下的静强度试验，除非所用的分析方法已经通过积木式试验并验证了其可靠性，才可用于分析验证结构的适航符合性。适航符合性验证试验应包括但不限于机翼、尾翼和机身结构。为了验证分析方法和结果，应该在试验件的所有关键位置安装应变片。当分析方法没有被验证或分析结果过于保守时，可以通过典型结构件试验来测试特定的局部细节强度，该试验也有助于验证所使用的分析方法。证明分析方法也可以使用先前具有相似设计、材料体系和载荷情况的组合件的试验结果。

影响通航飞机复合材料结构静强度适航符合性验证的因素较多，这主要是由于通航飞机复合材料结构常常采用胶接和其他低成本制造技术，以便最大限度地减少零件数量，降低结构重量，以平衡来自性能和成本的双重要求。通航飞机申请人为了对飞机结构中的复杂传力路经和失效模式进行评估，往往采用较大尺寸的全尺寸部件静强度试验来表明适航符合性。对于金属飞机结构来说，只要全尺寸部件或全机的静强度试验能够承受极限载荷，就可表明飞机结构具有足够的强度。但对于复合材料结构来说，由于需要考虑来自材料和制造工艺分散性以及环境影响等各种因素对材料力学性能的影响，并且通常以载荷放大系数的方式施加在全尺寸结构静强度试验的载荷上，于是，在按要求考虑了多个载荷放大系数之后，结构就需要承受放大后的较大载荷。

静强度试验件在制造时应包括实际生产和运营中使用的检验方法无法检测到的制造缺陷和使用损伤，还应包括产品的质量控制或维修文件允许的缺陷或损伤，因为试验的本质实际上是对制造和使用进行验证。大量型号经验表明，充分开展低层次试验并与分析相结合，不仅可以有效验证分析方法，量化许多静强度验证中的技术问题，减少不确定因素，还会大大降低在较大尺寸结构上进行强度试验的风险，这正是各方为了保证飞机安全所期望的。

5.4.1　积木式方法

近几十年来，先进复合材料作为新兴的材料体系，在通航飞机研制中得到了非常广泛的应用。飞机复合材料结构同样需要达到传统的金属结构的安全水平，才能通过适航审查，获得批准和应用。申请人在研制复合材料结构时，首先会对使用性能进行定义和评估。然后，再采用积木式试验或计算分析手段，验证复合材料结构的使用性能及耐久性等。随着积木式方法在国内外飞机复合材料结构研制中得到越来越广泛的认可和应用，采用积木式方法搭建试验矩阵已经被国内外航空界广泛接受为一种飞机研制的基本方法。该方法不仅可以用于解决飞机结构设计和强度验证中的复杂问题，规避技术风险，还可以用于制造方法确定、工艺规范建立、制造缺陷处理以及修理维护手册编制等。

积木式方法是一个由简单到复杂、由浅入深、循序渐进地解决复杂问题并规避各种技术和经济风险的系统性方法。积木式方法的基本思路是从摸透基础元件的特性开始，通过对低层级元件或组合件特性的充分了解，获取相关知识和经验，为摸透高层级复杂产品特性提供必要条件，同时奠定稳固的技术基础，逐级完成从简单到复杂结构产品的高质量研制。

虽然目前行业内还没有形成一套标准且通用的积木式方法，但已有大量工程经验表明，采用积木式方法进行适航符合性验证试验规划，通过开展充分的低层次试验并与分析相结合，可以非常有效地量化许多静强度验证问题，减少众多不确定因素，降低大尺寸结构验证试验的风险。在实际操作中，低层级试验多用于获得共性的性能数据，并与分析方法一起，支撑高层级结构设计。而高层级试验则用于验证低层级验证无法验证的问题。通过逐级解决相应层面不同复杂程度的技术问题，从而排除技术、进度和成本风险。

相关知识

积木式方法的进一步解读

积木式方法在飞机复合材料结构研制中的应用最早可追溯到 20 世纪 80 年代。WHITEHEAD 在 1983 年介绍了运用积木式方法对飞机复合材料主承力结构进行试验验证的工作。ROUCHON 在 1990 年针对复合材料结构适航认证工作提出了采用积木式方法构建试验金字塔(testing pyramid)进行强度验证的概念(见图 5-1)。后来该图出现在 AC 20-107B 中并一直沿用至今。

采用积木式方法搭建试验金字塔(也被称为积木式试验)的目的是为了在飞机型号研制过程中，满足相关适航规章对飞机结构开展“基于试验验证的分析”(analyses, supported by tests)的核心要求。采用该试验验证金字塔不仅可以为复合材料及制备工艺(material and processes, M&P)选择、结构设计构型确定、设计方法和分析工具建立、连接方式建立、制造和装配工艺质量控制(manufacturing & processing, M&P)等相关内容进行全面、系统的验证，而且还可以通过系统规划，尽可能地降低研发成本和风险，缩短研发时间，提高和改善设计质量。其总体思路如下：采用由小到大、由多到少的试验件，逐级增加试验件的尺寸，改变试验规模和试验环境，通过对从简单到不同复杂程度技术问题的识别、表征和验证，尽可能多地获得相关的材料、设计、制造和装配工艺的基础数据。

虽然积木式方法的概念在复合材料工业界得到广泛认可，但其应用的严格程度各异，而其细节也未达到通用程度。因此，目前的积木式方法还不具备形成标准化的条件，还没有一套标准而通用的积木式方法。尽管 CMH-17 等相关技术资料中已经对最底层的试样试验给出了试验矩阵，指出了积木式方法中的低级别试验具有一定的通用性，即该级别试验所得到的试验数据可以共享。但在较高层级的积木式试验计划中，不同型号研制规划的试件数量和构型设计还具有较大的随意性，并在很大程度上依赖于具体飞机型号和技术团队的情况。复合材料结构制造商应基于具体结构设计要求、使用经验以及结构的关键性、工程判断和费用等情况，给出较高层级的试验计划。本书结合 AC 20-107B 和 CMH-17 等相关技术资料，给出了建议的积木式试验层级示意图，详见图 5-1。

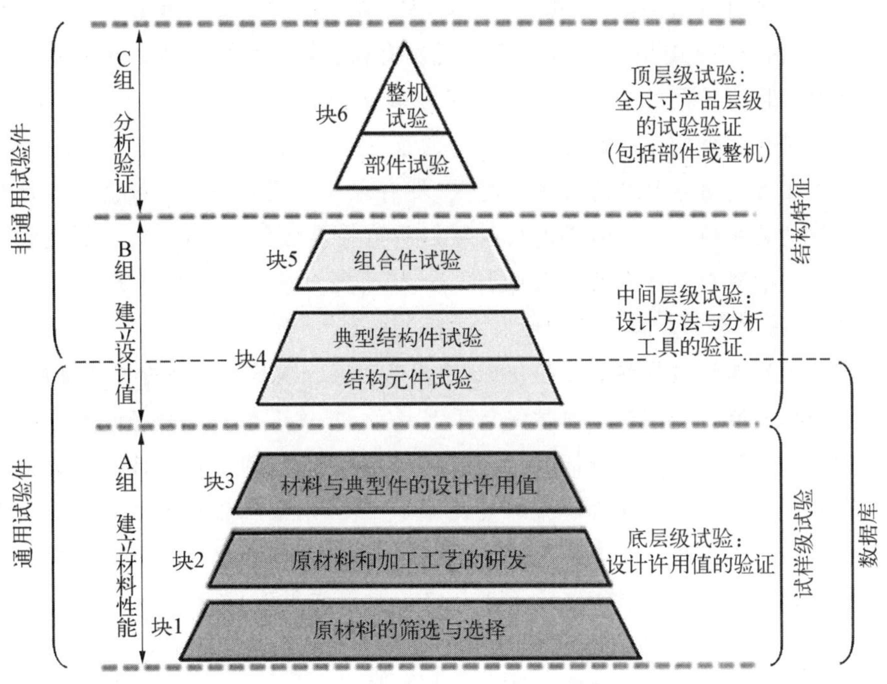

图 5-1　建议的积木式试验层级示意图

由图可知，积木式试验各层级的验证目标和内容有所不同。

(1) 底层级试验(图中所示 A 组)——这部分试验主要用于材料筛选和编制材料及工艺规范，确定材料基本性能(包括材料基准值)和许用值(包括材料许用值和设计许用值)，数量较多，但试验件均为小试样。试样的材料、制造和试验成本相对较低，试样也不复杂。这部分试验的主要目的是积累满足统计要求的足够多且准确、翔实的基础数据，为型号设计选材、制造工艺确定和设计分析输入提供材料性能数据支持。

底层级试验内容主要包括原材料、单层板、层压板特性测试。原材料性能测试一般由材料供应商实施，主要包括纤维和基体的物理、力学、工艺等关键特性测试。单层板性能测试主要包括纤维面重、基体含量等预浸料特性和固化后的单层厚度、0°和 90°单层板拉伸、压缩和剪切模量及强度等性能测试。层压板性能测试主要包括给定铺层的拉伸/压缩/剪切模量和强度等力学响应以及开孔和填孔拉伸/压缩强度、层间断裂韧性、冲击后压缩、疲劳门槛值等设计所需要的性能测试。

块 1：原材料的筛选与选择。

搜集备选材料数据，初步决定某个项目可能选取哪种或哪些材料。在这个阶段，备选的材料和制造工艺过程可能还没有以技术文件或规范的形式加以定义或控制。因为涉及的备选材料品种可能较多，试件通常选用小的基本试样。如果必须基于特定构型的试验进行最终的选材，则项目中可能还需要有较复杂的试验。因为此时对材料的控制很有限(没有规范)，因此不能只依据这些数据建立特定的许用值。可以对基本的材料许用值提供估计值，用于对比研究和初步设计。随着对材料体系的认识趋于成熟，很可能对这些值进行调整。

块 2：原材料和加工工艺的研发。

通过材料筛选过程的试验和分析，初步确定某一项目采用哪一种材料后，事实上可能已经有了一个初步的材料与工艺规范，并对工艺变量如何影响材料行为已经有了一定认识和了解，这就使得进行材料鉴定成为可能。该阶段最重要的任务是识别出支持设计所需要的关键力学性能，以便在后续多个生产批次中经济地检验这些性能。在这个阶段，可以根据识别出来的设计所需关键力学性能，给出初步的材料许用值(这还不是最终的材料许用值)。在研究和制定材料与工艺规范的过程中，如果将一些力学性能数据作为确定材料许用值的一部分，则材料和工艺规范就不可再进行修改。因为这些材料和工艺规范如果在制造出试验件以后还发生变化，那么很可能使得试验结果和由其导出的许用值无效。

块 3：材料与典型件的设计许用值。

在这一阶段，材料受到了材料规范和工艺规范的充分控制。该阶段的目标是提供适合于设计使用的“稳定的”材料许用值。通常，对准备使用的新材料所做的大多数试验都是在这个阶段完成的。如果鉴定试验后没有改变材料规范，则所产生的鉴定用数据也可以作为许用值数据库的一部分。只有按照材料和工艺规范采购原材料和制造试样，所得到的材料许用值数据才是合格审定机构可以接受的。

材料的基本性能数据主要是在这一层级得到的。由于试验件构型对试验数据有较大影响，因此，一般采用标准试验件构型进行试验，并为设计分析提供数据。一旦获得某一材料的性能数据后，如果发生原材料或工艺的任何变更，就可能需要重新进行积木式试验计划中不同层级的试验，以维持取证的有效性。

(2) 中间层级试验件(图中所示 B 组)——这部分试验件不仅与飞机结构的具体设计构型有关，还与每种零组件设计构型采用的设计分析方法及制造工艺密切相关。这部分试验的目的是验证所采用的设计分析方法能够准确预测这些零组件在特定的制造和装配工艺下的关键失效模式和失效载荷，保证零部件的设计质量。

复合材料结构设计值是在确定材料许用值以后，再通过结构元件、典型结构件和组合件试验确定的。在确定设计值的试验中，试验件需要具有结构的初步构型和尺寸。因为确定设计值的试验件可能依据申请人的具体飞机型号中特定结构的设计细节来设计，并依据特定的制造工艺生产试验件，具有一定特殊性，所以，其他复合材料结构可能不能采用该设计值(除非与所设计的结构相似)。当工程师要这样做时，必须特别小心。

在这一层级试验中，如果在某一类型试件上发现混合失效模式，则可能要求进行较多试验，以确定最严重失效模式。

该层级试验包括基本结构元件、典型结构件、简单及复杂组合件等承载能力试验。基本结构元件试验主要包括结构中的铺层不连续区域、加强筋条端部、R 区、蒙皮、剪切板、夹层板和各种连接形式的小接头等承载能力试验。典型结构件试验主要包括特殊设计的复杂连接、机械连接接头、桁条端部、较大的检查口等承载能力试验。组合件试验包括加筋壁板、盒段、框段、翼梁、翼肋、框等承载能力试验。

块 4：结构元件试验和典型结构件试验。

结构元件试验中的试验件通常为飞机结构上重复出现的一些局部结构细节。这类试验的目的是给出一般典型元件的性能数据，用于确定设计值，并验证结构元件的分析方法和失效准则，给出失效模式。它与确定材料许用值所用的试验件相比，更接近实际结构的具体细节构型。在通过结构元件试验确定与结构构型相关的设计值时，需要考虑制造缺陷的影响，以便为适航当局审查有关拒收缺陷的标准提供依据。还需要考虑结构对制造工艺的敏感程度。

典型结构件试验中的试验件的复杂程度高于结构元件，低于块 5 的组合件。该类试验用来评价比较复杂的组合结构的结构行为和失效模式，初步验证结构制造工艺和装配概念，验证结构元件和结构细节的强度，评估任何制造变化对结构响应的影响。

块 5：组合件试验。

组合件试验中的试验件复杂程度高于典型结构件，而且具有足够大的尺寸，通常是一段结构(如一段机翼加筋蒙皮壁板)，以允许缺陷或损伤周围有载荷重新分配的余地。组合件试验用来评价高复杂性组合结构的结构行为和失效模式，进一步验证制造工艺和装配概念以及结构元件和典型结构件的结构细节强度，并评定结构局部损伤带来的载荷重新分配。相对结构元件和典型结构件试验，组合件的边界条件和载荷引入状态更能代表真实的结构情况。

通过组合件试验，可以发现次级载荷效应、明显可见的载荷分布和局部弯曲效应。同时，组合件试验中出现的面外失效模式可能更能代表全尺寸结构中的情况。另外，组合件在严重湿热环境状态下进行试验可能更加容易实现和符合真实考核要求，因为失效模式常常会因为环境的变化而变化。在真实环境下进行组合件试验，更能反映结构在真实环境状态下的真实失效模式(特别是基体控制的失效模式)。

通过组合件试验可以验证设计概念和设计细节，评估结构复杂程度和尺寸对基本许用值数据和分析方法的影响。通过组合件静力试验可以验证带损伤结构的设计值，通过组合件疲劳试验可以验证含损伤结构"无有害损伤扩展"。组合件试验在降低全尺寸结构试验的技术风险方面具有非常重要的作用。

(3) 顶层级试验(图中所示 C 组)——这部分试验件直接关系到对飞机最终研制状态的综合验证，主要包括全尺寸部件和整机试验。这部分试验的目的是在特定的设计载荷工况条件下，对符合制造和装配工艺要求的全尺寸部件和整机进行试验，验证飞机结构能够在给定的设计载荷工况下，充分满足相关适航条款要求。

在这个阶段，主要是通过全尺寸结构的静力、疲劳和损伤容限试验来验证静强度、损伤扩展情况、剩余强度和修理后的承载能力以及验证结构分析方法，该阶段是复合材料结构合格审定的最后验证阶段，全尺寸试验的成功与否，直接影响到积木式试验计划的成败，也直接影响到复合材料结构的适航取证。

该层级试验主要包括机翼、机身、垂尾、水平安定面等飞机结构主要部分和整机的全尺寸结构承载能力试验。

块 6：部件试验/整机试验。

全尺寸部件试验/整机试验都是复合材料结构适航验证的组成部分。从适航角度考虑，全尺寸结构静力试验和剩余强度试验(对一个完整的真实飞机结构或部件进行的试验)是最有决定意义的验证试验。复合材料结构存在多种可能的破坏模式，并且很难预计，需要通过全尺寸试验进行验证，以发现薄弱设计环节，验证结构以能达到的极限载荷承载能力，保证飞机复合材料结构具有所要求的可靠度。

---

1) 积木式试验计划

积木式试验计划是采用积木式方法建立的一系列复杂性逐步增加的力学性能测试和结构强度试验验证规划。该计划旨在设计一系列几何尺寸逐级增大的试验件，并建立起每一级试验件的测试内容与计划获得的测试参数和失效模式等若干技术指标的一一对应关系。通过完成积木式试验计划中所有测试项目，获得设计研发和验证取证各阶段所需要的技术参数，完成分析方法验证并表明相关适航条款的符合性，有效地建立起材料性能数据、设计许用值、典型结构破坏模式、组合件及全尺寸部件承载能力之间的性能参数相互支撑和验证关系。同时为后续生产制造问题处理和运营损伤修理等技术问题解决提供技术支撑。

申请人应当结合复合材料结构设计分析和判断及设计经验，针对不同结构部位，并考虑结构构型、铺层情况、加载方式和失效模式、环境影响、制造缺陷和勉强目视可见冲击损伤(BVID)等，制订出一套完整的针对静强度设计与验证的积木式试验计划。不同部位的积木式试验计划取决于结构部位对飞行安全的重要程度、预期的功用、材料与工艺、设计裕度、失效准则、已有的数据库、类似结构的设计经验以及影响具体结构的其他因素。积木式试验计划应当聚焦在结构最关键设计特征上，并正确模拟结构构型、边界条件和载荷状态进行试验件的设计和试验，正确模拟失效模式是积木式试验计划中的重要考虑要素。静力试验计划应该考虑所有关键结构的所有关键载荷情况。复合材料结构设计成功与否，在很大程度上取决于积木式试验计划是否完备。

复合材料结构积木式试验计划是适航当局对复合材料结构进行合格审定的重要组成部分。在制订积木式试验计划的过程中，建议申请人加强与合格审定机构的沟通，积木式试验计划应在获得合格审定机构批准后执行。合格审定机构通常会目击积木式试验计划中的全部试验内容，确认相关的符合性内容。

(1) 积木式试验计划制定的典型思路。

① 设计一系列底层试样级试验件并完成试验，生成材料基准值和初步结构设计许用值，确定环境影响因子。

② 根据结构初步设计分析结果，选择关键考核件和区域，确定每个结构细节设计特征及其强度关键失效模式和测试环境。特别关注基体敏感失效模式(如压缩、剪切和胶接等)和面外载荷或刚度变化引起的潜在危险点。

③ 设计一系列中间层试验件并完成试验。每个试验件都需模拟单个失效模式和载荷条件，并与分析预测结果进行比较。根据比较结果，对分析模型、设计许用值直至试验件设计进行反复调整和迭代计算，直至满足相应验证要求。

④ 设计一系列顶层试验件并完成全尺寸部件及整机静强度试验。对顶层试验件在复杂载荷作用下的整体性能和可能的潜在失效模式进行评估，并验证分析方法。根据分析与试验结果对比，调整分析模型，完成对分析方法的验证。

⑤ 确定和正确使用相关补偿系数，包括但不限于考虑温湿度环境、材料和工艺变异性等影响的过载系数等。

图 5-2 给出了飞机设计流程与积木式试验数据生成与应用关系图。

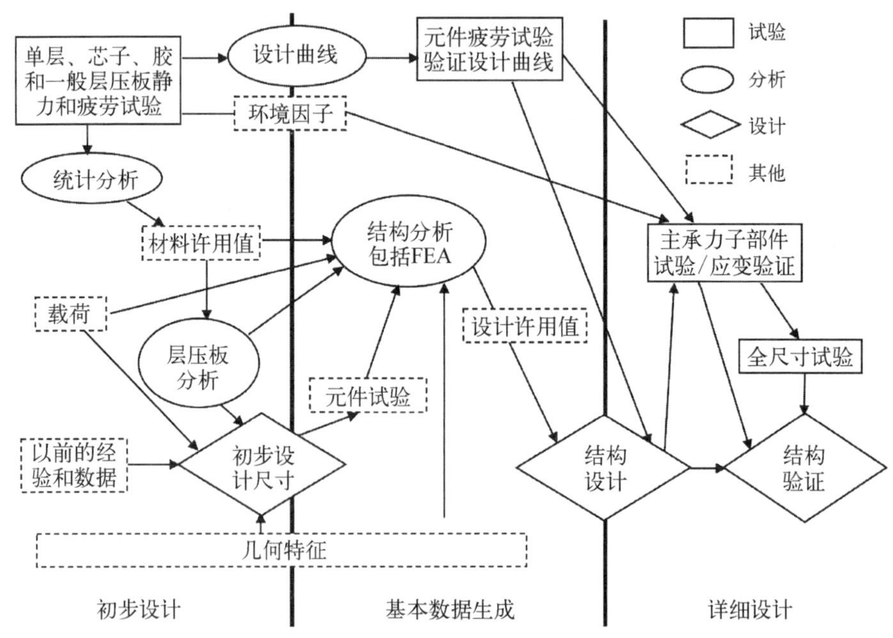

图 5-2 飞机设计流程与积木式试验数据生成与应用关系图

从图 5-2 可以看出，积木式试验计划的每一阶段都有明确的定位、任务和职责，每一阶段都不可或缺并为后续验证负责。

初步设计阶段：在该阶段，积木式试验主要用于证明新设计概念、验证结构生产技术和制造工艺的可行性，并作为技术储备，降低型号技术研发风险。该阶段可采用小试样和元件级试验，得到材料的基本性能数据，包括：无缺口静力性能、一般的缺口敏感性、环境因子、材料最高使用温度(MOT)以及层压板的疲劳响应等。这部分试验和统计分析结果为第一轮设计和计算分析提供了所需的材料性能分散系数和材料许用值等数据。依据这些数据，设计团队将对试样和元件的失效模式进行评价，并进行初步的层压板分析，确定结构外载荷，给出结构设计初始尺寸。

基本数据生成阶段：在该阶段，积木式试验主要用于建立数据库(包括材料性能、连接特征等)、制造工艺认证和产品的设计改进。该阶段进行的合格审定试验可用于验证结构的完整性，可用于表明对适航条款的符合性(包括静强度、疲劳及损伤容限、环境影响以及无损伤扩展验证等)。通过前一阶段给出的数据，该阶段可计算内力，完成关键区域识别，并预计关键失效模式，还可设计更加复杂的典型结构件和组合件来验证分析结果和失效模式。复杂试验件的主要用途是分析和验证更加复杂的静力和疲劳受载情况，特别是对面外载荷和未预料到的失效模式进行识别和评定，对尺寸效应和结构响应问题进行处理。

详细设计阶段：在该阶段，通常需要通过全尺寸结构试验进行复合材料结构的验证和合格审定。可以基于积木式试验计划，对环境影响进行充分考虑。全尺寸结构试验可以在室温/大气环境下进行，不是必须在真实的严重环境状态下进行，前提是已经充分考虑了环境影响(如采用环境影响因子，或通过之前的积木式试验层级，根据已经获得的试验经验和分析结果，能够充分说明严重环境对最终产品静强度和寿命的影响)。通过积木式试验最后一个层级的全尺寸结构静力和疲劳/损伤容限试验，验证全尺寸结构上不同部件和组合件之间的传力路线、内力、变形和失效模式是否与分析结果保持一致，验证是否有之前未曾预料到的重大次级载荷和破坏模式出现。

(2) 积木式试验计划制定关注项。

在制订积木式试验计划时，可以综合考虑采用大量较低成本的小试样、中等数量和成本的结构元件和典型结构件、少量较昂贵的组合件和全尺寸部件试验件相结合的方式。在复合材料结构研制过程中，如果能够在早期就非常规范、专业地评估全部技术风险，并严格按照积木式试验计划，成功确定各种技术参数，有效排除各种不确定性，充分验证分析方法，验证相关设计构型和制造工艺，复合材料飞机的顺利取证就会水到渠成。因此，从某种意义上说，复合材料飞机结构设计成功与否，取证风险有多大，很大程度上取决于申请人的积木式试验计划制订是否合理和完善，并严格按期保质保量执行到位，取决于申请人对型号采用的新设计、新材料、新工艺等是否在积木式试验的每个层级都进行了充分必要的考核验证。

a. 材料许用值试验规划制订建议

只有在材料规范和工艺规范的充分控制下生产的材料，才有可能提供适合于设计使用的“稳定的”材料许用值。在制订材料许用值试验计划时，应重点关注以下事项：

① 确认层压板性能试验的有效数据量足够用于生成基于 A 或 B 基准的材料许用值。关键的层压板性能主要包括拉伸强度与模量、压缩强度与模量、剪切强度与模量、层间断裂韧性以及疲劳阻抗。

② 充分考虑所设计结构的使用环境，并进行各种严重环境条件下的试验，确定环境对复合材料力学性能的影响。这些试验数据将用于确定环境补偿系数。

③ 通过含开孔和填充孔(具有实际结构的典型紧固件和孔尺寸)拉伸和压缩试验，考虑缺口和填充孔紧固件以及拧紧力矩对复合材料力学性能的影响，以便在许用值中考虑缺口敏感性。应当对无缺口和带缺口两种试验件类型分别给出材料许用值。简单紧固件填充孔试件的试验结果可以用来表明旁路载荷对静强度的影响。

④ 确定铺层构型对复合材料性能的影响。铺层构型包括铺层取向的比例、铺层顺序、层压板及单向带/织物混杂复合材料的厚度等。

⑤ 定量评估材料和工艺的变异性。

b. 静强度适航符合性验证计划建议

静强度适航符合性验证计划需要重点关注以下事项：

① 符合性条款识别和方法确定。正确对标所有相关符合性条款，准确识别出全部需要验证的具体技术内容，并将它们全部落实到试验金字塔的每一层试验项目设计、验证内容和试验件上。

② 试验载荷工况确定。获取全部严重设计载荷工况和数据，包括但不限于气动载荷、地面载荷、各类内部和外部集中载荷、温度湿度载荷，以及其他面外载荷(含制造装配过程中产生的局部载荷)。

③ 关键件/重要件及其关键/重要部位确定。除了通过常规设计分析方法确定关键件/重要件及其部位外，还应充分考虑各类缺陷/损伤在结构上的位置分布，以及某些必须通过典型结构件试验才能验证的破坏模式。

④ 验证分析方法的试验矩阵建立。这类试验项目可能涉及结构在复杂载荷工况下的传力路径确认、结构上多种破坏模式并存或随机性出现、大变形大挠度非线性问题计算方法验证和具有细节设计特征的设计许用值确定等验证需要。因此，这类试验件设计可能具有跨尺度多级分布特点，通常需要在多个积木式试验层面进行试验验证。

⑤ 全尺寸试验顺序和过程控制要求确定。对于在一件全尺寸试验件上进行多个工况和/或多项试验的试验项目，应依据设计验证要求和产品实际使用情况，确定合适的试验顺序，并对试验过程进行严格控制。

⑥ 过载系数(载荷放大系数)确定。充分考虑环境暴露、材料和工艺变异性、重复载荷等因素对静强度试验验证的影响，正确确定过载系数。

⑦ 分析方法验证不通过情况的处理。通常采用典型结构件和组合件试验来验证分析方法对结构局部应变和破坏模式的预测能力。当不能通过既定的试验设计来完成对分析的验证时，就需要采取其他的满足统计学要求的解决方案。如通过反复进行点设计试验来增加数据样本和/或使用过载系数来覆盖材料和工艺的变异性等。

⑧ 刚度模拟及试验设备检查。所有工装夹具(包括可能需要的假件)均应满足规定的力学边界条件和可能的被动加载中的刚度模拟要求。所有试验设备的满量程精度及工装夹具的刚度和强度均应满足试验全程要求，尤其关注高载破坏阶段。

(3) 积木式试验计划中的试验件。

积木式试验计划中的试验件主要包括试样、结构元件、典型结构件、组合件和全尺寸部件/整机。通过对各个级别试验件的试验测试和分析，确定来自材料和工艺变异性、温湿度环境、结构不连续性、制造缺陷和损伤等各方面因素对静强度的影响，进而完成对静强度适航符合性的验证。

在积木式试验计划中，应该根据试验目的和内容对各层级试验件进行管理。无论是较小尺寸的试样、元件、典型结构件，还是较大尺寸的组合件或全尺寸部件，各层级试验件之间应该根据试验目的和验证内容，建立相互关联关系。因为每个层级的验证都是建立在前面不太复杂的层级所积累的知识基础上的，所以，为了精确解释各个层级的试验数据和破坏机理，通常都要依赖其他层级的试验和分析结果。需要指出的是，积木式试验计划的技术难点之一，就是每一层级都能够根据结构关键设计特征和受力情况，确定考核区域和考核内容，并清晰地梳理和设计出能够准确模拟结构中的考核区域在真实边界条件和复杂受力情况下的试验件，然后在试验中准确实现对结构关键设计特征的验证。通常情况下，较大尺寸的试验件更能反映复杂载荷和几何尺寸的影响，更容易实现对结构设计细节的验证。

相关知识

积木式各层级试验件说明

图 5-3 为积木式各层级试验件示意图。

试样——用于评定单层和层压板性能，以及一般结构特征特性所使用的小试验件，如通常使用的层压板条和胶接或机械连接的板条接头。

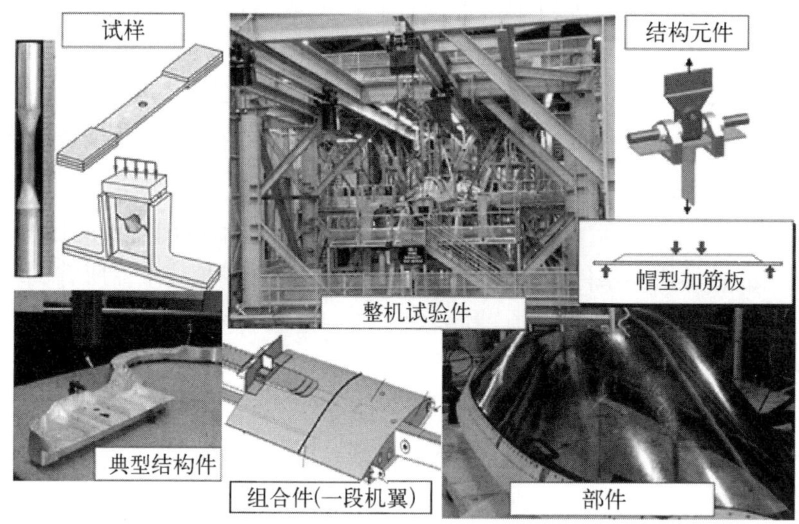

图 5-3 积木式各层级试验件示意图

结构元件——复杂结构件的典型承力单元，如蒙皮、桁条、剪切板、夹层板和各种连接形式的小接头。

典型结构件——特殊设计的复杂连接、机械连接接头、桁条端部、较大的检查口等较复杂结构件上的典型结构细节件。

组合件——能提供一段完整结构全部特征的较大的三维结构，如盒段、框段、机翼壁板、机身壁板、翼梁、翼肋、框等。

全尺寸部件——机翼、机身、垂尾、水平安定面等飞机结构的主要部分，可以作为完整的机体结构进行试验，以验证结构完整性。

整机试验件——由全尺寸部件组装后得到整机试验件。

2）基于试验的分析验证

验证分析方法是积木式试验的重要目的之一，因为只有被验证过的分析方法才能够被用于对验证试验项目以外的结构进行准确评估，这些有试验支持的分析方法将成为飞机后续改进改型等不断发展的基础。采用试验支持的分析方法，申请人可以给出每一条设计用复合材料及其结构的失效应力-应变曲线，准确定义每一个复合材料结构的细节特征，并采用已经被试验验证过的可靠的分析手段，开展大量的分析（虚拟试验）工作，减少物理试验的数量。

在虚拟试验（数值仿真分析）方面，各个层级的分析计算工作通常也可以通过对每一层级分析计算结果的互通共享，建立起各个层级之间的内在联系。在实际型号工作中，前面层级或较小尺度的分析结果往往是后面层级或较大尺度分析工作的基础，而基于前面层级或较小尺度结构组成和组分的性能，采用虚拟试验方法，往往可以预测后面层级或较大尺度结构的力学响应。

3）缺陷、损伤、重复载荷和环境暴露的影响

影响复合材料结构强度和失效模式的因素众多，如湿热环境、重复载荷、制造缺陷和使用损伤等。如何进行预测？除了依赖于积木式试验外，通常采用半经验公式分析计算与积木式试验结果相结合的方法进行复合材料结构强度预测。对于结构不连续（如连接、切断或其他应力集中）区域和其他有特别设计或工艺细节的区域，应进行特别考虑。

积木式方法的分析和试验研究最重要的作用之一，就是为工程人员提供处理制造和使用过程中发生的制造缺陷、使用损伤和修理的工程数据。如果在复合材料产品研发和验证过程中，没有充分重视积木式分析和试验，不仅会因为没有发现某些技术风险而带来隐患，而且还会增加随后的产品制造和维护费用。

如果没有充分的分析和试验数据来支持制造允许缺陷处理和损伤修理工作，工程师们就只能被迫采纳保守假设（零件拒收或昂贵的修理），或者临时开展试验，以获得所需的数据。这将导致停机时间加长，增加花费或减少收入。

还有很多预料之外的缺陷和损伤是在设计研发阶段很难规划到的。随着复合材料的发展日新月异,材料和制造工艺不断给飞机设计人员带来新的挑战,这就需要获得更多的使用经验来应对这些挑战。随着产品使用经验的不断积累和对问题认知水平的不断提高,设计人员应该不断完善积木式试验计划和分析验证流程。

4) 全尺寸结构静强度验证试验

复合材料结构静强度验证需要考虑的影响因素众多。全尺寸复合材料结构静强度试验是积木式试验计划中最高层级的试验,也是飞机复合材料结构适航验证的重要里程碑。通常情况下,申请人采用全尺寸部件结构/整机试验来评估和验证结构的复杂传力路径和失效模式。

全尺寸复合材料结构静强度验证试验原则上应该包括每一个主要结构部件的极限载荷试验工况,除非通过典型结构件或组合件试验等在适当较低水平下的试验能够对分析方法进行足够的验证。这些试验应包括但不限于机翼、尾翼和机身等主承力结构。为了验证分析方法,也可以使用从先前具有相似的结构设计、材料体系和载荷情况的组件试验中获得的经验。

申请人所采用的全尺寸结构静力试验载荷情况,应当得到合格审定机构的批准。并且,全尺寸结构试验应在合格审定机构的目击下进行。

相关知识

全尺寸结构试验技术

(1) 试验件固定。如果被试验的全尺寸结构是部件级结构试验件,正确设计固定装置是至关重要的。通常根据被试验对象的结构类型(例如水平尾翼安定面、垂直尾翼安定面、中央翼盒段、机身段等)和构型及与其他飞机部件的连接状态和支持刚度等,设计全尺寸结构试验件的固定装置。固定装置设计的关键是正确地设计各支持点的支持刚度匹配状态。各接头的支持刚度应当分别接近各自的实际支持刚度,以达到全尺寸结构试验件内部的载荷传递接近真实情况的目标。

(2) 加载方式。通常采用胶布带或拉压垫或卡板并辅以杠杆系统进行加载。

胶布带加载法:胶布带加载法又称为拉力垫法,指通过胶布带对结构表面施加拉力。胶布带实现的是点载荷,可以较好地模拟气动载荷。复合材料层压板的层间强度较低,在选取胶布带的大小和分布时,必须特别小心,以免出现非正常的层间破坏。粘贴胶布带时,只能适当碾压,不准敲击,以防损伤复合材料结构。

拉压垫加载法。拉压垫加载法是一种由一块或多块拉压垫、接头及杠杆系统组成的既可以施加拉伸载荷也可以施加压缩载荷的加载系统。拉压垫为一种采用超弹性板和金属板粘接而成的加载单元,使用时粘贴在结构表面,通过预留的螺纹孔与接头和杠杆相连。超弹性板与结构的粘贴面应根据结构外形进行修形,确保与结构表面紧密贴合。

卡板加载法。卡板加载法是将卡板(加载框架)通过螺栓与结构骨架紧固在一起,由卡板施加拉力或压力。卡板与蒙皮结构间垫有起缓冲作用的橡胶垫。这种加载方式的优点是装置比较简单,成本低,可以实现双向加载,便于对试件进行观察。其缺点是载荷按剖面施加,不能很好地模拟气动载荷沿弦向的分布。它主要适用于大展弦比的翼面结构。

(3) 加载动力装置。为了对试验件加载,通常采用液压伺服加载系统,通过液压作动筒装置对试验件加载。作动筒装置包括两端具有万向接头的作动筒、载荷传感器、机械限制器(用来限制作动筒最大行程)和阻尼器等。

(4) 加载控制系统。通常采用多通道的数字控制闭合回路伺服系统进行加载控制。该系统将伺服放大器纳入计算机系统,使用电子编程加载控制电路对试验件实现加载控制。这种加载系统几乎可以使各加载点同时达到所应施加的载荷,从而满足加载的协调要求。各加载点的载荷数据储存在计算机内,由计算机实现协调加载。

(5) 应变和变形数据测量。为了验证复合材料结构变形、应变、应力和传力路径的分析结果,在全尺寸结构试验中,需要测量结构的变形和应变,特别是关键部位的应变,通常采用应变片测量应变。贴应变片的部位在粘贴前应打磨,以增加粗糙度,保证粘贴牢固。但不得伤及纤维,以免对试验件造成损伤。

(6) 数据采集和处理系统。所有的试验数据都用一台有中央数据采集系统的计算机进行采集和处理。

5.4.2 环境暴露和重复载荷

在重复载荷作用下,复合材料累计损伤引起的强度降与金属材料由于疲劳或裂纹扩展产生的强度降完全不同。在相同水平的重复载荷作用下,复合材料性能并不像金属材料性能(循环数与临界疲劳应力关系,即 $S-N$ 曲线)那样受到严重影响。重复载荷造成的复合材料累计损伤与重复载荷循环次数之间关系曲线的分散性要比金属高一个数量级，以至于直至失效前，复合材料结构可能也只是较小地降低了局部刚度和剩余强度。因此，复合材料结构通常被设计成在一个不高于可能引起最大设计损伤扩展的应力水平（疲劳谱中的高载）下工作。这种设计方法可以保证复合材料结构在重复载荷作用后的剩余强度降最小。

可以使用含开孔和冲击损伤的试验件进行疲劳试验，确定复合材料层压板损伤扩展应力门槛值。也可以通过重复载荷后的静强度试验，获得对应复合材料结构某些具体设计细节的临界损伤门槛值。

高温和长期吸湿条件下的环境暴露会使静强度下降。复合材料飞机结构在使用环境下吸湿多长时间后趋于平衡，主要依赖于具体结构的详细设计（如零件厚度）和环境暴露条件。复合材料结构性能受湿/热条件的影响很大，特别是基体控制的性能（如压缩强度）降低尤为明显。复合材料的拉伸强度主要受纤维控制，其性能可能更多考虑干/冷条件的影响。通常可以通过试样级试验获得材料许用值，评估不同载荷类型和临界环境对不同的复合材料强度值的影响。

1）最高温度的影响

申请人可以采用分析、试验和已公开发布数据或这三者相结合的方法来获得特定复合材料飞机结构的最高温度。除了这个最高温度，申请人也可以使用其他峰值温度进行试验和分析验证。

在太阳辐射强烈的情况下，结构温度通常会远高于周围环境条件。在进行结构热分析时，应考虑允许使用的最高温度的涂漆颜色，同时要考虑结构朝向和相邻结构及地面反射的综合影响。例如，用浅色涂料涂刷的相邻结构可能会反射辐射并提高相邻的深色涂料结构的温度。

在没有试验或分析支持的情况下，大多数涂料颜色可假定其默认的关键结构温度为 82℃。但深色或黑色涂料可能会产生更高的结构温度。

除了上述太阳辐射/热源因素外，在评估复合材料飞机结构温度影响时，还应考虑其他热源。根据飞机设计配置和安装布局，以下这些热源可能需要关注：

（1）公务机可能有空调用的空气循环机，并且可能存在来自热交换器的高温废气。

（2）发动机的引气主要用于防冰。需要考虑引气系统的绝缘和故障条件。操作经验表明，引气泄漏可能会对复合材料结构造成严重的局部损坏。

（3）发动机产生的热量，可能使发动机整流罩和挡风罩具有更高的工作温度。

（4）发动机排气管附近的其他结构。

2）最高吸湿量的影响

申请人可以使用分析、试验和已发布的数据或这三者的某种组合来确定特定复合材料飞机结构的最高含湿量。在湿度扩散分析和试验条件中，应假定相对湿度为 85%左右，这是对长期服役飞机进行环境暴露研究后得到的非常具有针对性的结论，其中包括世界各地潮湿环境中的当地湿度数据。在 CMH-17 或试验标准（如 ASTM）中可以找到湿度调节试样如何达到吸湿平衡的工程指南。

对于厚板结构，或许可以免除其必须满足湿含量达到平衡这类条件要求，因为这些厚板结构可能在飞机的整个使用寿命服役期间内都不会达到吸湿平衡。也许表面层会在某个服役时间内接近平衡，但在飞机退役之前，结构在整个厚度上不会达到平衡含湿量。

在对试验用的试样、元件、典型结构件或组合件进行湿度调节，以评估水分对材料或结构性能的影响时，为了加快湿度扩散过程，可以增加调节温度。然而，增加调节温度不能引起材料的性能退化或任何变化。对于固化温度较低的复合材料，这一点至关重要，因为高温加速吸湿可能会破坏基体或使固化提前发生。

夹层结构和二次胶接结构等元件在进行湿度调节时也可能有温度限制。如果环境调节时采用的加速条件过于极端，也可能导致所得到的材料或结构特性并不能表征其在实际使用环境下的特征。

在对已完成湿度调节的试样或结构进行力学性能测试时，应避免测试过程中水分过度流失。这一点对于测试较薄试样在湿热环境下的力学性能尤为重要，因为此时，确保试样中的含湿量在整个试验过程中不发生太大变化的时间成为至关重要的因素。在某些情况下，为了获得所期望的数据，可能还需要控制试验环境箱中的湿度，也可以在试验环境箱中放置伴随件，并在试验完成后测定伴随件的含湿量。

3）分析和试验

环境暴露和重复载荷的静强度验证可以采用积木式试验、试验支持下的分析、现有的相关数据或三者结合的方法。先前讨论已表明，除非典型结构件试验支持下的分析或组合件级试验已获得充分的经验数据，否则，试验应加载到极限载荷。对于没有预先进行环境暴露的组合件试验件，在进行考虑环境和重复载荷影响的结构验证试验时，可以采用不同方法。

4）全尺寸试验考虑

对于临界载荷试验，主要采用两种方法之一或两者之和来考虑重复载荷或环境暴露影响。

具体要求详见本章 5.3 节中 2)审查要求的(2)。

5) 其他环境暴露的影响

复合材料飞机结构环境暴露中的地面温度通常高于飞机运营的最高温度。例如,滑行和起飞时的冷却作用会降低结构的温度。虽然并不要求结构暴露在地面高温的同时,还要承受临界载荷,但是,如果这种暴露随着时间的推移会对材料性能带来变化,则需要考虑。这类问题通常是选择那些在可能的地面温度范围内,性能不发生变化的材料来解决。

其他可能降低复合材料结构静强度的环境暴露还包括暴露在航空液体中。这种影响通常是在材料筛选和鉴定阶段,采用相应的试验标准(如 ASTM),测试和评估航空液体浸泡过的材料强度来加以说明。在材料鉴定过程中,通常建议对那些当前飞机不会接触到的流体也要考虑,以便支持材料的未来应用。

太阳紫外线可降低许多聚合物基复合材料的性能,尤其是直接暴露的表面层。适当的预防紫外线的化合物喷漆和其他表面涂层可以有效防护复合材料飞机结构。使用这种方法时,应通过试验或使用已经权威发布的数据,以确保防护化合物在规范限制的喷漆厚度内起到有效的防护作用。另外还必须制定维护措施,确保复合材料不会因长期暴露而出现表面层降解退化现象。

5.4.3 静强度分析中的 A、B 基准值

通常使用 A 或 B 基准值进行静强度分析,除非必须采用更低的设计值进行计算。如果必须采用更低的设计值,就需要进行进一步工程分析,以便最大限度地降低结构失效的可能性。静强度分析中使用 A 或 B 基准值的条件如下:

(1) 当某个结构的失效会导致包含该结构在内的整个部件丧失结构完整性(飞机结构无法承受限制载荷)时,或当载荷只能通过单一传力路径或单一传力零件(如果失效就是灾难性的)在一个装配结构中传递时,该结构就应该采用 A 基准值进行设计、分析和试验。

(2) 在损伤容限或破损安全结构中,单个元件破坏后,所施加的载荷能够安全地重新分配到其他承载元件上,飞机结构能够继续保持限制载荷承载能力,这种结构可以使用 B 基准值进行设计、分析和试验。

通常采用小尺寸试验件(如试样)试验来确定材料的 A 或 B 基准值和其他基本性能值。

所有材料体系(如预浸料、黏结剂)和组分(如纤维、树脂)的性能表征和技术

要求都应该得到识别、记录和批准，并将批准的技术要求纳入适当的程序文件和规范中。然后，采用这些程序文件和规范控制上述原材料及其生产工艺过程，以便能够据此生产出性能状态稳定的飞机结构。由此可见，复合材料性能变异性统计基础与用于确保材料和工艺批次质量稳定性的文件紧密相连。

在研究和确定满足统计要求的试样试验方案时，需要考虑飞机结构的设计和制造特性。例如，某些工艺方法只适用于平均胶层厚度为 1.5 mm 且最大允许胶接厚度为 2.5 mm 厚的结构胶接情况。试样试验方案中应包括具有相似特征的胶接连接试验。如果有充分的试验数据可以确定出强度最低的胶层厚度，那么大多数胶接试验件就可以按照允许的最坏情况进行设计和试验。

材料鉴定和等同性验证详见 3.6 节内容。

导致设计值低于基本材料性能的因素主要包括：

(1) 点设计情况(如应力集中、接头等类似情况)；

(2) 刚度要求(颤振或振动裕度)；

(3) 疲劳；

(4) 制造缺陷和使用损伤；

(5) 其他重要问题。

通常，这些情况下的设计值不能直接通过简单的试样或元件的试验结果来表征和确定。因此，需要进行较高层次的积木式试验来表征这类结构能达到的强度。但是，在把依据试样级试验生成的统计数据，用到那些较小试验件(这类试验件是从结构中分离出来的，具有结构细节设计特征)的静强度试验之前，需要进行专业的工程判断。在对较大试验件进行评估时，因为没有太多重复的试验件(有时只有一件)，通常假定其试验结果就代表了这类试验件的平均值。

5.4.4　静力试验件制造和装配

必须根据试验件设计图纸和工艺规范要求来制造和装配静力试验件，使其能够代表实际生产的结构。如果不这样做，很多技术问题就会在验证前和验证后随着生产设备和制造工艺的改进而不断出现。

确保用于型号验证试验的试验件不使用可能在生产中发生变化的生产设备和工艺进行制造，这一点非常重要。通常情况下，任何生产工艺的改变和改进都需要另外进行验证，以确保这些变化或改进没有改变原结构的性能。为了尽量减少此类问题，建议在积木式试验和分析过程中采用设计和制造一体化的方法，并将最终实际使用的生产设备、制造和装配工艺都集中体现在进行最终结构试验的试验件制造上。当制造工艺变化不可避免的时候，正确选择结构试验验证方法（包括分析方法），也会为最大限度地减少重复进行的试验次数带来非常大的帮助。

1）设计和制造详细定义

在复合材料结构设计和制造的详细定义过程中，应进行详细记录，并确保这些零件和装配件的生产记录不会随着时间的变化而变化。这些记录并不是只记录复合材料的材料类型、制造工艺和零件几何定义等，零件外形定义、固化工艺参数和复合材料层压板的具体铺层等信息也都需要详细记录。

常见的复合材料零件外形定义方法有两种。一种方法是采用零件的工程图纸或可以定义模具轮廓线的零件计算机数模，另一种方法则是依靠零件样板或模具来确定外形。

当使用零件样板或模具来定义零件外形时，图纸中应该包含详细说明，以便检查零件样板或模具在规定的使用周期内发生翘曲和外形变化后是否还继续适用。为了给出那些定位用的参考点，通常会结合外形卡板的使用，在卡板上以合理的间隔给出容易辨识的位置设置。不管申请人选择了什么定位方法，都必须确保能够随时检测到零部件及相关制造和装配工装的外形和几何尺寸变化。为了满足改进后的结构装配需要，可能会对工装进行改进。务必详细记录更改内容，以便在需要时能够恢复之前交付的飞机零部件外形，支持备件生产。

在飞机设计定义阶段，应该建立影响结构强度和耐久性特性的容差要求，包括铺层方向、铺层顺序、固化时间、温度、压力和铺层递减区域等。虽然对于这些容差范围的确定还没有公认的标准，但可以确定的是，这些范围必须基于正确可靠的工程判断和标准来确定，以确保只要是在容差范围内制造的零部件，就一定能够满足取证要求。

当选择的容差超出了过去曾经被证明过的充分可控的范围时，则需要另外进行试验，以表明结构能够承受设计载荷，并且在给定的容差范围内可以安全地避免颤振。例如，如果某申请人想要改变某个结构零件的铺层方向，那么，就必须通过测试或分析或两者结合的方法，证明该结构能够承受设计载荷，并且在可能的最不利的铺层方向上也不会发生颤振。

必须通过图纸和规范明确定义飞机的每一铺层的外形。当采用铺层下料样板或计算机数模进行定义时，它们均会成为型号设计资料的一部分，必须对其进行严格的构型管控。

2）符合性检查

鉴于许多复合材料和工艺的固有特点，通常有必要对零组件的整个制造过程进行符合性检查，这一点与金属零组件装配后才进行检验完全不同。例如，型号取证申请人应该规划并安排铺层工艺和胶接装配的工序符合性检查。

一旦建立了制造质量检验系统，就可以依靠该系统来检验铺层方向和其他工艺步骤，以便对铺贴和固化完成后的零件进行符合性检验。申请人应该尽早地建立起该系统和相应的工艺规范。

在结构设计发图和工艺规范编制期间，如果型号设计发生了重大更改，则需要重新设计试验件。适航部门会根据设计变化情况，重新确定符合性检查的范围和程度。

3) 缺陷和损伤及修理

静力试验件需要考虑制造和使用过程中可能发生的制造缺陷、使用损伤和修理。为了安全起见，在关键结构区域，还应包括那些在正常生产或使用维护中可能无法检测到的制造缺陷和损伤。如果从飞机制造商和用户的经济性角度考虑，试验测试中应该包括所有能够检测到的允许的制造缺陷和损伤，且含有这些制造缺陷和损伤的飞机结构仍满足强度和耐久性要求。允许的制造缺陷应该在质控文件或图纸或两者中均予以明确，并应该落实到最后对这些制造缺陷和损伤进行修理所采用的修理方案的试验验证中。

静强度试验件在制造时应包括实际生产和运营中使用的检验方法无法检测到的制造缺陷和使用损伤，还应包括产品的质量控制或维修文件允许的缺陷或损伤。试验件上的缺陷和损伤引入位置应考虑：

(1) 生产或使用过程中容易产生缺陷和损伤的部位；

(2) 结构件在使用过程中承受应力较大的部位；

(3) 结构敏感部位(缺陷和损伤可能引起较大的性能退化)；

(4) 结构关键部位(失效可能引起结构性能丧失)；

(5) 在引入制造缺陷的部位不允许再引入冲击损伤。

注意：可以在外场采用二次胶接方法进行修理的损伤尺寸通常会受到限制。某些受到损伤的结构即使不进行胶接修理，也应该具有承受限制载荷的能力。虽然这个问题通常在损伤容限验证中考虑，但修理能力通常需要通过在静强度试验中加载到极限载荷来进行验证。

5.4.5　冲击损伤

1) 检测门槛值损伤和允许损伤

冲击损伤会通过基体开裂、分层和纤维失效来改变局部载荷传力路径，从而严重降低复合材料结构的静强度。针对特定的冲击事件和检查程序，采用指定的检查方法可能无法检测出冲击损伤。当结构受到不可检的较低能量水平冲击损伤时，仍需验证结构满足静强度要求。

对于制造和使用过程中可以合理预期的低速冲击损伤，只要不超过按照事先规定的检验程序得到的可检测门槛值，结构就应具有不低于极限载荷的承载能力。而对于能够检测到的损伤，结构应具有的承载能力水平是不同的(对应限制载荷)。可以依靠维护检查和修理，使结构恢复至原来的强度。

如前所述，无论是试验验证还是分析验证，任何勉强可以检测到的损伤都不能使某个复合材料结构的强度低于极限载荷承载能力。这些数据将非常有助于验证产品的制造和维护。大多数过去已有复合材料飞机结构制造和使用经验表明，可检测到的损伤一般就意味着损伤明显可见，因为运营中使用的检查方法主要依赖机械师在没有复杂设备的情况下发现损伤。

2) 冲击损伤应考虑因素

通常采用试验支持的分析或一系列试样、元件、组合件和部件级试验结果来表明含有冲击损伤结构的静强度承载能力。由于复合材料结构中的冲击损伤特性比较复杂，通常依靠试验来评估损伤对静强度的影响。

典型冲击威胁包括跑道碎石、工具掉落、冰雹、地面车辆或设备的碰撞和操作引起的冲击损伤。其中大部分冲击损伤已经在复合材料损伤容限设计范围内(可检测损伤、例行检查、损伤无明显增长和限制剩余强度要求)予以考虑。然而，在制造和运营过程中，实际上可能还会有达到检测能力门槛值的冲击损伤。此时，结构静强度仍需满足极限载荷承载能力要求。

含低速冲击损伤的复合材料结构应具有承受极限载荷的静强度，该要求最初来自那些使用脆性基体的复合材料层压板的某些应用。对于这种复合材料，相对较小的冲击可能就会导致大面积分层，而表面无明显迹象。这种损伤的局部不稳定性导致了剩余强度在压缩或剪切载荷作用下的急剧下降。因此，要求结构在遭受低速冲击损伤时，必须能够承受极限载荷，以确保足够的静强度。

针对实际运营中可能遇到的达到检测能力门槛值的冲击损伤，工业部门通过采用一些标准的做法(如采用冲头预制冲击损伤)来确保复合材料结构具有极限载荷的承载能力。这些标准做法非常有助于在实际限定条件下，按要求完成对结构的验证。

标准冲头类型和几何尺寸如下：称重后的球形金属冲头，直径在 0.5 in (12.7 mm)和 1.0 in(25.4 mm)之间。通常，该冲头以垂直角度落下并冲击结构。

通过改变掉落高度，可以获得不同的冲击能量，从而产生不同的可见冲击损伤水平。

通常需要采用含有落锤和预防二次冲击的固定设备（包括冲击速度、冲击力等参数采集和记录装置），进行冲击损伤预制。冲击时，需要确定冲击部位，并保证冲击角度垂直。工业部门有时也会使用更加复杂的冲击设备，如可控制冲击速度的气枪来代替落锤冲击设备，因为这类设备可以对那些不能水平放置的结构实施冲击。不过，这可能带来更高的试验成本。

一般需要采用不同的冲击能量进行能量摸索试验，以确定给定结构部位在当前检测方法下的可检门槛值。

对于较厚的复合材料结构，可能需要高能量冲击来建立检测门槛值。如果认为这样的高能量实际上已经超过了使用中可能遇到的能量水平，那么也可以使用一个截止能量值，验证结构在极限载荷下的静强度。然后，在损伤容限验证试验中，通过要求满足限制载荷下的剩余强度试验，来验证那些超过截止能量水平的冲击损伤对结构的影响。

通常采用概率符合性方法来获得较厚复合材料结构的满足剩余强度要求的能量截止值。对于小飞机和商务机上的大多数典型复合材料蒙皮结构，当冲击能量截止值的发生概率值为 10^{-5}/fh 时，受冲击结构应具有设计极限载荷承载能力。当冲击能量截止值的发生概率为极不可能发生的 10^{-9}/fh 时，受冲击结构应具有设计限制载荷的承载能力。应根据具体飞机的选材、结构形式和冲击部位，初步确定冲击能量截止值，再基于同类飞机的制造和服役中产生的冲击损伤调研结果，经统计分析后，最终确定相应概率下的冲击能量截止值。已有调研结果表明，在某些结构上，33 J 或更低的冲击能量就可以使损伤清晰可见。

冲击试验的边界条件会显著影响接受冲击的试验件（试样、元件、组合件和部件）上的最终冲击损伤。在冲头的几何外形确定的情况下，最终冲击损伤通常又与可检出能量标定等人为因素有关。因此，通常需要进行含冲击损伤的部件级剩余强度试验，以充分验证复合材料结构关于相关条款要求的符合性。

3）损伤容限

23.573(a)(1)条款的目的就是确保结构在带有制造和使用中可能遇到的不高于可检门槛值的冲击损伤的情况下，仍然具有足够的极限载荷承载能力。这不要与限制载荷下具有足够剩余强度的损伤容限要求相混淆。在阐述可检测损伤适用的损伤容限条款时，必须考虑各种引起更严重损伤的冲击变量。那些用于极限载荷试验验证的工装夹具，有些也可以用于损伤容限试验验证。但是，需要考虑冲头几何尺寸，以便更完整地模拟潜在的损伤威胁。

还有另外一种验证复合材料结构及其修理在重复载荷作用下的承载能力的方法。即在完成损伤容限试验后，立刻修复那些可检损伤，并施加额外的重复载荷，然后再验证部件的极限载荷承载能力。

5.4.6 材料和工艺变异性

复合材料结构静强度验证必须考虑材料和工艺的变异性，这可以通过以下两种基本方法实现：

(1) 第一种方法采用试验支持下的分析进行验证，该方法通过建立较充分完备的工艺过程和质量控制技术体系来制造结构，并通过试验和分析相结合的方式对结构是否具有所要求的强度进行验证。这种方法实际上就构成了积木式方法的基本内容。通过对材料和工艺的变异性进行量化分析，进而得到许用值和设计值，并将其用于结构验证试验的结果分析中。该方法与金属结构验证中常用的方法类似，它必须建立在已经对较大尺寸结构的分析结果进行了充分验证的基础上。

(2) 第二种方法采用试验验证为主，结合极少分析。该方法非常依赖试验结果。当不能确保工艺过程和质量控制非常充分完备时，就需要在设计中采用特殊系数的办法来充分考虑如此大的变异性(类似于 23.619 节中讨论的特殊系数，但考虑特殊系数后的数值仅限用于某些特定的复合材料应用情况)。另外，在部件级静力试验或分析中必须考虑这些特殊系数。

1) 试验支持下的分析验证

在结构验证工作中，有些工程指导文件可以用来确定是否仅仅使用许用值、设计值和分析就可以足够充分地考虑材料和工艺的变异性。首先，制造试验件的材料和制造工艺必须完全受控，因为它们是建立用于结构分析的统计数据的基础。只有完全受控，才能确保得到的许用值和设计值可以代表结构部件的实际性能。其次，所有分析都必须通过不同层级的结构试验验证，包括对变形、载荷传递路径和整体强度的预测。

通常，先在试验件上安装应变计和其他测试仪器，然后根据所得到的测试结果，预测变形和载荷传递路径。在采用有限元法(FEM)进行结构分析时，也必须先通过试验验证，才可以用分析结果来表明产品满足 23.307 条款的要求。模型和建模技术都需要通过试验验证来建立信心，通过试验验证来说明基于该计算模型的分析技术是令人满意的，可以用于表明那些没有进行试验的工况下结构静强度的符合性。如果将分析模型用于其他情况，如转子爆破、着火和其他离散源故障情况，可能需要对模型进行必要的修正。

验证强度分析方法时，要求通过试验来验证典型加载情况下的结构关键破坏部位、破坏载荷和破坏模式与预测的一致性。验证工作应包括设计细节（如接头、连接和缺口等）、环境影响、制造缺陷和损伤等因素对静强度的影响，并对相关分析方法进行验证。

尽管采用这种基于试验的分析方法对结构进行验证，可能会使试验和分析的工作量有所增加，但实践证明，只有采取这种方法，才有可能获得更加轻质高效的结构。这种方法同时还会生成一个试验和分析数据库，这个数据库对于那些负责解决后续制造和维护问题的工程师来说，往往是特别有用的。

2）试验验证为主并结合极少分析

有些工程指导文件可以用于确定是否适合在部件试验中使用过载系数来对结构进行验证。如果生产制造商选用的材料和制造工艺并不十分成熟，还不能被足够信任地用来准确确定结构的强度裕度，特别是当这种不成熟带来的不确定性相比传统的金属结构还大很多时，那么在试验中采用过载系数来考虑材料和工艺不确定性的影响就是合适的，即可以通过使用过载系数来考虑这类制造和工艺中较大的不确定性影响。

如果已经知道该验证结构具有足够高的强度储备，那么在部件试验中采用过载系数可能就是合适的。在这种情况下，采用过载系数试验法不仅可以代替那些为了对较低安全裕度部位进行验证所必须进行的更加严格的分析和验证，而且与采用积木式方法进行严格分析及试验的投入相比，过载系数试验法可能还会节省一些研发费用。

申请人在静强度试验验证中是否采用过载系数法，往往取决于该取证结构是否设计得有足够的强度裕度，以确保该结构不会因为材料和工艺的分散性，在低于极限载荷的时候发生破坏。因为这些过载系数是在考虑环境影响或重复载荷系数后另外加上去的，所以，试验件的结构可能需要具备远高于极限载荷的承载能力。

设计细节、制造缺陷和损伤也是部件试验件的组成部分。因此，使用过载系数方法时，还必须兼顾这些因素可能带来的影响。遗憾的是，如果不在部件级试验件上对那些类型、位置和范围的不同缺陷进行分析和验证，那么，在后续的制造和维护中，相关经验可能发挥的作用就非常有限。

另外一种偏安全的将过载系数用于结构试验的情况是结构最后不是强度破

坏。例如，当结构的破坏模式是稳定性失效时，这类情况就与材料和工艺的变异性对强度的影响关系不大。如果通过分析能够预测会发生稳定性失效，那么基于材料刚度变化的过载系数可能更合适。

3）过载系数

如果在静强度验证试验中采用过载系数来考虑材料和工艺的变异性对强度的影响，那么该系数的确定必须要有可靠的工程基础，其中应该包括大量来自多个材料批次和制造工艺批次的试样试验的基本性能数据作为统计基础。

大量来自复合材料和结构的使用经验表明，采用试样数据来量化考虑不同规模结构中的变异性问题应该是偏保守的，除非有理由相信飞机部件制造过程中使用的工艺或结构失效模式会产生更大的变异性。申请人或制造商应该同时为验证用的试验件提供必要的表明制造符合性的数据，以便局方可以进行相关的工程判断。过载系数应该足够高，以确保材料和工艺带来的变异性极不容易导致结构部件在低于极限载荷的情况下发生破坏。

通常，用于考虑材料和工艺变异性的过载系数可以基于单传力路径或损伤容限结构上的关键材料性能的均值与相应的经过统计计算后得到的 A 或 B 基准值之间的比值来确定。最低要求是采用这些数值对分析和相关的结构安全裕度进行验证。

如果已经通过积木式试验对分析进行了验证，那么采用较低的过载系数可能是合适的。例如，如果已经获得了一些刚度和内部载荷的分析验证结果，就可以据此来降低过载系数。但是，如果发现飞机结构制造工艺与用于标准试样试验的试板的制造工艺相差很大，那么，本段中讨论的过载系数考虑的要素可能还不够充分。

4）其他方面考虑

对于金属和复合材料混合结构，由于金属结构是整个混合结构部件设计的组成部分，因此，使用过载系数法来考虑材料和工艺变异性，进而对混合结构中的复合材料结构进行验证就会变得更加困难。由于过载系数是通过复合材料性能值计算得到的，因此，如果该系数也作用在金属部件上，金属部件的承载能力可能就不够，除非该金属部件的设计非常保守。在这些情况下，可能需要对金属结构进行额外加强，以便使得整体结构能够承受因为验证复合材料结构而选择的更高载荷。

如果试验需要，可以对金属结构进行加强。但是，任何加强都不得改变金属和复合材料部件之间的载荷分配。金属部件可以先在前面的静强度试验中完成验证,以便证明其在较低载荷水平下的承载能力。然后,再对金属结构进行加强,以便完成后续针对复合材料结构的较高载荷的试验验证。

本节介绍了复合材料飞机结构静强度验证中的几种符合性方法,突出强调了实施大尺寸结构试验对于充分验证结构在复杂载荷路径和失效模式情况下的极限强度的重要性,讨论了可使用低层级试验和经过验证的分析来表明某些关键问题的符合性方法,包括结构强度受到的来自环境、变异性、制造缺陷、使用损伤等方面的影响。

通过试样、元件和典型结构件级别的积木式试验和分析,可以帮助申请人最大限度地减少大尺寸结构试验的数量。认真开展严格的结构分析验证、更加全面的试验和彻底的质量控制等实际工作,还可避免在大尺寸结构上使用过载系数。使用过载系数,结果只有两个,要么被迫采用偏于保守的结构设计以承担更高载荷,要么在某些混合结构的金属部件上发生失效。但从另外一个方面来看,使用过载系数也可能成功地加快静强度验证的进展,前提是提供的复合材料结构在施加适航审查代表认可的过载载荷后,强度足够。

分析、试验技术及材料和制造中的质量控制技术正在发生日新月异的变化,并正在提供越来越多从较低层试样级到飞机结构各个层级的研究成果,这也为大家树立了更多信心。因此,在监管机构、工业界和学术界的共同努力下,随着各类技术的快速进步,这些技术成果将会不断减轻未来复合材料结构静强度验证的负担。

5.5　复合材料次承力结构适航验证

飞机次承力结构和主承力结构在满足临界安全飞行的静强度验证政策方面略有不同。因此,二者在确定其结构完整性的验证工作上也不要求进行相同水平的工程分析和试验评估。

本节针对通航飞机复合材料次承力结构在适航验证中的一些技术问题,给出指导意见。相比复合材料主承力结构的适航验证工作,次承力结构的适航验证会有一些差异。实际认证经验也表明,两者在验证计划上确实有一些不一致,特别是与材料和工艺的鉴定/控制、结构验证、可燃性和整体质量保证相关的条款。本节概括性地给出了可用于复合材料次承力结构及非结构零件(如内饰)的结构适航验证的指导意见。

次承力结构是指那些非主要传载元件,它们的失效不会降低飞机结构完整性,或阻碍飞机连续安全飞行和着陆。确定为次承力结构的前提是该结构进行过部分或完全失效的危险性评估,评估结论表明它们的失效不会影响飞机飞行或着陆安全。评估内容应该包括对飞行稳定性和控制的考虑,也应该包括对初始失效必然会引发的持续破坏的考虑。

次承力结构必须在满足飞机的相关要求和/或不会引起其他安全威胁的前提下进行设计、制造和维护。次承力结构包括整流罩、机头罩、雷达罩等,还包括一些内饰等非结构件。显然,基于次承力结构所处的飞机部位、详细的结构设计及其功能进行工程判断,将有助于决定在型号取证和后续生产控制中如何进行材料和工艺评估。

次承力结构和主承力结构之间有时也不十分明晰。为便于区分,明确定义主承力结构是"承受飞行、地面、坠撞或增压载荷的结构,其破坏将降低飞机结构的完整性,或引起乘客或机组人员受伤或死亡。"对于需要满足 23.561 和 23.562 条款要求,承受坠撞载荷的内部结构也被定义为主承力结构。有些结构可能既不符合次承力结构定义,也不符合主承力结构定义,这类结构可能不承受主要载荷,但其破坏却可能影响到主承力结构,进而影响飞机持续安全飞行。对于这类结构,需要与工程审查代表进一步协调。

复合材料结构易遭受雷击损伤。如果复合材料次承力结构为机体外部的发动机罩等结构,那么整流罩尖部一旦遭受雷击就很可能危害发动机正常工作。因此,复合材料次承力结构必须进行闪电防护设计,必须对复合材料结构是否具有消除静电和电磁防护能力进行验证,应提供可接受的传递雷击电流的符合性方法,以免危及飞机安全。另外,还应考虑雷击防护措施可能的性能退化和不可检损伤。

飞机复合材料结构也需要验证是否满足阻燃和防火要求。不能因为采用复合材料结构就降低对飞机阻燃和防火的安全性水平要求。这些结构可能包括某些复合材料结构和非结构内饰零部件,为便于验证,可将后者分为两类:一类无防火要求,如旋钮、把手、滑轮等;一类有防火要求。

5.5.1 适航验证一般要求

验证工作的第一步是确定某个部件/零件是否属于次承力结构,确定该部件的破坏或功能失效是否会给飞机外(例如正在离开飞机)的人员带来不可接受的安全威胁。本节给出的大部分指导意见都适用于次承力结构发生故障后,可能会对飞机外人员构成安全威胁的情况。同时也为非结构类部件上发生的无关紧要的失效案例提供一些指导意见。

通常情况下，次承力结构的材料和工艺鉴定以及设计与验证的程序要求肯定没有主承力结构的要求严格。申请人在对某个次承力结构进行验证时，允许对所提出的验证方法进行一些灵活调整。但灵活调整需要在对验证方法的所有方面完成评估并进行工程判断后才可以实施。因为次承力结构在承载和性能要求方面不同于主承力结构，所以，在选择相应的设计、制造工艺方法和要求方面也可以有所降低。

在某些情况下，可以设计次承力结构具有足够的承载裕度，这样就可以进一步简化验证过程(如减少试验等)。但次承力结构也要考虑主承力结构相关技术问题。在进行工程判断时，需要评估次承力结构上可能发生的破坏和功能失效情况，并尽量使发生的可能性降至最低。

5.5.2　材料和工艺鉴定要求

通常情况下，飞机次承力结构制造中使用的复合材料及工艺必须经过鉴定，以确保所使用的材料和工艺完全受控。受控包括对预浸料、胶膜、芯材、固化工艺、胶接等进行鉴定，也包括对纤维、树脂等原材料进行鉴定。最后，还包括可能改变工艺结果的耗材，如剥离层增黏剂和存储介质等。材料的强度值和其他基本性能数据必须建立在足够的试验基础上，并形成统计数据值。如果试验数据太少，就会减小许用值，不过这对于具有足够设计裕度的次承力结构来说，也许是可以接受的。

材料和工艺的首次鉴定可以确定那些关键性能及其表征的代表数据群，并可用作后续材料和工艺过程控制的基准。如果选择的材料或工艺以前鉴定过，那么需要进行等同性验证以证明材料和工艺可控。进行材料鉴定和等同性试验验证的试验矩阵应与次承力结构的设计要求及其应用场景可能遇到的损伤威胁相对应。政策声明 PS-ACE100-2002-006《Material Qualification and Equivalency for Polymer Matrix Composite Material》中给出了主承力结构的最低要求。对于非结构类部件，制造商可以使用材料供应商的材料鉴定数据，但阻燃试验必须在适当的时候完成，相关供应商应该由制造商的质量保证体系控制。

5.5.3　耐候性和液体敏感性要求

在选择复合材料体系和制造工艺时，必须确保制造出来的结构在使用环境下能够表现出预期的功能。这些功能包括结构对可能暴露的所有流体的阻抗。

液体、湿度和温度暴露会降低复合材料中基体控制的力学性能。选材试验指南将有助于正确选择复合材料体系，如湿态下的玻璃化转变温度 Tg，该值应高于结构的最高使用温度，并留有足够余量。另外，在材料鉴定试验和设计许用值试验中，应该充分考虑环境的影响。

5.5.4 材料和工艺控制要求

飞机零部件制造商负责将先进复合材料从原材料制造成为固化状态的飞机零部件结构。由于制造工艺直接影响材料性能和最终零件的设计许用值，因此，必须认真研究、严格编制材料规范和工艺规范，确保制造过程中的所有关键参数受控。AC 23-20 中包括关于主承力结构的材料规范制定指南，如果用于指导次承力结构，使用前应首先进行工程判断，以便确定用于次承力结构复合材料零部件的材料和工艺控制规范中时可能存在的差异。

为了监控零部件在固化循环全程的温度、真空度和压力，需要对整个制造过程进行实时监控。如固化不充分将直接导致结构力学性能下降或零件几何外形超差，因此，必须编制相关过程控制文件。该文件应该详细清楚地描述零部件的固化循环过程和所采用的固化过程监控方法，以便表明整个固化过程完全可控。

零件的几何尺寸和制造质量取决于零件铺层和真空袋制备等多个与工装有关的工艺过程。完成铺贴和制袋的每一工艺步骤都会对铺层方向、零件厚度和皱褶产生影响。必须在制造工艺文件中详细规定相关技术要求，才能确保铺贴工艺过程的一致性和可重复性。

如果制造商的复合材料次承力结构零件是从供应商处获得的，那么供应商可以使用自己的工艺规范，但是，需要在零件工程图上对此予以明确。在供应商的工艺规范中也应该包括一些注释和参考值(制造商要求供应商在规范中体现)，以确保零件的强度值等关键特性满足要求。同时，制造商还需要编写从零件供应商接收复合材料零件的程序文件。飞机制造商对零件供应商供给的零件的结构完整性负责。

5.5.5 胶接技术要求

适航验证应该特别关注结构胶接工艺控制。胶接表面制备在结构胶接过程中扮演着非常关键的角色。无论是机械还是化学表面制备，表面粗糙度不足、胶接前吸湿、化学污染、防冰液体和其他因素，都能够影响复合材料结构胶接质量。差的表面制备将产生不可接受的界面破坏失效模式。用于质量控制的无损检测方法(如超声)不能可靠地检测出由于差的表面制备引起的弱胶接。因此,必须制订严格的制造工艺程序来控制胶接质量,并通过鉴定评审,以确保正确完成胶接表面制备。

胶接结构另一个重要的工艺和设计考虑是胶层厚度。胶层太厚或厚度不均,都会导致强度降低。在程序文件中须明确如何控制胶层厚度,以满足型号设计中的强度要求。对于结构验证中那些设计细节和数据,应特别关注和识别有关的胶接工艺问题。一些非结构类零部件(如内饰板等)则不必关注胶层厚度。

5.5.6　结构验证要求

复合材料次承力结构验证一般采用以下两种方法:

(1) 进行所有关键工况下的极限载荷静力试验。

(2) 采用之前被验证过的可靠的分析方法,对所有关键工况进行分析,验证结构具有限制载荷和极限载荷承载能力。

如果某分析方法已在选用类似的材料和工艺制造出来的主要部件的结构试验中验证过,就可以使用该分析方法对次承力结构进行分析验证。次承力结构的典型连接试验或其他具有独特设计特征的点设计元件试验也会支持次承力结构的简化分析。静强度试验或分析验证必须考虑环境、材料和制造变异性的影响。对于按强度设计的次承力结构,应考虑不可检制造缺陷或使用损伤。非结构类部件/零件(如内饰板等),不需要考虑不可检制造缺陷。

应该建立损伤信息系统以避免修理对结构和运营产生影响,该系统将有助于正确处置损伤零部件和避免在运营中的飞机上发现和拆除损伤结构。尽管次承力结构的承载不高,但它们往往很脆弱,很容易受到冰雹、跑道碎片和其他外来物的冲击而产生损伤。为了正确处理损伤情况,应该在设计过程中就考虑运营过程的检查要求和检查程序。特殊检查设备和检查程序应在持续适航文件中予以说明。在修理程序中,通常需要对发生损伤的复合材料次承力零部件进行密封保护,以避免损伤零件的力学性能因环境影响而进一步退化。

5.5.7　阻燃技术要求

需要对设计的舱内零件进行阻燃试验,以减少对舱内人员的危害。必须通过阻燃试验表明符合性。可以通过理论分析筛选关键的试验构型(例如夹芯厚度或面板厚度)。复合材料零件阻燃试验的结果取决于试验件的设计和制造工艺细节。因此,试验件必须能够代表其在飞机型号设计中的真实构型。

5.5.8 质量保证要求

复合材料次承力结构制造质量控制体系的建立，类似于其他已经建立起来的满足 21 部要求的质量控制(quality control, QC)系统。QC 系统应该包括所有来料的质量控制、各种制造方法的过程控制、最终产品与型号设计要求一致性的检测控制等全部流程。QC 系统还应该包括破坏和非破坏性试验标准、制造过程中的目视检查、产品最后交付前的验收合格检查和缺陷及其他 QC 不符合项的处理程序等。

零件或材料每次交付应包含符合性声明(或检验合格证)，明确说明用于制造零件的材料批次或批号。材料批次/批号和可接受数据必须来自零件制造商或材料供应商，并可追溯到基本材料批号或批次生产记录。必须证明用于制造零件的材料满足制造商提供的可接受要求。如果需要的话，还应该包括零件满足阻燃性要求的证明。

本节对复合材料次承力结构适航验证的若干技术问题进行了说明，这些内容主要来自按照 23 部进行认证申请的飞机验证计划。主要包括：材料和工艺鉴定、耐候性和液体敏感性、材料和工艺控制、胶接问题、图纸要求、结构验证、阻燃问题和质量保证等。

本节内容借鉴以往飞机的验证经验，力求支持和推动未来按照 23 部制定验证计划的标准化工作。本节包含了从复合材料次承力结构到非结构部件(如内饰)的指导意见，可供相关工程技术人员参考使用。

第 6 章 结构疲劳和损伤容限适航符合性

本章将针对民用飞机复合材料结构疲劳和损伤容限的适航审定要求，以 AC 20-107B 为指导性资料，进一步具体地给出相关的适航审定符合性方法。这里给出的符合性方法对于工业方和局方都具有指导作用，但不具有指令性，更不具有规章性。

本章内容和信息主要针对通航民用飞机的研制需求进行编排。可供复合材料航空器结构的合格审定申请人、审定/批准责任人、部件制造商、材料供应商、维护和修理机构等单位技术人员参考使用，仅限用作指导性材料。

6.1 结构疲劳和损伤容限适用的适航条款

在 CCAR-23-R3 中，与结构疲劳和损伤容限相关的适用条款包括：第 23.573(a)条结构的损伤容限和疲劳评定。条款内容及条款解析详见本书第 2 章。

本章将参考 ACM-TR-23《适航审定手册》，结合作者在实际型号合格审定工作中的适航审定经验，针对通航飞机复合材料结构，给出本章节所涉及条款——第 23.573 条(结构的损伤容限和疲劳评定)的条款符合性方法建议。

(1) 说明。

在第 23.573 条“结构的损伤容限和疲劳评定”中，明确规定了根据 23.573(a)的适用要求，对复合材料结构进行疲劳和损伤容限评估。

评估必须表明，复合材料结构在服役寿命期间，可避免由于疲劳、环境影响、制造缺陷或意外损伤引起的灾难性破坏。在建立损伤容限和疲劳评估细则时，应考虑不同结构的几何特征、可检性、合理设计和损伤类型及性能退化等因素。这种评估假设疲劳、环境影响、制造缺陷或使用损伤会降低结构静强度。当存在验收标准允许的制造缺陷时，结构应具有极限载荷承载能力。如果服役寿命周期内出现意外损伤，结构的静强度允许降至低于极限载荷承载能力，但结构不应发生失效或者过度变形。损伤一旦检出，要么依据批准的维修方案将结构修理恢复至极限载荷承载能力，要么将其更换。

在对复合材料整体结构和/或部分主要结构进行损伤容限和疲劳验证时，可以基于以前类似的复合材料结构疲劳和损伤容限设计、制造、试验和使用经验确定试验或分析的主要内容。申请人需在合格审定部门批准后，进行部件、组合件、典型结构件和元件等结构研发试验。无论采用何种方法，均应考虑以下影响因素，简述如下：

① 试验项目的制定和试验件的制造应该与飞机结构设计和制造工艺相一致，以确保试验件能够代表实际飞机结构。

② 试验件应该包括制造允许缺陷，缺陷尺寸至少应覆盖验收标准所确定的限定范围，并与维修中的检查技术相一致。所选检测方法应能准确确定损伤尺寸和位置。

③ 必须对可能出现的损伤类型、位置和大小进行损伤威胁评估。损伤类型包括制造产生的缺陷、制造和/或使用中可能出现的冲击损伤及离散源损伤等。损伤威胁评估应考虑来自疲劳载荷、环境、内在缺陷和离散源损伤或其他意外损伤的影响，应充分收集来自材料、设计、工艺（含生产、维修和全面检修）、结构及使用故障评估、生产记录、全面检查和维修报告、冲击和事故调查报告、可检性和工程判断报告等各个渠道的信息。

④ 在复合材料胶接结构的制造和维护过程中，必须采取严格的工艺和质量控制措施，以保证结构的可靠性。为了确保胶接结构安全（如针对可能出现的弱胶接情况），通常需要另外进行损伤容限设计。除非无损检测技术的可靠性（或其他可接受的技术）得到了充分的证明，否则就应该通过试验、分析或者两者的结合来表明：即使胶接结构达到最大脱胶范围，仍然具有不低于限制载荷的承载能力。

⑤ 在进行疲劳试验和分析时，所使用的疲劳载荷谱必须能够代表预期使用情况。可以截除对疲劳损伤影响不大的低幅载荷，但不能截除必要的高载。

⑥ 必须考虑预期的使用环境（温度和湿度）对静强度、疲劳特性以及损伤容限的影响。除非在真实环境下进行试验，否则，就应该通过开展积木式试验，从低层级试验中获取足够数据后，推导获得环境影响系数。然后在静力和疲劳试验中予以应用。

⑦ 可以通过使用适当的载荷放大系数和/或寿命分散系数的方法来考虑疲劳的分散性问题。

⑧ 在进行损伤容限和疲劳评估时，应该首先建立冲击能量水平与可检测性之间的关系。然后，通过开展冲击能量摸索试验，确定不同的结构部位在当前的目视检测能力下的可检损伤门槛值，并建立这些损伤门槛值与结构承载能力之间的关系。图6-1给出了冲击能量水平与可检测性之间的关系示意图。

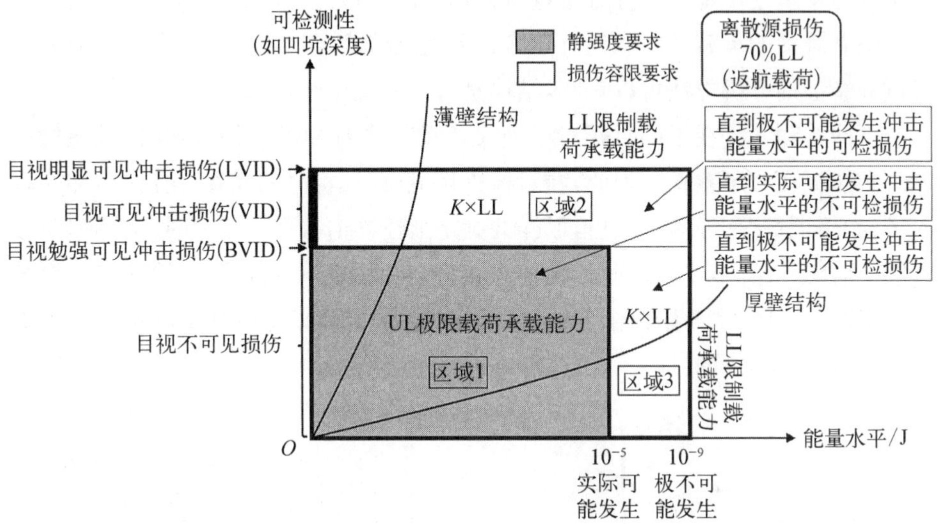

图6-1　冲击能量水平与可检测性关系示意图

区域1——按静强度和耐久性要求设计区域。该区域为目视不可见损伤至最大目视勉强可见冲击损伤(BVID)区域，对应类别1损伤。该区域的冲击能量水平发生概率不低于10^{-5}，为冲击损伤实际可能发生区域。该区域的结构必须具有极限载荷的承载能力和设计规定的重复加载循环次数。最大目视勉强可见冲击损伤(可能接近或等于允许损伤限制值ADL)是该区域结构具有极限载荷承载能力的最大冲击损伤，也是该区域极限载荷冲击损伤门槛值，通常用凹坑深度或冲击能量来表征。

区域2——按静强度和损伤容限要求设计区域(多指薄壁结构)。该区域为目视可见冲击损伤(VID)至目视明显可见冲击损伤(LVID)区域，对应类别2损伤。该区域的结构必须具有不低于限制载荷的承载能力和设计规定的重复加载循环次数。该区域的损伤可检测性与特定飞机服役期间的检测方法有关，具有一定分散性。目视明显可见冲击损伤(可能接近或等于临界损伤门槛值CDT)

是该区域结构具有限制载荷承载能力的最大冲击损伤，也是该区域限制载荷冲击损伤门槛值，通常用凹坑深度或冲击能量来表征。

区域 3——按静强度和损伤容限要求设计区域(多指厚板结构)。该区域的冲击能量水平发生概率介于 10^{-5} 和 10^{-9} 之间，为冲击损伤实际可能发生至极不可能发生且损伤不可见区域。该区域的结构虽然已经按照规定的目视检查程序进行检查，但仍不能检测出损伤(如厚板或背面有较强支撑区域)。因此，该区域的结构通常采用概率符合性方法进行损伤容限设计。该区域的结构必须具有不低于限制载荷的承载能力和设计规定的重复加载循环次数，除非有试验或者经过试验验证的分析方法可以表明，结构具有等效安全水平。

不同检测人员在不同时间对不同飞机型号进行冲击损伤检测时，目视检测能力必然存在一定差距。因此，在对检查环境(如巡检时的光线、角度等)和检查人员(如培训情况、经验等)进行取样并确定上述冲击损伤门槛值时，上述差距很可能会对统计结果产生影响，进而对冲击能量和冲击损伤表征值的确定结果产生一定影响。图 6-2 给出了考虑目视检测能力/环境差距的冲击能量与冲击损伤表征值关系示意图。

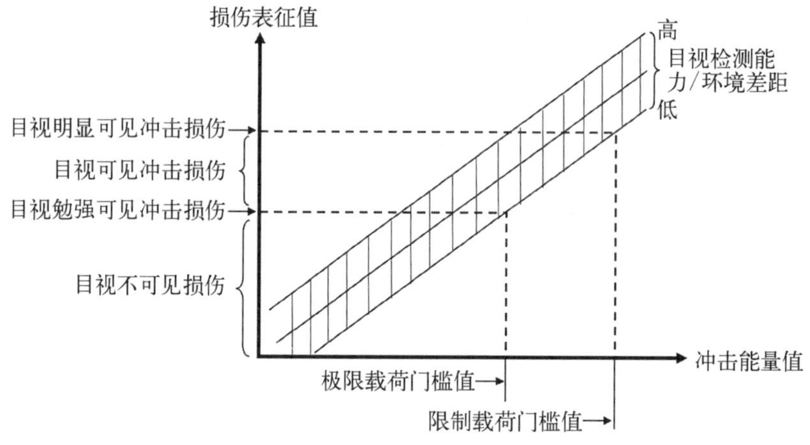

图 6-2　冲击能量与损伤表征值关系图

检测人员的能力或环境不同，因此，所检出的不同冲击能量下的目视可见损伤及其分布的结果可能存在差异。如果检测人员目视检测水平高，检测环境好，则目视勉强可见损伤对应的能量值可能会较小，反之则较大。为了安全起见，可以规定：按照“在较低目视检测能力/环境下，如果在结构上检出了目视勉强可见冲击损伤，则该结构应具有极限载荷承载能力。如果在结构上检出了目视明显可见冲击损伤，则该结构应具有限制载荷承载能力”，并以此控制和确定各个冲击损伤门槛值。

(2) 程序。

a. 疲劳

在复合材料结构疲劳设计中，需要进行足够数量的疲劳试验，以确定复合材料的疲劳寿命分散性和环境影响。基于复合材料 $S-N$ 曲线，给出疲劳设计许用值。复合材料结构疲劳适航验证应包括：试验件应代表实际生产结构；编制能够代表飞机预期使用情况的疲劳载荷谱；确定冲击损伤频率高、冲击后损伤严重的疲劳关键部位；考虑湿热环境对结构的影响等。

复合材料结构的疲劳寿命分散性较大。考虑到试验周期等因素，通常采用合理引入载荷放大因子的方法。对于复合材料与金属混合结构，则应考虑两者的疲劳特性差异并采用不同的验证方法。复合材料结构在疲劳载荷的作用下，可能引起刚度退化问题。因此，应合理验证刚度变化不超过可接受水平。

b. 损伤容限

损伤容限设计与评估是进行飞机复合材料结构完整性设计的重要组成部分，主要用于保证飞机结构的完整性和安全性。损伤容限设计与飞机复合材料结构设计细节密切相关，应重点考虑以下几个方面：

① 研究冲击损伤对静强度和疲劳强度的影响时应通过实际调查，获得同类飞机上冲击威胁的概率分布和载荷累积发生概率。

② 合理确定损伤容限设计关键参数，如目视勉强可见冲击损伤(BVID)和目视可见冲击损伤(VID)、冲击能量、凹坑深度及回弹现象、冲击损伤评估标准和最大设计损伤等。

③ 采用概率符合性方法，确定设置检查间隔和不设置检查间隔的关键参数。

④ 应明确含有不同类别损伤的复合材料结构所具有的不同的剩余强度要求，同时要考虑环境影响不同检查方法的选择。

⑤ 应对低能量冲击损伤进行损伤扩展特性研究，确定损伤容限验证原则。对于损伤不扩展、缓慢扩展或止裂结构，当采用损伤不扩展设计概念时，必须进行全尺寸结构试验或采用由试验数据支持的分析进行验证。

⑥ 合理规划损伤容限试验，必须通过全尺寸结构试验或者由元件和组合件等试验支持的分析方法进行损伤容限评估。

⑦ 通过损伤容限试验，合理确定检查间隔，并针对不同的结构部位，给出检查间隔和相应的检查方法。

⑧ 在对复合材料结构进行疲劳和损伤容限评估时，应当考虑缺陷/损伤威胁、损伤扩展(包括损伤无扩展概念是否适用)、剩余强度及检查间隔(包括初始检查门槛值)和检查技术等诸多方面。

c. 疲劳及损伤容限试验

试验应包括足够的试样、元件、典型结构件、组合件或部件级别的试验，以确定疲劳扩散、曲线形状和环境影响。不仅可以通过试验进行验证，还可以利用由试验证据支持的分析来进行验证。验证应包括疲劳及损伤容限试验后的静强度评估，以表明结构在寿命期内，具有合适的检查间隔，且受环境影响的结构仍然具有足够的剩余强度和刚度。

对于全尺寸结构试验，应在典型位置制造分层、脱粘等制造缺陷，并引入BVID，在一定的载荷放大系数下，进行疲劳验证试验，然后再对含有缺陷和损伤的复合材料结构进行包含环境影响的极限载荷验证。在引入大于可检门槛值的VID后，先进行损伤容限试验，验证损伤容限特性(包括裂纹扩展特性)，然后再对含有缺陷和损伤的复合材料结构进行包含环境影响的限制载荷验证。

(3) 建议。

23.573(a)条指出：符合性方法可以采用说明性文件、分析/计算、试验室试验等验证方法，分析/计算与试验相结合的方式来验证复合材料结构损伤容限和疲劳的适航符合性。

申请人必须用23.573(a)(1)至(a)(4)规定的损伤容限准则，对飞机上那些失效后可能引起灾难性后果的复合材料机体结构，用23.573(a)(5)规定的条款，确保可能导致灾难性破坏的胶接连接件具有限制载荷承载能力，建立23.573(a)条要求的疲劳和损伤容限评估方法及程序，编制复合材料机体结构安全性分析报告，确定损伤可能的位置及损伤类型等，并经试验或试验数据支持的分析来验证。

对于23.573(a)(2)，当采用损伤增长率或损伤不扩展设计要求对符合性进行验证时，必须通过试验和分析考虑可能导致复合材料结构中脱胶或分层增长的压缩载荷，尤其对于那些可移动的控制面，包括控制面上的任何结构。因为一旦这些结构发生破坏，将直接导致飞机失事。

对于23.573(a)(1)和(3)，除相关指导资料中描述的可接受的符合性方法外，还可采用如下验证方法：含有BVID损伤和可见损伤的结构进行剩余强度试验，并达到限制载荷水平，随后修复可见损伤(不超过原设计的原始强度或特性)，并继续进行试验，直至达到极限载荷水平，以此验证即使结构中含有未修复的BVID损伤，仍然满足适航符合性要求。

在结构制造或维修时，那些可能存在的允许缺陷和损伤，常常被用于确定结构的极限承载能力和制造验收标准。如果结构在服役寿命周期内出现高于上述可检门槛值的损伤，按照损伤容限评估要求，其静强度允许降低至极限载荷承载能力以下的某个载荷水平。但是，当发生这种损伤时，在检查间隔内，剩余的结构必须至少能够承受限制载荷而不发生失效或者过度的结构变形，直到损伤被发现并维修恢复至极限载荷承载能力。

在制造和维护中，需要针对复合材料胶接件的使用，制定严格的工艺和质量控制措施，以保证关键结构的可靠性。对于胶接连接，除非可以证明采用的无损检测技术可靠性(或者其他等效的、可接受的技术)，否则，就应该通过下述方式或几种方式的组合来确定胶接件具有限制载荷承载能力：

① 通过试验、分析或者两者相结合的方式来表明，存在此类损伤的结构具有限制载荷承载能力；

② 在通过试验或者分析进行验证时，每一处脱胶都应被看成是独立的且随机发生的，即不需要验证所有结构元件同时脱胶情况下的剩余强度；

③ 批生产中的关键胶接连接件都应该进行临界限制载荷下的验证。

进行全尺寸结构试验验证时，为了确定失效模式，应考虑继续进行破坏试验(裕度试验)。通常不能接受对剩余强度试验结果进行分析后外推。

6.2 结构疲劳和损伤容限适航符合性方法及解读

6.2.1 建议的结构疲劳和损伤容限适航符合性方法

本节内容取自FAA在2010年8月24日发布的咨询通告AC 20-107B《Change 1 to Composite Aircraft Structure》中第8部分。下面逐段给出上述咨询通告中结构疲劳和损伤容限适航条款的英文原文及参考译文。

【英文原文】

8. Proof of Structure — Fatigue and Damage Tolerance.

The evaluation of composite structure should be based on the applicable requirements of 14 CFR §§ 23.573(a), 25.571, 27.571, and 29.571. Such evaluation must show that catastrophic failure due to fatigue, environmental effects, manufacturing defects, or accidental damage will be avoided throughout the operational life of the aircraft. The nature and extent of analysis or tests on complete structures and/or portions of the primary structure will depend upon applicable previous fatigue/damage tolerant designs, construction, tests, and service experience on similar structures. In the absence of experience with similar designs, FAA-approved structural development tests of components, subcomponents, and elements should be performed (following the same principles discussed in paragraph 7.b and Appendix 3). The following considerations are unique to the use of composite material systems and provide guidance for the method of substantiation selected by the applicant. When establishing details for the damage tolerance and fatigue evaluation, attention should be given to a thorough damage threat assessment, geometry, inspectability, good design practice, and the types of damage/degradation of the structure under consideration.

【参考译文】

8. 结构验证——疲劳和损伤容限

应该根据 14CFR 23.573(a),25.571,27.571 和 29.571 中的适用要求,对复合材料结构进行评估。这种评估必须表明,在飞机整个运营寿命周期内,可以避免由于疲劳、环境影响、制造缺陷或意外损伤引起的灾难性破坏。以前适用的复合材料结构疲劳和损伤容限设计、制造、试验和使用经验可以用来决定该整体结构和/或部分主要结构的分析或试验的主要内容和限制范围。如果缺乏类似的结构设计经验,则应按照 FAA 批准的结构研发试验内容,完成部件、组合件和元件试验(依据 § 6.b 和附录 3 中讨论的同一原则)。以下内容是专为复合材料应用情况编写的,可为申请人选择验证方法提供指南。在建立损伤容限和疲劳评估细则时,必须对完整系统的损伤威胁评估、损伤尺寸信息、可检性、成功的设计实践,以及所研究的结构损伤/退化类型给予充分重视。

【英文原文】

- Composite damage tolerance and fatigue performance is strongly dependent on structural design details (e.g., skin laminate stacking sequence, stringer or frame spacing, stiffening element attachment details, damage arrestment features, and structural redundancy).

【参考译文】

● 复合材料损伤容限和疲劳性能与结构设计细节(如蒙皮层压板铺层顺序、桁条或框间距、加筋元件连接细节、损伤抑制特征和结构冗余度)密切相关;

【英文原文】

● Composite damage tolerance and fatigue evaluations require substantiation in component tests unless experience with similar designs, material systems, and loadings is available to demonstrate the adequacy of the analysis supported by coupons, elements, and subcomponent tests.

【参考译文】

● 复合材料损伤容限和疲劳评估应该通过部件级试验进行验证,除非已经有类似的结构设计、材料体系和承载方面的经验能够证明,这个由试样、元件和组合件试验支持的分析方法是适用的。

【英文原文】

● Final static strength, fatigue, and damage tolerance substantiation may be gained in testing a single component test article if sufficient building block test evidence exists to ensure that the selected sequence of repeated and static loading yield results representative of service or provide a conservative evaluation.

【参考译文】

● 如果已经获得非常充分的积木式试验数据,可以确保所选的重复载荷和静力加载试验顺序可以代表飞机使用情况或给出一个保守的评估结论,那么,最终的静强度、疲劳和损伤容限验证也可以通过对单个部件进行试验来完成。

【英文原文】

● Peak repeated loads are needed to practically demonstrate the fatigue and damage tolerance of composite aircraft structure in a limited number of component tests. As a result, metal structures present in the test article generally require additional consideration and testing. The information contained in AC 25.571-1 provides fatigue and damage tolerance guidance for metallic structures.

【参考译文】

● 为了验证飞机复合材料结构的疲劳和损伤容限特性，需要在有限数量的部件试验中施加峰值重复载荷。因此，通常需要对试验件中的金属结构另外考虑和测试。AC 25.571-1 中包含有金属结构疲劳和损伤容限指南信息。

【英文原文】

a. Damage Tolerance Evaluation.

(1) Damage tolerance evaluation starts with identification of structure whose failure would reduce the structural integrity of the aircraft. A damage threat assessment must be performed for the structure to determine possible locations, types, and sizes of damage considering fatigue, environmental effects, intrinsic flaws, and foreign object impact or other accidental damage (including discrete source) that may occur during manufacture, operation or maintenance.

【参考译文】

a. 损伤容限评估

(1) 损伤容限评估从对结构的识别开始。必须对其失效将会降低飞机结构的完整性的结构进行损伤威胁评估，以确定在制造、使用或维护过程中可能出现的损伤位置、类型和尺寸。评估中要考虑疲劳、环境影响、固有缺陷和外来物冲击或其他意外损伤(包括离散源损伤)。

【英文原文】

(a) There currently are very few industry standards that outline the critical damage threats for particular composite structural applications with enough detail to establish the necessary design criteria or test and analysis protocol for complete damage tolerance evaluation. In the absence of standards, it is the responsibility of individual applicants to perform the necessary development tasks to establish such data in support of product substantiation. Some factors to consider in development of a damage threat assessment for a particular composite structure include part function, location on the airplane, past service data, accidental damage threats, environmental exposure, impact damage resistance, durability of assembled structural details (e.g., long-term durability of bolted and bonded joints), adjacent system interface (e.g., potential overheating or other threats associated with system failure), and anomalous service or maintenance handling events that can overload or damage the part. As related to the damage threat assessment and maintenance procedures for a given structure, the damage tolerance capability and ability to inspect for known damage threats should be developed.

【参考译文】

(a) 目前,能够非常详细地描述复合材料结构实际应用中的严重损伤威胁,进而建立完整的损伤容限评定所需的设计准则或试验和分析方法的工业标准还非常少。在缺乏标准的情况下,通过完成必要的研发任务获得用于支持产品验证的数据则成为每个申请人的必要工作。对于具体的复合材料结构来说,在进行损伤威胁评估研发工作时,需要考虑的因素包括:结构功能、在飞机上的位置、过去的运营数据、意外损伤威胁、环境暴露情况、冲击损伤阻抗、结构连接部位的耐久性(如螺接或胶接接头的长期耐久性)、相邻系统间的影响(如潜在的过热或其他与系统失效有关的威胁),以及可能导致零件过载或损坏的非正常使用或维护操作。由于关乎具体结构的损伤威胁评估与维护程序,所以应该针对已知的损伤威胁,建立结构的损伤容限能力和检测能力。

【英文原文】

(b) Foreign object impact is a concern for most composite structures, requiring attention in the damage threat assessment. This is needed to identify impact damage severity and detectability for design and maintenance. It should include any available damage data collected from service plus an impact survey. An impact survey consists of impact tests performed with representative structure, which is subjected to boundary conditions characteristic of the real structure. Many different impact scenarios and locations should be considered in the survey, which has a goal of identifying the most critical impacts possible (i.e., those causing the most serious damage but are least detectable). When simulating accidental impact damage at representative energy levels, blunt or sharp impactors of different sizes and shapes should be selected to cause the most critical and least detectable damage, according to the load conditions (e.g., tension, compression or shear). Until sufficient service experience exists to make good engineering judgments on energy and impactor variables, impact surveys should consider a wide range of conceivable impacts, including runway or ground debris, hail, tool drops, and vehicle collisions. This consideration is important to the assumptions needed for use of probabilistic damage threat assessments in defining design criteria, inspection methods, and repeat inspection intervals for maintenance. Service data collected over time can better define impact surveys and design criteria for subsequent products, as well as establish more rational inspection intervals and maintenance practice. In review of such information, it should be realized that the most severe and critical impact damages, which are still possible, may not be part of the service database.

【参考译文】

(b) 外来物冲击是大多数复合材料结构都要面对的问题,并要求在损伤威胁评估中予以特别关注,因为这是确定冲击损伤的严重程度,进而确定设计和维护的可检性所必需的。冲击损伤威胁应该包括所有可能收集到的来自使用和冲击调查的损伤数据。冲击调查包括在典型结构件上完成的冲击试验,该试验件应该具有实际结构的边界条件特征。在冲击调查中应考虑不同的冲击情况和部位,其目的是确定实际可能遇到的最危险冲击情况(那些引起最严重损伤又最不易检的冲击情况)。在模拟典型能量水平下的意外冲击损伤时,应根据受载情况(如拉伸、压缩或剪切)选择不同尺寸和形状的钝或尖锐冲击头,以便产生最严重且最不易检的损伤。冲击调查应考虑各种可能发生的冲击,包括跑道或地面碎石、冰雹、工具掉落和车辆撞击,直至获得足够的使用经验,并对能量和冲击头变量做出正确的工程判断。上述要求对于采用概率损伤威胁评估方法定义设计准则、确定检查方法及维护时的重复检查间隔是非常重要的。随时间推移逐渐积累的使用数据可以更好地对冲击调查和后续产品的设计准则进行定义,还可以用于建立更加合理的检查间隔和维护措施。在评估这类信息时,应该认识到很可能最严重、最关键的冲击损伤还没有被纳入使用数据库中。

【英文原文】

(c) Once a damage threat assessment is completed, various damage types can be classified into five categories of damage as described below (refer to figure 3). These categories of damage are used for communication purposes in this AC. Other categories of damage, which help outline a specific path to fatigue and damage tolerance substantiation, may be used by applicants in agreement with the regulatory authorities.

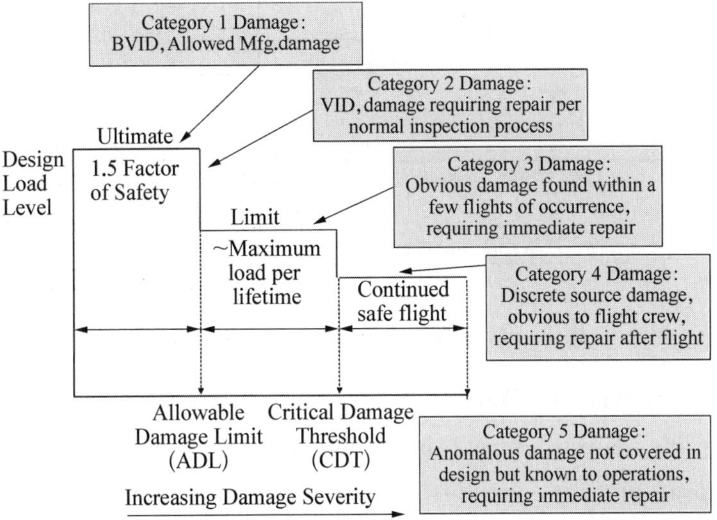

Figure 3 Schematic diagram of design load levels versus categories of damage severity

【参考译文】

(c) 完成损伤威胁评估后，可以把各种损伤类型分为如下所述的 5 类损伤(见图 3)。本咨询通告采用这样的损伤分类方式来进行沟通。申请人也可以使用其他的损伤分类方式来帮助建立疲劳和损伤容限验证的具体途径，但需取得监管机构同意。

【英文原文】

(i) Category 1: Allowable damage that may go undetected by scheduled or directed field inspection and allowable manufacturing defects. Structural substantiation for Category 1 damage includes demonstration of a reliable service life, while retaining ultimate load capability. By definition, such damage is subjected to the requirements and guidance associated with

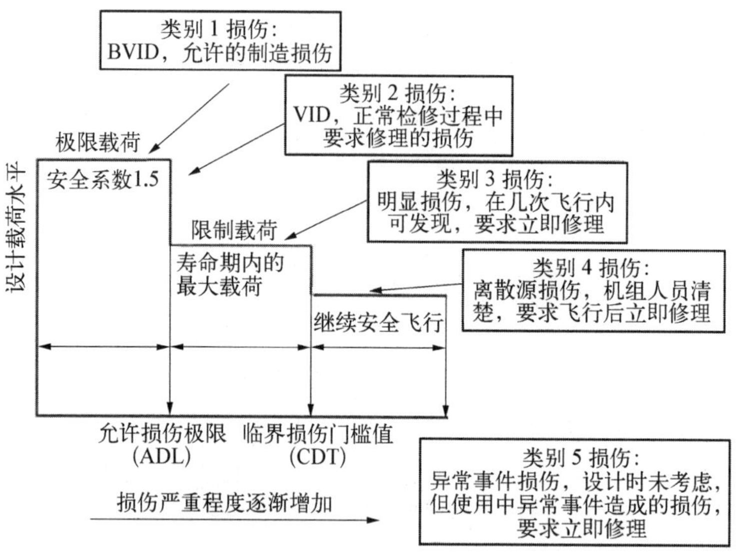

图 3　设计载荷水平与损伤严重性类别关系图

paragraph 7 of this AC. Some examples of Category 1 damage include BVID and allowable defects caused in manufacturing or service (e. g., small delamination, porosity, small scratches, gouges, and minor environmental damage) that have substantiation data showing ultimate load is retained for the life of an aircraft structure.

【参考译文】

(i) 类别 1：在例行检查或外场检查中可能漏检的允许损伤，也包括允许的制造缺陷。含有类别 1 损伤的结构验证包括服役寿命的可靠验证，并且结构还应具有极限载荷承载能力。根据定义，这类损伤应该满足与本咨询通告第 7 章相关的要求和指南。类别 1 损伤的一些例子包括 BVID 和在制造或使用中引起的允许损伤(如小分层、孔隙、小划伤、沟槽、轻微的环境损伤)。应有验证数据表明，含有这些损伤的航空器结构在全寿命期内都具有极限载荷承载能力。

【英文原文】

(ii) Category 2: Damage that can be reliably detected by scheduled or directed field inspections performed at specified intervals. Structural substantiation for Category 2 damage includes demonstration of a reliable inspection method and interval while retaining loads above limit load capability. The residual strength for a given Category 2 damage may depend on the chosen inspection interval and method of inspection. Some examples of Category 2 damage include visible impact damage (VID), VID (ranging in size from small to large), deep gouges or scratches, manufacturing mistakes not evident in the factory, detectable delamination or debonding, and major local heat or environmental degradation that will sustain sufficient residual strength until found. This type of damage should not grow or, if slow or arrested growth occurs, the level of residual strength retained for the inspection interval is sufficiently above limit load capability.

【参考译文】

(ii) 类别 2：在例行检查或按照规定的检测间隔进行外场直接目视检查中，能够被可靠地检测出的损伤。含有类别 2 损伤的结构验证包括对可靠检查方法和检查间隔的验证，并且在此检查间隔内，结构应该具有限制载荷以上的承载能力。某个给定的含有类别 2 损伤的结构，其剩余强度可能取决于选定的检查间隔和检查方法。类别 2 损伤的例子包括目视可见冲击损伤(VID，尺寸从小到大)、深沟槽或划伤、厂内不明显的制造缺陷、可检分层或脱胶，以及大的局部过热或环境引起的性能退化。这类损伤在被发现前，结构应该具有足够的剩余强度。这类损伤不应扩展，或者如果出现缓慢扩展或可抑制的扩展，那么，在检查间隔内，结构的剩余强度水平应该足够并高于限制载荷承载能力。

【英文原文】

(iii) Category 3: Damage that can be reliably detected within a few flights of occurrence by operations or ramp maintenance personnel without special skills in composite inspection. Such damage must be in a location such that it is obvious by clearly visible evidence or cause other indications of potential damage that becomes obvious in a short time interval because of loss of the part form, fit or function. Both indications of significant damage warrant an expanded inspection to identify the full extent of damage to the part and surrounding structural areas. In practice, structural design features may be needed to provide sufficient large damage capability to ensure limit or near limit load is maintained with easily detectable, Category 3 damage. Structural substantiation for Category 3 damage includes demonstration of a reliable and quick detection, while retaining limit or near limit load capability. The primary difference between Category 2 and 3 damages are the demonstration of large damage capability at limit or near limit load for the latter after a regular interval of time which is much shorter than the former. The residual strength demonstration for Category 3 damage may be dependent on the reliable short time detection interval. Some examples of Category 3 damage include large VID or other obvious damage that will be caught during walk-around inspection or during the normal course of operations (e.g., fuel leaks, system malfunctions or cabin noise).

【参考译文】

(iii) 类别 3：可由没有复合材料检查专业技能的机组或外场维护人员在损伤出现后几个飞行起落内就能可靠检出的损伤。这类损伤所处位置一定非常明显，目视清晰可见，或者由于零件变形、配合或功能丧失，在短时间内使得其他潜在损伤特征变得愈加明显。这两种严重损坏特征都要求扩大检查范围，以确定对零件和周围结构区域造成的全部损伤情况。在实操中，可能需要通过结构设计手段来为含有大损伤的结构提供足够的承载能力，以确保结构在含有明显可检类别 3 损伤时，仍然具有限制载荷或接近限制载荷的承载能力。含有类别 3 损伤的结构验证包括可靠且快速检出并同时具有限制载荷或接近限制载荷承载能力的验证。类别 2 和类别 3 损伤的主要区别是对含有大损伤的结构进行限制载荷或接近限制载荷下的承载能力验证时，后者的例行检查间隔时间远远短于前者。含有类别 3 损伤的结构剩余强度验证可能取决于可靠的短时间检查间隔。一些类别 3 损伤的例子包括地面巡回检查或常规操作过程检查(如油箱渗漏、系统故障或客舱噪声)期间发现的大 VID 或其他明显可见损伤。

【英文原文】

(iv) Category 4: Discrete source damage from a known incident such that flight maneuvers are limited. Structural substantiation for Category 4 damage includes a demonstration of residual strength for loads specified in the regulations. It should be noted that pressurized structure will generally have

Category 4 residual strength requirements at a level higher than shown in figure 3. Some examples of Category 4 damage include rotor burst, birdstrikes (as specified in the regulations), tire bursts, and severe in-flight hail.

【参考译文】

(iv) 类别 4：来自已知偶发事件并限制了飞行机动性的离散源损伤。含有类别 4 损伤的结构验证包括规章中规定载荷下的剩余强度验证。需要注意，增压结构通常要求具有比图 3 中所示的类别 4 更高的剩余强度水平。一些类别 4 损伤的例子包括发动机转子爆破、鸟撞(按规章规定)、轮胎爆裂以及飞行中遭遇严重冰雹。

【英文原文】

(v) Category 5: Severe damage created by anomalous ground or flight events, which is not covered by design criteria or structural substantiation procedures. This damage is in the current guidance to ensure the engineers responsible for composite aircraft structure design and the FAA work with maintenance organizations in making operations personnel aware of possible damage from Category 5 events and the essential need for immediate reporting to responsible maintenance personnel. It is also the responsibility of structural engineers to design-in sufficient damage resistance such that Category 5 events are self-evident to the operations personnel involved. An interface is needed with engineering to properly define a suitable conditional inspection based on available information from the anomalous event. Such action will facilitate the damage characterization needed prior to repair. Some examples of Category 5 damage include severe service vehicle collisions with aircraft, anomalous flight overload conditions, abnormally hard landings, maintenance jacking errors, and loss of aircraft parts in flight, including possible subsequent high-energy, wide-area (blunt) impact with adjacent structure. Some Category 5 damage scenarios will not have clearly visual indications of damage, particularly in composite structures. However, there should be knowledge of other evidence from the related events that ensure safety is protected, starting with a complete report of possible damage by operations.

【参考译文】

(v) 类别 5：设计准则或结构验证计划中没有包括的、由异常的地面或飞行事件引起的严重损伤。将这种损伤纳入当前指南的目的就是确保负责复合材料航空器结构设计的工程师能够和 FAA 与维护机构一起协作，并让操作人员意识到可能存在类别 5 损伤事件，一旦发生，基本要求是立即向维护负责人报告。结构工程师也有责任设计出具有足够损伤阻抗的结构，以便类别 5 损伤事件发生时，相关操作人员能够轻松面对。需要与工程部门建立工作协调机制，以便根据异常事件能够提供的有限信息，正确确定合适的检查方案。这样做将有助于在修理前对损伤进行必要的表征。一些类别 5 损伤的例子包括运营车辆与航空器的严重撞击、异常飞行超载情况、异常硬着陆、维护用千斤顶操作失误和飞机部件在飞行中失落，还包括相邻飞机结构可能发生的高能量、大面积(钝头)冲击。有些类别 5 损伤情况或许没有清晰可见的损伤痕迹，特别是对复合材料结构而言。但是，应该全面了解与这个事件相关的其他证据材料，为确保安全，首当其冲的就是关于操作可能造成的损伤的完整报告。

【英文原文】

(d) The five categories of damage will be used as examples in subsequent discussion in this paragraph and in paragraphs 9 and 10. Note that Category 2, 3, 4, and 5 damages all have associated repair scenarios.

【参考译文】

(d) 这五类损伤随后将作为例子，在本节及第 9 章和第 10 章中进行讨论。注意，类别 2、3、4 和 5 损伤均与维修有关。

【英文原文】

(2) Structure details, elements, and subcomponents of critical structural areas should be tested under repeated loads to define the sensitivity of the structure to damage growth. This testing can form the basis for validating a no-growth approach to the damage tolerance requirements. The testing should assess the effect of the environment on the flaw and damage growth characteristics and the no-growth validation. The environment used should be appropriate to the expected service usage. Residual stresses will develop at the

interfaces between composite and metal structural elements in a design due to differences in thermal expansion. This component of stress will depend on the service temperature during repeated load cycling and is considered in the damage tolerance evaluation. Inspection intervals should be established, considering both the likelihood of a particular damage and the residual strength capability associated with this damage. The intent of this is to assure that structure is not exposed to an excessive period of time with residual strength less than ultimate, providing a lower safety level than in the typical slow growth situation, as illustrated in figure 4. Conservative assumptions for capability with large damage sizes that would be detected within a few flights may be needed when probabilistic data on the likelihood of given damage sizes does not exist. Once the damage is detected, the component is either repaired to restore ultimate load capability or replaced.

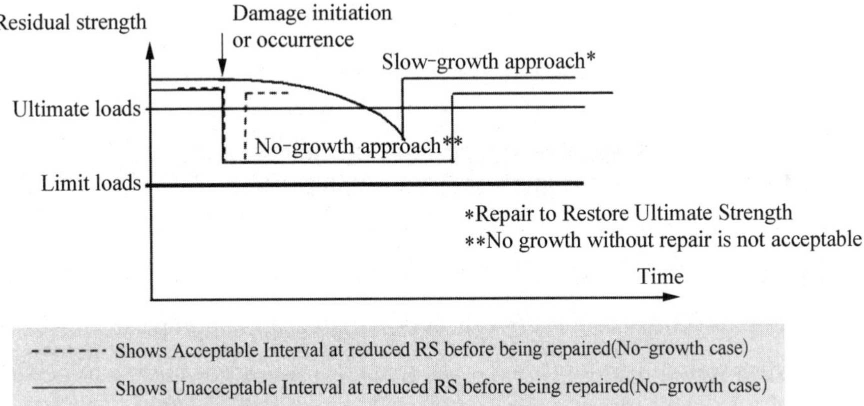

------- Shows Acceptable Interval at reduced RS before being repaired(No-growth case)

———— Shows Unacceptable Interval at reduced RS before being repaired(No-growth case)

Figure 4　Schematic diagram of residual strength illustrating that significant accidental damage with "no-growth" should not be left in the structure without repair for a long time

【参考译文】

(2) 应对重要结构区域的典型结构件、元件和组合件进行重复载荷试验，以确定结构对损伤扩展的敏感性。这种试验是证明损伤容限要求中损伤无扩展方法的基础。该试验应评定环境对缺陷和损伤扩展特性的影响，验证损伤无扩展。试验用的环境应符合预计的使用情况。由于热膨胀不同，设计中在复合材料与金属之间的界面处会产生残余应力，该应力大小取决于重复载荷循环期间的使用温度，并要求在损伤容限评估中予以考虑。应通过考虑特定损伤的出现概率和与该损伤相关的剩余强度能力来确定检测间隔。这样做的目的是要保证结构的剩余强度低于极限载荷的时间不要过久，此时，结构的安全性水平低于典型缓慢扩展状态，如图 4 所示。如果没有给定损伤尺寸出现概率的统计数据，则可能需要对几次飞行就能确定检出较大尺寸损伤的能力做出比较保守的假设。一旦检出损伤，该部件要么通过修理恢复到极限载荷承载能力，要么更换。

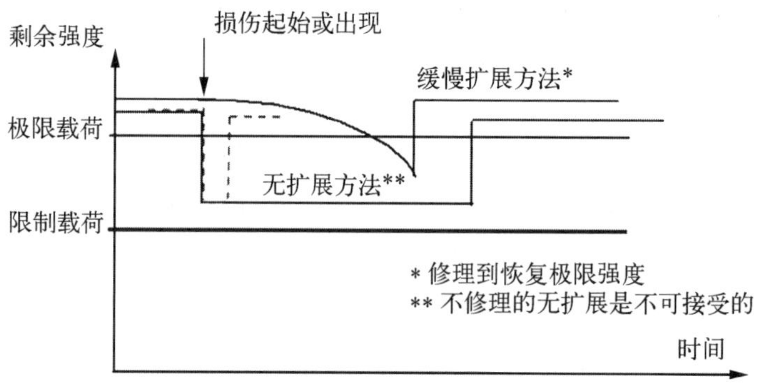

－－－－ 表示修理以前在降低的剩余强度状态下可接受的间隔(无扩展情况)
———— 表示修理以前在降低的剩余强度状态下不可接受的间隔(无扩展情况)

图 4　剩余强度示意图(用来说明“无扩展方法”也不允许重大意外损坏长时间留在结构中而不修复)

【英文原文】

(a) The traditional slow growth approach may be appropriate for certain damage types found in composites if the growth rate can be shown to be slow, stable and predictable. Slow growth characterization should yield conservative and reliable results. As part of the slow growth approach, an inspection program should be developed consisting of the frequency, extent, and methods of inspection for inclusion in the maintenance plan. Inspection intervals should be established such that the damage will have a very high probability of detection between the time it becomes initially inspectable and the time at which the extent of the damage reduces the residual static strength to limit load (considered as ultimate), including the effects of environment. For any detected damage size that reduces the load capability below ultimate, the component is either repaired to restore ultimate load capability or replaced.

Should functional impairment（such as unacceptable loss of stiffness）occur before the damage becomes otherwise critical，part repair or replacement will also be necessary.

【参考译文】

（a）对于复合材料中发现的某些损伤类型，若能表明损伤扩展速率是缓慢、稳定和可预测的，则传统的缓慢扩展方法或许适用。缓慢扩展表征方法应给出保守和可靠的结果。作为缓慢扩展方法的一部分，应制定一个检查计划，包括检查的频率、范围和方法，并纳入维护计划中。应确定检测间隔，使损伤从最初的刚刚可检，到剩余强度降低到限制载荷（此时被视为极限载荷）的时间段内，都能以极高的概率被检出，包括考虑环境影响。如果被检出的损伤已经使结构承载能力低于极限载荷，则要么修理部件使其恢复到承受极限载荷能力，要么更换。如果在损伤达到临界值以前，结构出现功能失效（如不可接受的刚度降），则也需要对零件进行修理或更换。

【英文原文】

（b）Another approach involving growth may be appropriate for certain damage types and design features adopted for composites if the growth can reliably be shown to be predictable and arrested before it becomes critical. Figure 5 shows schematic diagrams for all three damage growth approaches applied to composite structure. The arrested growth method is applicable when the damage growth is mechanically arrested or terminated before becoming critical（residual static strength reduced to limit load），as illustrated in figure 5. Arrested growth may occur due to design features such as a geometry change，reinforcement，thickness change，or a structural joint. This approach is appropriate for damage growth that is inspectable and found to be reliably arrested，including all appropriate dynamic effects. Structural details，elements，and subcomponents of critical structural areas，components or full-scale structures，should be tested under repeated loads for validating an arrested growth approach. As was the case for a “no growth” approach to damage tolerance，inspection intervals should be established，considering the residual strength capability associated with the arrested growth damage size (refer to the dashed lines added to figure 5 to conceptually show inspection intervals consistent with the slow growth basis). Again, this is intended to ensure that the structure does not remain in a damaged condition with residual strength capability close to limit load for long periods of time before repair. For any damage size that reduces load capability below ultimate, the component is either repaired to restore ultimate load capability or replaced.

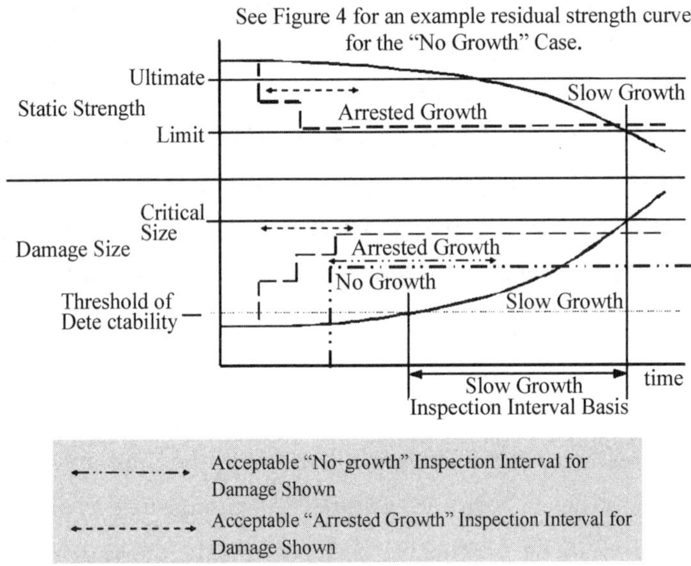

Figure 5　Illustrations of residual strength and damage size relationships for three different approaches to composite structural damage tolerance substantiation

【参考译文】

(b) 适用于某些损伤类型和采用相应设计特征的复合材料结构的另外一种损伤扩展方法,即如果可以证明损伤扩展能够被可靠地预计,并在损伤达到临界值前被阻止。图5所示为适用于复合材料结构的所有三种损伤扩展方法的简图。抑制扩展方法适用于损伤在其扩展到临界值(剩余静强度降低到限制载荷)前被抑制或终止的情况,如图5所示。损伤扩展在遇到几何形状变化、加筋、厚度变化或结构连接等设计特征时就会被阻止。这种方法适用于可检且发现后被可靠地阻止的损伤扩展情况,包括所有适用的动态载荷作用情况。为了验证抑制扩展方法,应该选择关键结构区域的典型结构件、元件和组合件、部件或全尺寸结构,进行重复载荷试验。类似于采用"无扩展"方法进行损伤容限评估的情况，此时也应确定检测间隔，同时考虑剩余强度承载能力应该与抑制扩展方法中的损伤尺寸保持一致(指增加到图 5 上的虚线，用于从概念上说明损伤无扩展与缓慢扩展两种方法，在确定检查间隔时，基准是一致的)。同样，这也是为了确保结构在修理前不会长期处于剩余强度能力接近限制载荷的受损状态。对于任何使部件的承载能力低于极限载荷的损伤尺寸，都要通过修理使其恢复到极限载荷承载能力，或将其更换。

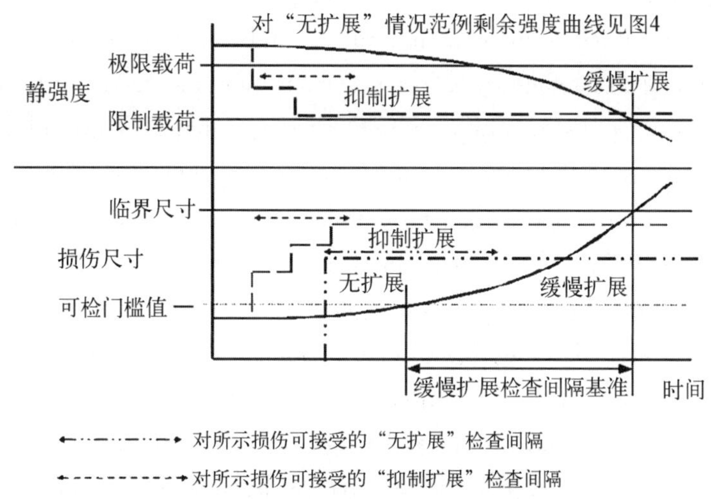

图 5　剩余强度与损伤尺寸关系示意图(用来说明三种不同的复合材料结构损伤容限验证方法)

【英文原文】

(c) The repeated loading should be representative of anticipated service usage. The repeated load testing should include damage levels (including impact damage) typical of those that may occur during fabrication, assembly, and in-service, consistent with the inspection techniques employed. The damage tolerance test articles should be fabricated and assembled in accordance with production specifications and processes so that the test articles are representative of production structure.

【参考译文】

(c) 重复载荷应该能够代表预期的使用情况。重复载荷试验应该包括那些典型的制造、装配和使用时可能出现并与实际使用的检测技术一致的损伤水平（包括冲击损伤）。应该按照生产规程和工艺来制造和装配损伤容限试验件，以使试验件能够代表生产型结构。

【英文原文】

(3) The extent of initially detectable damage should be established and be consistent with the inspection techniques employed during manufacture and in service. This information will naturally establish the transition between Category 1 and 2 damage types (i. e., inspection methods used by trained inspectors in scheduled maintenance). For damage that is clearly detectable to an extent that it will likely be found before scheduled maintenance (i. e., allowing classification as Category 3 damage), detection over shorter intervals and by untrained personnel may be permitted. Flaw/damage growth data should be obtained by repeated load cycling of intrinsic flaws or mechanically introduced damage. The number of cycles applied to validate both growth and no-growth concepts should be statistically significant, and may be determined by load and/or life considerations and a function of damage size. The growth or no growth evaluation should be performed by analysis supported by test evidence or by tests at the coupon, element, or subcomponent level.

【参考译文】

(3) 应确定最初可检损伤的尺寸，并与制造和使用时所用检测技术相一致。该信息会自然地建立起类别 1 和类别 2 损伤类型（这里指受过培训的检测人员在定期维护中使用的检测方法）之间的尺寸过渡。对于定期维护前很容易被发现的清晰可检损伤（即允许归为类别 3 的损伤），允许由未受过培训的人员在较短的时间间隔内实施检查。缺陷/损伤扩展数据应该通过对含有固有缺陷或采用机械方法引入损伤的结构施加重复载荷来获得。用于验证扩展和无扩展概念的循环次数应具有统计学意义，并且可以根据载荷和/或寿命方面的考虑及损伤尺寸关系来确定。应通过试验证据支持的分析，或通过试样、元件或组合件级试验来对损伤扩展或无扩展进行评估。

【英文原文】

(4) The extent of damage for residual strength assessments should be

established, including considerations for the probability of detection using selected field inspection procedures. The first four categories of damage should be considered based on the damage threat assessment. In addition, Category 3 damage should be detected in a walk-around inspection or through the normal course of operations. Residual strength evaluation by component or subcomponent testing or by analysis supported by test evidence should be performed considering that damage. The evaluation should demonstrate that the residual strength of the structure will reliably be equal to or greater than the strength required for the specified design loads (considered as ultimate), including environmental effects. The statistical significance of reliable subcomponent and detail residual strength assessments may include conservative methods and engineering judgment. It should be shown that stiffness properties have not changed beyond acceptable levels.

【参考译文】

(4) 应确定剩余强度评估中的损伤尺寸,包括应该考虑使用选定的外场检查程序检出损伤的概率。前4类损伤应基于损伤威胁评估予以考虑。此外,类别3损伤应在地面巡检或正常的操作过程中就能被检出。剩余强度评估应该在考虑损伤的情况下,通过部件或组合件试验,或试验证据支持的分析来完成。评估应能证明结构的剩余强度可靠地等于或大于规定的设计载荷(此时被视为极限载荷)所要求的强度,包括考虑环境影响。具有统计意义的可靠的组合件和典型结构件剩余强度评估,可能需要借助保守方法和工程判断。应该表明,刚度特性的变化并未超过可接受水平。

【英文原文】

(a) For the no-growth, slow growth, arrested growth approaches, residual strength testing should be performed after repeated load cycling. All probabilistic analyses applied for residual strength assessments should properly account for the complex nature of damage defined from a thorough damage threat assessment. Conservative damage metrics are permitted in such analyses assuming sufficient test data on repeated load and environmental exposure exists.

【参考译文】

(a) 对于无扩展、缓慢扩展、抑制扩展方法,应在施加重复载荷后进行剩余强度试验。用于剩余强度评估的所有可靠性分析,均应正确考虑由全面损伤威胁评估确定的复杂损伤特性。如果有足够多的重复载荷和环境暴露试验数据,在这类分析中,就允许采用较保守的损伤指标分析方法。

【英文原文】

(b) Composite designs should afford the same level of fail-safe, multiple load path structure assurance as conventional metals design. Such is also the expectation in justifying the use of static strength allowables with a statistical basis of 90 percent probability with 95 percent confidence.

【参考译文】

(b) 复合材料设计应提供与传统金属结构设计同样水平的破损-安全、多传力路线结构安全保证。因此,在决定所使用的静强度许用值时,同样期望基于95%置信度和90%存活率的数据统计基础。

【英文原文】

(c) Some special residual strength considerations for bonded structure are given in paragraph 6.c.(3).

【参考译文】

(c) 关于胶结结构剩余强度的特殊考虑见6.c.(3)。

【英文原文】

(5) The repeated load spectrum developed for fatigue testing and analysis purposes should be representative of the anticipated service usage. Low amplitude load levels that can be shown not to contribute to damage growth may be omitted (truncated). Reducing maximum load levels (clipping) is generally not accepted. Variability in repeated load behavior should be covered by appropriate load enhancement or life scatter factors and these factors should take into account the number of specimens tested. The use of such factors to

demonstrate reliability in component tests should be consistent with the fatigue and damage tolerance behavior characterized for the materials, processes and other design details of the structure in building block tests.

【参考译文】

（5）为疲劳试验和分析目的编制的重复载荷谱必须代表预期的实际使用情况。可以省略（截除）已表明对损伤扩展没有贡献的低幅载荷水平，但降低最大载荷水平（高载截除）通常是不被接受的。重复载荷行为中的变异性问题应该通过适当的载荷放大系数或寿命分散系数来解决，这些系数应考虑试验件数量。部件试验中使用的用来证明可靠性的这些系数，应与积木式试验中由材料、工艺和其他结构设计细节表征的疲劳与损伤容限行为相一致。

【英文原文】

（6）An inspection program should be developed consisting of frequency, extent, and methods of inspection for inclusion in the maintenance plan. Inspection intervals should be established such that the damage will be reliably detected between the time it initially becomes detectable and the time at which the extent of damage reaches the limits for required residual strength capability. The potential for missed inspections should be considered.

【参考译文】

（6）应制定检查计划，包括检查的频率、范围和方法，并纳入维护计划中。检查间隔的确定，应使得损伤从最初刚刚可检，扩展到满足剩余强度能力要求的极限尺寸的时间范围内，都能被可靠地检出。应考虑可能存在漏检问题。

【英文原文】

（a）For the case of no-growth design concept, inspection intervals should be established as part of the maintenance program. In selecting such intervals, the residual strength level associated with the assumed damages should be considered. This point was illustrated in figures 4 and 5. Note that an acceptable inspection interval for the larger damages shown for the "no-growth" and "arrested growth" options in figures 4 and 5 was conceptually shown as related to an acceptable slow growth basis in terms of the residual strength and time below ultimate load before damage was detected and repaired. Data on the probability of occurrence for different damage sizes also helps define an inspection interval.

【参考译文】

(a) 对无扩展设计概念情况，应确定检查间隔并成为维护大纲的一部分。在选择这样的检查间隔时，必须考虑对应假定损伤的结构具有的剩余强度水平，这一点在图 4 和图 5 中进行了说明。请注意，图 4 和图 5 中对应“无扩展”和“抑制扩展”选项的较大损伤的可接受检测间隔，概念上与可接受的缓慢扩展基准点有关，即损伤被检出和维修前的剩余强度及低于极限载荷的时间。不同损伤尺寸出现概率的统计数据，也有助于确定检测间隔。

【英文原文】

(b) A thorough composite damage threat assessment and the separation of different damage sizes into categories, each with associated detection methods, supports programs using a rigorous damage tolerance assessment to avoid conservative design criteria with very large damage assumptions. In such cases, Category 2 damage types will require the structural substantiation of well-specified and reliable inspection methods applied by trained inspectors at scheduled maintenance intervals (by default, Category 1 damage is at the threshold of this evaluation). Those damages classified as Category 3 may take advantage of shorter service time intervals provided sufficient structural substantiation exists with demonstrated proof that there will be early detection by untrained ramp maintenance or operations personnel. By definition, Category 4 damage will require residual strength substantiation to levels that complete a flight with limited maneuvers based on the associated regulatory loads. Due to the nature of service events leading to Category 4 damage, suitable inspections will need to be defined to evaluate the full extent of damage, prior to subsequent aircraft repair and return to service. By definition, Category 5 damages do not have associated damage tolerance design criteria or related structural substantiation tasks. Category 5 damage will require suitable inspections based on engineering assessment of the anomalous service event, and appropriate structural repair and/or part replacement, prior to the aircraft re-entering service.

【参考译文】

(b) 通过对复合材料损伤威胁进行全面评估,并将不同尺寸的损伤分类,每一类损伤都对应相应的检查方法,就可以为严谨的损伤容限评估方法的建立提供支持,避免因采用很大损伤假设所带来的偏保守的设计准则。在这种情况下,类别 2 损伤将要求进行结构验证。验证由经过培训的检测人员,采用专门指定且可靠的检查方法,在规定的维护间隔期间完成(可以默认类别 1 损伤是本次评估的门槛值)。那些划归类别 3 的损伤可以采用较短的检查间隔,但需提供充分的结构验证证据,证明未经培训的外场维护或机组人员能够在早期就可以检出这类损伤。按照定义,类别 4 损伤将要求进行剩余强度验证,表明具备完成相关规章载荷下的限制机动飞行的安全水平。鉴于产生类别 4 损伤的运营事件的性质,在飞机进行后续修理和恢复运营之前,需要确定合适的检查方法,对损伤程度整体情况进行评估。按照定义,类别 5 损伤没有相关的损伤容限设计准则或相关的结构验证要求。类别 5 损伤将要求在飞机重新投入使用之前,根据对异常运营事件的工程评估进行适当的检查,并进行适当的结构维修和/或零件更换。

【英文原文】

(7) The structure should be able to withstand static loads (considered as ultimate loads) which are reasonably expected during a completion of the flight on which damage resulting from obvious discrete sources occur (i. e., uncontained engine failures, etc.). The extent of damage should be based on a rational assessment of service mission and potential damage relating to each discrete source. Structural substantiation will be needed for the most critical Category 4 damage as related to the associated load cases. Those Category 4 damages that will not require specific residual strength assessments for the associated get home loads because they have high margins (e.g., severe in-flight hail) will likely still require suitable inspections because their detectability may not be consistent with the substantiations validated for

Category 2 damage types.

【参考译文】

(7) 如果结构上出现了来自明显离散源(例如非包容发动机破坏等)导致的损伤,该结构应该能够承受在完成本次飞行中合理预计可能遇到的静载荷(该载荷此时被视为极限载荷)。应该基于对服役任务以及与每一离散源有关的潜在损伤的合理评估来确定受损伤程度。应在相关载荷工况下,针对最严重的类别 4 损伤进行结构验证。有些类别 4 损伤(如飞行中冰雹引起的严重损伤)由于安全裕度高的原因,可能不要求针对相关的返航载荷进行专门的剩余强度评估,但仍要求进行适当的检查评估,因为它们的可检性可能与类别 2 损伤所需要的验证不一致。

【英文原文】

(8) The effects of temperature, humidity, and other environmental or time-related aging factors which may result in material property degradation should be addressed in the damage tolerance evaluation. Unless tested in the environment, appropriate environmental factors should be derived and applied in the evaluation.

【参考译文】

(8) 在损伤容限评估中,应阐明可能引起材料性能退化的温度、湿度和其他环境或与时间有关的老化因素的影响。除非在临界环境下进行试验,否则应导出适当的环境因子并用于评估。

【英文原文】

b. Fatigue Evaluation.

Fatigue substantiation should be accomplished by component fatigue tests or by analysis supported by test evidence, accounting for the effects of the appropriate environment. The test articles should be fabricated and assembled in accordance with production specifications and processes so that the test articles are representative of production structures. Sufficient component, subcomponent, element or coupon tests should be performed to establish the fatigue scatter and the environmental effects. Component, subcomponent, and/or element tests may be used to evaluate the fatigue response of structure with impact damage levels typical of those that may occur during fabrication, assembly, and in service, consistent with the inspection procedures employed. Other allowed manufacturing and service defects, which would exist for the life of the structure, should also be included in fatigue testing. It should be demonstrated during the fatigue tests that the stiffness properties have not changed beyond acceptable levels. Replacement lives should be established based on the test results. By definition, Category 1 damage is subjected to fatigue evaluation and expected to retain ultimate load capability for the life of the aircraft structure.

【参考译文】

b. 疲劳评估

疲劳验证应包括部件疲劳试验或由试验证据支持的分析，并计及适当的环境影响。应按照生产规程和工艺来制造和装配试验件，以使试验件能代表生产型结构。应进行足够的部件、组合件、元件或试样试验来确定疲劳分散性和环境影响。可以用部件、组合件和/或元件试验来评估含冲击损伤结构的疲劳响应，其损伤程度代表了制造、装配和使用时可能出现的损伤，且与所用检测方法相一致。在疲劳试验中还应包括结构全寿命期内会存在且允许的其他制造缺陷和使用损伤。在疲劳试验期间，应验证刚度性能的变化没有超过可接受的水平。应基于试验结果确定零部件更换寿命。按照定义，类别1损伤要经受疲劳评估，并要求在航空器结构全寿命期内保持极限载荷的承受能力。

【英文原文】

c. Combined Damage Tolerance and Fatigue Evaluation.

Generally, it is appropriate for a given structure to establish both an inspection program and demonstrate a service life to cover all detectable and non-detectable damage, respectively, which is anticipated for the intended aircraft usage. Extensions in service life should include evidence from component repeated load testing, fleet leader programs (including NDI and destructive tear-down inspections), and appropriate statistical assessments of accidental damage and environmental service data considerations.

【参考译文】

c. 损伤容限与疲劳的联合评定

通常,应该针对具体结构建立检查大纲并验证服役寿命。它们要能够覆盖航空器使用期间可能遇到的所有可检与不可检损伤。延寿应包括来自部件重复载荷试验、机队领先飞行计划(包括 NDI 和破坏性的分解检查)的证据以及对意外损伤和环境使用数据等考虑因素的适当统计评估。

6.2.2 结构疲劳和损伤容限适航符合性方法解读

飞机复合材料结构疲劳和损伤容限涉及的主要条款为 23.573(a)。

1) 疲劳强度

(1) 疲劳试验的必要性。

在复合材料结构设计中,需要进行足够数量的试样和/或结构元件(考虑环境影响)的疲劳试验(特别是拉-压和压-压疲劳试验),确定复合材料的疲劳寿命分散性和环境影响,并通过 $S-N$ 曲线,给出疲劳设计许用值。

为了验证疲劳和损伤容限设计要求,需要进行全尺寸结构疲劳试验,以验证含 BVID 的结构在如 1 倍寿命期内损伤无扩展。在 1 倍寿命疲劳试验后,还需验证结构具有极限载荷的承载能力。另外,为了验证含 VID 的结构在如 0.5 倍寿命期内损伤无明显扩展,也需要进行全尺寸疲劳试验,并在疲劳试验后,验证结构具有限制载荷的承载能力。

(2) 试件制备。

应按照材料/工艺规范和生产规程来制造和装配试验件,以便该试验件能够代表批生产的实际结构。

(3) 疲劳载荷谱。

为进行复合材料结构疲劳寿命分析和试验,应编制与金属结构载荷谱不同的疲劳载荷谱。该载荷谱应该能够代表飞机的预期使用情况。可以采用与金属结构相同的编谱方法编制疲劳载荷谱,但要考虑以下三个方面的差异:

① 金属材料(特别是铝合金)是弹塑性材料,其疲劳寿命对加载顺序较敏感。而复合材料(这里指纤维增强热固性复合材料)是脆性材料,其疲劳寿命对加载顺序不敏感。因此,在复合材料结构疲劳载荷谱中,可以不考虑加载顺序问题。

② 出于偏安全(或保守)考虑,在金属结构疲劳试验中,一般会把飞机结构使用寿命期内仅出现几次的高载荷截除。但是,在复合材料结构疲劳试验中,不

能截除每个寿命期内哪怕仅发生一次的高载荷(不高于且接近限制载荷)，而是必须要保留全部高载。

③ 目前，对复合材料结构疲劳载荷谱中低载的截除还没有规范的指导原则，通常把复合材料的疲劳门槛值作为标准，用于确定循环载荷中被截除的低载荷，即认为低于疲劳门槛值的应力(应变)水平不会引起疲劳损伤产生和扩展。因此，从理论上截除循环载荷中那些在疲劳门槛值以下的载荷，不会改变疲劳试验结果。在实践中，通常把高载截取水平定在 A 或 B 疲劳门槛值的某个百分比上(例如，60%～70%)，把低载截除定在循环载荷谱中小于 30%设计限制载荷的水平。同时，需要适当考虑平均应力的影响。

(4) 疲劳关键部位的确定。

复合材料结构在压缩循环载荷作用下的疲劳破坏主要表现为分层和屈曲。复合材料结构在压-压和拉-压循环载荷作用下的疲劳寿命低于在拉-拉循环载荷作用下的疲劳寿命，因此，在确定复合材料结构疲劳关键部位时，应首先侧重考虑复合材料结构的受压部位。

研究结果表明：如果孔径相对板宽较小，当应力幅值较高时，含孔试件的疲劳强度低于无孔试件的疲劳强度，显示出一定的缺口敏感性。而当应力幅值较低时，含孔与无孔试件的疲劳强度趋于一致，即缺口敏感性消失。当孔径相对板宽增大时，不管是在高应力幅下，还是在低应力幅下，疲劳强度均降低。因此，在识别复合材料结构的疲劳关键部位时，应重点关注受压部位的应力集中区域。

在复合材料结构损伤容限验证试验中，需要验证在疲劳循环载荷的作用下，含缺陷/损伤结构的损伤无扩展或缓慢扩展行为。因此，在选择疲劳关键部位时，应选择冲击损伤发生频率高和冲击后损伤程度严重的部位。一般情况下，飞机上较高区域的部件或结构的垂直表面相比较低区域的部件或结构的水平表面发生冲击损伤威胁的概率较小。部件(例如机翼)的上表面比下表面更容易受到设备跌落和脚踏所造成的损伤(在水平表面上的行走是产生损伤的较常见原因)。表面碰撞损伤易发生在加油口附近区域(例如油管碰撞)和检查口盖区域等。起落架舱门和靠近轮舱的部件(例如较低的襟翼表面)较易受爆炸轮胎引起的损伤。部件端头(例如翼稍、机身尾部)易受搬运工具或设备的碰撞。顶部表面或接近水平的表面易受跌落工具(例如铆枪、扳手)撞击。

(5) 环境影响。

在湿热环境影响下，复合材料结构的静强度会明显降低，因此，在静强度试验中必须考虑环境影响。但是,已有不同环境(温度和湿度)下的疲劳寿命试验结果表明:湿热环境对复合材料疲劳寿命的影响并不明显。尽管如此,在复合材料结构铺层递减区域和加筋端头处,相关的典型结构疲劳试验仍然需要考虑环境影响。

因此,如果某飞机型号已经通过试样、元件或组合件的试验证明了湿热环境对该型号复合材料结构耐久性的影响不明显,那么,在全尺寸结构的疲劳验证试验中就可以不考虑湿热环境的影响。例如,通航某型机复合材料方向舵、升降舵等结构全尺寸疲劳试验就是在室温大气环境下完成的,试验中也没有采用环境补偿因子来考虑湿热环境的影响。但是,静力试验中必须考虑环境影响,应采用环境补偿因子来模拟环境对剩余强度的影响。

(6) 载荷放大因子。

复合材料结构疲劳寿命分散性远大于金属结构的疲劳寿命分散性(复合材料疲劳寿命的 Weibull 形状参数为 $\alpha=1.25$,而金属材料疲劳寿命的 Weibull 形状参数为 $\alpha=4.00$)。因此,如果采用寿命因子法,在一个试验件的情况下,为了使复合材料结构与金属结构具有相当的可靠性水平,可能需要进行 13 倍以上飞机使用寿命的疲劳寿命试验,这显然是不现实的。因此,在进行复合材料结构全尺寸结构疲劳试验时,通常采用载荷系数与寿命因子相结合的方法给出载荷放大因子,以缩短试验时间。按照可靠性水平相当进行换算后,在全尺寸复合材料结构疲劳试验中,通常采用 1.15 倍的载荷放大系数来实现。通航某型机复合材料方向舵、升降舵和某全复合材料结构飞机的全尺寸疲劳试验中均采用了 1.15 的载荷放大系数。

(7) 混合结构。

复合材料具有良好的疲劳性能,因此,可以通过适当地控制复合材料结构的最高工作应力,使其具有所要求的静强度裕度,并利用其对疲劳不敏感的特性,在设计研发阶段的静力、疲劳试验和全尺寸静力试验均成功的前提下,对于全尺寸复合材料结构或具有非疲劳关键金属件的复合材料/金属混合结构,可以不要求进行全尺寸耐久性试验。但对于具有金属疲劳关键件的混合结构,则要求进行两倍寿命期的全尺寸疲劳试验(可不采用载荷放大因子),以验证金属件的耐久性,并确定疲劳敏感细节部位的寿命。

金属和复合材料的热膨胀系数和湿膨胀系数不同,很容易在混合结构内产生由热膨胀和湿膨胀差异引起的附加应力。因此,在混合结构的应力(或应变)分析中,应考虑这种附加应力,并将其叠加到由于载荷作用产生的应力上去。

(8) 刚度退化问题。

复合材料结构在拉-压交变载荷作用下，其拉伸和压缩刚度(弹性模量)会有不同程度的下降。因此，刚度降低可以看作是复合材料结构疲劳损伤的主要表征指标。在进行复合材料结构全尺寸疲劳试验前后，应测量结构变形，并进行对比分析，以确定经过疲劳试验后，结构的变形量是否可以接受，是否不会对飞机防颤振性能构成威胁，也不会妨碍相应系统的正常运转(通过试验验证)。也可以采用试验支持的分析来验证刚度变化不超过可接受水平。

2) 损伤容限

(1) 损伤容限评估的要点。

复合材料结构的损伤容限评估与结构设计细节(层压板铺层设计、长桁或框间距、加筋元件连接细节、止裂措施和结构裕度等)密切相关。损伤容限评估的侧重点是要保证复合材料结构在受到出现概率小但严重且无法控制的损伤后，能够保证飞机飞行安全。

安全性是复合材料结构设计的最终目标，复合材料结构应与金属结构具有同等的安全水平。复合材料结构应提供与金属材料相同的破损-安全控制水平，包括采用多传力路线和 B 基值进行结构设计。

应当指出：复合材料对缺陷/损伤具有高的敏感性，力学性能试验数据又具有高的分散性，因此，飞机复合材料结构不能采用“安全寿命”设计。

(2) 冲击损伤对静强度和疲劳强度的影响。

复合材料结构在受到冲击损伤后，压缩强度和拉伸强度均有明显降低。在相同冲击损伤情况下，压缩强度比拉伸强度降低得更严重。

缺陷/冲击损伤均会降低复合材料结构的疲劳强度，冲击损伤对疲劳强度的影响更严重一些。但是，含缺陷/损伤的复合材料层压板的条件疲劳极限(最大应力，很大程度上取决于对“条件疲劳极限”的定义)有时可达到相应静强度值的60%以上，甚至接近或超过设计限制载荷下的应力水平。因此，在对含缺陷/损伤的复合材料结构进行设计和验证时，应该重点关注影响疲劳强度的重要参数。

(3) 冲击威胁的概率分布。

美国海军调查了 4 种军用飞机的 1 644 起冲击损伤事件，并通过数据转换和统计分析，给出了冲击能量-累积发生概率的数据规律。然后，再通过拟合分析得到冲击能量的 Weibull 分布形状参数和尺度参数。虽然该结果是根据军用飞机调查给出的，但是，由于军用飞机和民用飞机在服役中所遇到的冲击损伤没有明显不同，所以结论也可用于民用飞机。

CMH-17 中给出了飞机发生冲击事件的概率为 3.9×10^{-4}/fh。显然,这个概率是针对整架飞机遭到低速冲击而言的。对于所关注的具体部件(例如垂直尾翼),相应的概率会低一些。

(4) 载荷的累积发生概率。

当采用概率方法确定复合材料结构的检查周期时,需要依据类似机型飞机的使用历程,进行数据处理和分析,给出所设计飞机限制载荷和极限载荷的累积发生概率。某型机垂直尾翼和方向舵设计工作中,给出了飞机在每飞行小时内的载荷累积发生概率。其突风载荷和机动飞行载荷的统计结果表明:在设计限制载荷与设计极限载荷之间,载荷的发生概率与载荷之间呈近似对数线性关系。

(5) 损伤容限设计的关键参数。

在采用确定性符合方法进行复合材料结构损伤容限设计和合格审定过程中,目视勉强可见冲击损伤(BVID)和目视可见冲击损伤(VID)是两个关键控制参数,这两个控制参数是确定结构能否满足静强度和损伤容限设计要求的关键参数。在确定的结构部位、材料工艺、设计铺层和受载形式等情况下,BVID 是一个可以通过试验确定的值,VID 则通常是一个损伤范围。最大设计损伤(MDD)是 VID 中的较大者,有时被称为目视明显可见冲击损伤或较大目视可见冲击损伤(LVID)。通常采用 BVID 作为结构满足极限载荷承载能力要求的设计值,采用 MDD 作为结构满足限制载荷承载能力要求的设计值。

a. 产生 BVID 和 VID 所需要的冲击能量

在复合材料结构设计和维修计划制订过程中,需要鉴别冲击损伤的严重性和可检性。这需要调查飞机使用中的冲击损伤信息,也需要进行冲击试验。进行冲击试验时,要考虑实际结构的支持和边界条件,还要考虑不同结构部位的设计特征。要特别关注到最严重且又最不容易检出位置的冲击损伤。应当给出在不同结构构型和支持条件下,表明冲击后的凹坑深度与冲击能量之间关系的试验数据和拟合曲线,以便确定不同结构构型(如层压板厚度)复合材料结构产生 BVID 和 VID 所需要的冲击能量。

b. 凹坑深度可检性的调查

在复合材料结构设计中,通常采用冲击后凹坑深度表征低速冲击损伤阻抗和冲击损伤的严重程度。

有关研究在对凹坑损伤可检性进行了调查研究后,给出了以下调查研究结果:当凹坑深度大于或等于 0.5 mm 时,采用详细目视检查,可以发现凹坑损伤。

而对于 0.3～0.5 mm 的凹坑深度，采用详细目视检查，在 95%置信水平下，凹坑损伤可被检查出来的概率为 90%以上。

c. 凹坑损伤的回弹现象

在飞机的使用过程中，当冲击损伤事件发生后，随着飞机使用时间的增长，冲击损伤的凹坑深度会逐渐变浅（回弹现象）。凹坑深度逐渐变浅的原因如下：

① 飞机在使用过程中会承受疲劳循环载荷。在循环载荷的作用下，冲击损伤处的纤维材料和基体材料均会产生逐渐松弛现象，使得冲击损伤凹坑深度逐渐变浅。

② 复合材料中的基体材料易于吸湿，且湿膨胀系数较大。因此，冲击损伤处的基体材料在吸湿过程中，会造成体积膨胀，引起凹坑深度逐渐变浅。

③ 飞机在使用过程中，由于受到使用环境的污染，凹坑损伤处会沉积污物，也会使凹坑深度变浅。

由以上分析可以看出，飞机在使用和维修过程中实际产生的冲击损伤凹坑深度可能与检测出的凹坑深度并不一致。由于存在以上凹坑深度不能被真实检出的可能性，所以实际产生的凹坑深度可能大于检测值。在复合材料结构损伤容限设计中，采用的冲击损伤凹坑深度一般是冲击损伤刚刚产生的凹坑深度。

d. 冲击损伤的取值

经综合分析后，我们推荐：在复合材料结构损伤容限设计和合格审定中，应考虑冲击损伤凹坑深度的回弹现象。当采用详细目视检查时，冲击损伤凹坑深度（冲击后立刻测量）的可检门槛值取为 1.0 mm。当采用一般目视检查时，冲击损伤凹坑深度（冲击后立刻测量）的可检门槛值取为 2.0～2.5 mm。含有上述可检门槛值 1.0 mm 以下的冲击损伤的复合材料结构应具有极限载荷承载能力。

应当指出：如果冲击损伤发生在结构件的边缘，除了可发现凹坑外，还可能发现劈裂现象。对于详细目视检查，劈裂可检门槛值长度为 13 mm。对于一般目视检查，劈裂可检门槛值长度为 50 mm。

当复合材料层压板较厚时，可能难以产生目视勉强可见冲击损伤（BVID）。在这种情况下，产生 BVID 的冲击能量可按概率符合性方法来确定其上限值。

e. 最大设计损伤

最大设计损伤（MDD）是依据试验数据和损伤统计等信息人为确定的结构设计值，属于目视可见冲击损伤（VID，类别 2 损伤）中的较大损伤。MDD 可以最大限度地接近临界损伤门槛值(CDT),但一般总是小于 CDT。这种损伤可能是包括离散源损伤在内的各类损伤源造成的。含有 MDD 的复合材料结构必须具有设计限制载荷的承载能力。MDD 也可作为损伤容限设计许用值,并在制定剩余强度-损伤尺寸曲线的过程中确定。图 6-3 给出了损伤尺寸/类别/检测方法/剩余强度关系曲线。

(6) 概率符合性方法的关键参数。

在复合材料结构损伤容限设计和合格审定过程中,如果采用概率符合性方法,需要根据同类飞机的使用历程,进行数据处理和结果分析。确定如下两个关键性参数:实际可能发生(累积发生概率为 10^{-5}/fh)的冲击能量水平和极不可能发生(累积发生概率为 10^{-9}/fh)的冲击能量水平。

a. 确定检查间隔所使用的关键参数

经过综合分析后,我们推荐:在确定复合材料结构检查间隔时,如果采用概率符合性方法,实际可能发生(发生概率为 10^{-5}/fh)的冲击能量截止值一般不超过 35 J。此时,受冲击结构应在检查间隔期间具有设计极限载荷的承载能力。而极不可能发生(发生概率为 10^{-9}/fh)的冲击能量截止值一般不超过 90 J,此时,受冲击结构应在检查间隔期间具有设计限制载荷的承载能力。

b. 不设置检查间隔的关键参数

在复合材料结构寿命期内,如果不设置检查间隔,只进行一般目视检查,而不进行详细目视检查,则应满足以下要求之一:

① 发现的勉强可见冲击损伤的结构,必须能够承受设计极限载荷。

② 必须用静力试验验证,遇到概率为 10^{-5}/fh 的冲击能量截止值的结构能够在全寿命期内始终具有设计极限载荷的承载能力。遇到概率为 10^{-9}/fh 的冲击能量截止值的结构能够在全寿命期内始终具有设计限制载荷的承载能力。

这些要求适用于所有厚度的复合材料结构。

c. 其他损伤假设

在复合材料结构损伤容限设计和验证中,可以假设最大表面划伤的长度为 100 mm,深度为 0.5 mm。假设最大分层面积等效为 50 mm 直径的圆,并且位于结构关键位置。

(7) 损伤尺寸与剩余强度要求。

复合材料结构的损伤尺寸、损伤类别、损伤检测方法与剩余强度关系曲线如图 6-3 所示。

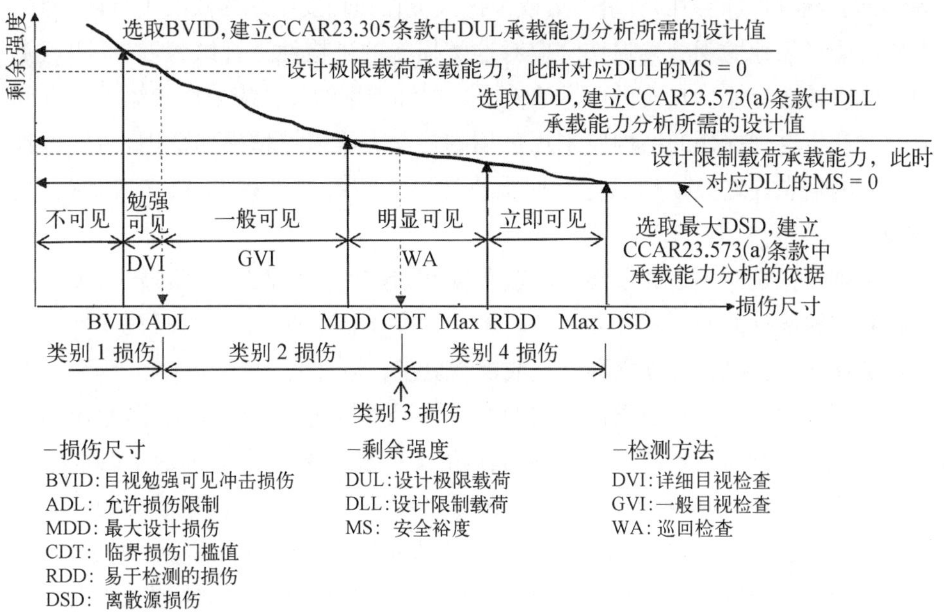

图 6-3　损伤尺寸/类别/检测方法/剩余强度关系曲线

a. 损伤类别

根据缺陷/损伤的严重程度,可将缺陷/损伤分为如下 5 个类别。申请人可以采用其他形式的损伤分级进行疲劳和损伤容限验证,但需要得到合格审定部门的认可。

类别 1 损伤——包括目视勉强可见冲击损伤(BVID)、可能漏检或允许的损伤以及工艺规范允许的制造缺陷(例如,小的分层、低的孔隙率、小的划伤、轻微的冲击损伤和环境退化等)。这类损伤被允许在飞机整个寿命期内存在,并不需要给出检查周期进行检查。这类损伤检测可采用适用的无损检验或详细目视检查。

类别 2 损伤——包括目视可见冲击损伤(VID)、漏装紧固件、小的穿透损伤、较大的局部灼伤、较深的划伤、较重的环境退化以及可检的脱胶和分层等。对于这类损伤,专业检查人员在规定检查间隔内能可靠地检查出来。检查间隔和检查方法需要经过试验验证,这类损伤检查可采用一般目视检查。损伤检出后,需要修理。

类别 3 损伤——目视明显可见冲击损伤(LVID),这类损伤目视明显可见或具有其他明显迹象(包括构件变形、配合失当、油箱渗漏、系统故障或客舱噪声等)。无专业检查能力的机组人员或维护人员在损伤发生后的数次飞行内,通过巡检就能可靠地发现这类损伤。应对这类损伤的可检性进行试验,以证明这类损伤能够被非专业检查人员可靠地检出。这种类别的损伤应采用较短的检查间隔。对产生这种损伤的结构应采用适用的检测方法来评估损伤范围,为修理提供必要的信息。这类损伤通过巡回检查即可检测到,发现这类损伤后,应立刻修理。

类别 4 损伤——这类损伤为离散源损伤,包括飞鸟撞击、轮胎爆炸、飞行中冰雹和旋转部件的非包容性冲击等。无专业检查能力的机组人员目视立即可发现这类损伤,发现后,必须立即修理或视情更换。

类别 5 损伤——超出设计要求的非正常严重损伤,由异常的地面操作和飞行事件引起,例如,车辆撞击损伤(表面可能无明显迹象)、异常的飞机超载状态、非正常粗暴着陆、维护时千斤顶操作失误,以及飞行中构件失落造成对相邻结构的高能量、大面积冲击等。操作人员或机组人员发现这类损伤后应立即报告,并采用适用的检测方法确定损伤范围,立刻对损伤结构进行详细检查、修理或更换,这类损伤不需要进行相关的结构验证。

b. 剩余强度要求

含不同类别损伤的复合材料结构,具有不同的剩余强度要求。具体如下:

① 含有类别 1 损伤的复合材料结构——在使用寿命期内,结构应始终保持具有极限载荷承载能力,并经过试验验证。损伤在寿命期内应"无扩展"。

② 含有类别 2 损伤的复合材料结构——在检查间隔内,结构应始终保持限制载荷承载能力,并经过试验验证。剩余强度试验的载荷大小和强度裕度可能依赖于检查间隔和检测方法。类别 2 损伤在检查间隔内不应扩展。如果有缓慢扩展,应有设计措施阻止损伤扩展,且损伤缓慢扩展后,结构仍具有承受限制载荷的能力。

③ 含有类别 3 损伤的复合材料结构——其设计特征应能提供足够大的抗损伤能力,保证损伤结构具有承受限制载荷或接近限制载荷的能力,并且需要经过试验验证。含有类别 3 损伤的结构不要求验证损伤无扩展,其与类别 2 损伤的最大差别是发现较大损伤的时限不同,且含有类别 3 损伤的结构剩余强度可以放松到能承受略小于但接近限制载荷的载荷水平。

④ 含有类别 4 损伤的复合材料结构——应能承受 70%限制载荷,增压舱结构应能承受限制载荷。应采用部件或组合件试验或者试验数据支持的分析对含有类别 4 损伤的结构进行剩余强度验证。如果发生这个级别的损伤,应针对剩

余强度要求，限制机动飞行。

⑤ 发生类别 5 损伤的复合材料结构——没有剩余强度要求，也不需要进行试验验证。此时，申请人、局方和维修机构应共同协商，共同制定完善的实时报告通道，确保操作人员能够及时报告类别 5 损伤。该级别损伤结构可以通过采用适用的检查手段，确定损伤特征，以便进行修理或更换。

应当指出：进行上述各类别损伤结构的剩余强度验证时，应当考虑到环境影响。还应通过试验验证，表明刚度性能退化没有超出可接受的水平。另外，还应指出：如果在复合材料结构维护中，采用详细目视检查，其剩余强度要求与采用一般目视检查存在一些差异。

(8) 损伤扩展与止裂。

a. 损伤扩展

通常，对复合材料损伤扩展的研究主要集中在低于目视明显可见损伤类别的损伤扩展特性方面。对于具有更严重的冲击损伤(这里指类别 3 及以上损伤)的复合材料结构，由于损伤易被检出，且发现损伤后，需要马上进行修理或更换。所以，没有承受重复载荷的设计要求，也不必验证承受重复载荷的能力。

复合材料层压板的层间强度比较低，在应力集中处或在面外载荷作用下，结构容易出现分层，并有可能成为破坏源。所以，复合材料结构的分层损伤是最常见、最严重的损伤形式。复合材料结构受冲击后最直接和明显的特征也是产生分层损伤。已有大量试验结果表明：复合材料结构损伤扩展主要表现为分层扩展。当最大疲劳压缩应力与冲击损伤后的压缩强度(CAI)之比超过 75%时，分层损伤就比较容易扩展。损伤一旦扩展，扩展速度会非常快。因此，在复合材料结构设计中，通常采用损伤无扩展设计概念。当采用损伤无扩展设计概念时，必须进行全尺寸结构试验或采用由试验数据支持的分析进行验证。

在缺乏准确评估损伤扩展的手段时，为保证重复载荷下不会出现损伤扩展情况，通常在确定结构设计值时留有足够的裕度，避免可能出现的损伤扩展。

在全尺寸复合材料结构验证试验中，需要精确地确定损伤扩展的全过程。有的冲击损伤产生后，可能在限制载荷下出现扩展，并在经过一段时间扩展后，损伤达到一定尺寸。由于这种损伤扩展是稳定的，并不影响结构的承载能力，因此，这类损伤扩展仍可被视为与“损伤无扩展”情况类似。

b. 止裂

如果复合材料结构发生了某些类型的损伤(例如，分层和脱胶)，在采用相应的止裂设计措施后，如损伤在达到临界损伤门槛值之前，可有效阻止损伤继续扩展，则这种止裂措施可被广泛采用。常见的止裂措施包括：几何构形设计、设置加强筋、采用胶-螺或胶-铆混合连接等。如果损伤可检，且能可靠地检测出阻止损伤扩展的止裂措施的效果，那么这种止裂设计方法就是可用的。这种设计措施应通过对关键结构区域的典型结构件、组合件等试验进行验证，还要通过全尺寸结构试验进行试验验证。虽然可靠的止裂设计可以有效阻止复合材料结构的损伤扩展，但其剩余强度的裕度水平也不能长时间处于接近限制载荷的状态。一旦发现这种损伤，应该立即修理。

(9) 损伤容限试验。

复合材料结构损伤容限验证中的疲劳试验一般用于验证以下疲劳行为：

① 已发现的损伤不扩展，满足民用飞机的适航要求。

② 在疲劳试验的早期阶段，损伤尺寸是稳定的，允许在稳定扩展阶段过后，不进一步扩展。

③ 在疲劳试验过程中，有很缓慢的损伤扩展(线性行为)，但损伤扩展一定尺寸后，受到阻止。

④ 在疲劳试验结束阶段，损伤快速扩展(存在快速断裂风险)是复合材料结构设计中不允许存在的情况。

在复合材料结构设计中，通常采用“损伤无扩展”设计概念。所谓的“损伤无扩展”要满足以下两个方面的要求：

① 在限制载荷作用下，不会产生新的损伤。

② 已存在的可检出或不可检出的损伤不扩展。

必须通过全尺寸结构试验或者低层级试验(包括但不限于元件和组合件)支持的分析方法，证明在设计载荷作用下的损伤无扩展。在进行损伤容限验证试验时，还要考虑到使用环境的影响。

一般说来，为了审查和验证结构的疲劳行为，需要进行两种类型的试验。

A类：大多数情况下，对于含有 BVID 的试样或其他结构元件进行常幅(CA)疲劳试验。

B类：对于典型结构件、组合件或部件采用变幅(VA)谱(例如飞-续-飞谱)进行疲劳试验。

A类试验结果用于形成 $S-N$ 曲线。$S-N$ 曲线可用于疲劳分析。在试验过程中，需要记录初始损伤在整个加载循环中的变化情况，这对证实“损伤无扩展”设计概念非常重要。这些试验常在 $R=-1$ 下进行。如果所用载荷谱的 R 值明显不同于 $R=-1$ 值，就使用其他 R 值。A类试验结果也可用于确定湿度和温度的影响及低载荷的删除水平和载荷谱的简化。

B 类试验结果用于验证在典型结构件、组合件或部件实际载荷作用下的疲劳行为。为了验证复合材料结构的损伤无扩展特性，需要引入制造缺陷和冲击损伤进行疲劳试验。引入冲击损伤时，需要考虑受到冲击威胁的情况和位置，以便确定导致最严重且难于检验的冲击损伤。冲击设备的选择应使形成的冲击损伤最严重和最不易检测。试验证明，压缩载荷是最关键的加载模式，因此，缺陷和冲击损伤的引入应侧重考虑受压区域。全尺寸结构缺陷和冲击损伤的引入基于有限元模型计算得到的应变云图和组合件试验结果。对壁板类结构的损伤容限试验，通常，根据壁板厚度不同、损伤可检性以及最大冲击能量的损伤容限要求，确定形成相应冲击损伤的冲击能量。壁板的蒙皮和加强筋均需引入冲击损伤。

定期检查中发现的目视可见损伤，必须验证在至少两倍检查间隔中损伤“无扩展”。这是为了验证在两倍检查间隔内，即使有损伤，也不会扩展到超过临界损伤门槛值(CDT)，含有临界损伤的复合材料结构必须具有承受限制载荷的能力。通常，在疲劳试验前引入 BVID，验证在使用寿命期内 BVID 无扩展，接着再引入 VID 进行损伤扩展行为验证，用于确定损伤的检查周期。

(10) 延寿。

当飞机需要延寿使用时，应进行部件疲劳载荷试验，并取得飞机先前使用复合材料结构的损伤和维修信息(包括无损检测和破坏性检查)，获得统计评估结果。

(11) 检查间隔及确定方法。

a. 确定检查间隔的必要性

当复合材料结构发生 VID 损伤后，其结构的承载能力就降低到极限载荷以下。为了不使复合材料结构的承载能力长时间低于极限载荷，应当制订合理的初始检查门槛值和检查间隔(且应与采用的检查方法相对应)，并要求以极高的概率检查出大于(含)VID 的损伤和进行修理。在损伤达到临界值前，如果结构出现功能性障碍(如不可接受的刚度降)，也需要对结构进行修理。

在制订复合材料结构维修计划时，应针对不同的结构部位，给出检查间隔和相应的检查方法。采用不同的检查方法，可能会给出不同的检查间隔。

b. 检查间隔确定方法

确定复合材料结构检查间隔的方法主要有两种：确定性方法和概率方法。

当采用确定性方法时，推荐按如下程序确定复合材料结构的检查间隔：

① 结合许用值试验，针对不同铺层比例、不同厚度、不同受载情况(包括失效模式)和不同冲击损伤程度，分别给出试样和结构元件的试验矩阵并完成试

验。通过对试验数据的统计分析(采用 B 基准值)和拟合分析,初步给出剩余强度-损伤尺寸关系曲线。

② 通过组合件和典型结构件试验(考虑构件之间的相互作用和结构响应),验证和修改剩余强度-损伤尺寸曲线。

③ 根据剩余强度-损伤尺寸曲线,确定允许损伤限制值(ADL)和临界损伤门槛值(CDT)。

④ 依据有限元分析结果和设计许用值,给出不同部位的设计裕度(M.S.)。然后,依据 M.S.和关键部位分析结果,在全尺寸结构试验中,引入达到临界损伤门槛值(CDT)程度的损伤。

⑤ 按飞机的 C 检间隔(C 检包括 1C 检查——外部检查;4C 检查——详细的外部/内部检查),进行两倍检查间隔的疲劳试验,验证冲击损伤的扩展行为。

⑥ 如果疲劳试验的结果表明,在允许损伤限制值(ADL)和临界损伤门槛值(CDT)之间的损伤满足无扩展要求,则该 C 检间隔即为复合材料结构的检查间隔。在确定检查间隔的同时,应给出相应的检查方法。

⑦ 试样、结构元件、典型结构件和组合件试验均应考虑环境影响。

当采用概率方法时,推荐按如下程序,确定复合材料结构的检测间隔:

① 结合许用值试验,针对不同铺层比例、不同厚度、不同受载情况(包括失效模式)和不同冲击损伤程度,分别给出试样和结构元件的试验矩阵并完成试验。通过对试验数据的统计分析(采用 B 基准值)和拟合分析,初步给出剩余强度-冲击能量关系曲线。

② 通过组合件和典型结构件试验(考虑构件之间的相互作用和结构响应),验证和修改剩余强度-冲击能量曲线。

③ 根据有限元分析结果和设计许用值,给出不同部位的设计裕度(M.S.)。然后,依据 M.S.和关键部位分析结果,在全尺寸结构试验中,引入最大目视可见冲击损伤。

④ 进行半倍寿命期的疲劳试验,验证损伤无扩展行为。

⑤ 依据剩余强度-冲击能量曲线,采用概率分析方法确定检查间隔。并在确定检查间隔的同时,给出相应的检查方法。

⑥ 试样、结构元件和组合件试验中应当考虑环境影响。

检查间隔长短与采用的检查方法密切相关。采用详细目视检查的检查周期要比采用一般目视检查的检查间隔长一些。

相关知识

概率计算方法

为了说明采用概率方法确定复合材料结构检查周期或使用寿命的方法，首先需要给出如下定义：

P_a——在飞机的一个使用单位(例如 1 个飞行小时或 1 次飞行)内，发生达到或超过某一规定冲击能量的累积概率。

n——用飞机使用单位(例如 1 个飞行小时或 1 次飞行)表示的检查间隔或使用寿命。

P_r——在飞机的一个使用单位内(例如 1 个飞行小时或 1 次飞行)，载荷强度达到或超过某一规定飞行载荷(例如突风载荷)强度的累积发生概率。

由于 P_a 和 P_r 均远远小于 1，所以，在一个检查间隔(n)内，达到或超过规定冲击能量的累积概率为

$$1-(1-P_a)n \approx n \times P_a$$

达到或超过某一规定强度飞行载荷的累积概率为

$$1-(1-P_r)n \approx n \times P_r$$

为使复合材料结构不发生灾难性失效，应使 nP_a 和 nP_r 同时发生的概率 $\leqslant n10^{-9}$，即

$$n \times P_a \times P_r \leqslant 10^{-9}$$

由上式就可确定检查周期。

6.3　疲劳和损伤容限适航评审要素及审查要求

(1) 在进行损伤容限和疲劳评定时，应考虑结构的损伤威胁、几何形状、可检性、设计和损伤/退化形式。

(2) 必须对复合材料结构进行损伤威胁评估，以确定在制造、使用或维护期间可能出现的损伤类型、部位和尺寸。评估时需要考虑疲劳、环境、固有缺陷、外来物冲击或其他意外损伤(包括离散源损伤)的影响。

(3) 在损伤威胁评估中，要特别注意外来物冲击对复合材料结构的影响，鉴

别冲击损伤的严重性和可检性。

(4) 应对典型结构件、元件和组合件的关键区域进行重复载荷试验,以确定结构对损伤扩展的敏感性。

(5) 重复载荷应代表预期的使用情况。

(6) 初始可检损伤的大小应与制造和使用时检查门槛值相一致。

(7) 应通过部件和组合件试验或试验数据支持的分析评定含有损伤结构的剩余强度。

(8) 重复载荷行为的变异性应通过适当的载荷放大系数或寿命分散系数来覆盖。

(9) 在飞行中出现明显离散源(例如非包容发动机破坏等)损伤的结构,应能承受完成该次飞行期间合理预计的静载荷(该载荷此时被视为极限载荷)。

(10) 在损伤容限评估中,应给出可能引起复合材料结构性能退化的温度、湿度和其他环境或与时间有关的老化因素的影响。除非在环境下进行试验,否则应采用适当的环境因子进行评估。

(11) 疲劳验证应通过部件疲劳试验或由试验数据支持的分析来评估,并适当考虑环境影响。

(12) 应进行足够的部件、组合件、典型结构件、元件或试样试验来确定疲劳分散性和环境影响。

6.4 疲劳和损伤容限适航符合性验证

为了表明对 23.573(a)复合材料结构的损伤容限和疲劳评定的符合性,通航飞机应该针对复合材料结构,进行疲劳和损伤容限评定。这项工作不仅可以回答复合材料结构在遇到可能的缺陷/损伤时,能否承受预期的疲劳载荷,并保持预期的极限/限制载荷承载能力,而且还有助于回答损伤有无明显扩展以及建立的检查和修理程序能否满足产品设计和使用要求。

影响复合材料结构疲劳和损伤容限的因素较多,因此,在进行符合性验证时,通常会假设复合材料结构的原有强度可能会受到来自疲劳载荷、湿热环境、内在/离散源缺陷、制造缺陷(如弱胶接)或意外损伤(如外来物冲击)等影响。另外,还可能需要对带有结构设计细节的部位,进行结构疲劳和损伤容限试验,以便验证某些分析方法或对评估结果进行补充。

6.4.1　疲劳和损伤容限评估

1) 关键结构/区域确定

飞机关键结构是指由于疲劳、环境影响、制造缺陷或意外损伤引起灾难性破坏的结构件。在识别复合材料结构的疲劳关键部位时，应选择冲击损伤发生频率高和冲击后损伤程度严重的部位，应重点关注受压部位的应力集中区域及关键胶接连接件等。总之，要把能够代表结构关键区域的设计细节都挑选出来。

2) 制造缺陷和冲击损伤类型

(1) 制造缺陷。

常见的制造缺陷包括孔隙率/空隙率、贫脂/富脂或纤维缺乏区域、开胶或分层、铺层方向偏离、褶皱和局部纤维有波纹、铺层折叠或间隙、污染和外来物夹杂、工具等冲击损伤和不当固化、固化件尺寸和翘曲超差、孔/切口和边缘的加工缺陷、紧固件安装不当、划伤、纤维断裂及搬运中造成的损伤等。

这些缺陷在复合材料零件制造过程中会经常出现，并且根据缺陷的严重程度和具体结构设计细节不同，影响结构完整性的程度也不同。应该通过一系列的测试和分析，评估和确定这些缺陷对飞机结构完整性的影响。这些测试和分析工作应该在试样、组合件和/或部件等不同水平上进行。同时，必须建立相应的技术手段，并使用适用的检验方法和操作流程，确保能够检测出所有严重的制造缺陷。

工程、制造和质量人员应共同研究缺陷的影响，并为所有材料体系、层压板设计、部件和具体零件的制造或装配过程控制建立特定的允许缺陷限制值。申请人和适航审定部门可共同协商创建、验证和批准相关的质量控制和缺陷检测程序。每一个关键的复合材料结构设计都应该考虑制造过程的变异性，以评估发生最坏情况的影响。如果在验证时没有仔细规划，就可能导致生产过程中的工程分析和数据研发延迟。

(2) 冲击损伤。

复合材料结构与金属结构最主要的不同点就是冲击损伤。对于复合材料结构而言，工具掉落或冰雹撞击等事件引起的冲击损伤一般很难检测出来，但这类损伤却会导致结构的静强度或疲劳强度下降。

使用损伤包括低能量冲击损伤引起的层压板/胶层严重意外损坏和大面积开胶，以及鸟撞、风扇叶片冲击、雷击造成的离散源损伤和飞机停留在地面维护时发生的其他冲击损伤等共 5 类损伤。各类别损伤定义详见 6.2.1 节图 3。

不同的低能量冲击损伤在复合材料结构表面产生的损伤特征是不同的。表 6-1 给出了这类冲击事件及常见发生阶段统计表。

表 6-1 低能量冲击事件及常见发生阶段一览表

冲 击 事 件	发 生 阶 段		
	制 造	装 配	服 役
1. 掉落工具冲击	×	×	—
2. 掉落部件冲击	×	×	—
3. 脚步往来冲击	×	×	—
4. 边缘和拐角冲击(壁板掉落)	—	×	—
5. 边缘和拐角冲击(壁板碰撞)	—	×	—
6. 外场工作梯冲击	—	—	×

3) 检查与修理

各类损伤检测要求简述如下：

(1) 不可见冲击损伤(制造缺陷)，采用适用的无损检测方法。

(2) 目视勉强可见冲击损伤(BVID)，采用适用的无损检测方法或详细目视检查的方法。

(3) 目视可见冲击损伤(VID)，采用一般目视检查方法，在 1C 或 4C 检查周期内通过目视检查检测到。

(4) 明显目视可见冲击损伤(LVID)，通过巡回检查即可检测到。

(5) 雷击等离散源损伤和地面维护产生的损伤，立即明显可见。

飞机在服役中的检查主要包括：1C 检查——外部检查；4C 检查——详细的外部/内部检查。如果有试验可以证明服役中那些许用损伤尺寸及以下的缺陷/损伤不扩展，不能导致任何严重的结构性能退化，则服役中的例行检查可不检测这类缺陷/损伤。通常情况下，目视检查主要用来检测那些偶尔出现的损伤，目视检查需要在服役文件中明确规定，在经试验验证确定的检查间隔内实施检查。对于目视检查中发现的较大损伤，为了确定真实的损伤尺寸，还应该借助无损检测方法和设备检查损伤范围是否有可见分层的情况等。

飞机损伤的修理主要遵循以下要求：

(1) 对于不会降低结构强度到极限载荷以下的小缺陷/损伤不需修理，并且在服役期间也无须检查。已有试验和经验表明，这样的小缺陷在疲劳载荷作用下并不扩展，甚至当疲劳载荷增大时，只要在评估的安全裕度范围内，小缺陷或分层也不会扩展。

(2) 如果缺陷/损伤尺寸达到了临界损伤门槛值(CDT)(根据试验和分析计算得到结构性能退化值后,考虑各类影响因素和安全系数后计算获得)以上,将导致结构承载能力退化到临界强度以下。此时,必须在飞机投入服役之前进行修理。

(3) 如果生产过程中产生类别 2 损伤(这里指制造缺陷),服役中就可能产生大面积分层。如果在飞机交付前没有检测到这类损伤,损伤就会在服役中扩展。因此,必须在定期检查期间检测到这类损伤(制造缺陷)。

(4) 飞机在服役中检查出的所有导致结构强度退化到极限载荷水平以下的损伤,在下次飞行之前,都必须完成修理。

一般情况下,结构修理手册中应给出飞机不同部位复合材料临界损伤门槛值(CDT)汇总表和修理方案。

4) 含缺陷/损伤结构的剩余强度要求

如果根据确定的检查方法检查不出制造或维护过程中可能出现的缺陷或损伤(如小的 BVID 损伤),那么,含有这类缺陷或损伤的复合材料结构要求在全寿命期内承受重复载荷(落实到具体循环数)并满足极限载荷下的剩余强度要求。如果根据确定的检查方法可以检测出损伤(如 VID 损伤),则含有这类缺陷或损伤的复合材料结构要求在检查间隔内承受重复载荷(落实到具体循环数)并满足限制载荷下的剩余强度要求。对于含有明显损伤(如 LVID 损伤)的结构,也需进行剩余强度评估,虽然这类损伤可能不会在少数几次飞行中被发现。当发生离散源破坏引起的明显损伤时,某些复合材料结构应仍能承受一定的静载荷(该载荷此时被视为极限载荷),这类破坏引起的损伤应在整个飞行寿命期内可以被合理地预测到。这类损伤的范围应该基于对常规运营飞行和每种离散源对应的潜在损伤威胁的合理评估来确定。

当采用试验或分析方法研究损伤结构的剩余强度要求时,应着重考虑以下几点:

(1) 含有低能量冲击损伤的复合材料结构,必须能够承受服役期间可能遇到的所有载荷和环境影响,直到损伤被目视检查检测出。

(2) 如果损伤是通过维修检查程序(如 VID 损伤)被发现的,那么含有该损伤的结构的最小剩余强度应满足限制载荷要求。

(3) 损伤检查应确保所有使结构强度低于限定的极限载荷承载能力的损伤都能够被检测到,以便在安全的时间间隔内,对该结构进行更换或修复,使其恢复到极限载荷承载能力状态。

(4) 作为结构完整性的一部分，任何使结构强度降低至限制载荷水平的明显的 LVID 损伤，应确保能够在少数几次飞行后就能够被检查出来。

(5) 在规划的试验件中，应该包括一些损伤修理试验件，这些试验件将在损伤容限和静强度试验中用于对修理方案的验证。

(6) 根据损伤容限和疲劳评估结果建立起来的检查程序应包括结构的检查频次、检查间隔或其他必要的程序，以避免灾难性事故发生。

5) 疲劳载荷谱编制

疲劳载荷谱通常根据以前在类似结构上获得的疲劳和损伤容限设计、制造、试验和运营经验，针对某个完整结构和/或主要结构进行必要的分析或试验的核心内容及范围进行编制。在缺乏类似结构设计经验的情况下，应首先完成部件、组合件和元件级别的试验。疲劳载荷谱应能够代表飞机预期的使用情况的。可以截除那些不会对疲劳损伤有影响的低载，但必须保留所有高载。

依据编制的疲劳载荷谱进行疲劳和损伤容限评估时，需要考虑复合材料在重复载荷作用下的分散性问题。对于所使用的材料体系，应该确定寿命因子或载荷放大系数。重复载荷试验中采用这些系数的目的是通过增加循环加载次数或在结构上施加超载系数，获得所需的可靠性水平(如基于 B 基值的 90%)。疲劳试验采用载荷放大系数可以用较短的时间获得所需的可靠性水平。技术指导文件 DOT/FAA/CT-86/39 中推导了寿命因子或载荷放大系数，并介绍了如何在疲劳试验中使用这些系数。技术指导文件 DOT/FAA/AR-96/111 中则给出了寿命因子或载荷放大系数在共固化和胶接结构中的应用指南。不能盲目使用这些参考文献中确定的系数。要么在使用前确定这些系数是否适用于给定情况，要么通过试样的恒幅疲劳试验来确定这些系数。DOT/FAA/CT-86/39 中给出了如何确定这些系数的指南。

6) 环境影响

在损伤容限评估中，应该考虑温度、湿度和其他环境系数对材料性能退化可能带来的影响。

(1) 试样或复合材料结构浸在腐蚀性液体(液压油、燃油、除冰液)中的环境试验结果表明，复合材料结构对上述液体没有表现出特别的敏感性。

(2) 环境试验结果表明，层压板吸湿和高温是影响静强度和刚度的主要因素。湿气通过树脂或油漆漆层被吸收后，可降低复合材料结构的强度和刚度。

(3) 油漆漆层破坏后，紫外线对复合材料树脂表面的直接辐射可造成深度达 0.1 mm 的破坏。虽然这种破坏过程非常缓慢，但如果不对复合材料表面进行保护，直接暴露在阳光下，紫外线的照射也会增高局部表面温度。

针对不同的损伤类型，通常还需考虑环境条件和载荷组合情况的影响。如：

(1) 对于无须检测或修理的缺陷/损伤，在进行疲劳试验后的剩余强度试验时，应考虑在湿热环境下施加极限载荷。

(2) 对于定期检查（1C、4C）中发现且在下次飞行前需要修理的损伤，在疲劳试验后进行剩余强度试验时，应考虑在湿热环境下施加限制载荷。

(3) 对于目视明显可见损伤，应考虑在湿热环境下施加限制载荷。

7) 夹层结构

夹层结构的独特性决定了其进行冲击损伤评估时，具体做法与其他复合材料加筋结构不同。首先，夹层结构面板上的任何损伤，即使很小，也要进行表面修复，以防止水汽进入。其次，虽然有些冲击损伤的冲击能量比较低，表面损伤也可能不易被发现，但是实际上内部已经产生了较大损伤，剩余强度也会降低。这一点在结构设计和/或制定检查程序时必须考虑。仅仅采用目视检查方法确定损伤程度是不够的，可能会低估潜在的损伤。而硬币敲击或其他类似的等效方法常常可以作为目视检查方法的补充。虽然冲击损伤主要与压缩强度有关，但在进行裕度试验时也应考虑拉伸载荷情况。技术指导文件 DOT/FAA/AR-02/121 中给出了夹层结构在压缩载荷作用下的测试、检查和分析指南。

通过对舵面结构进行雷击试验，可以发现，夹层结构上的最严重损伤为在夹层结构的蒙皮上造成的雷击损伤。雷击试验结果表明，夹层结构可能会遭受到穿透蒙皮的损伤，并伴有周围复合材料结构的分层和一侧壁板上部的破坏。为了验证雷击对夹层结构的影响，在进行舵面全尺寸试验时，应模拟雷击损伤，并在考虑湿热环境影响下，进行雷击后的剩余强度试验。预制雷击损伤的建议范围一般是多处损伤面积合计不低于 200 cm^2。

8) 混合结构

对于复合材料与金属混合结构，申请人需要与合格审定部门沟通协调后，再确定合理的满足设计要求的试验方案。此时，载荷放大系数可能会导致金属结构件提前破坏。可接受的试验方案之一是先进行一倍寿命期的正常加载试验，然后采用载荷放大系数进行后续寿命期的疲劳试验。在后续疲劳试验期间，如果金属结构发生破坏，就修复后继续进行试验。

6.4.2 疲劳和损伤容限试验

冲击损伤对静强度和疲劳强度都有影响，申请人应对不同类别的损伤进行扩展特性研究，从而确定损伤容限验证原则。当采用损伤不扩展设计概念时，必须通过全尺寸结构试验或者由元件和组合件等试验证据支持的分析方法进行验证。

申请人应与合格审定机构充分沟通，合理规划试验，对可以代表飞机关键结构件或区域的结构元件、典型结构件和组合件进行重复载荷试验，以确定这些关键结构/部位对损伤增长的敏感性。这类试验可以用来支撑或验证这些关键结构/区域是否满足损伤容限设计要求。试验件必须按照实际的生产规范和工艺要求进行制造和装配，以使试验件可以代表实际结构。在进行试验时，应该考虑环境效应对这些考核区域的缺陷或损伤的影响，环境条件应该与预期的使用环境相一致，重复载荷也应该能够代表预期使用的载荷状态，所使用的载荷循环数应统计有效。由于疲劳分散性大、试验周期长，应合理引入载荷放大因子。应依据制造和服役的检查技术，确定初始可检门槛值。重复载荷试验中还应该包括预制的缺陷及损伤。在复合材料结构上预制缺陷及冲击损伤时，应该与复合材料件制造、装配和服役中可能发生的损伤情况及使用的检查技术水平和实施条件相一致。

应通过试验或试验数据支持的分析方法评估损伤类型与结构剩余强度，并验证复合材料结构的剩余强度裕度等于或大于设计载荷（比如极限载荷）对应的结构强度裕度。同时还应该表明，刚度性能未超出可接受的水平。通过试验数据支持的分析或试样、元件或组合件等不同层级的重复载荷试验，验证损伤无扩展概念。应该在完成重复载荷试验后，再进行剩余强度试验。

在制定维护计划、编制检查大纲时，应根据损伤容限试验结果，确定检查间隔，明确定义检查频次、范围和方法，以确保各类损伤都能被准确检出。对于按照损伤无扩展概念设计的复合材料结构，也应该在维护大纲中规定检查间隔。确定检查间隔时，应该综合考虑结构应该具备的剩余强度水平和可能遇到的损伤情况。

1) 全尺寸结构疲劳和损伤容限试验

复合材料具有良好的耐久性。已有经验表明，复合材料结构对疲劳不敏感。因此，对于复合材料/金属混合结构，一种观点认为：如果没有金属疲劳关键件，只需要通过设计研发试验和全尺寸静力试验即可，不要求进行全尺寸疲劳试验。如果有金属疲劳关键件，则要求对全尺寸金属结构进行两倍寿命期大气环境下的疲劳验证试验。这种观点实际上是假设飞机中的复合材料结构在全寿命期的载荷谱和环境作用下，始终在一个较低的应力水平下工作。在这种应力水平下，即使有结构损伤，也不会扩展，并且在全寿命期内始终不会出现超出全尺寸静力试验考核工况外的验证必要性。

这个观点实际上是忽略了对全尺寸复合材料结构在循环载荷作用下的面外载荷的验证，忽略了全尺寸复合材料结构因遭受复杂循环载荷作用而发生传力路线变化和大部件对接区的验证。这些问题可能会引发设计未预计到的破坏模式，从而导致没有对全尺寸结构进行完整的试验验证考核。

因此，正确规范的做法是同时进行全尺寸复合材料结构静力、疲劳和损伤容限试验。在验证复合材料结构静强度的同时，完成上述只能在全尺寸结构上才能进行的疲劳和损伤容限验证。根据试验结果，判断或验证复合材料结构"损伤无扩展"概念是否成立以及在什么条件下成立，为损伤修理和运营维护积累必要的试验数据支持。

复合材料结构与金属结构全尺寸试验的最大差别：金属结构全尺寸试验通常需要两个全尺寸试验件，一个用于静强度试验，另一个用于疲劳和损伤容限试验。而复合材料结构全尺寸试验可以在一个试验件上完成静强度、疲劳和损伤容限试验。因此，合理安排复合材料结构全尺寸试验顺序，就可以达到用一个全尺寸试验件同时验证静强度、疲劳和损伤容限的目的。

当用一个试验件既做静强度又做疲劳、损伤容限验证试验时，极限载荷下的静强度验证试验要在疲劳试验以后进行。一般说来，全尺寸结构损伤容限试验包括验证损伤扩展和剩余强度两部分。民用飞机复合材料结构通常采用损伤无扩展的设计概念，全尺寸复合材料结构疲劳试验实际上就是复合材料结构"损伤无扩展"的验证试验。如在通航某型机复合材料方向舵、升降舵等全尺寸试验过程中，首先在循环载荷作用下验证了损伤无扩展，然后又进行了剩余强度试验。

2) 全尺寸结构试验件上的缺陷和损伤模拟

飞机全尺寸复合材料结构损伤容限试验被用来验证含损伤结构在循环载荷作用下"损伤无扩展"设计概念，并证明损伤结构具有规章所要求的剩余强度。具体说来，损伤容限试验应满足以下 4 项要求：

(1) 质量验收文件容许的制造缺陷和目视勉强可见冲击损伤，在设计使用寿命内不扩展；

(2) 由外来物冲击所造成的目视可见冲击损伤，在两倍检查间隔内不扩展；

(3) 结构带有使用中可预计到的损伤，仍能承受规定的剩余强度试验载荷；

(4) 结构在遭受飞行中离散源损伤后，能够经受住"持续安全飞行(安全返回)载荷"。

为满足以上 4 项损伤容限试验要求，需要在循环加载的不同阶段，在复合材料结构中模拟不同类别和不同程度的损伤。

(1) 制造缺陷的模拟。如通航某型机复合材料方向舵、升降舵在全尺寸试验中引入了脱胶和分层缺陷，引入的缺陷平面形状和尺寸按照质控文件所允许的最大缺陷要求确定(实际引入的缺陷尺寸为允许最大缺陷的 2 倍)，脱胶和分层通过埋入塑料薄膜片模拟。

(2) 冲击损伤的模拟。在复合材料结构试验中，可在循环加载试验的不同阶段，引入 3 种目视可见冲击损伤：目视勉强可见冲击损伤(在循环加载前引入)；目视可见冲击损伤(通常在 1 倍疲劳寿命试验结束后引入，并做 0.5 倍设计使用寿命的循环载荷试验)和明显可见冲击损伤(没有循环载荷要求，但一般进行几十次循环载荷试验)。冲击位置通常选择在高应变位置、结构不连续位置以及特殊暴露位置。

相关知识

推荐的冲击装置

① 气枪式冲击装置。主要用于模拟高速小质量物体(如冰雹、沙石等)的冲击。在冲击时所用的冲击头通常是直径 12.7 mm 的铝球。用它制造冲击损伤时，试验件可以受载，也可以不受载。它的动力源通常为高压气体。

② 落锤式冲击装置。它主要用于模拟低速大质量物体的冲击，如工具坠落、维护装置的撞击等。它的动力源来自物体的重力。

③ 便携式冲击装置。考虑到全尺寸结构试验时可能有不同的安装方式(与地面垂直或水平安装)，在结构表面可能还同时安装有密布的杠杆系统和测量系统，为了减少试验安装工作量，并节省试验时间，可采用便携式冲击装置。其动力源为压缩弹簧，主要用于模拟低速大质量物体的冲击。这种装置既可用于小试样，也可用于全尺寸部件结构；试验件可以受载，也可以不受载。

(3) 雷击损伤的模拟。复合材料导电性能很差(例如碳纤维/环氧树脂复合材料)或者不导电(例如玻璃纤维/环氧树脂复合材料)，因此，复合材料结构易遭受雷击损伤。所以，需要在试验件上模拟这种损伤，并进行疲劳试验，以证实飞机结构在遭受雷击损伤后，能够满足剩余强度要求。雷击损伤的人工模拟方法：用具有一定能量的冲击物在可能遭受雷击的结构部位进行多点冲击，以产生较大面积的分层区，然后再用焊接电弧在分层区内烧洞，并用乙炔火焰烧烤分层区的表面。

(4) 大损伤的模拟。飞机复合材料结构遭受离散源冲击(例如发动机叶片飞出机匣后造成的冲击或鸟撞击)后，可能会产生相当严重的冲击损伤。它会危及飞机的飞行安全。复合材料飞机结构产生这种严重损伤后，其剩余强度应能满足"持续安全飞行"的要求。因此，在复合材料飞机全尺寸结构试验中，应在疲劳寿命循环加载试验完成后，引入由于离散源冲击所造成的损伤。

3) 混合结构试验的一般方法

在复合材料结构中，可能会在一些部位上采用复合材料/金属混合结构(金属件通常位于支持部位，如连接接头等)。复合材料结构的机械性能和疲劳寿命分散性大，并且对环境影响敏感。因此，在疲劳试验中，为了保证复合材料结构与金属结构具有相同的可靠度，通常将谱载荷乘以一个载荷放大系数，这就加大了载荷谱的严重程度。此外，复合材料结构(如果含有损伤)对高载荷是极为敏感的，需要在载荷谱中保留所有高载荷，而金属结构的载荷谱需要按规定截取部分高载荷。另外，用于复合材料结构和金属结构试验的载荷谱的低载荷截除也不尽相同。在复合材料结构试验的载荷谱中，低载荷截除上限一般会比金属结构高一些(大约是设计限制载荷的 30%)。这样一来，就使得验证复合材料结构和金属结构的疲劳特性和损伤容限特性的载荷谱产生了相当大的差异。由此可见，复合材料/金属混合结构的疲劳试验存在比较高的技术难度。不过，由于复合材料结构具有良好的疲劳性能，可以通过适当控制复合材料结构上的应力水平，充分利用其对疲劳不敏感的优势。

对于复合材料/金属混合结构，通常的验证方法是分别对复合材料结构和金属结构进行载荷谱作用下的验证试验。

在复合材料/金属混合结构中，由于复合材料与金属材料的热膨胀系数差异较大，在高温环境作用下，易产生热应力。因此，在复合材料/金属混合结构的应力分析和试验验证过程中要考虑这一点。

6.5　全尺寸复合材料结构适航符合性验证工作流程

为了使读者进一步理解本书第 5 章和第 6 章内容，本节结合这两章内容，重点对全尺寸复合材料结构的静强度、疲劳和损伤容限适航符合性验证的相关技术要求和工作流程进行了梳理，帮助读者正确理解并制定验证方案。

6.5.1 试验分析

复合材料结构"积木式"试验验证是国内外所有飞机制造商为了取得适航证必须遵守的材料和结构试验验证法则，也是保证飞机研制成功和飞行安全所必须遵循的测试流程。除了进行试样级测试之外，还需要对元件、典型结构件、组合件和部件/整机全尺寸试验件进行测试。

复合材料结构全尺寸试验包括静力、疲劳及损伤容限试验验证，主要用于表明对 CCAR 23.305、23.307 和 23.573(a)条款的符合性。

(1) AC 20-107B § 7 结构验证-静强度-子节(a)：必须重视重复加载和可能导致材料性能退化的环境暴露对静强度评估的影响。

(2) AC 20-107B § 8 结构验证-疲劳和损伤容限-子节 a(1)：必须对其失效将会降低飞机结构的完整性的结构进行损伤威胁评估，以确定在制造、使用或维护过程中可能出现的损伤位置、类型和尺寸。评估中要考虑疲劳、环境影响、固有缺陷、外来物冲击或其他意外损伤(包括离散源损伤)。

AC 20-107B § 8 结构验证-疲劳和损伤容限：如果已经获得非常充分的积木式试验数据，可以确保所选的重复载荷和静力加载试验顺序可以代表飞机使用情况或给出一个保守的评估结论，那么，最终的静强度、疲劳和损伤容限验证也可以通过对单个部件进行试验来完成。

在采用一个全尺寸试验件进行静力、疲劳和损伤容限试验验证时，试验的正确规划和实施，将成为适航验证的关键。由于全尺寸试验周期较长，申请人在取证前可能无法完成全部疲劳试验。那么，如何正确规划和实施全尺寸符合性验证试验，全尺寸试验进行到哪一步才能初步满足 TC 取证条件，这些都是申请人特别关心的内容，也是适航审定部门重点关注的内容。

6.5.2 全尺寸静力、疲劳和损伤容限试验关注点

1) 试验件要求

复合材料结构静力、疲劳和损伤容限要求是相互关联的，可以通过使用同一个试验件进行全尺寸试验来实现。全尺寸试验件应能够代表实际生产结构，按照经批准的生产规范和工艺规范进行制造和装配，且试验件制造质量应引入制造允许缺陷，并包括目视勉强可见的冲击损伤(BVID)。为了确定检查间隔，可在损伤容限试验中引入可见冲击损伤(VID，LVID)，该损伤应位于关键结构区域。

2）损伤类别定义

复合材料机体结构损伤包括制造缺陷和使用损伤（如冲击损伤），各种损伤分为 5 类（详见 6.2.1 节图 3）。

除允许的制造缺陷外，其他损伤应在全尺寸试验过程中逐渐引入。各类损伤的引入必须能够充分代表它们所要求对应的门槛值。对关键位置应进行不同冲击能量调查，如 BVID 和 VID 可通过测量冲击后凹坑深度进行评价。凹坑深度与冲击能量和试验件的材料体系、结构刚度、支持边界、结构厚度、环境等因素均有关，同时也与冲头的形状、尺寸和材料有关。表 6-2 给出了各类损伤形式、试验损伤尺寸引入建议及检测方法。

表 6-2　各类损伤形式、试验损伤尺寸引入建议及检测方法

损伤类别	损 伤 形 式	试验损伤尺寸引入建议	检测方法
类别 1	允许制造缺陷：小的分层、孔隙率、小的划伤、沟槽和较小的环境损伤等	所选检测方法的可检门槛值	无损检测（NDI）
	BVID	凹坑深度：冲击后立即测量不小于 1.0 mm； 能量截止值：制造和使用中能预期的最大冲击能量（概率为 10^{-5}/fh）	详细目视检查（DVI）
类别 2	VID、深的沟槽或划伤、不明显的制造失误、可检的分层或脱胶、大的局部灼伤或环境退化	凹坑深度：冲击后立即测量不小于 2.5 mm； 能量截止值：极不可能的事件产生的冲击损伤（概率小于 10^{-9}/fh）	一般目视检查（GVI）
类别 3	油箱渗漏、系统故障、客舱噪声或其他明显可见损伤	定义为“穿透”型损伤； 无能量截止值要求	巡回检查（WA）
类别 4	离散源损伤：发动机叶片破裂、鸟撞、轮胎爆裂和飞行中严重的冰雹和雷击等	根据鸟撞、轮胎爆裂等离散源损伤试验，分析和影响范围确定	机组人员已知晓
类别 5	勤务车辆与飞机的严重撞击、异常的飞行超载状态、非正常硬着陆、维护时千斤顶操作失误以及飞行中零件失落造成的与相邻结构的高能量、大面积（钝头）冲击等	按需。 备注：该类损伤不需要进行结构验证	操作人员已知晓

3) 重复载荷

在全尺寸试验中，将施加重复载荷，以评估实施重复加载后静强度的退化。应该在静强度评定中，考虑可能引起材料性能退化的重复载荷的影响。全尺寸试验将在室温下模拟重复加载，忽略层压板含水率对疲劳性能的影响。

疲劳载荷谱：为了模拟真实飞行中的重复加载，应根据实际飞行任务及其组合生成疲劳载荷谱。高载荷对复合材料的疲劳损伤更为关键。可以略去不高于30%限制载荷的低载荷，以节省试验时间，这不会显著影响疲劳寿命试验结果。

载荷放大系数：典型 $S-N$ 曲线的B基值和均值及其差异均具有统计意义，Weibull分布中的形状参数可以较好地描述复合材料疲劳试验数据的分散性。有数据表明，如果复合材料的疲劳寿命试验数据的Weibull分布形状参数为1.25，为了保持B基值可靠度不变，且只采用一个全尺寸试验件进行疲劳试验，则寿命因子要求为13.558。而对于金属结构，在保持相同可靠度的情况下，因其疲劳寿命试验数据的Weibull分布形状参数为4.00，则寿命因子约为2。这就是采用寿命因子法需要另外多进行较长时间疲劳试验的主要原因。图6-4给出了金属和复合材料结构采用一个试验件并具有相同可靠性要求时，采用寿命因子法的计算结果。

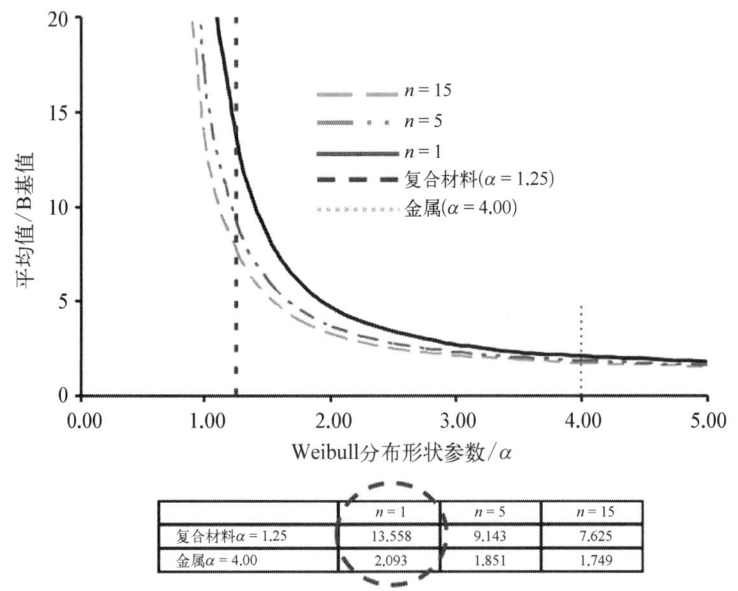

	$n=1$	$n=5$	$n=15$
复合材料 $\alpha=1.25$	13.558	9.143	7.625
金属 $\alpha=4.00$	2.093	1.851	1.749

图6-4 寿命因子法计算结果示意图

因此，为了使疲劳试验周期可控，在考虑复合材料的各向异性和工艺变异性对复合材料结构重复载荷行为带来的分散性影响时，通常采用载荷放大系数(LEF)法或载荷放大系数与寿命因子的组合法。载荷放大系数法的核心是通过放大所施加的重复载荷，来缩短疲劳试验时间，且兼顾具有相同水平的可靠性。图 6-5 给出了采用载荷放大系数(LEF)法或载荷放大系数与寿命因子组合法的示意图。

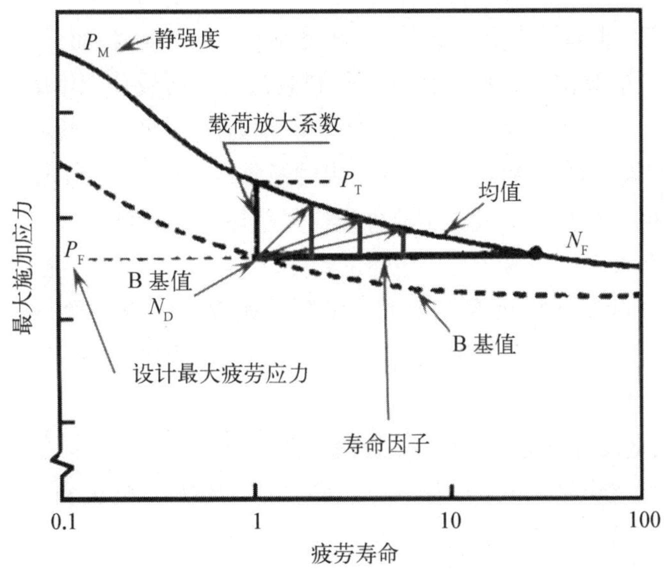

图 6-5　复合材料结构载荷放大系数法或载荷放大系数与寿命因子组合法示意图

4) 温度和湿度

应该在静强度评定中，考虑可能引起材料性能退化的环境条件的影响。由试验数据支持的分析，或由试样、元件和组合件级的试验，或用已有的相关数据来说明这种影响。

6.5.3　复合材料结构全尺寸试验验证规划及其与适航关系

1) 复合材料结构全尺寸试验验证规划

第一阶段(疲劳评定)——应在计及适当环境影响的条件下，通过部件疲劳试验来完成疲劳验证。证明按质量控制规范认为质量最差的结构(不仅考虑在结构受力最大的区域引入低速冲击损伤，还须考虑存在各种制造缺陷的情况)中不会出现损伤的起始和扩展，并在疲劳试验之后，验证其极限载荷承载能力。

第二阶段(损伤容限评定)——对更严重的冲击损伤进行无明显扩展验证，其中，某些损伤可能在定期的检查间隔中变成可检的。应该对结构关键区域进行重复载荷试验，以确定结构对损伤扩展的敏感性。这种试验可以构成证实损伤容限要求中无扩展方法的基础，并在疲劳试验之后，证实其限制载荷能力。全尺寸结构试验的第二阶段可以实现大多数结构安全性的证明，如图 6-4 所示。全尺寸试验通过且能够充分验证 DSG 飞行小时机体结构寿命的判据如下：

(1) 带有第 1 类损伤的试验件，在考虑 LEF 的情况下，完成 1 倍等效寿命重复载荷试验后，能够承受限制载荷(含环境系数)至少 30 秒而无有害的永久变形，预制的损伤/缺陷无扩展。在直到限制载荷的任何载荷作用下，变形不得妨害安全运行。完成重复载荷试验后，能够承受极限载荷(含环境系数)至少 3 秒而不破坏，如果试验件结构能够承受要求的极限载荷至少 3 秒，则在限制载荷与极限载荷之间产生局部失效或试验件结构失稳是可接受的。

(2) 带有未修补的第 2 类损伤的试验件，在考虑 LEF 的情况下，完成 0.5 倍等效寿命重复载荷试验后，能够承受 k 倍限制载荷(含环境系数)至少 30 秒而无有害的永久变形，预制的损伤/缺陷无扩展。在直到限制载荷的任何载荷作用下，变形不得妨害安全运行。

2) 完成全尺寸试验与取得 TC 证的关系

复合材料飞机结构取 TC 证，一般须完成全部静力、疲劳和损伤容限试验，以表明该型号符合 23.305、23.307 和 23.573(a)条款，满足最低安全性要求。但全尺寸试验成本高，周期长，因此，申请人取证前或许不能完成全部疲劳试验。为了满足 TC 取证的前提条件要求，申请人可以采用在一个试验件进行复合材料结构的静力、疲劳和损伤容限试验的方案。为了缩短疲劳试验时间，申请人也可以采用两个试验件，一个用于静力试验，一个用于静力、疲劳和损伤容限试验，以达到尽快取证的目的。然而，无论申请人采用哪种方法，均应提前与适航审定部门进行沟通协调，并结合申请人的实际情况，选择以下两个试验方案之一进行试验。其中，所有静强度试验均需考虑环境影响。

(1) 采用一个全尺寸试验件进行取证试验方案：至少完成 1/4 寿命的重复载荷疲劳试验，并能通过 100%极限载荷静强度试验考核，然后继续完成全部损伤容限重复载荷试验，并能承受 100%限制载荷静强度试验考核。飞行手册限制章节应对飞机寿命进行限制，直至完成全部试验后，再根据试验结果，决定是否取消限制。

(2) 采用两个全尺寸试验件进行取证试验方案：第一个试验件带有第 1 类

损伤，为静力试验件。该试验件主要用于完成 100%极限载荷静强度试验。第二个试验件为静力、疲劳和损伤容限试验件，该试验件需要按照试验规划与静力试验件一起，同步进行并完成全部疲劳和损伤容限阶段的重复载荷试验，并能通过 100%限制载荷静强度试验考核。飞行手册限制章节应对飞机寿命进行限制，直至完成全部试验后，再根据试验结果，决定是否取消限制。

全尺寸复合材料结构静力、疲劳和损伤容限试验验证规划及其与取得 TC 证的关系如图 6-6 所示。

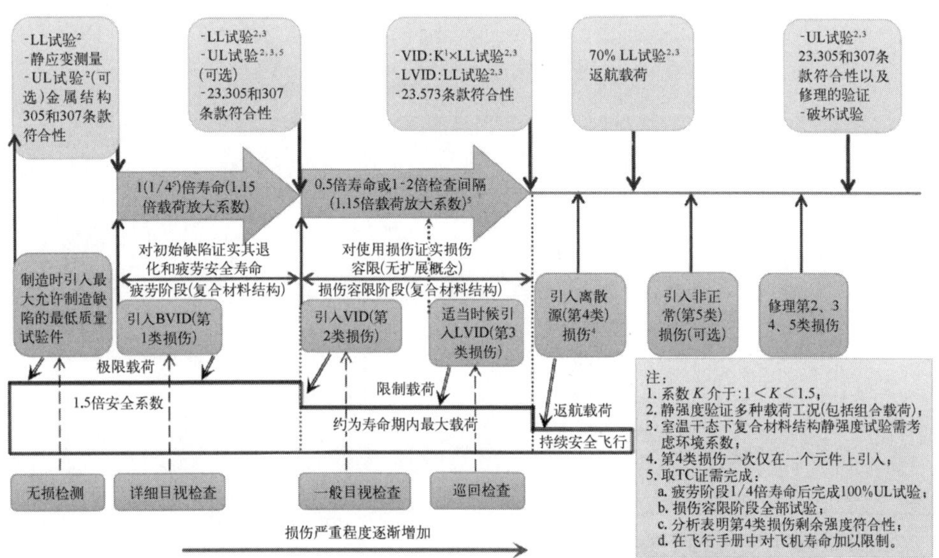

图 6-6 全尺寸复合材料结构静力、疲劳和损伤容限试验验证规划(以 1.5 倍寿命为例)

通过上述阐述可以看出，针对通航飞机复合材料结构，正确规划和实施全尺寸复合材料结构静力、疲劳和损伤容限试验至关重要。

总之，通过全尺寸试验，至少应该能够回答以下问题。

① 复合材料结构全尺寸静力、疲劳和损伤容限试验结果能够用来表明满足 23.305、23.307 和 23.573(a)条款要求。

② 在静强度评定中，能够说明可能引起材料性能退化的环境暴露的影响。

③ 各类损伤的引入应该能够充分代表各类损伤所要求的门槛值。需要注意的是凹坑深度与冲击能量、试验件的材料体系、结构刚度、支持边界、结构厚度、环境等因素均有关，同时也与冲头的形状、尺寸和材料有关。

④ 在考虑材料变异性对复合材料结构重复载荷行为的影响时，最好采用载

荷放大因子而不是寿命因子。采用载荷放大因子方法的目的是在认证测试中增大试验使用的重复载荷，以便在更短的测试持续时间内实现相同水平的可靠性。

⑤ 申请人可以采用一个或两个全尺寸试验件进行静力、疲劳和损伤容限试验验证。无论采用一个还是两个试验件，取 TC 证之前，必须完成全部损伤容限阶段的重复载荷试验。

⑥ 在飞行手册限制章节，依据实际完成的疲劳试验情况，对飞机寿命进行限制，直至完成全部试验后，再根据试验结果，决定是否取消限制。

第 7 章 结构颤振和气动弹性适航符合性

本章将针对民用飞机复合材料结构颤振和其他气动弹性适航审定要求，以 AC 20-107B 为指导性资料，进一步具体给出相关的适航审定符合性方法。这里给出的符合性方法对于工业方和局方都具有指导作用，但不具有指令性，更不具有规章性。

本章内容和信息主要针对通航民用飞机的研制需求进行编排。可供复合材料航空器结构的合格审定申请人、审定/批准责任人、部件制造商、材料供应商、维护和修理机构等单位技术人员参考使用，仅限用作指导性材料。

7.1 颤振和其他气动弹性适用的适航条款

在 CCAR-23-R3 中，与本章节相关的适用条款包括：第 23.629 条 颤振。条款内容及条款解析详见本书第 2 章。

本章将参考 ACM-TR-23《适航审定手册》，结合作者在实际型号合格审定工作中的适航审定经验，针对复合材料结构，给出本章节所涉及条款——第 23.629 条(颤振)的条款符合性方法建议。

(1) 对于动力学相似飞机，可以通过对比试验数据来代替对其进行全新的分析和地面颤振试验。这种对比通常是对动力学相似飞机的几何尺寸、质量和刚度分布、速度范围及尤为重要的测得的耦合振动模态等进行对比和分析。

(2) 对于新设计的飞机，23.629 条款自修正案 23－48 起要求取证必须建立在飞行颤振试验基础之上，且必须同时满足合理的分析或刚度和质量平衡准则。强烈建议在进行飞行颤振试验之前，所有飞机都应先完成合理的分析，严格按照刚度和质量平衡准则来设计的飞机也不例外。飞机主要结构部件的固有频率和模态形状应该在进行飞行颤振试验之前，通过地面振动试验或其他被批准的方法来确定。飞行颤振试验是证明飞机不会发生颤振的最直接、可靠的方法。

(3) 对于按照23部取证的飞机，机翼和平尾的颤振分析可以分开进行。但是，对于非常规布局或者飞行马赫数超过0.6的飞机，一般不宜分别对机翼和平尾进行颤振分析。颤振分析要求同时进行对称和反对称模态研究。

(4) 计算得到的质量和刚度分布通常用来计算机翼和安定面等飞机部件的非耦合模态和频率。这些计算模型中的参数将被用于进行整个飞机的耦合振动分析。计算出来的耦合模态和频率将与地面共振试验中测得的固有频率和模态形状进行比较。一般会对计算得到的刚度相关输入量进行调整，直到与地面振动试验获得的数据很好吻合，则该分析模型才被认为通过了地面试验数据的考核验证。

(5) 建议对刚度和其他重要参数进行给定输入情况下的参数变化分析，以便确定关键参数。通常需要对控制面平衡条件和控制系统频率(特别是调整片频率)进行参数研究。在飞行颤振试验中，需要对控制系统的拉力值在其容差范围的上下限点实际达到的效果进行评估。同时建议通过改变主要翼面的频率(刚度)，特别是在保持其他频率不变的情况下，只改变各级扭转频率和发动机频率来研究控制系统刚度变化的影响。

(6) 对于符合23.629(d)中条件的飞机，可以使用23.629条款中规定的满足航空结构和设备工程报告No.45(修正版)“简化防颤振准则”(美国联邦航空局出版)(第4～12页)中的刚度和质量平衡准则，来表明飞机不发生颤振、操纵反效或发散。

(7) 飞行颤振试验的范围依赖于分析准备和类似设计经验是否充分，具体飞行科目应与适航机构达成一致。

(8) 为了证明飞机符合23.629(g)和23.629(h)条款要求，需要使用经验证的分析方法进行分析。当颤振分析方法尚未被具有类似设计特征的飞机经验所证实，以及设计修改对临界颤振模式产生显著影响时，应进行全尺寸飞行颤振试验，仅靠理性分析只能给予有限的置信度。

(9) 对于可能影响颤振特性的设计修改以及现有飞机的衍生产品，如果采用的分析方法(包括使用的任何有限元模型)已经在飞机基本模型的认证期间得到验证，则该方法可以用来进行分析。

(10) 符合23.573条款损伤容限要求的飞机，其损伤程度对应的剩余强度可能会改变飞机刚度和主要结构元件的固有频率。对于复合材料结构，也可能由于环境条件(温度和湿度)而发生改变。如果没有精确的测量值，则应假设刚度变化至少为+/−20%。FAA咨询通告AC 23.629-1B为23.629条款提供了额外的可接受的符合性方法和指导材料。

7.2 颤振和其他气动弹性不稳定性适航符合性方法及解读

7.2.1 建议的颤振和其他气动弹性不稳定性适航符合性方法

本节内容取自FAA在2010年8月24日发布的咨询通告AC 20-107B《Change 1 to Composite Aircraft Structure》中第9部分。

下面逐段给出上述咨询通告中第9部分的英文原文及参考译文。

【英文原文】

9. Proof of Structure — Flutter and Other Aeroelastic Instabilities.

The aeroelastic evaluations, which includes flutter, control reversal, divergence, and any undue loss of stability and control as a result of structural loading and resulting deformation, are required. Flutter and other aeroelastic instabilities must be avoided through design, quality control, maintenance, and systems interaction.

【参考译文】

9. 结构验证——颤振和其他气动弹性不稳定性

必须对颤振、控制反效、发散以及结构因受载后变形造成的任何过度失稳和失控进行气动弹性评估。必须通过设计、质量控制、维护和系统间交互作用来避免颤振和其他气动弹性不稳定情况的发生。

【英文原文】

a. The evaluation of composite structure needs to account for the effects of repeated loading, environmental exposure, and service damage scenarios (e.g., large Category 2, 3 or 4 damage) on critical properties such as stiffness, mass, and damping. Some control surfaces exposed to large damage retain adequate residual strength margins, but the potential loss of stiffness or mass increase (e.g., sandwich panel disbond and/or water ingression) may adversely affect flutter and other aeroelastic characteristics. This is particularly important for control surfaces that are prone to accidental damage and environmental degradation. Other factors such as the weight or stiffness changes due to repair, manufacturing flaws, and multiple layers of paint need to be evaluated. There may also be issues associated with the proximity of high temperature heat sources near structural components (e.g., empennage structure in the path of jet engine exhaust streams or engine bleed air pneumatic system ducting). These effects may be determined by analysis supported by test evidence, or by tests at the coupon, element or subcomponent level.

【参考译文】

a. 复合材料结构评估需要考虑重复载荷、环境暴露和服役中的各类损伤情况(如较大的类别 2、类别 3 和类别 4 损伤)对刚度、质量和阻尼等关键性能的影响。有些控制面在遭受大的损伤后,虽然可能还具有一定的剩余强度裕度,但是,结构内部不易察觉的刚度降和质量增加(如夹层壁板脱胶和/或水分浸入)可能已经对颤振和其他气动特性产生了不利影响。该评估工作对那些容易受到意外损伤和因环境因素产生性能退化的控制面特别重要。另外,还需要对其他由于修理、制造缺陷、多层涂漆带来的重量或刚度变化等因素进行评估。可能还有一些与邻近高温热源的结构部件有关的问题(如位于喷气发动机尾喷流或发动机引气气动系统管道所在路径上的尾翼结构)。这些影响可以通过试验支持的分析,或通过试样、元件或组合件级试验来确定。

7.2.2 颤振和其他气动弹性不稳定性适航符合性方法解读

必须在设计、质量控制和维修等各个环节对飞机相关系统予以特殊关注,避免出现颤振和其他气动弹性不稳定性问题。23 部中涉及飞机颤振和其他气动弹性的条款有 23.629 等。针对复合材料结构设计,通常应考虑和评定以下方面。

(1) 复合材料结构评定需要考虑重复载荷、环境暴露和使用损伤(较大的损伤,例如类别 2、3 或 4 损伤)对关键性能(例如刚度、质量和阻尼)的影响。当操纵面遭受大损伤后,不但要通过试验验证证明它具有要求的剩余强度,还要考虑刚度降低或质量增加(例如夹芯结构壁板脱胶和/或水分侵入引起的壁板刚度降低和/或质量增加)对颤振和其他气动特性的不利影响。

(2) 应当评定其他因素(例如修理、制造缺陷和多层涂层等)引起的重量和刚度的变化。

(3) 应当对受高温源影响的结构(例如受喷气发动机排气流影响的尾翼结构)可能的刚度变化对颤振和其他气动弹性问题的影响进行评估。

以上三方面因素对颤振和其他气动弹性的影响可以通过试验支持的分析，或者通过试样、元件或典型结构件级的试验进行验证。

7.3 颤振及其他气动弹性不稳定性适航评审要素及审查要求

必须通过设计、质量控制、维护和对系统之间相互影响的合理分析和控制来避免颤振和其他气动弹性不稳定性问题的发生。

(1) 结构的振动特性需要通过地面振动试验进行测试和验证。

(2) 颤振特性分析需要分析到 $1.2V_D/M_D$。

(3) 颤振飞行试验需要从小速度向 V_D 逐渐逼近。

(4) 在速度为 V_D 时，各阶模态的阻尼应该有余量，且在 V_D 附近没有大而迅速的衰减。

(5) 需要考虑主、副操纵系统中单个结构原件发生失效情况的影响。

7.4 颤振及其他气动弹性不稳定性适航符合性验证

必须确定振动模态和共振频率，还要确定结构的动态临界飞行气动弹性不稳定性和不稳定性分离点。关键部件、位置、激励模式和分离点必须加以识别和证实。这种证明应包括由试验或试验支持的分析。复合材料结构评估还需要考虑重复载荷、环境暴露和使用损伤(如可能出现的较大剥离、水渗入等)对刚度、质量和阻尼等性能的影响，以及制造缺陷和使用中出现的损伤与操纵面间隙之间的关系等。

7.4.1 地面试验

动力学相似飞机的地面试验通常包括：地面振动测试、控制面和翼面质量特性测定、机翼和安定面刚度测试等。

对于动力学相似飞机，23.629(a)规定可以使用对比试验数据来代替对其进行全新的分析和地面颤振试验。这种对比通常是对动力学相似飞机的几何尺寸、质量和刚度分布、速度范围及尤为重要的测得的耦合振动模态等进行对比和分析。

但是，颤振试飞的飞机与其他飞机之间的相似程度可能有很大差异，虽然条款中没有对可用的安全裕度考虑、颤振速度对某些参数的敏感性分析及原始分析结果的完整性等给出硬性规定，但每个项目仍须使用工程判断进行以下相似性评估：

(1) 飞机的重量应该相似；

(2) 飞机的速度范围应该相似；

(3) 飞机的几何结构应该相似；

(4) 飞机的质量和刚度分布应该相似；

(5) 飞机应具有类似的控制系统和结构。

7.4.2 飞行颤振试验及分析

1) 飞行颤振试验

23.629 条款要求必须根据飞行颤振试验结果、合理分析第 23.629(c)节或刚度和质量平衡准则第 23.6.29(d)节来验证飞机在飞行包线内的任何点都不会发生颤振、操纵反效和机翼发散。

2) 以往分析回顾

通过对以往类似飞机的颤振分析结果进行回顾，可以帮助工程师获得非常有用的振动趋势和临界模态等信息。虽然这类回顾一般不会直接成为一架新飞机的验证基础，但是它却可以为当前取证飞机的振动特性改进及效果评估提供非常有用的工具。

3) 二维分析

对具有两个或三个自由度的“代表截面”进行振动特性分析，可以合理预测大展弦比直机翼(或尾翼)的颤振特性。其中，主翼面主要进行平动和俯仰运动，控制面分析中用到的第三个自由度为绕铰链轴线的转动。

4) 三维分析

三维分析在全翼展上进行，而非上述二维分析中提到的“代表截面”法。三维分析针对整体结构进行，并对结构进行必要的工程简化。最常见的方法是将整个翼展分为若干个条带，然后对每个条带进行分析。也可采用其他类型的建模方法，如双箱或多箱盒段模型等。

7.4.3 刚度和质量平衡准则

如果飞机满足 23.629(d)中(1)、(2)和(3)中规定的条件，则可以使用 23.629(d)

提到的航空结构和设备工程报告- 45 号(修正版)中的“简化防颤振准则”(美国联邦航空局出版)(第 4～12 页)中的刚度和质量平衡准则进行符合性验证,表明飞机不会发生颤振、副翼反效和机翼气动发散。

上述方法主要依据如下。

(1) 对这类曾经在飞行中经历过颤振的飞机的几何外形、转动惯量和弹性性能的统计研究,以及曾经用于消除颤振的方法。

(2) 采用半刚体模型完成的有限风洞试验。这些模型为高刚性实体模型,其运动由根部的弹簧控制,模拟机翼的弯曲和扭转,控制面的弹簧则用来模拟转动。

(3) 采用二维分析方法对机翼的代表截面进行分析研究。

7.4.4　对已认证飞机的改装

如果已经通过认证的飞机进行了改装,通常需要对飞机的振动特性进行谨慎判断,才能确定对其进行重新评估的必要程度。如果质量、质量分布或刚度分布已经发生较大变化,并可能导致颤振方程中的主要模态、振型或质量耦合项的共振频率发生显著变化,则可能需要进行重新评估,如对模态前和模态后的地面振动试验(GVT)数据进行比较或分析等。

7.4.5　操纵面和调整片

机翼上的空气动力对操纵面位移非常敏感,而操纵面位移又对控制运动和翼面位移产生的空气动力做出响应。操纵面位移可由控制系统的偏转、操纵面附件的偏转或操纵面本身在控制应力、位移引起的空气动力以及惯性力的作用下的结构偏转所引起。

7.4.6　发散和操纵反效

通过提供足够的扭转刚度,可以避免升力面的静气弹不稳定性。

当气动力产生的扭矩超过机翼的抗扭能力时,就会产生发散。气动扭矩是速度和挠曲变形的函数,而抗扭能力取决于升力面的扭转刚度,该刚度是常数,因此存在极限发散速度。发散可能会在没有任何警告的情况下出现。

在发生操纵反效之前,飞行员通常会反映副翼“沉重”或“延迟”。当操纵面偏转引起的升力变化被升力面扭转引起的升力改变抵消时,则达到极限反效速度。

第 8 章 持续适航符合性要求

本章将针对民用飞机复合材料结构持续适航审定要求，以 AC 20-107B 为指导性资料，进一步具体地给出相关的适航审定符合性方法。这里给出的符合性方法对于工业方和局方都具有指导作用，但不具有指令性，更不具有规章性。

本章内容和信息主要针对通航民用飞机的研制需求进行编排。可供复合材料航空器结构的合格审定申请人、审定/批准责任人、部件制造商、材料供应商、维护和修理机构等单位技术人员参考使用，仅限用作指导性材料。

8.1 持续适航适用的适航条款

在 CCAR-23-R3 中，与本章节内容相关的适用条款包括：第 23.1529 条持续适航文件和附件 G 持续适航文件。条款内容及条款解析详见本书第 2 章。

本章将参考 ACM-TR-23《适航审定手册》，结合作者在实际型号合格审定工作中的适航审定经验，针对复合材料结构，给出本章节所涉及条款的符合性方法建议。

1) 第 23.1529 条(持续适航文件)条款符合性方法建议

申请人必须为申请取证的航空器编制局方可接受的持续适航文件，包括但不限于维护手册等，并形成持续适航文件清单。持续适航文件应在内容完整性、数据来源准确性和可靠性等方面满足适航当局审定要求。如果在型号合格审定时，持续适航文件是不完备的，必须有计划保证在交付第一架飞机之前或者在颁发标准适航证之前，完成这些文件。

2) 附件 G 持续适航文件

申请人必须根据附件 G 中的持续适航文件编写内容、格式及适航限制条款要求，为申请取证的航空器编制配备持续适航文件。只有根据附件 G 中的详细说明和要求编写持续适航文件，申请人才有可能编写完成满足 23.1529 条款要求并被适航当局认可的持续适航文件。适航当局将审查和评估持续适航文件以确定其可接受性。

8.2　持续适航符合性方法及解读

8.2.1　建议的持续适航符合性方法

本节内容取自 FAA 在 2010 年 8 月 24 日发布的咨询通告 AC 20-107B《Change 1 to Composite Aircraft Structure》中第 10 部分。

下面逐段给出上述咨询通告中 § 10. Continued Airworthiness. 中 a.、b.、c.、d.各节英文原文及参考译文。

【英文原文】

10. Continued Airworthiness.

The maintenance and repair of composite aircraft structure should meet all general, design and fabrication, static strength, fatigue/damage tolerance, flutter, and other considerations covered by this AC as appropriate for the particular type of structure and its application.

【参考译文】

10. 持续适航

复合材料飞机结构维护和修理，应满足本咨询通告中覆盖的适用于具体结构类型及其应用的总则、设计与制造、静强度、疲劳/损伤容限、颤振和其他事项中的所有条款。

【英文原文】

a. Design for Maintenance.

Composite aircraft structure should be designed for inspection and repair access in a field maintenance environment. The inspection and repair methods applied for structural details should recognize the special documentation and training needed for critical damage types that are difficult to detect, characterize, and repair. The inspection intervals and life limits for any structural details and levels of damage that preclude repair must be clearly documented in the appropriate continued airworthiness documents.

【参考译文】

a. 维护设计

复合材料航空器结构应设计外场维护条件下的检查与修理通道。在结构细节检测和修理方法中,对于那些难以检出、表征和修理的关键损伤类型,应该明确给出所需的专用文件和培训。必须在适当的持续适航文件中明确规定所有结构细节的检测间隔与寿命极限值,以及可以不予修理的损伤水平。

【英文原文】

b. Maintenance Practices.

Maintenance manuals should be developed by the appropriate organizations to include the necessary inspection, maintenance, and repair procedures for composite structures, including jacking, disassembly, handling, part drying methods, and repainting instructions (including restrictions for paint colors that increase structural temperatures). Special equipment, repair materials, ancillary materials, tooling, processing procedures, and other information needed for inspection or repair of a given part should be identified since standard field practices, which have been substantiated for different aircraft types and models, are not common.

【参考译文】

b. 维护实操

相关部门应组织编制维护手册,手册中应包括对复合材料结构进行必要的检查、维护和修理的操作程序,包括顶升、分解、处置、零件干燥方法和重新涂漆的相关说明(含对可能增加结构温度的油漆颜色的使用限制)。实际维护情况表明,不同的航空器类型和型号,外场的标准维护操作并不相同。因此,应针对具体需要检测和修理的零件,确定所需的专用设备、修理材料、辅助材料、工具、工艺步骤和其他所需信息。

【英文原文】

(1) Damage Detection.

(a) Procedures used for damage detection must be shown to be reliable and capable of detecting degradation in structural integrity below ultimate load capability. These procedures must be documented in the appropriate sections of the instructions for continued airworthiness. This should be substantiated in static strength, environmental resistance, fatigue, and damage tolerance efforts as outlined in paragraphs 6, 7, and 8. Substantiated detection procedures will be needed for all damage types identified by the threat assessment, including a wide range of foreign object impact threats, manufacturing defects, and degradation caused by overheating. Degradation in surface layers (e.g., paints and coatings) that provide structural protection against ultraviolet exposure must be detected. Any degradation to the lightning strike protection system that affects structural integrity, fuel tank safety, and electrical systems must also be detected.

【参考译文】

(1) 损伤检测

(a) 必须表明用于损伤检测的程序是可靠的,能够检测出结构完整性下降到低于极限载荷承载能力的情况,这些检测方法和流程必须在持续适航文件的相应章节中有明文规定,而且应在第6、7和8章中提到的进行静强度、耐环境能力、疲劳和损伤容限评定工作时予以验证。通过验证的检测程序可用于检测经损伤威胁评估识别出的所有损伤类型,包括各类外来物冲击威胁、制造缺陷和因过热引起的性能退化。必须检出为结构提供紫外线防护作用的表面层(如漆层和涂层)的性能退化,还必须检出影响结构完整性、油箱安全和电气系统的闪电防护系统的退化。

【英文原文】

(b) Visual inspection is the predominant damage detection method used in the field and should be performed under prescribed lighting conditions. Visual inspection procedures should account for access, time relaxation in impact damage dent depth, and the color, finish, and cleanliness of part surfaces.

【参考译文】

(b) 目视检查是最主要的外场损伤检测方法，应该在规定的光线条件下进行。目视检查方法应考虑适用条件、冲击损伤凹坑深度的时间松弛效应和零件表面颜色、涂层和清洁度等因素的影响。

【英文原文】

(2) Inspection.

Visual indications of damage, which are often used for composite damage detection, provide limited details on the hidden parts of damage that require further investigation. As a result, additional inspection procedures used for complete composite damage characterization will generally be different than those used for initial damage detection and need to be well documented. Nondestructive inspection performed prior to repair and destructive processing steps performed during repair must be shown to locate and determine the full extent of the damage. In-process controls of repair quality and post-repair inspection methods must be shown to be reliable and capable of providing engineers with the data to determine degradation in structural integrity below ultimate load capability caused by the process itself. Certain processing defects cannot be reliably detected at completion of the repair (e.g., weak bonds). In such cases, the damage threat assessment, repair design features, and limits should ensure sufficient damage tolerance.

【参考译文】

(2) 检查

目视损伤表征法常被用于复合材料损伤检测，但该方法对损伤不可见部分能够提供的细节非常有限，这就需要对损伤做进一步检查。因此，其他可用于复合材料损伤全面表征的检查方法往往与最初的损伤检查方法不同，这需要在文件中详细说明。必须表明，无论是修理前进行的无损检测，还是修理过程中实施的那些损伤清理步骤，损伤的位置和完整边界范围都是能够准确确定的。必须表明，修理质量的过程控制和修理后的检查方法是可靠的，并能为工程师提供数据，用来确定由于修理本身所造成的结构完整性下降，即结构承载能力低于极限载荷的具体情况。某些制造缺陷(如弱胶接)在修理完成后可能无法可靠地检出，在这种情况下，应通过损伤威胁评估和采用独特的修理设计甚至增加限制使用条件等手段来保证结构具有足够的损伤容限能力。

【英文原文】

(3) Repair.

All bolted and bonded repair design and processing procedures applied for a given structure shall be substantiated to meet the appropriate requirements. Of particular safety concern are the issues associated with bond material compatibilities, bond surface preparation (including drying, cleaning, and chemical activation), cure thermal management, composite machining, special composite fasteners, and installation techniques, and the associated in-process control procedures. The surface layers (e.g., paints and coatings) that provide structural protection against ultraviolet exposure, structural temperatures, and the lightning strike protection system must also be properly repaired.

【参考译文】

(3) 修理

所有用于给定结构的螺接和胶接修理设计和修理程序，均应通过验证并满足相关的技术要求。其中，与安全密切相关的是胶接材料相容性、胶接表面准备(包括烘干、清洁和化学活化)、固化加热控制、复合材料机械加工、复合材料专用紧固件及其安装技术，以及相关的修理过程控制方法。此外，还必须对为结构提供紫外线防护的表面层(如漆层和涂层)和闪电防护系统进行适当的修理。

【英文原文】

(4) Documentation and Reporting.

Documentation on all repairs must be added to the maintenance records for the specific part number. This information supports future maintenance damage disposition and repair activities performed on the same part. It is recommended that service difficulties, damage, and degradation occurring to composite parts in service should be reported back to the original equipment manufacturer (OEM) to aid in continuous updates of damage threat assessments to support future design detail and process improvements. Such information will also support future design criteria, analysis, and test database development.

【参考译文】

(4) 制定文件和提供报告

所有与修理相关的文件都必须录入与该具体零件编号对应的维修记录中，该信息会对今后在同一零件上进行维护、损伤处置和修理工作提供技术支持。建议：应该把复合材料零件在服役中出现的困难、损伤和性能退化等情况反馈给初始设备制造商(OEM)，以帮助其不断更新损伤威胁评估内容，支持后续对设计细节和工艺的不断改进。这类信息还将支持今后设计准则、分析和试验数据库的发展。

【英文原文】

c. Substantiation of Repair.

(1) When repair procedures are provided in FAA-approved documents or the maintenance manual, it should be demonstrated by analysis and/or test that the method and techniques of repair will restore the structure to an airworthy condition. Repairable damage limits (RDL), which outline the details for damage to structural components that may be repaired based on existing data, must be clearly defined and documented. Allowable damage limits (ADL), which do not require repair, must also be clearly defined and documented. Both RDL and ADL must be based on sufficient analysis and test data to meet the appropriate structural substantiation requirements and other considerations outlined in this AC. Additional substantiation data will generally be needed for damage types and sizes not previously considered in design development. Some damage types may require special instructions for field repair and the associated quality control. Bonded repair is subjected to the same structural bonding considerations as the base design (refer to paragraph 6.c).

【参考译文】

c. 修理的验证

(1) 当申请人在报 FAA 批准的文件或维护手册中提供了修理程序时，应该通过分析和/或试验来验证这些修理方法和技术可以使结构恢复到适航状态。必须在文件中明确定义可修理损伤极限(RDL),该限制值基于现有数据定义了结构部件上可修复损伤的细节。不需要修理的允许损伤极限(ADL),也必须在文件中明确定义。RDL和ADL都必须基于充分的分析和试验数据来确定,并满足本咨询通告中提到的相应的结构验证要求和其他方面的考虑。如果出现了前期设计研制时没有考虑到的损伤类型和尺寸,通常还需要另外的验证数据。有些损伤类型可能需要针对外场修理和相关质量控制要求,制定专用说明。胶接修理与结构胶接在基本设计上的考虑是一样的(参见§6.c)。

【英文原文】

(2) Operators and maintenance repair organizations (MRO) wishing to complete major repairs or alterations outside the scope of approved repair documentation should be aware of the extensive analysis, design, process, and test substantiation required to ensure the airworthiness of a certificated structure. Documented records and the certification approval of this substantiation should be retained to support any subsequent maintenance activities.

【参考译文】

(2) 运营商和维修机构(MRO)如果想超出已批准的修理文件范围对航空器进行大修或改装,就必须对需要完成的大量分析、设计、工艺和试验验证工作非常清楚,以确保已取证结构满足适航符合性要求。且必须保存好这些验证工作的文件记录和审定批准文件,以便支持后续的任何维护工作。

【英文原文】

d. Damage Detection, Inspection and Repair Competency.

(1) All technicians, inspectors, and engineers involved in damage disposition and repair should have the necessary skills to perform their supporting maintenance tasks on a specific composite structural part. The continuous demonstration of acquired skills goes beyond initial training (e.g., similar to a welder qualification). The repair design, inspection methods, and repair procedures used will require approved structural substantiation data for the particular composite part. Society of Automotive Engineers International

(SAE) Aerospace Information Report (AIR) 5719 outlines training for an awareness of the safety issues for composite maintenance and repair. Additional training for specific skill-building will be needed to execute particular engineering, inspection, and repair tasks.

【参考译文】

d. 损伤检测、检查和修理资格

(1) 涉及损伤处置和修理的所有技术人员、检测人员和工程师都应具有必要的技能,以便他们能够完成对具体复合材料结构零件的技术支持和维护任务。有些已获技能也可能会在连续多次验证后超出最初的培训水平(如类似于焊接人员的资格认证)。对于某些特定复合材料零件来说,所使用的修理设计、检查和修理方法,要求有已批准的结构验证数据的支持。美国汽车工程师学会(SAE)在航空航天信息报告(AIR)5719 中对复合材料维护与修理中的安全问题基本知识培训进行了概述。如果执行特殊工程设计、检查和修理任务,则还需另外进行专门的技能提升培训。

【英文原文】

(2) Pilots, ramp maintenance, and other operations personnel that service aircraft should be trained to immediately report anomalous ramp incidents and flight events that may potentially cause serious damage to composite aircraft structures. In particular, immediate reporting is needed for those service events that are outside the scope of the damage tolerance substantiation and standard maintenance practices for a given structure. The immediate detection of Category 4 and 5 damages are dependent on the proper reaction of personnel that operate and service the aircraft. Please refer to regulations in parts 21, 121, and 135 for reporting requirements.

【参考译文】

(2) 需要对驾驶员、地面维护人员和其他为航空器服务的操作人员进行培训,以便他们在遇到可能引起航空器复合材料结构严重损伤的异常地面事故和飞行事件时能立即报告。特别是要立即报告那些服役期间发生的超出给定结构的损伤容限验证范围和标准维护操作要求以外的事件。类别 4 和类别 5 损伤能否立即检出取决于航空器空勤和地勤人员的正确反应。报告的具体要求请参见 21 部、121 部和 135 部规章。

8.2.2　持续适航符合性方法解读

1) 持续适航性

飞机持续适航涉及的条款主要有 23.1529 和附件 G。

(1) 维修记录与报告。

维修单位应当编写和保存维修记录，这些维修记录应当包括所有关于修理的资料(维修记录中应给出维修零部件的编号)。维修记录所提供的维修信息可支持以后对同一零部件的损伤处置和修理。

建议维修单位将复合材料结构在使用中发现的使用困难、损伤和退化反馈给原制造商，以便更改损伤威胁评估，支持修改设计细节和工艺。这些信息还将起到支持设计准则、设计分析和试验数据库开发的作用。

营运人或维修机构完成经批准的、超出结构修理手册范围的修理后，应保留为获得适航审批所进行的分析、试验和修理等大量资料，还应保留适航批准文件，以支持后续的维修。

(2) 可达性设计要求。

可达性是结构设计中考虑检查和修理要求的一个重要方面。应当提供充分的接近途径，以便使用检测和修理工具进行适当的检查、损伤清理及修理实施。有限的接近途径可能会限制某些修理方法的使用。例如，仅能使用预固化补片和机械紧固件来代替共胶接等情况。如果可能，最好能够从两侧接近。

不应该为了便于检查而把复合材料结构部件设计成可拆卸的。虽然可能难以避免会有些需要进行结构分解才能进行检查和/或修理的情况发生，但应尽可能将这种情况减小到最少。

所有复合材料部件的设计都应当保证对其外表面的目视可检，而无须从飞机上拆卸任何构件。在某些情况下，可能必须拆卸一些整流罩，例如，水平安定面-机身整流罩，以接近安定面-机身框处的连接接头。

在进行内部检查时，需要拆下可拆卸构件(例如检查孔板或口盖)，以便做到目视可检。因此，设计上必须考虑可以通过梁和肋上面的检查孔，检查肋、梁和长桁的扭力盒，以达到完全目视可检的目的。设计检查孔时应使维护技术人员能够通过手电筒和镜子，目视检查所有内部结构。另外，还必须考虑关键的连接或固定接头也具有可达性，以便在需要时能够拆下这些地方的销子，完成对销子和孔的详细检查。

大多数复合材料结构都含有金属构件或具有与金属结构连接的界面。应保证能够目视检查这些金属构件的腐蚀和/或疲劳裂纹情况。在这种情况下，可能需要分解配合面的紧固件，因此，此时不应使用盲紧固件。

(3) 检查间隔的确定。

必须在持续适航文件(通常是指 MRBR -维修审查委员会报告和 MPD -维修计划文件)中，对复合材料结构的任何结构细节明确规定检测间隔(包括初始检查门槛值)或寿命期限。

(4) 检查方法。

a. 损伤检查要求

对于复合材料结构的损伤检查，必须说明用于检出损伤的方法是可靠的，能够检测出复合材料结构完整性低于设计极限载荷的损伤情况。对损伤威胁评估所识别的所有损伤类型(包括各种外来物冲击损伤、制造缺陷和过热引起的性能退化等)，均需要有经过证实的检测方法。必须检测出用于结构防紫外线照射的涂层性能退化现象。另外，相关的无损检测要求是在设计阶段就已经确定下来的，这些要求在飞机整个寿命期内都必须保持不变。

对于采用损伤扩展方法验证的结构，必须采用相应的检测方法和技术进行定期检查。在损伤达到临界值前，在规定的检查间隔内，所采用的检测方法必须能够可靠地确定或检出相应的可预计损伤，且该方法应是经济可行的。

b. 损伤范围确定

发现损伤后，必须用无损检测方法(NDI)对损伤进行定位，以确定损伤的严重程度和范围。

c. 目视检查方法

目视检查是复合材料结构损伤的常用和最主要的检查方法，也是复合材料结构实际维修工作应用中的重要检查方法，特别是在外场条件下。目视检查还是制造人员和修理人员较常采用的质量控制和损伤评估手段。所有复合材料部件在进行无损检测之前，凡是能够目视检查到的部位，都必须进行目视检查。

在进行目视检查时，环境条件可能会对视线的可达性和视力局限性有一定影响，有时需借助其他工具(如手电筒、反光镜、内窥镜等辅助工具)实施目视检查。另外，检查目的不同，目视检查的技术要求也可能不一样。

在维修文件中，应明确给出目视检查的分类和相应定义，并针对不同结构部位和不同检查等级，明确给出适用的目视检查类型。以下给出了民机目视检查的分类，供参考。

① 巡视检查。指不需要使用梯子、工作台等工具检查暴露区域的检查方式。例如机翼下表面、机身、舱门和门框以及轮舱的检查。这是一种非专业人员的检查，适用于明显可见损伤。

② 外部或内部检查。这是一种对外部或内部结构区域进行的比较充分的目视检查。这种目视检查也称为一般目视检查。外部检查包括快速打开检查口盖或门的目视检查。这种检查需要有足够的光线，并且当需要时，可以使用辅助检查工具，如反光镜等。在检查过程中，可能需要进行表面清洁和接近程序，以便接近被检查区域。

③ 详细检查。这是一种对指定结构细节或位置检查结构损伤迹象的近距离详细目视检查。这种检查需要足够的光线，并且当需要时，可以使用辅助检查工具，如反光镜等。在检查过程中，可能需要进行表面清洁和近距离接近程序，以便接近被检查区域。

d. 金属铃声法

声振、液体渗漏、内部冷凝、制造或修理的错误操作等均可能引起不同程度的夹芯与面板脱胶。这种损伤没有明显的迹象。金属铃声法是检查脱胶和分层最简单、最通用的方法，对于一个有经验的人来说，这是一种精确的方法。当用一枚硬币或其他小的金属件轻轻敲打没有脱胶的夹芯结构时，将会听到清脆的金属铃声。如果出现脱胶，将会听到钝的重击声。对于脱胶发生在加筋条处的薄蒙皮、具有薄面板的蜂窝夹芯壁板或者厚层压板的接近表面部分，敲击检查都是有效的。如果经过敲击检查，怀疑存在分层或脱胶则应该采用无损检测方法证实。

e. 特殊详细检查

特殊详细检查是指使用适用的无损检测（NDT 或 NDI）设备对特殊位置或隐藏构件进行的检查。

无损检测方法除用于确定损伤的严重程度和范围外，还可直接用于目视检查和金属铃声法检查不到的损伤。在无损检测手册中，应当说明适用无损伤检测方法的基本原理、适用性、操作方法和程序以及注意事项等。在复合材料结构维修手册中，应说明在不同结构位置应采用何种无损检测方法，并说明是否需要进行清洁和去除涂层处理。

常用的无损检测方法包括：渗透检测法、射线检测法、超声波检测法等。在飞机结构维修手册中，应选用技术成熟、经表明可靠性满足要求的无损检测方法。

现代民用飞机的雷达罩通常采用玻璃纤维复合材料制成。它对油和水分的污染是敏感的。这种污染能严重降低飞机雷达系统的性能。另外，这种污染也能使粘接强度显著下降。因此，在做电子方面的试验之前，必须清洁雷达罩，并让它干燥，可使用电子水分测量器检查雷达罩的潮气积聚情况。

(5) 可允许损伤与可修理损伤。

a. 可允许损伤限

通常情况下，可允许损伤限(ADL)的损伤程度比勉强目视可见损伤稍严重一些。对于存在可允许损伤的复合材料结构，应该经试验验证或试验支持的分析，确定其可承受设计极限载荷。为了提高飞机结构的维修性，可以不对这类损伤进行修理或仅进行表面修复处理，以避免液体浸入损伤部位。在飞机结构修理手册(SRM)中，应当说明可允许损伤的可检性及损伤的类型和范围。

b. 可修理损伤限

超过可修理损伤限(RDL)的损伤称为不可修理损伤或称为强制更换损伤。在 SRM 中，应明确规定强制更换的损伤。如果损伤超出可允许损伤，并且损伤的结构件很小，应进行更换，而不是进行修理。因为修理小结构件是不实际的，也是不经济的。另外，一些承受高应力的结构件也不适合修理，因为修理后的结构件一般不具有原有的承载能力，没有足够的安全裕度。对于这类结构件应更换。此外，当损伤结构件的结构形状不适合于修理时，也要更换。

(6) 永久性修理的审定要求。

在复合材料结构设计中，应当在进行静强度、刚度、疲劳强度和损伤容限设计的同时，进行修理方案设计。修理方案(包括修理方法和修理技术)应当采用分析和/或试验进行验证，证明修理后的结构能够达到适航状态，具有未损伤结构同样的结构完整性和功能。修理设计准则(或修理设计的审定要求)应当由原制造商认可的工程机构制定。它用于指导结构修理手册(SRM)编写。当对损伤结构的修理超出了 SRM 范围时，应进行附加试验和分析，制订相应的修理方案，并需审定和批准。

飞机结构修理手册(SRM)通常将结构进行分区，以便区分所需要的强度恢复量或可接受的标准修理类型。分区后，允许在强度余量大的区域进行简单的修理，也避免了运营者去修理那些太复杂、只应由原制造商(OEM)进行修理的区域。永久修理的修理设计准则，基本上就是设计该修理构件时所用的设计准则。下面给出永久性修理的设计准则(或审定要求)。

a. 刚度

在任何修理中，首先考虑的是更换已损伤的结构材料。为了尽可能使结构在修理前后的刚度匹配，采用的修理材料应尽可能接近母体材料，以避免重新计算任何构件的整体动力性能(例如颤振)和重新分析结构载荷。

操纵面的刚度变化(特别是弯曲刚度)可能使颤振临界速度变化到不可接受的程度，并可能产生破坏性影响。因此需要评估任何重大刚度变化对结构完整性的影响。刚度变化还可能影响到舱门开启(例如起落架舱门的变形)，刚度降低不仅可能导致结构在气动力作用下出现过度变形，而且还可能因此增大阻力，并可能在极端情况下引起结构破坏。

b. 静强度和稳定性

任何永久修理都必须设计成：在极端温度、吸湿程度和勉强目视可见损伤情况下，被修理结构能承受设计极限载荷或达到适航状态。复合材料结构修理后，通常会降低结构强度。要使修理结构能够承受设计极限载荷，就要求结构具有较高的强度储备，也就是具有较大的正安全裕度。

载荷路径的改变是设计修理时出现的特殊问题。当恢复强度时，必须注意修理后刚度对结构内载荷分配的影响。还要注意到，母体材料与补片之间的刚度失配可能引起剥离应力，促使补片脱胶。

承受压缩或剪切载荷的结构，例如机翼上蒙皮、梁或肋腹板及机身下部结构(包括外蒙皮和桁条)，在设计极限载荷作用下的临界失效可能是由稳定性控制而不是静强度控制。

c. 耐久性

对于螺栓连接修理，应当避免紧固件孔的高挤压应力，因为在重复载荷作用下，高挤压应力可能会将孔拉长，并导致紧固件产生疲劳。胶接修理应当有良好的密封，因为在有些环境作用下，密封性可能会减弱，并导致脱胶。应当修理所发现的超过 SRM 接受/拒绝准则的全部分层，因为未修理的分层可能在压缩或剪切载荷作用下扩展。夹层结构在进行螺栓连接修理后必须进行密封。

d. 损伤容限

复合材料结构修理后必须能够承受预定水平的冲击损伤。这个冲击损伤的能量水平通常由设计人员确定，并经合格审定机构认可。

e. 气动光滑性

在大多数 SRM 中，修理处的光滑性要求与结构制造时的规定一致。对于气动力最关键的区域，通常限制永久对接处的前向台阶为 0.15～0.5 mm。在可动壁板、机械舱门和主要连接处，通常允许的前向台阶为 0.25～0.75 mm。在设备(例如天线和航行灯)安装处，允许的台阶为 0.5～1.0 mm。补片铺层结束处所形成的所有边缘，应当被平滑地沿边缘修薄。

f. 重量与平衡

当修理改变了气动力敏感件(例如可动的操纵面)的质量平衡时，修理的重量就成为重要的问题。对修理后的气动敏感件，必须进行平衡检查。结构修理手册中，还应给出采用计算法进行平衡检查的方法、程序和要求，以方便用户选用。

(7) 修理方案的验证。

复合材料结构的修理方案应当依据试验或采用试验支持的分析方法确定。推荐采用积木式方法给出复合材料结构的修理方案，并用最高级别的试验(全尺寸结构试验)进行试验验证。这有助于保证复合材料结构经过永久性修理后能够恢复到适航状态。飞机复合材料结构经过修理后，应通过极限载荷试验证明恢复到适航状态。

复合材料结构修理设计通常是针对某种材料或某族材料进行研发的。某一特定修理方案通常采用模拟该修理构型、材料和工艺的试件进行试验。

制订复合材料结构修理方案时，应考虑环境的影响。另外，复合材料结构修理设计验证试验，除静力试验外，必要时还应进行耐久性试验。

(8) 修理质量控制。

在复合材料结构修理质量控制方面，必须证明对修理质量的控制和修理后的检测方法是可靠的。应特别关注与安全性相关的胶接材料相容性、胶接表面处理(包括烘干、清洁和化学活性)、固化加热控制、机械加工、专门用于复合材料结构的紧固件和安装技术，以及相关的工艺在线质量控制方法等问题。

(9) 检测人员和修理人员的资格。

涉及损伤清除和修理的所有技术人员、检测人员和工程师都应具有所需的相应技能，以完成对复合材料结构的维修任务。型号合格持有人应承担对上述人员的培训任务。

另外，还应对飞机驾驶人员、外场维护人员和其他操作人员进行培训。上述人员应按照 21 部、121 部和 135 部中的规章要求，立即报告可能引起复合材料航空器结构严重损伤的地面事故和飞行事件，特别是需要报告超出损伤容限范围和标准维护操作范围的事件。

8.3　持续适航评审要素及审查要求

(1) 复合材料飞机结构设计应在外场维护环境条件下留有检查与修理通道。

(2) 应由适当的机构来编制维护手册，包括复合材料结构必需的检查、维护和修理方法。

(3) 不同的飞机类型和型号证实的标准外场操作方法并不是通用的，应确定对指定零件进行检查和修理所需的专用设备、修理材料、辅助材料、工装夹具、工艺步骤等相关信息。

(4) 必须能够检出可能影响结构完整性、油箱安全性和产生电气系统的雷击防护系统性能退化的所有问题。

(5) 若修理完成时不能可靠地检出某些工艺缺陷，不能及时进行损伤威胁评定，应给出修理设计细节和限制，以保证结构具有足够的损伤容限能力。

(6) 必须明确规定基于现有数据的可修理损伤限制(RDL)。

(7) 必须明确规定不需要修理的允许损伤限制(ADL)。

8.4　持续适航符合性验证

8.4.1　制造质量控制

为复合材料制造建立的质量控制(QC)系统基本上与满足第 21 部而建立的其他 QC 系统类似。质量控制体系应包括来料质量控制要求和制造过程中的质量控制程序等，以及为评估最终产品是否符合设计要求而进行的检测。QC 系统应该包括破坏性和非破坏性测试标准、制造过程中的目视检查，以及产品的最终验收要求，还需要有处理缺陷和其他质量偏离的程序。

复合材料结构的材料特性是制造成结构后才体现出来的。因此，用于生产复合材料结构的材料和工艺规范及其他文件必须包含足够的关键制造参数信息，并在质量控制中进行监测，以保证生产的可重复性和质量的一致性。复合材料制造方法通常包括过程检查和最终检查。在制造过程中，需要严格控制的关键制造步骤包括：铺贴、车间清洁度和环境控制、装袋和固化、装配间隙控制、胶接表面处理和固化后处理。同时还包括：来料和零件检测、供应商/分包商/内部质量控制、材料和工艺规范、制造工艺指导文件、统计过程控制(确定控制的关键参数)、检测方法(NDI 程序、过程和最终检测)、降低检查频率、成立 MRB 材料审查委员会等。

8.4.2 维护程序

维护文件中必须包括维修和持续适航程序,即包括维修手册和/或持续适航说明的批准章节。由此产生的维修和维护程序必须保证结构在适航期间持续符合工艺标准和结构性能。这些程序包括:材料验收、维修制造、质量控制、环保、防雷击、静强度、损伤容限/疲劳和刚度、重量和平衡的要求和证明等。

外场修理增加了复杂性,并且缺乏受控的制造设施,因此,需要特别注意控制修理质量。需要制订可靠的程序来确保足够的清洁和环境控制,以保证胶接质量。外场还需要一些特殊考虑,如在外场潮湿情况下,如何干燥修理材料等。外场修理规模限制与结构设计的裕度有关,所有维修方法都应该有基于试验或试验数据支持下的分析进行验证。

关键检查项目确定文件可用于支持结构维护,如用于识别固定部件和可动部件之间的控制间隙,控制面重量和平衡信息也应记录在案。维护说明包括材料和工艺控制、制造步骤、固化件公差、NDI 和其他 QC 检查等。

主要文件包括:持续适航说明/限制、维护手册、服务检查计划、修理材料、工艺和程序、修理检测方法、检验结构分类(即结构重要项目、区域)、油漆清除程序和证明等。

8.4.3 设计员、工程师和维修技术员培训

从事复合材料结构相关工作的设计员、工程师和维修技术员必须具有复合材料结构设计经验、熟悉复合材料结构制造工艺以及处理复合材料独特问题的能力。如前所述,复合材料部件的结构完整性与制造工艺密切相关,结构和制造工程师都应该意识到设计时不仅要考虑到可生产性,还要考虑到制造缺陷和运营损伤威胁。复合材料制造和维修技术人员必须在各自的工作专业方向上(材料测试、胶接、铺贴、固化、表面处理等)接受技术培训,缺乏工程经验和未经培训的员工可能会导致严重的工期延误和成本增加。

必须对设计员、工程师和维修技术员进行理论和实际操作技术培训,并对取得资格确认的人员发放上岗证。

8.4.4 文件要求

所需文件包括图纸(零件和工装)、材料规范、工艺规范、制造说明书、结构维修手册和操作程序等。图纸必须包括零件铺层的所有细节(如材料类型、层数、方向、每层的尺寸以及铺层顺序等)。图纸还必须列出关键零件的关键特征说明,并规定几何公差等。用于生产复合材料结构的材料和工艺规范及生产指导书应包含关键参数和检验的充分信息,保证生产的可重复性和制件质量的一致性。同样,维护手册应规定检查程序和维修方法。

第 9 章
其他事项适航符合性要求

本章将针对民用飞机复合材料结构防雷击、闪电和阻燃等方面的适航审定要求，以 AC 20-107B 为指导性资料，进一步具体地给出相关的适航审定符合性方法。这里给出的符合性方法对于工业方和局方都具有指导作用，但不具有指令性，更不具有规章性。

本章内容和信息主要针对通航民用飞机的研制需求进行编排，可供复合材料航空器结构的合格审定申请人、审定/批准责任人、部件制造商、材料供应商、维护和修理机构等单位技术人员参考使用，仅限用作指导性材料。

9.1 其他事项适用的适航条款

在 CCAR-23-R3 中，与本章节内容相关的适用条款包括：

适坠性主要条款：第 23.561 条 总则、第 23.562 条 应急着陆动态要求、第 23.601 条 总则、第 23.721 条 总则、第 23.783 条 舱门、第 23.785 条 座椅、卧铺、担架、安全带和肩带、第 23.787 条 行李舱和货舱、第 23.807 条 应急出口、第 23.965 条 燃油箱：总则、第 23.967 条 燃油箱安装。

防火、阻燃和其他受热问题主要条款：第 23.609 条 结构保护、第 23.787 条 行李舱和货舱、第 23.863 条 可燃液体的防火、第 23.865 条 飞行操纵系统、发动机架和其他飞行结构的防火、第 23.867 条 电气搭铁和闪电与静电防护、第 23.954 条 燃油系统的闪电防护、第 23.1121 条 总则、第 23.1182 条 防火墙后面的短舱区域、第 23.1183 条 导管、接头和部件、第 23.1189 条 切断措施、第 23.1191 条 防火墙、第 23.1193 条 发动机罩及短舱、第 23.1359 条 电气系统防火、第 23.1365 条 电缆和设备。

闪电防护主要条款：第 23.867 条 电气搭铁和闪电与静电防护、第 23.954 条燃油系统的闪电防护、第 23.1309 条 设备、系统及安装。

各条款内容及条款解析详见本书第 2 章。

本章将参考 ACM-TR-23《适航审定手册》，结合作者在实际型号合格审定工作中的适航审定经验，针对复合材料结构，给出本章节所涉及条款的符合性方法建议。

1) 第 23.562 条(应急着陆动态要求)条款符合性方法建议

FAA 的 AC 23.562-1 号咨询通告提供了有关证明符合 23 部关于座椅/约束系统动态测试要求的可接受方法。

2) 第 23.865 条(飞行操纵系统、发动机架和其他飞行结构的防火)条款符合性建议

发动机架或其一部分不是由防火材料制成的，应加以屏蔽以便提供与使用防火材料相同的安全水平。应注意，任何措施的屏蔽都不会使发动机的型号认证失效。

3) 第 23.867 条(电气搭铁和闪电与静电防护)条款符合性建议

(1) 说明。

① 规定了航空器遭受闪电灾难性影响的保护措施，这意味着闪电不应妨碍航空器的持续安全飞行和着陆。

② 航空器结构件设计，应能确保闪电不会妨碍航空器安全飞行和着陆(流经任何组件的闪电电流造成的损伤不得导致灾难性故障)。

(2) 程序。

① 审定计划。计划应阐明用于证明闪电和静电防护有效性的分析程序和鉴定试验。应该说明所需试验图样、模拟产品安装方法、适用的闪电区、模拟闪电的方法、使用的试验电压或电流波形、建议的试验计划。

② 闪电环境和分区。依据文件 AC 20-155A 确定可接受的航空器闪电环境和闪电附着区。

③ 试验。可能需要通过试验来检查闪电和静电电荷防护的充分性。

④ 飞机闪电防护设计特点。飞机闪电防护手册(DOT/FAA/CT-89/22)提供了关于飞机闪电防护设计的信息。

⑤ 静电保护。航空器结构设计应使静电电荷(静电电荷可能导致电击、易燃气化物点燃或干扰重要设备，如无线电通信和助航设备)的累积和放电最小化。采用下述措施可以减少静电荷：采用加油设备中采取的措施，如增加加油管路直径和设计过滤器，以使静电荷增加最少；采用抗静电

添加剂来改变燃油的静电特性，以使油箱中的静电荷积累减少到可以忽略的程度。

9.2 其他事项适航符合性方法及解读

9.2.1 建议的其他事项适航符合性方法

本节内容取自 FAA 在 2010 年 8 月 24 日发布的咨询通告 AC 20-107B《Change 1 to Composite Aircraft Structure》中第 11 部分。

下面逐段给出上述咨询通告中 § 11. Additional Considerations. 中 a、b 和 c 各节的英文原文及参考译文。

【英文原文】

11. Additional Considerations.

a. Crashworthiness.

(1) The crashworthiness of the aircraft is dominated by the impact response characteristics of the fuselage. Regulations, in general, evolve based on either experience gained through incidents and accidents of existing aircraft or in anticipation of safety issues raised by new designs. In the case of crashworthiness, regulations have evolved as experience has been gained during actual aircraft operations. For example, emergency load factors and passenger seat loads have been established to reflect dynamic conditions observed from fleet experience and from controlled FAA and industry research. Fleet experience has not demonstrated a need to have an aircraft level crashworthiness standard. As a result, the regulations reflect the capabilities of traditional aluminum aircraft structure under survivable crash conditions. This approach was satisfactory as aircraft have continued to be designed using traditional construction methods. With the advent of composite fuselage structure and/or the use of novel design, this historical approach may no longer be sufficient to substantiate the same level of protection for the passengers as provided by similar metallic designs.

【参考译文】

11. 其他事项

a. 适坠性

(1) 航空器的适坠性取决于机身的冲击响应特性。通常情况下,规章的发展要么基于现有航空器实际发生的严重事件或坠撞事故积累的经验,要么来自新设计提出的预期安全性问题。在适坠性问题上,规章总是从航空器的实际运营中不断获取经验并得以发展。例如,已经确定用应急载荷系数和乘客座椅载荷来表征从机队经验和受控的FAA及工业界研究工作中观察到的动态受载情况。机队经验表明,不需要制定整机级的适坠性验证标准。因此,这些规章反映了传统铝制航空器结构在可存活坠毁条件下的承载能力。航空器采用传统的制造方法进行设计时,这种方法是令人满意的。随着复合材料机身结构的出现和/或采用新颖设计时,过去采用的为乘客提供的防护方法,可能就不再能为乘客提供类似于金属飞机设计中提供的相同防护水平。

【英文原文】

(2) Airframe design should assure that occupants have every reasonable chance of escaping serious injury under realistic and survivable crash impact conditions. A composite design should account for unique behavior and structural characteristics, including major repairs or alterations, as compared with conventional metal airframe designs. Structural evaluation may be done by test or analysis supported by test evidence. Service experience may also support substantiation.

【参考译文】

(2) 在机体结构设计中应该确保乘员在实际发生可存活坠撞冲击时,具有各种合理机会避免受到严重伤害。与传统的金属机体结构设计相比,复合材料设计时应考虑其独特的力学行为及结构特性,包括重大修理和改装。可以通过试验或由试验证据支持的分析来进行结构评估,使用经验也可以用来支持验证。

【英文原文】

(3) The crash dynamics of an aircraft and the associated energy absorption are difficult to model and fully define representative tests with respect to

structural requirements. *Each aircraft product type (i.e., transport, small airplane, rotorcraft) has unique regulations governing the crashworthiness of particular aircraft structures. The regulations and guidance associated with each product type should be used accordingly.* The regulations for transport airplane and rotorcraft address some issues that go beyond those required of small airplanes.

【参考译文】

(3) 航空器坠撞动力学和相关的能量吸收很难建模分析，也很难全面定义与结构要求相关的代表性试验。***每一类航空器产品(运输类飞机、小型飞机、旋翼类航空器)都有专门的规章来管控特定航空器结构的适坠性，因此，应使用与每一类航空器产品相对应的规章和指南。***运输类飞机和旋翼类航空器规章的相关条款超出小型飞机的规章要求。

【英文原文】

(4) Special conditions are anticipated for transport category airplanes with composite fuselage structure to address crashworthiness survivability. The impact response of a composite transport fuselage structure must be evaluated to ensure the survivability is not significantly different from that of a similar-sized aircraft fabricated from metallic materials. Impact loads and resultant structural deformation of the supporting airframe and floor structures must be evaluated. Four main criteria areas should be considered in making such an evaluation.

【参考译文】

(4) 对于带有复合材料机身结构的运输类飞机，预计需要通过专用条件来说明其适坠存活能力。必须对复合材料机身结构的冲击响应进行评估，以便确保其存活能力与金属材料制造的类似尺寸的航空器没有明显差别。必须评估机身支撑结构和地板结构受到的冲击载荷及产生的结构变形情况。在进行上述评估时，应重点考虑以下四个基本准则：

【英文原文】

(a) Occupants must be protected during the impact event from release of items of mass (e.g., overhead bins).

(b) The emergency egress paths must remain following a survivable crash.

(c) The acceleration and loads experienced by occupants during a survivable crash must not exceed critical thresholds.

(d) A survivable volume of occupant space must be retained following the impact event.

【参考译文】

(a) 当发生重物(如头顶的行李舱)掉落冲击事件时,乘员必须得到保护;

(b) 当可存活坠撞发生后,应急出口必须保持畅通;

(c) 当可存活坠撞发生时,乘员所承受的加速度和载荷不得超过临界门槛值;

(d) 当发生冲击事件后,乘员必须有足够的存活空间。

【英文原文】

(5) The criticality of each of these four criteria will depend on the particular crash conditions. For example, the loads and accelerations experienced by passengers may be higher at lower impact velocities where structural failures have not started to occur. As a result, validated analyses may be needed to practically cover all the crashworthiness criteria for transport fuselage.

【参考译文】

(5) 在这四个准则中,每个准则都将根据特定的坠撞条件发挥重要作用。例如,在较低的冲击速度下,处于结构尚未发生破坏位置的乘客可能也会感受到较高的载荷和加速度。因此,实际上可能需要采用经过验证的分析作为对运输类飞机机身进行全部适坠性评估工作的方法。

【英文原文】

(6) Existing transport airplane requirements also require that fuel tank structural integrity be addressed during a survivable crash impact event as related to fire safety (also refer to paragraph 11. b). As related to crashworthiness,

composite fuel tank structure must not fail or deform to the extent that fire becomes a greater hazard than with metal structure.

【参考译文】

(6) 现行运输类飞机还对发生可存活的坠撞冲击事件，需要对油箱结构进行完整性说明提出了要求，因其关系到防火安全性(可参见§11.b)。因关乎适坠性，所以复合材料油箱结构不得发生破坏或变形，避免燃烧威胁超过金属油箱结构。

【英文原文】

(7) Physics and mechanics of the crashworthiness for composite structures involve several issues. The local strength, energy absorbing characteristics, and multiple, competing failure modes need to be addressed for composite structure subjected to a survivable crash. This is not simply achieved for airframe structures made from anisotropic, quasi-brittle, composite materials. As a result, the accelerations and load histories experienced by passengers and equipment on a composite aircraft may differ significantly from that seen on a similar metallic aircraft unless specific considerations are designed into the composite structure. In addition, care should be taken when altering composite structure to achieve specific mechanical behaviors. (For example, where the change in behavior of a metallic structure with a change in material thickness may be easily predicted, an addition or deletion of plies to a composite laminate may also require data for the effects of laminate stacking sequence on the failure mode and energy absorption characteristics of a composite element.)

【参考译文】

(7) 复合材料结构适坠性涉及物理学和力学几个方面的事情。当复合材料结构遭受可存活的坠撞时，局部强度、能量吸收特性和多种可能的失效模式等都需要予以阐明。这对于由各向异性、准脆性复合材料制造的航空器机体结构而言，不是那么简单就能做到的。因此，复合材料航空器上的乘客和设备所承受的加速度和载荷历程，可能与在类似金属航空器上遇到的情况完全不同，除非在复合材料结构设计时进行了专门考虑。此外，当更改复合材料结构以便获得某些特殊的力学性能时，也要特别注意(例如，金属结构中材料厚度的变化对结构性能的影响可能很容易预计，而复合材料层压板铺层的增加或减少则可能需要顾及层压板的铺层顺序对复合材料单元失效模式和吸能特性的影响数据)。

【英文原文】

(8) Representative structure must be included to gain valid test and analysis results. Depending on aircraft loading (requiring investigation of various aircraft passenger and cargo configurations), structural dynamic considerations, and progressive failures, local strain rates and loading conditions may differ throughout the structure. Sensitivity of the structural behavior to reasonable impact orientation should also be considered for transport airplane and rotorcraft applications. This can be addressed by analysis supported by test evidence.

【参考译文】

(8) 要想获得有效的试验与分析结果，必须采用代表性结构。由于航空器受载(要求研究航空器上各种不同的乘客与货物布局)、结构动力学相关考虑和渐进破坏模式不同，整个结构中各处的局部应变变化率和受载情况可能也是不同的。运输类飞机和旋翼类航空器还应考虑结构性能对坠撞时受冲击方向的敏感性，这可以通过试验证据支持的分析来加以说明。

【英文原文】

(9) Considering a need for comparative assessments with metal structure and a range of crash conditions, analysis with sufficient structural test evidence is often needed for transport and rotorcraft applications. Analysis requires extensive investigation of model sensitivity to modeling parameters (e.g., mesh optimization, representation of joints, element material input stress-strain data). Test also requires investigation of test equipment sensitivity appropriate to composites (e.g., filter frequencies with respect to expected pulse characteristics in the structure). Model validation may be achieved using a building block approach, culminating in an adequately complex test (e.g., a drop test with sufficient structural details to properly evaluate the crashworthiness criteria).

【参考译文】

(9) 考虑到需要与金属结构进行对比评估，还要考虑各种坠撞条件，所以，运输类飞机和旋翼类航空器常常需要进行充分的分析并与结构试验结果相结合。分析中需要广泛深入地开展模型的敏感性受建模参数(如网格优化、连接关系简化、单元材料本构数据)的影响研究。试验中还需要对适用于复合材料的试验设备敏感性(例如对应结构中预期脉冲特性的滤波器频率)进行研究。可以采用积木式方法进行模型验证，直至通过相当复杂的试验验证(例如通过足够多的典型结构件坠撞试验，对适坠性设计准则给出恰当评估)。

【英文原文】

b. Fire Protection, Flammability and Thermal Issues.

(1) Fire and exposure to temperatures that exceed maximum operating conditions require special considerations for composite airframe structure. (Refer to note below.) Requirements for flammability and fire protection of aircraft structure attempt to minimize the hazard to occupants in the event that flammable materials, fluids, or vapors ignite. *The regulations associated with each aircraft product type (i.e., transport, small airplane, rotorcraft) should be used accordingly*. Compliance may be shown by tests or analysis supported by test evidence. A composite design, including repair and alterations, should not decrease the existing level of safety relative to metallic structure. In addition, maintenance procedures should be available to evaluate the structural integrity of any composite aircraft structures exposed to fire and temperatures above the maximum operating conditions substantiated during design.

Note: Aircraft cabin interiors and baggage compartments have been areas of flammability concerns in protecting passenger safety. This revision of the AC does not address composite materials used in aircraft interiors and baggage compartments. Please consult other guidance material for acceptable means of compliance with flammability rules for interiors.

【参考译文】

b. 防火、阻燃和受热问题

(1) 需要专门考虑复合材料机体结构的着火和暴露在超过最高工作温度的

情况(参见下面的说明)。航空器机体结构阻燃和防火要求意在最大限度地减少可燃材料、液体或汽化器点火对乘员的伤害。***应使用每个航空器类型(运输类飞机、小型飞机、旋翼类航空器)专门的规章***。可以用试验或试验证据支持的分析来表明符合性。在复合材料结构设计中,包括在修理和改装中,都不应出现低于现有金属结构安全性水平的情况。此外,还应制定维护程序,适用于当复合材料航空器结构暴露于火焰和高于设计验证过的最高工作温度时,对结构完整性进行评估。

说明:航空器座舱内饰和行李舱一直都是保护乘员安全时的阻燃问题关注区域。本次咨询通告修订并没有对航空器内饰和行李舱中使用的复合材料进行说明。关于内饰阻燃条款相关的可接受的符合性方法,请参见其他指导性文件。

【英文原文】

(2) Fire protection and flammability has traditionally been considered for engine mount structure, firewalls, and other powerplant structures that include composite elements. Additional issues critical to passenger safety have come with the expanded use of composites in wing and fuselage structures for transport airplanes. Existing regulations do not address the potential for the airframe structure itself to be flammable. Wing and fuselage applications should consider the effects of composite design and construction on the resulting passenger safety in the event of in-flight fires or emergency landing conditions, which combine with subsequent egress when a fuel-fed fire is possible.

【参考译文】

(2) 在发动机安装结构、防火墙和其他含有复合材料元件的动力装置结构设计中,一般都会考虑防火和阻燃问题。随着复合材料在运输类飞机机翼和机身结构中的应用不断扩大,其他对乘员安全性非常重要的问题随之产生。现有规章并没有对机体结构本身存在的易燃可能性进行说明。因此,机翼和机身应用中应该考虑由于采用了复合材料设计和制造,飞行中的着火事件或紧急着陆时导致燃油泄漏起火并溢出的情况对乘客安全性产生的影响。

【英文原文】

(3) The results of fire protection and flammability testing with structural

composite parts indicate dependence upon overall design and process details, as well as the origin of the fire and its extent. For example, the overall effects of composite fuselage structures exposed to fire may be significantly different when the fire originates within the cabin, where it can be controlled by limiting the structure's contribution to spreading the fire, than when the fire occurs exterior to the fuselage after a crash landing, where fuel is likely to be the primary source for maintaining and spreading the fire. The threat in each case is different, and the approach to mitigation may also be different. In-flight fire safety addresses a fire originating within the airplane due to some fault, whereas post-crash fire safety addresses a fuel-fed pool fire external to the airplane. Special conditions are anticipated for transport category airplanes with fuselage structure subjected to both in-flight and post-crash fire conditions. Transport wing structure will need to have special conditions for post-crash fire conditions.

【参考译文】

(3) 复合材料结构部件防火和阻燃试验结果表明,总体设计和工艺细节对防火阻燃及火源和过火范围有重要影响。例如,火源对复合材料机身结构的整体影响可能大不相同,当机舱内起火时,可以通过限制结构区域来控制火势蔓延。而当发生坠撞引起机身外部着火时,燃油可能是造成火灾并蔓延的主要原因。每种情况下的威胁不同,减轻威胁的方法也不相同。飞行中的火灾安全性说的是由于某些故障导致航空器内部起火的问题,坠撞后的火灾安全性则强调了航空器燃油泄漏后引起舱外火灾的问题。预计需要专用条件来考虑运输类飞机机身结构在飞行中和坠撞后可能遭受的火灾情况。运输类飞机机翼结构也需要有坠撞后火灾情况的专用条件。

【英文原文】

(4) For an in-flight fire in transport category airplanes, it is critical that the fire not propagate or generate hazardous quantities of toxic by-products. In-flight fires have been catastrophic when they can grow in inaccessible areas. Composite fuselage structure could play a role different than traditional metal structure if the issue is not addressed.

【参考译文】

(4) 对于运输类飞机出现飞行中火灾的情况，至关重要的是火焰不能蔓延或产生大量的有毒副产品。当飞行中的火灾在不可接近区域蔓延时，这种火灾必然是灾难性的。如果没有考虑该问题，则复合材料机身结构与传统金属机身结构在防火问题上所扮演的角色就会完全不同。

【英文原文】

(5) Metallic transport fuselage and wing structures have established a benchmark in fire protection that can be used to evaluate specific composite wing and fuselage structural details. Exterior fire protection issues associated with composite transport structure must include the effects of an exterior pool fire following a survivable crash landing. Fuselage structure should provide sufficient time for passenger egress, without fire penetration or the release of gasses and/or materials that are either toxic to escaping passengers or could increase the fire severity. Furthermore, these considerations must be extended to wing and fuel tank structure, which must also be prevented from collapse and release of fuel (including consideration of the influence of fuel load upon the structural behavior). For transport category airplanes, the standards of § 25.856(b) provide the benchmark to establish the required level of safety.

【参考译文】

(5) 金属运输类飞机已经建立了机身和机翼结构防火基准，这可用于评估某个特定的复合材料机翼和机身的结构设计细节。在考虑复合材料运输类飞机结构外部防火问题时，必须考虑当发生可存活坠撞着陆后，外部燃油着火的影响。机身结构应为乘客疏散提供足够的逃生时间，并且不会发生烟雾弥漫，也不会释放对逃生乘客有毒或可能加剧火势的气体和/或物质。此外，还必须把这些要求扩展到机翼和油箱结构，必须防止其结构破坏或发生燃油泄漏(包括考虑燃油载荷对结构特性的影响)。适航标准 § 25.856(b) 中为运输类飞机提供了建立所需安全性水平的基准。

【英文原文】

(6) The exposure of composite structures to high temperatures needs to

extend beyond the direct flammability and fire protection issues to other thermal issues. Many composite materials have glass transition temperatures, which mark the onset of reductions in strength and stiffness that are somewhat lower than the temperatures that can have a similar affect on equivalent metallic structure. The glass transition temperature of most composite materials is further reduced by moisture absorption. The reduced strength or stiffness of composites from high temperature exposures must be understood per the requirements of particular applications (e.g., engine or other system failures). After a system failure and/or known fire, it may be difficult to detect the full extent of irreversible heat damage to an exposed composite structure. As a result, composite structures exposed to high temperatures may require special inspections, tests, and analysis for proper disposition of heat damage. All appropriate damage threats and degradation mechanisms need to be identified and integrated into the damage tolerance and maintenance evaluation accordingly. Reliable inspections and test measurements of the extent of damage that exists in a part exposed to unknown levels of high temperatures should be documented. Particular attention should be given to defining the maximum damages that likely could remain undetected by the selected inspection procedures.

【参考译文】

(6) 关于复合材料结构高温暴露问题,不仅需要考虑直接可燃性和防火,还需要扩展到其他受热问题。复合材料的玻璃化转变温度标志着强度和刚度降低的开始,该温度一般都低于金属结构中对性能产生类似影响的温度。大多数复合材料的玻璃化转变温度都会由于吸湿而进一步降低。必须根据特定应用要求(例如发动机或其他系统故障)来考虑高温暴露导致的复合材料强度或刚度降低。在出现系统故障和/或发生火灾后,可能很难检测出高温暴露对复合材料结构产生不可逆损伤的全部情况。因此,可能需要对暴露于高温的复合材料结构进行专门的检查、测试和分析,以便妥善处置热损伤。所有与热相关的损伤威胁和性能退化机理都需要被识别出来,并纳入相应的损伤容限和维护评估中。必须对暴露在未知高温下的零件中的损伤情况进行可靠的检查和测试并记录下来,应特别注意那些采用确定的检测方法可能漏检的最大损伤。

【英文原文】

c. Lightning Protection.

Lightning protection design features are needed for composite aircraft structures. Current carbon fiber composites are approximately 1,000 times less electrically conductive than standard aluminum materials, and composite resins and adhesives are traditionally non-conductive. Glass and aramid fiber composites are non-conductive. A lightning strike to composite structures can result in structural failure or large area damage, and it can induce high lightning current and voltage on metal hydraulic tubes, fuel system tubes, and electrical wiring if proper conductive lightning protection is not provided. Aircraft lightning protection design guidance can be found in the FAA Technical Report "Aircraft Lightning Protection Handbook" (DOT/FAA/CT-89/22). The lightning protection effectiveness for composite structures should be demonstrated by tests or analysis supported by tests. Such tests are typically performed on panels, coupons, subassemblies, or coupons representative of the aircraft structure, or tests on full aircraft. The lightning test waveforms and lightning attachment zones are defined in the SAE reports referenced in AC 20-155. Any structural damage observed in standard lightning tests should be limited to Category 1, 2 or 3, depending on the level of detection. This damage is characterized and integrated into damage tolerance analyses and tests as appropriate. Small simple airplanes certified under 14 CFR part 23 for VFR use only may be certified based on engineering assessment, according to AC 23-15. The effects of composite structural repairs and maintenance on the lightning protection system should be evaluated. Repairs should be designed to maintain lightning protection.

【参考译文】

c. 闪电防护

航空器复合材料结构需要具有闪电防护设计特性。当前碳纤维复合材料的导电性大约是标准铝材的千分之一，复合材料树脂和胶黏剂通常不导电，玻璃和芳纶纤维复合材料也不导电。如果不进行导电设计，不提供闪电防护，复合材料在遭遇闪电雷击后，可能会造成结构破坏或大面积损伤，并可能会在金属液压管路、燃油系统管路和电缆上因闪电产生大电流和高电压。飞机闪电防护设计指南可参见FAA技术报告《飞机闪电防护手册》(DOT/FAA/CT-89/22)。复合材料结构闪电防护的有效性应该通过试验或试验证据支持的分析来进行验证。这类试验通常在试样、壁板、装配件或可以代表飞机结构的试样或全尺寸飞机上完成。AC 20-155引用的SAE技术报告对闪电试验波形和闪电附着区域进行了定义。标准闪电试验中观察到的所有结构损伤,均应根据检测出的损伤严重程度,限定在类别1、2或3。在对这些损伤进行表征后,就可以统一纳入相应的损伤容限分析和试验中。对于按照14CFR23部申请仅用于VFR(目视飞行规则VFR)简单的小型飞机,可以按照AC 23-15基于工程评估进行审定。应该评估复合材料结构修理和维护对闪电防护系统的影响,修理设计应该保持闪电防护能力不受影响。

【英文原文】

(1) Lightning Protection for Structural Integrity.

(a) The composite structural design should incorporate the lightning protection when appropriate for the anticipated lightning attachment. The extent of lightning protection features depends on the lightning attachment zone designated for that area of the aircraft. Lightning protection features may include, but are not limited to, metal wires or mesh added to the outside surface of the composite structure where direct lightning attachment is expected.

【参考译文】

(1) 结构完整性中的闪电防护

(a) 在复合材料结构设计中,应该将闪电防护纳入设计工作中,按需制定闪电防护措施。闪电防护措施设计范围取决于航空器表面闪电附着区定义的区域面积。闪电防护措施包括(但不限于)复合材料结构外表面需要在预期的闪电直接影响区域增加金属丝或网。

【英文原文】

(b) When lightning strikes an aircraft, very high currents flow through the airframe. Proper electrical bonding must be incorporated between structural parts, which is most difficult for moveable parts (i.e., ailerons, rudders, and elevators). The electrical bonding features must be sized to conduct the lightning currents or they can vaporize, sending the high currents through unintended paths such as control cables, control rods, or hydraulic tubes. Guidance for certification of lightning protection of aircraft structures can be found in SAE Aerospace Recommended Practice (ARP) 5577, referenced in Transport Airplane Directorate Policy Statement ANM-111-05-004.

【参考译文】

(b) 当航空器遭受闪电时，会有高电流通过机体结构。必须在结构部件之间建立适当的电搭接，但这对于活动部件(如副翼、方向舵和升降舵)却非常困难。必须仔细设计电搭接尺寸，以便引导闪电电流通过。否则，如果高电流流经非正常路径，如控制电缆、控制杆或液压管路，就可能出现汽化。飞机结构闪电防护验证指南可参见运输类飞机指导性政策声明 ANM-111-05-004 引用的 SAE 航空航天推荐操作手册(ARP)5577。

【英文原文】

(2) Lightning Protection for Fuel Systems.

(a) Special consideration must be given to the fuel system lightning protection for an aircraft with integral fuel tanks in a composite structure. Composite structure with integral fuel systems must incorporate specific lightning protection features on the external composite surfaces, on joints, on fasteners, and for structural supports for fuel system plumbing and components to eliminate structural penetration, arcing, sparks or other ignition sources. AC 20-53 provides certification guidance for aircraft fuel system lightning protection.

【参考译文】

(2) 燃油系统的闪电防护

(a) 必须对带整体油箱复合材料飞机结构中的燃油系统的闪电防护问题给予特别考虑。必须在带整体油箱燃油系统的复合材料结构的外表面、接头、紧固件和燃油系统管路和部件的结构支架上，采用专门的闪电防护措施，消除电流通过结构渗漏和产生电弧、火花或其他起火源的可能性。AC 20-53 给出了航空器燃油系统闪电防护验证指南。

【英文原文】

(b) Transport airplane regulations for fuel system ignition prevention in § 25.981 require lightning protection that is failure tolerant. As a result, redundant and robust lightning protection for composite structure joints and fasteners in fuel tank structure is needed to ensure proper protection in preventing ignition sources.

【参考译文】

(b) § 25.981 条款的运输类飞机燃油系统防火要求闪电防护具有一定的破坏容限。因此,油箱结构中复合材料结构连接和紧固件的闪电防护措施必须是冗余和稳健的,以确保起到有效防护作用,阻止火焰蔓延。

【英文原文】

(3) Lightning Protection for Electrical and Electronic Systems.

(a) Lightning strike protection of composite structures is needed to avoid inducing high lightning voltages and currents on the wiring for electrical and electronic systems whose upset or damage could affect safe aircraft operation. The consequences from a lightning strike of unprotected composite structures can be catastrophic for electrical and electronic systems that perform highly critical functions, such as fly-by-wire flight controls or engine controls.

【参考译文】

(3) 电子电气系统的闪电防护

(a) 需要建立复合材料结构防雷击措施,以避免把闪电产生的高电压和电流引入到电子电气系统线路中,该系统如果发生故障或损伤,将影响航空器的安全使用。对于那些具有特别关键作用的电子电气系统,如电传操纵飞行控制系统或发动机控制系统,如果复合材料结构没有防护措施,遭遇雷击的后果将是灾难性的。

【英文原文】

(b) Electrical shields over system wiring and robust circuit design of electrical and electronic equipment both provide some protection against system upset or damage due to lightning. Since most composite materials provide poor shielding, at best, metal foil or mesh is typically added to the composite structure to provide additional shielding for wiring and equipment. Electrical bonding between composite structure parts and panels should be provided for the shielding to be effective. AC 20-136 provides certification guidance for aircraft electrical and electronic system lightning protection.

【参考译文】

(b) 在电气系统布线中实施电屏蔽设计，以及在电子电气设备的电路设计中考虑鲁棒性，均能对雷电引起的系统故障或损伤提供一定的防护作用。由于大部分复合材料的电屏蔽性能都差，因此，最好的做法通常是在复合材料结构上增加金属箔或网，为导线和设备提供额外屏蔽。应该在复合材料结构部件和壁板之间建立电搭接，以保证屏蔽有效。AC 20-136 给出了航空器电子电气系统闪电防护的验证指南。

9.2.2　其他事项适航符合性方法解读

1) 适坠性

飞机的适坠性受机身冲撞响应特性控制。基于已发生的坠机事件或事故所积累的经验，或者新设计所提出的安全问题，适坠性规章会发生一些改变。机群的使用经验表明，不需要给出飞机等级的适坠性标准。飞机的适坠性主要涉及的条款有 23.305、23.561、23.562、23.601、23.631、23.721、23.783、23.785、23.787、23.789、23.801、23.809、23.963、23.967、23.981 等。

(1) 机体设计要求。

复合材料机体设计应能保证：在实际的、可存活的坠毁冲击条件下，乘员可有一切合理的机会避免受到严重伤害。复合材料结构设计应考虑不同于金属结构设计的独特材料性能和结构特性(包括修理和更换件)。可通过试验或试验支持的分析进行结构验证。

(2) 复合材料结构适坠性评估准则。

应当评估复合材料机身结构的冲撞响应，保证其适坠特性与相近尺寸金属结构飞机没有明显差别。应当评估机身结构和地板结构所受到的冲击载荷和由于冲击载荷作用所产生的变形。

进行验证时，应考虑以下四个主要准则：当冲撞发生时，必须保护乘员免受来自飞出物体的伤害(例如头顶的储物箱)；在可存活的坠撞后，必须保持应急出口畅通；在可存活的坠撞后，乘员承受的加速度和载荷不得超过临界门槛值；冲击事件后，乘员必须有足够的存活空间。

以上四项准则中每一个准则的重要性取决于特定的坠毁状态。例如，在较低的冲撞速度下，结构可能尚未破坏，乘员承受的载荷与加速度就可能比较高。

(3) 防火安全性。

从防火安全性方面考虑，验证燃油箱复合材料结构完整性的基准是相似尺寸金属结构的完整性。复合材料油箱结构破坏或变形导致的火灾危险性不能大于金属结构破坏或变形导致的火灾危险性。

(4) 复合材料结构适坠性所涉及的物理和力学特性。

复合材料结构适坠性涉及复合材料多方面的物理和力学特性。对于遭受可存活坠撞的复合材料结构，需要考虑结构的局部强度、能量吸收特性和可能同时出现的多种失效模式。对于各向异性和准脆性复合材料结构来说，这是不容易做到的。因此，除非在复合材料结构设计时给予特别考虑，复合材料结构飞机上的乘员与设备所承受的加速度和载荷历程，可能与类似尺寸金属结构飞机上乘员所遇到的加速度和载荷历程存在显著差别。

当需要改变复合材料结构来获得特别的力学行为时，应特别予以注意。例如，材料厚度变化对金属结构行为的影响可能很容易预计，而复合材料层压板增加一层可能会明显地改变复合材料结构的失效模式和能量吸收特性。

(5) 适坠性的分析与试验。

应当采用具有代表性的结构来获得有效的试验与分析结果。对于不同的飞机载荷(要求调查不同的飞机乘客与货物的配载)、不同的结构动力学考虑和破坏过程，整个结构中的局部应变速率与受载状态可能是不同的。

进行分析时，需要广泛研究分析模型对建模参数(例如网格的优化、连接的描述和输入的单元材料应力-应变数据)的敏感性。试验中，还需要分析复合材料结构对试验设备(例如与结构预期脉动性能相关的频率过滤器)的敏感性。可以采用试验复杂程度更高一级的积木式方法，来验证模型的准确性(例如，采用具有足够复杂结构细节的试验件进行坠落试验，来验证对适坠性准则的符合性)。

2) 防火、阻燃和其他受热问题

(1) 总体要求。

复合材料结构设计中，要考虑复合材料结构的阻燃和防火要求，还要考虑它的暴露温度超过最高工作温度的问题。但是，目前的规章还没有考虑机体结构本身燃烧的可能性。可以用试验或试验支持的分析方法来证明其符合性。复合材料结构防火、阻燃设计(包括修理或更换)应具有与金属结构相当的安全水平。

飞机的防火、阻燃和其他受热问题主要涉及的条款有 23.609、23.787、23.865、23.867、23.903、23.967、23.1121、23.1181、23.1182、23.1183、23.1185、23.1189、23.1191、23.1193 等。

(2) 结构设计上的考虑。

发动机的复合材料吊挂结构和整流罩结构、防火墙和其他动力装置支持结构等的设计均应考虑防火和阻燃。在机翼和机身的复合材料结构构型设计中，应考虑飞行期间着火和着陆时燃油泄漏引起着火对乘客安全的影响。

复合材料结构的防火性和阻燃性设计依赖于总体设计、工艺细节设计以及火源情况。例如，对于机舱内着火，可通过设计阻断结构对火焰的维持和蔓延进行控制。机舱内着火和机舱外着火的威胁是不同的，缓解威胁的方法也不同。飞行中的防火安全主要考虑由于失误而在机舱内产生火灾，而坠机后的防火安全考虑的主要是可引起飞机外着火的燃油泄漏。

在飞行过程中，当火焰在不可接近的区域蔓延时，会造成灾难性的后果。在复合材料结构设计中应考虑到这一点。

在进行机身结构设计时，应考虑给乘客提供足够的逃生时间，并且不会伴有加剧火焰蔓延的气体和物质，也不会释放对逃生乘客有毒的气体。另外，还应考虑机翼结构油箱的燃油泄漏问题(包括火焰烧穿油箱结构)。

(3) 复合材料结构的高温暴露问题。

复合材料结构所处的温度环境如果达到复合材料本身的玻璃化转变温度，它的强度和刚度会大幅度下降，而且会由于吸湿而进一步恶化。必须按照特定失效情况下的要求(例如发动机和其他系统破坏)，考虑高温暴露引起的强度和刚度的降低。为了进行热损伤分析，需要对暴露于高温环境的复合材料结构进行检测、试验和分析，以便进行损伤容限和可维护性评估。对于暴露在未知高温严重程度的构件，应进行可靠检测和试验，确定损伤范围，记录检查结果，评估结构完整性，并采取相应的维修措施。应特别注意所选检测方法可能漏检的最大损伤。

(4) 结构保护。

飞机使用过程中，由于风化环境、磨蚀、腐蚀、紫外线辐射和化学环境(例如液压油、燃油和清洗剂等)的影响和作用，复合材料结构的性能会呈现出退化现象，主要涉及23.573条款。

为了防止材料性能退化，应采用如下有效防护措施：复合材料结构表面应采用经试验验证有效的防护措施，限制采用会使结构升温的涂层颜色，在潮湿环境部位和易积水的部位，采用通风和排水措施(例如设置排水通道和排水活门)。当电极电位较高的复合材料(例如碳纤维复合材料)与电极电位较低的金属材料(例如铝合金)相接触时，采用隔离层(例如用玻璃纤维材料铺层)措施，防止电偶腐蚀。另外，可采用复合材料结构专用紧固件，并按照相应的安装程序进行安装，避免产生电偶腐蚀，同时，在安装紧固件时，不要对复合材料结构造成损伤(例如分层和纤维劈裂)。

3) 复合材料结构的闪电防护设计

碳纤维复合材料导电性比铝材大约低1 000倍，而复合材料的树脂和胶黏剂通常不导电，玻璃和芳纶纤维复合材料也不导电。如果在设计上不考虑恰当的雷电防护，对复合材料结构的雷击可能会造成结构破坏或大面积损伤，并可能在金属液压管路、燃油系统管路和电缆中产生高雷电电流和电压。因此，复合材料航空器结构需要具有防雷电设计特性。

应在复合材料结构的损伤容限分析和试验中，考虑复合材料结构由于雷击引起的损伤。维修复合材料结构时，应保持原来的雷电防护能力，并评估维修对雷电防护的影响。

在复合材料结构设计中，应依据闪电初始附着区(1区)、扫掠附着区(2区)和传导电流区(3区)以及复合材料类型，采用不同的雷击防护设计措施。

(1) 非导电复合材料结构的闪电防护。

飞机雷达天线罩通常采用对电磁没有屏蔽作用的非导电复合材料(玻璃或芳纶纤维复合材料)。其他一些非主要受力结构(例如翼身整流罩等)也采用非导电复合材料。

结构是否需要防护，取决于闪电对它的功能影响程度和损伤的危害程度。如果损伤不会造成严重危害，那么可能不需要防护。

雷达罩要特别注意闪电防护，因为雷击可能造成雷达罩损伤，进而可能导致雷达失效，且来自雷达罩的碎片可能会进入发动机内，并对发动机造成损害，这是机头雷达罩通常需要进行闪电防护设计的主要理由。

对非导电复合材料通常有两种防护方法，一种是在外表面上使用连续性金属分流条（通常是铝分流条）或者使用纽扣式分流条。另一种是在结构外表面施加一种导电材料。这种方法提供了有效的雷电防护，而且它还提供了该区域被封闭系统的防护措施。在没有电磁通过要求的部位，应尽可能采用这种方法（不包括金属涂层）。

（2）导电复合材料结构的闪电防护。

雷击可以损伤碳纤维复合材料（CFC）蒙皮，可能造成树脂的液化和层压板的断裂。这种损伤发生在闪电附着点或附着点附近。在附着点附近的损伤主要由闪电电流引起。这类损伤可能在飞机除 3 区以外的所有区域中发生。

损伤的程度取决于 CFC 蒙皮层压板的类型和厚度、涂层和修饰层的厚度及雷击强度。经验表明，由闪电产生的表面损伤程度与闪电中电流分量的作用积分有关。

由碳纤维复合材料制造的结构必须在设计初期就有较完整的闪电防护方法，这将对飞机的最终成本和重量产生较大影响。

CFC 闪电防护设计应达到以下目的：避免在雷击附着区（区域 1A、1C、2A、1B 和 2B）产生危险性损伤（击穿、开裂）；提供充分的闪电电流路径，以避免在接头处发生雷电损伤。在 CFC 油箱中，必须防止产生电弧和火花，因为油箱中存在燃油蒸汽。CFC 的闪电直接效应防护设计必须与闪电间接效应保护设计相协调。

是否要求进行闪电防护设计取决于 CFC 蒙皮结构的设计目的和损伤后果。如果闪电造成 CFC 结构破坏后，可能危及飞行安全或产生额外维修和飞机停场费用，则必须按照适航要求采取防护措施。在适航审定中常见的需要防护的 CFC 蒙皮主要包括机身、机翼和尾翼结构（尤其是结构尖部）、发动机短舱和吊挂、飞行操纵面、前缘设备、航空电子舱以及作动筒外罩、油箱蒙皮等。

CFC 蒙皮的防护措施主要包括增加金属丝织物、有孔金属箔、金属涂层、交互编织金属丝织物等。这些防护措施可以提高电导率，使部分雷电电流流入保护层而不是 CFC 层压板。弧根弥散可使雷电电流在大面积上的多个点进入蒙皮，而不是某一个点。

（3）CFC 连接和拼接的防护。

除附着点处的损伤外，闪电电流也可能对 CFC 结构的接合处造成损伤，如相邻蒙皮接合处或蒙皮与骨架结构（如肋和梁）接合处。

（4）复合材料结构闪电防护充分性的证明。

AC 20-107B 指出：应通过试验或用试验支持的分析，验证复合材料结构雷电防护的充分性。通常对试样、组合件或典型结构件等代表飞机结构的试验件进行试验，或对整个飞机进行试验。

用来验证直接效应保护方法的典型分析包括：计算导体温度升高（通过组合考虑导电材料和横截面面积的有关数据以及闪电电流幅值和作用量积分）；计算电磁力（基于综合考虑电流幅值和几何因素）。其他分析方法还包括将当前设计数据与已有试验数据进行比较，并进行外推或其他推断，使已有试验数据与当前的设计联系在一起。对具有多个界面和电流通道的复杂结构或部件，很少使用分析方法，必须通过试验来评估闪电直接影响，并验证这些结构防护设计的充分性。

当采用相似性验证直接效应防护设计措施时，承受电流的结构和连接处必须比正在引用的相似对象具有等效或者更大的横截面积或界面，其他设计特征也必须有充分的类似，对其他的闪电效应（比如冲击波或磁力）不能有不同的响应。相似性验证要求在详细的设计图纸、零件清单和安装细节之间做比较。为了显示非相似性不会导致无法预见的危险，要进行必要的分析。有一种误解，以为相似性意味着“差不多”相似。事实上，要表明闪电敏感设计细节的设计与先前验证过的设计具有足够相似性，经常要花很长时间和成本去完成相似性评估。对于飞机复合材料结构，可以使用相似性方法判断闪电防护充分性的项目有：外表面蒙皮、内部结构、飞行控制面结构、风挡（如果铺层、材料和厚度相同，并且不大于以前试验风挡的面积）、接头、界面接合处等。

闪电直接效应试验通常仅限于雷击附着点的附近，通常通过高压附着试验和大电流物理破坏试验来进行验证。例如，在尾翼的上部检查了闪电的直接效应，方法是将极强的闪电电流 A 分量（200 KA）加在分流条上，查看损伤程度。将闪电电流 D 分量（100 KA）加到 CFRP 蒙皮上，如果仅在一根桁条的跨距上引起有限的损坏，而且是很容易修复的，则表明该结构的闪电防护是充分的。

(5) 燃油系统的雷击防护。

复合材料整体油箱结构设计时，必须特别考虑燃油系统的雷电防护。复合材料整体油箱结构（油箱外表面、接头、紧固件）以及安装燃油系统管路和附件的支持结构，必须采用专门的雷电防护措施，以消除渗漏、电弧、火花或其他起火源。AC 20-53A 给出了飞机燃油系统雷电防护的审定指南。

(6) 电气电子系统的雷击防护。

应对复合材料结构进行防雷击设计，以避免电气和电子系统线路中产生高诱导雷电电压和电流。这些电气和电子系统的故障或损伤将会影响飞机的安全使用。对于执行关键功能(如电传控制或发动机控制)的电气与电子系统而言，无防护复合材料结构遭受雷击的后果将是灾难性的。

对电气和电子设备的系统导线进行电屏蔽和健全的电路设计，均能对雷电引起的系统故障或损伤提供一定防护作用。由于多数复合材料的屏蔽能力很差，通常最好在复合材料结构上设置金属箔或金属网，以对导线和设备提供额外的屏蔽。应提供复合材料结构构件之间的电搭接，使屏蔽有效。AC 20-136 给出了飞机电气和电子系统雷电防护的审定指南。

9.3　其他事项适航评审要素及审查要求

9.3.1　适坠性

(1) 机体设计应保证在可存活的坠撞条件下，乘员有适当的机会避免受到严重伤害。

(2) 必须评估复合材料机身结构的冲击响应，来保证其存活能力与金属材料制造的类似尺寸飞机没有明显差别。

(3) 必须评估机体和地板结构的冲击载荷与所产生的结构变形。

(4) 重物(如头顶的行李舱)掉落引起冲击时，必须评估保护乘员的措施。

(5) 在可存活的坠撞后，必须保持应急出口畅通。

(6) 在可存活的坠撞时，乘员承受的加速度和载荷不得超过临界门槛值。

(7) 冲击事件后，乘员必须有足够的存活空间。

9.3.2　防火、阻燃和受热问题

(1) 当复合材料结构暴露于火焰中或高于设计验证过的最高工作状态温度时，应有程序来评估复合材料飞机结构的完整性；

(2) 复合材料飞机结构的外部防火问题，必须考虑可存活坠撞后外部集中火焰的影响；

(3) 机身结构应给乘员提供足够的撤离时间，且不会伴以火焰蔓延或释放对撤离乘员有毒或使燃烧加剧的气体和/或物质。

9.3.3　闪电防护

(1) 应评定复合材料结构修理和维护对闪电防护系统的影响；

(2) 修理设计应保持复合材料结构的闪电防护能力;

(3) 当飞机遭受雷击时,如果有很高的电流通过机体,必须在结构部件间建立适当的电搭接;

(4) 对于带整体油箱的复合材料飞机结构,必须特别考虑燃油系统的闪电防护;

(5) 对于带整体燃油系统的复合材料结构,在结构外表面、接头、紧固件以及结构支持等处,必须设计专门的闪电防护措施,以消除渗漏、电弧、火花或其他起火源。

9.4 其他事项适航符合性验证

9.4.1 动态冲击

复合材料机身的设计应确保乘员在撞击条件下有充分的机会避免严重伤害。评估可以通过试验或分析来进行,如分析则必须有试验数据的支持。试验验证可能包括运营经验。设计时还应考虑复合材料机身结构的独特特性,如复合材料呈现脆性,坠毁吸能主要采用压溃、分层和纤维劈裂等方式,而不像金属材料主要由结构变形来吸能。

9.4.2 阻燃问题

需要对机舱内部结构进行易燃性测试。飞机机身内部结构设计应尽量减少在发生易燃液体或气体点燃的情况下对乘员的危害。这取决于复合材料机身内部相关火灾危险区域暴露在易燃区域时,应该至少达到与铝合金机身结构一样的防火要求,即复合材料结构的使用不应降低现有的安全水平。已有复合材料结构可燃性试验结果表明,阻燃效果依赖于结构设计和制造工艺的细节。

在进行发动机装置设计时需考虑高温下暴露后的防故障装置。防火墙也必须有特殊设计要求,以符合 CCAR-23 部的阻燃性要求。

阻燃设计应包括:确定需要进行易燃性测试的内饰部件;确定试验件结构尺寸;发动机装置的可燃性验证;防火墙可燃性验证。

PS-ACE100-2001-02 对阻燃性有明确要求,DOT/FAA/CT-89/15 和 DOT/FAA/AR-00/12 也非常具有参考价值。主要包括:

(1) 不要求进行阻燃性试验的材料对应的是 23.853 要求,这类材料在燃烧过程中，没有有效蔓延和传播。可以采用用户或供应商的材料进行验证，确定该材料的燃烧不具有有效蔓延和传播作用。

(2) 其他材料必须根据飞机的验证基础和类别要求，进行相应水平的阻燃试验。AC 23-2 给出了阻燃、防火和自熄试验方法指导。CCAR-23 部附件 F (试验方法)中详细说明了符合 23.853、23.855 和 23.1359 条款的自熄材料可接受的试验方法。

(3) 阻燃性试验的验证基础。AC 23-2 要求对织物、导线和试样试验件进行取样(批次/卷/试样)。试验用材料应符合材料规范，并明确批次/卷/试样等。试验件制造必须能够代表产品制造工艺或从真实零件上切割。

(4) 复合材料结构的阻燃性要求对内饰材料、胶和复合材料结构的典型层压板进行试验，除非能够证明内饰材料不具有穿透它的火焰源。

(5) 内饰材料阻燃性试验要求增大取样。经验表明，许多情况是由于材料极端易燃和严重的火焰蔓延和传播，导致薄的表面层烧尽且可能暴露胶层。因此仅进行表面层试验而没有考虑胶层是不具有代表性的。应采用带有阻燃剂的胶，而不允许采用已知的易燃胶。

9.4.3　雷击防护

复合材料航空器结构需要具有防闪电设计特性，即复合材料结构设计应包括适当的雷击防护设计。应通过试验或分析来证明(如采用分析方法，则必须有试验证据表明分析方法的可靠性)该结构采取的防雷击措施可以在必要时提供电磁保护，能够传导雷击产生的电流以免危及飞机安全。直接雷击效应涉及所有主要结构部件，间接雷击效应涉及燃料系统、电子设备和电线等所有内部部件。复合材料构件雷击试验结果与结构设计和工艺细节有关。

雷击防护设计应考虑：闪电直接和间接影响；结构防护；燃油系统防护；机组和乘员保护；电器设备防护等。

第 10 章
通航飞机复合材料方向舵适航审定案例

本章将以通用航空某型机复合材料方向舵为例，结合 AC 20-107B 各章节内容，从材料和工艺、结构静强度、疲劳和损伤容限、颤振、持续适航和其他适航符合性要求出发，详述与之对应的 CCAR-23-R3 相关条款的适航符合性方法及其应用情况。

10.1　审定基础简介

“审定基础明确规定型号合格证颁发前，申请人必须表明符合性的具体民用航空器民用航空规章及其版次，应尽早确定。审定基础包括针对该类别航空产品的适用适航标准，以及民用航空规章中的适用航空器噪声、燃油排泄和排气排出物等环境保护要求。”——取自 AP-21-AA-2023-11R1《型号合格审定程序》(以下简称 11 程序)3.8 节确定审定基础。

申请人向民航局提交民用飞机型号合格证申请时，一定要明确应满足的适航规章。适航规章的确定依据 CCAR-21-R5 中 21.17 条适航规章确定。

如某通航飞机申请日期为 2005 年 7 月 30 日，则结合申请之日适用的适航规章和环境保护要求的有效版次，确定的审定基础如下。

(1) 适航要求。

适航规章：CCAR-23-R3《正常类、实用类、特技类和通勤类飞机适航规定》

(2) 环境保护要求。

噪声：CCAR-36-R1《航空器型号和适航合格审定噪声规定》

排放：CCAR-34《涡轮发动机飞机燃油排泄和排气排出物规定》

除此之外，还包括专用条件和等效安全。

10.2　复合材料方向舵结构简介

1）设计原理

方向舵设计准则：相对于垂尾盒段可以完全互换；必须考虑垂尾盒段的变形；在预期的环境和工作条件下，设计使用目标是四万飞行小时/六万次循环；考虑目前所有已知的载荷包线；因为空间限制，只能从结构外部进行修理；复合材料的使用不应导致飞机的安全性和维护性降低。

2）结构设计方案

方向舵采用梁、墙布局，大部分采用碳纤维增强复合材料，连接接头采用金属材料。方向舵结构包括复合材料共固化盒段、蒙皮、肋、前缘（由内段前缘蒙皮、外段前缘蒙皮、前缘肋和一个前缘口盖组成）、共固化调整片、口盖、角盒和金属接头（铰链接头、连接接头和调整片接头）。复合材料共固化盒段采用整体共固化成型技术，包括 C 型前梁、Z 型后梁、蜂窝夹层结构蒙皮、后缘、5 个肋一次整体共固化成型。方向舵结构示意图如图 10 - 1 所示。

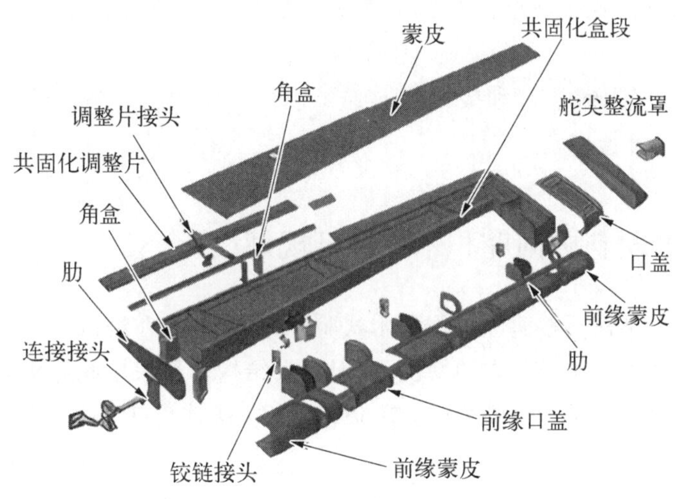

图 10 - 1　方向舵结构示意图

3）材料选择

主要材料体系选自国外某公司中温环氧树脂体系，包括中温环氧碳纤织物、中温环氧碳纤单向带、中温环氧玻纤织物、表面膜、铝箔、胶粘剂、Nomex 蜂窝和泡沫等。除胶黏剂和泡沫外，其他均为飞机制造商所用的企业标准。

4）共固化盒段制造工艺简介

方向舵整体共固化盒段制造包括：制造用材料必须是满足材料规范要求的合格材料；按材料规范要求解冻材料；按设计图纸要求进行下料；按工艺流程卡/作业指导书进行铺贴，梁、肋、蒙皮等分别铺贴；将铺好的梁、肋、蒙皮等按图纸要求装配一起，并铺放连接各部分的连续铺层；按工艺规范要求制备真空袋后送至合格的热压罐设备中进行固化、起模（注意起模温度控制）、加工（注意不要引起边缘缺陷）；按无损检测要求进行检测，按验收技术文件判定是否合格，如有超过验收门槛值的缺陷，则交由工程技术人员处理；按工艺规范要求进行表面处理；待装配使用。

5）方向舵装配简介

所有固化后的复合材料零件通过胶、铆连接在一起。抽芯铆钉材料选择与碳纤维电位差较小的不锈钢或蒙乃尔合金铆钉（蒙乃尔合金铆钉价格较低，但重量较重，而不锈钢铆钉价格较高，但重量较轻），对结构重量和成本进行综合分析，通常采用蒙乃尔合金抽芯铆钉。

第一步：将铰链接头、前缘肋等零件连接到共固化盒段上；

第二步：采用胶铆连接将前缘蒙皮、舵尖整流罩和下部蒙皮安装在组件上；

第三步：连接调整片和接头；

第四步：连接口盖。

10.3 复合材料方向舵积木式验证规划设计

复合材料结构适航验证采用积木式验证方法，只有在经试验证据表明结构分析方法对某种结构是可靠的情况下，对这种结构才可采用此分析方法而不必进行试验。申请人采用试验验证方法来表明相关条款的符合性。多少试验量合适？这与申请人的经验、能力等因素有关。为减轻申请人负担，在保证能够表明条款符合性的情况下，可以采用最少必须的原则来确定复合材料的积木式验证规划，评估设计用材料的稳定性、工艺制造的可重复性以及复合材料结构质量的一致性，使其符合确定的审定基础规章条款要求，进而保证飞机的安全性。复合材料方向舵积木式试验验证规划设计如下，仅供参考。读者可以从中消化理解积木式验证设计理念和方法。由于每个型号应用部位和结构形式有差异，读者不可照搬照抄。一般情况下，申请人与审查组双方协商几轮后才能初步确定试验规划。随着设计和审查的深入，初步确定的复合材料结构积木式试验规划还会根据实际情况进行调整。

10.3.1　试样级试验

试样级试验目的：建立关键材料性能；验证制造流程；确定用于飞机结构的基本材料性能；工艺重复性可控；建立统计基础，满足材料持续质量保证需求；验证材料的老化特性；提供材料关键性能变异的定量评估，依据统计数据建立材料验收、等效、质量控制和设计基础等。

1）材料合格鉴定

材料合格鉴定包括两种材料：一为织物，一为单向带。试验内容主要包括：未固化预浸料性能、固化后单向板物理性能、固化后单向板力学性能、层压板耐久性和溶剂相容性、固化后层压板力学性能、固化后夹层结构力学性能。

这一级别推荐的试验规划可参考本书第 3 章。具体的试验规划需要申请人和审查组双方根据具体材料和应用结构的实际情况讨论确定。需要强调几点：

① 申请人负责材料供应商的材料控制；

② 所有试验用大板依据申请人工艺规范且由申请人或申请人的复合材料结构制造商制造；

③ 每种材料至少选择 3 个批次；

④ 每种性能大板制造来源于两个独立制造过程；

⑤ 每块大板每种性能至少保证 3 组有效数据；

⑥ 每种材料及性能都要考虑高低温及湿度等环境影响；

⑦ 试验标准采用局方接受/认可的；

⑧ 试验机构应保证按经批准的试验大纲进行试验，数据可靠；

⑨ 大板及试验件制造过程和试验均由 CAAC 或委任工程代表进行目击。

2）典型铺层试样级试验

（1）梁上部蒙皮典型铺层。

冲击后压缩试验共使用了 11 个试样。其中 8 个试样用于试冲，确定合适的冲击能量（冲击立刻测量 1.0 mm 凹痕），剩余 3 个试样用于 CAI 试验。表 10－1 为梁上部蒙皮试验矩阵。

表 10-1 梁上部蒙皮试验矩阵

试验项目	批次×试验件数量	
	RT	70℃/85% RH
无孔拉伸	2×5	2×5
无孔压缩	2×5	2×5
开孔拉伸	2×5	2×5
开孔压缩	2×5	2×5
CAI	2×11	2×11
填充孔拉伸	2×5	2×5
填充孔压缩	2×5	2×5
孔隙率测试	48①	

注：① 试验件取自制造力学试验件的大板。

(2) 前梁缘条典型铺层。

表 10-2 为前梁缘条试验矩阵。

表 10-2 前梁缘条试验矩阵

试验项目	批次×试验件数量	
	RT	70℃/85% RH
无孔拉伸	2×5	2×5
无孔压缩	2×5	2×5
开孔拉伸	2×5	2×5
开孔压缩	2×5	2×5
填充孔拉伸	2×5	2×5
填充孔压缩	2×5	2×5
单剪挤压	2×5	2×5
孔隙率测试	42①	

注：① 试验件取自制造力学试验件的大板。

10.3.2　元件级试验

试验目的：评估材料对常见的层板不连续性的承载能力；将试验结果与分析结果进行比较，评估分析方法的可靠性。

1）前梁腹板开口

图 10－2 为前梁腹板开口示意图，表 10－3 为前梁腹板开口试验矩阵。

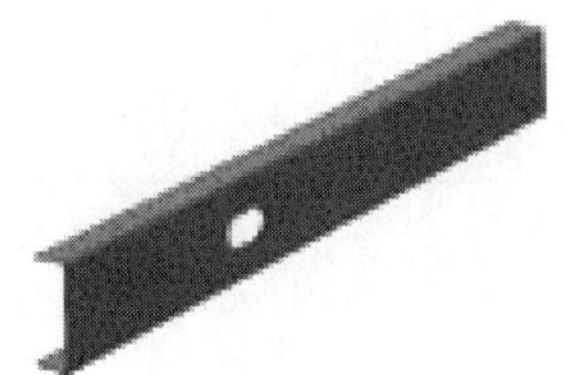

图 10－2　前梁腹板开口示意图

表 10－3　前梁腹板开口试验矩阵

试验项目	试验环境	试验件数量
拉伸试验	RT	3
	70℃/85% RH	3
冲击后拉伸试验	RT	3
压缩试验	RT	3
	70℃/85% RH	3
冲击后压缩试验	RT	3

2）蒙皮开口试验

图 10－3 为蒙皮开口示意图，表 10－4 为蒙皮开口试验矩阵。

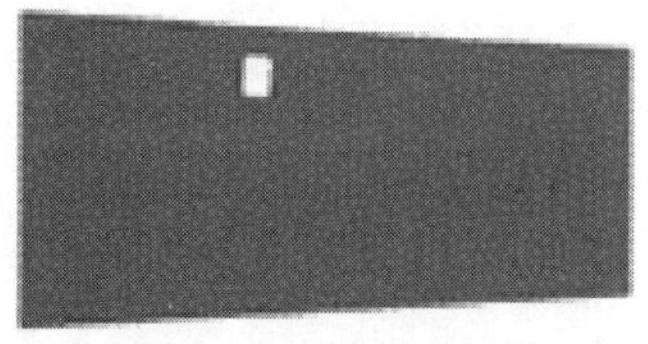

图 10－3　蒙皮开口示意图

表 10-4 蒙皮开口试验矩阵

试验项目	试验环境	试验件数量
拉伸试验	RT	3
	70℃/85% RH	3
压缩试验	RT	3
	70℃/85% RH	3

10.3.3 典型结构件试验

1) 铺层递减试验

试验目的：验证方向舵铺层递减区域由于重复加载（压缩和拉伸）而导致的性能退化。

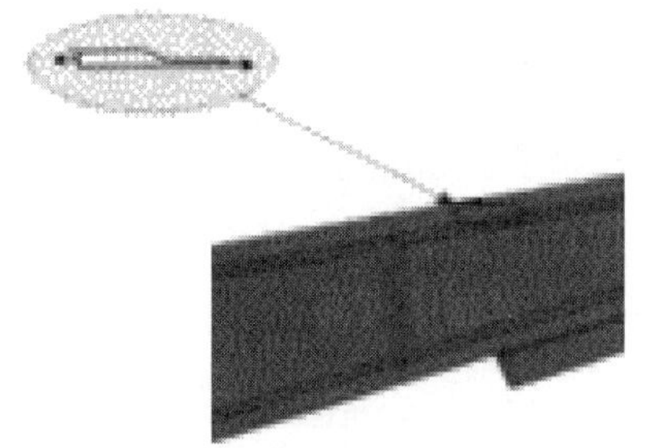

图 10-4 铺层递减示意图

本试验提供：具有铺层递减区域试验件的压缩和拉伸极限载荷；失效模式及位置；评估环境条件对结构中铺层递减区域稳定性的影响；比较试验结果与分析结果，评估分析方法的可靠性。

图 10-4 为铺层递减示意图，表 10-5 为铺层递减试验矩阵。

表 10-5 铺层递减试验矩阵

试验项目	试验环境	试验件数量
疲劳 + 剩余拉伸强度	RT	6
	70℃/85% RH	6
疲劳 + 剩余压缩强度	RT	6
	70℃/85% RH	6

2) 胶接连接拉拔试验

试验目的：评估下蒙皮和共固化盒段的梁、肋胶接连接强度。

本试验提供：剥离强度的许用值；环境条件对胶接区域的影响；比较试验结果与分析结果，评估分析方法的可靠性。

试验包括验证试样和参考试样。其中，验证试样从真实方向舵结构上截取试件，参考试样按验证试样的铺层及胶接设计，单独制造试样。

图 10-5 为胶接连接示意图，表 10-6 为胶接连接拉拔试验矩阵。

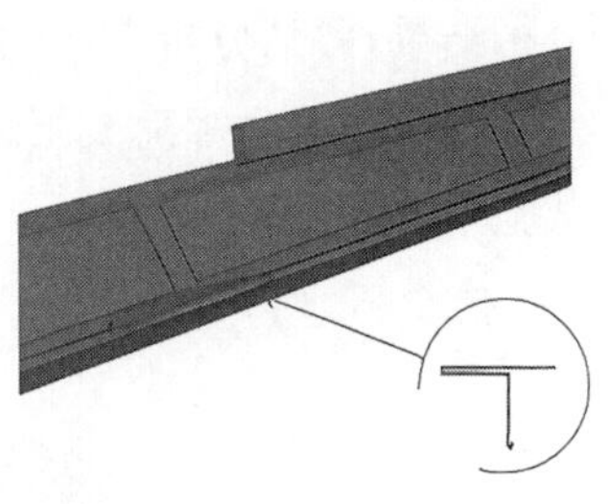

图 10-5　胶接连接示意图

表 10-6　胶接连接拉拔试验矩阵

试 验 项 目	试 验 条 件	试验件数量
拉拔试验	RT	6
	70℃/85% RH	6

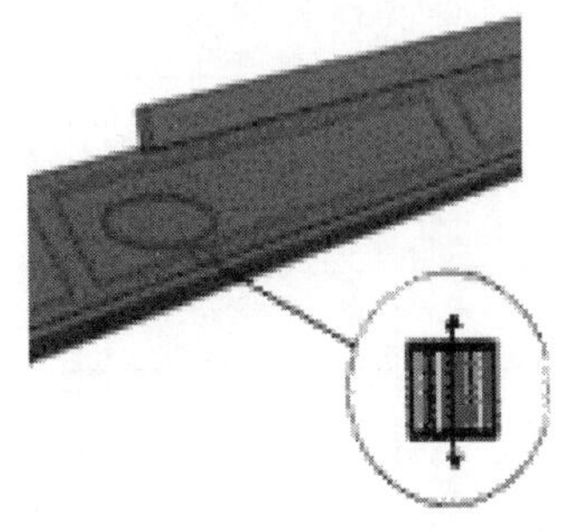

图 10-6　蜂窝夹层结构平拉试验件示意图

3) 蜂窝夹层结构平拉强度试验

试验目的：评估层压面板和夹芯的胶接连接性能。

本试验提供：层压面板和夹芯之间强度许用值；比较试验结果与分析结果，评估分析方法的可靠性；环境条件对胶接区域的影响。

图 10-6 为蜂窝夹层结构平拉试验示意图，表 10-7为胶接连接面板拉伸试验矩阵。

表 10-7　蜂窝夹层结构平拉试验矩阵

试 验 项 目	试 验 条 件	试验件数量
蜂窝(厚度为 6 mm)平拉试验	RT	5
	70℃/85% RH	5

4) 蜂窝夹层结构弯曲试验

试验目的：评估夹层结构的力学特性。测试采用四点弯。

本试验提供：夹层结构弯曲强度许用值；失效模式和位置；比较试验结果与

分析结果，评估分析方法的可靠性；环境条件对夹层结构的影响。

图 10－7 为蜂窝夹层结构弯曲试验示意图，表 10－8 为蜂窝夹层结构弯曲试验矩阵。

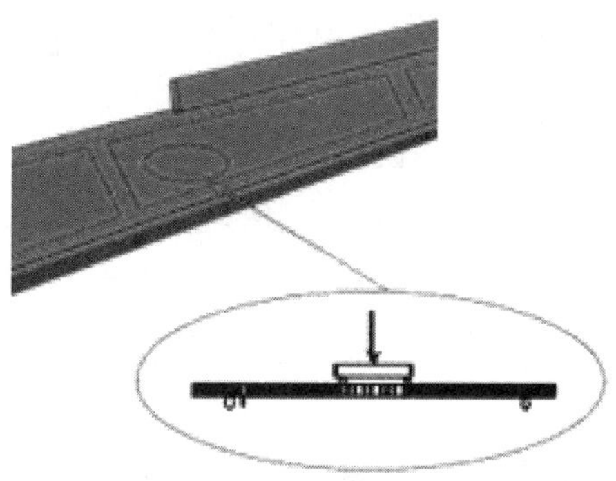

图 10－7 蜂窝夹层结构弯曲试验件示意图

表 10－8 蜂窝夹层结构弯曲试验矩阵

试验项目	试验环境	试验件数量
外蒙皮拉伸	RT	3
	70℃/85% RH	3
冲击后外蒙皮拉伸	RT	3
外蒙皮压缩	RT	3
	70℃/85% RH	3
冲击后外蒙皮压缩	RT	3

10.3.4 缺陷及修理验证试验

试验目的：

(1) 通过对比复合材料层压结构和蜂窝夹层结构无缺陷和含不同缺陷尺寸试验，验证含有小于/等于此缺陷临界尺寸的缺陷引起结构强度降满足设计要求，初步确定复合材料层压结构和蜂窝夹层结构制造允许缺陷门槛值，并为全尺寸试验提供支持；

(2) 通过复合材料夹层结构典型铺层无缺陷的和含缺陷(穿孔和开胶)修理后的试验对比，根据修理后的强度恢复情况，评估修理方法可行性；

(3) 通过对比复合材料层压结构无缺陷和含分层缺陷的疲劳试验，评估分层缺陷是否扩展，通过剩余强度试验评估结构裕度，并为全尺寸试验提供支持。

1) 层压结构压缩性能试验

试验件铺层为方向舵整体共固化盒段前梁缘条与上部蒙皮铺层。试验需要两种试验件，一种是无缺陷的试验件，另一种是分别含 Φ20 mm、Φ30 mm、Φ50 mm 的分层缺陷的试验件。目的是验证不同缺陷尺寸对压缩性能影响。表 10－9 为层压结构压缩性能试验规划。

表 10－9　层压结构压缩性能试验规划

序号	试验性能	试验条件	试验件形式	试验件数量	备注
1	压缩性能	RT	无缺陷	5	
2			Φ20 分层缺陷	5	
3			Φ30 分层缺陷	5	
4			Φ50 分层缺陷	5	
5		70℃/85% RH	无缺陷	5	
6			Φ30 分层缺陷	5	

2) 蜂窝夹层结构侧压试验

试验需要两种试验件，一种是无缺陷的试验件，另一种是分别含 Φ30 mm、Φ45 mm、Φ60 mm 的脱粘缺陷的试验件。目的是验证不同缺陷尺寸对夹层结构侧压的影响。表 10－10 为蜂窝夹层结构侧压试验规划。

表 10－10　蜂窝夹层结构侧压试验规划

序号	试验性能	试验条件	试验件形式	试验件数量	备注
1	侧压试验	RT	无缺陷	5	
2			Φ30 脱粘缺陷	5	
3			Φ45 脱粘缺陷	5	
4			Φ60 脱粘缺陷	5	

3) 层压板结构疲劳试验

试验包括两种试验件，一种是无缺陷的试验件，另一种是含 Φ30 mm 分层缺陷的试验件。无缺陷试验件进行压-压疲劳试验后检测有无损伤，然后均进行压缩剩余强度试验；含缺陷的试验件在疲劳试验后检测分层是否扩展，然后均进行压缩剩余强度试验。表 10－11 为层压板结构疲劳试验规划。

表 10－11 层压板结构疲劳试验规划

<table>
<tr><th>试验件类型</th><th>试验性能 a</th><th>试验条件</th><th>试验件数量</th><th>用 途</th><th>试验性能 b</th></tr>
<tr><td rowspan="3">无缺陷</td><td rowspan="3">压-压疲劳试验</td><td rowspan="2">RT</td><td>5</td><td>确定无缺陷试件疲劳载荷峰值 P_{max}</td><td>确定疲劳载荷峰值 P_{max} 而未发生破坏的试件，进行疲劳试验后压缩剩余强度试验</td></tr>
<tr><td>5</td><td rowspan="2">用已确定的无缺陷试件疲劳载荷峰值 P_{max} 试验</td><td rowspan="2">疲劳试验后压缩剩余强度试验</td></tr>
<tr><td>70℃/85% RH</td><td>5</td></tr>
<tr><td rowspan="3">Φ30 mm 分层</td><td rowspan="3">压-压疲劳试验</td><td rowspan="2">RT</td><td>5</td><td>确定含缺陷试件疲劳载荷峰值 P_{max}</td><td>确定疲劳载荷峰值 P_{max} 而未发生破坏的试件，进行疲劳试验后压缩剩余强度试验</td></tr>
<tr><td>5</td><td rowspan="2">用已确定的含缺陷试件疲劳载荷峰值 P_{max} 试验</td><td rowspan="2">疲劳试验后压缩剩余强度试验</td></tr>
<tr><td>70℃/85% RH</td><td>5</td></tr>
</table>

4）复合材料夹层结构修理验证试验

试验件包括无缺陷试件、含穿孔缺陷和含开胶缺陷的试件。穿孔缺陷试件是在无缺陷试件上钻 Φ20 mm 的孔；开胶缺陷试验件含 Φ20 mm 制造引入的开胶缺陷。然后按照设计要求的修理方法，对带有缺陷的试件分别进行修理。修理后按照试验规划要求，分别进行弯曲和蜂窝侧压试验。表 10－12 为复合材料夹层结构修理验证试验规划。

表 10－12 复合材料夹层结构修理验证试验规划

<table>
<tr><th>序号</th><th>损伤类型</th><th>损伤大小</th><th>修理</th><th>试验性能</th><th>试验条件</th><th>试验件数量</th></tr>
<tr><td>1</td><td rowspan="4">穿孔</td><td>无</td><td>无</td><td>弯曲</td><td rowspan="4">RT</td><td>5</td></tr>
<tr><td>2</td><td>Φ20 mm</td><td>按图纸</td><td>弯曲</td><td>5</td></tr>
<tr><td>3</td><td>无</td><td>无</td><td>侧压</td><td>5</td></tr>
<tr><td>4</td><td>Φ20 mm</td><td>按图纸</td><td>侧压</td><td>5</td></tr>
</table>

续　表

序号	损伤类型	损伤大小	修理	试验性能	试验条件	试验件数量
5	开胶	无	无	弯曲	RT	5
6		Φ20 mm	按图纸	弯曲		5
7		无	无	侧压		5
8		Φ20 mm	按图纸	侧压		5

10.3.5　方向舵全尺寸试验

采用一个试验件来进行复合材料方向舵结构全尺寸静强度、疲劳/损伤容限试验。试验目的是验证方向舵内部载荷和结构完整性，通过试验支持方向舵分析并验证分析方法，表明对 23.305、23.307、23.573(a)等相关条款的符合性。全尺寸试验在室温(RT)下进行。

10.4　符合性计划制定

依据 11 程序 3.12 节完成审定计划(CP)或专项合格审定计划(PSCP)。

符合性计划制定是型号审查的第三阶段。在这一阶段，申请人和审查组双方讨论明确审定计划内容后，形成完整 CP。如果成功执行该计划，其结果应能表明相关规章条款的符合性。审定实践表明，CP 将随着项目的进展而细化完善。如果在第三阶段还不具备批准条件，为了节省申请人研发和审查周期，审查组一般先认可 CP，前提条件是至少确定了复合材料结构适用的适航条款、符合性方法、符合性验证思路以及符合性文件初步计划。对于复合材料结构来说，最重要的是确定初步积木式验证规划。审查组进行制造符合性请求、批准试验大纲、目击验证试验或进行任何其他审查活动前，应确定该项活动已列入相应 CP，且该 CP 是被批准、签署或是可接受的。这样做的目的是确保审查组与申请人将在对审定资料有相同的基本理解的基础上开展工作。

10.4.1　审定计划(CP)编写要求和建议

1) CP 编写要求

CP 编写要求详见 11 程序的附录 B-3 CP 的编制要求。一份典型的 CP 至少应包含以下内容。

(1) 申请人、型别和申请日期等概述信息。

(2) 设计方案或设计更改方案的说明,包括示意图和原理图。

(3) 预期运行环境的规章要求(例如 CCAR-91、CCAR-121 或者 CCAR-135 下的运行),以确定产品的运行类别和维修大纲类型。

(4) 建议的合格审定基础,包括适用规章的条、款、项,豁免、等效安全水平结论以及专用条件等。

(5) 符合性验证思路和符合性方法表。对符合性方法的描述必须充分,以确定 CAAC 所需的必要数据都被收集且发现的问题都得到处理。

(6) 用于表明对适用审定基础符合性的文件清单,该清单可记录符合性以表明工作的完成情况。进行这项工作时,可以采用"符合性检查单"的形式,按适用于产品的规章的每一条款列出。

(7) 用于生成符合性验证数据/资料的试验件和试验所需设备的清单。对于试验件,还应确定其设计特性,以此作为制造符合性检查代表确认试验件符合试验要求(例如尺寸或者公差带信息)的具体指导。对于试验设备,还应确定试验设施的相关信息,确定试验前如何校准和批准设备。

(8) 对颁发型号合格证后如何满足持续运行安全要求的描述。

(9) 项目里程碑计划,如初步安全性评估报告的提交日期、符合性验证资料的提交日期、制造符合性检查和试验完成日期以及预期完成型号合格审定的日期。

(10) 委任工程代表(DER)和委任制造检查代表(DMIR)的清单,给出其权限范围以及是否能批准资料或者仅提出批准资料的建议。

对于需将审定计划拆分为项目级和系统级或专业/专题级的情况,项目级的审定计划应包含上述典型的审定计划的所有方面,系统级或专业/专题级的审定计划则至少应包含如下方面。

(1) 详细的系统或专业/专题描述,包括系统或专业/专题的设计特点、功能、示意图、子系统和/或组件的描述等。

(2) 系统构型控制文件,包括选装设备文件和选装软件文件。

(3) 对供应商的审查事项,包括供应商概述、供应商对申请人系统集成和项目级符合性验证的支持计划。

(4) 预期的运行类型和相关的运行规章要求及其符合性考虑。

(5) 与系统或专业/专题相关的审定基础。

(6) 指导材料，包括咨询通告、工业界指导材料、标准等。

(7) 如何表明符合性的说明(地面试验、试飞、分析或者其他可接受的符合性方法)。对符合性方法的描述必须充分，以确定 CAAC 所需的必要数据都被收集且发现的问题都得到处理。

(8) 用于生成符合性验证数据/资料的试验件和试验所需设备的清单。对于试验件，还应确定其设计特性，以此作为制造符合性检查代表，确认试验件符合试验要求(例如尺寸或者公差带信息)的具体指导。对于试验设备，还应确定试验设置的相关信息，确定试验如何校准和批准设备。对于上述的详细信息，可引用具体的试验大纲。

(9) 包括详细试验计划的试验项目，以及制造符合性检查计划。

(10) 提交表明对审定基础的符合性的文档清单。

(11) 对持续适航问题的说明，包括对适航限制项目(ALI)或审定维修要求(CMR)的说明。

2) CP 编写建议

对于专业/专题级审定计划，专业/专题的 CP 编写可参考适航审定中心编制的民用航空产品 CP 编制指南。具体的 CP 编写格式可由取证型号的申请人和审查组双方协商。以下 CP 格式(模板)是在参考上述程序和相关指南的基础上，结合了本案例中的主要内容后编写完成的，可供参考。

(1) 目的。

本节应简要说明制定复合材料方向舵结构 CP 的目的，可进行如下描述："本文件是申请人拟取证型号的复合材料方向舵结构的 CP，用于以描述该型号合格证申请人为复合材料方向舵结构所涉及的审定基础的符合性验证思路、验证工作及安排、符合性文件等。"

(2) 引用文件。

本节应至少列出取证型号的复合材料方向舵结构审定基础及表明符合性过程中所具体依据的适航规章、程序及局方指导性文件、行业标准文件、申请人引用的内部体系文件的编号、名称及版本信息等。如：

下列文件对于本文件的应用是必不可少的。凡是注明特定版本或日期的引用文件，仅该版本适用于本文件。凡是不注明版本或日期的引用文件，其最新版本(包括所有的修改单)适用于本文件。

CCAR-23-R3 正常类、实用类、特技类和通勤类飞机适航规定。

AC 20-107B Change 1 to Composite Aircraft Structure。

(3) 术语及缩略语。

本节应列出复合材料方向舵结构所涉及、需特别说明的术语、缩略语、标识及其英文全称、中文名称等信息。如：

AC — Advisory Circular

BVID — Barely Visible Impact Damage

(4) 复合材料方向舵结构描述。

本节应简单清晰地介绍本 CP 所验证的复合材料结构所覆盖的系统，识别每一个复合材料结构设计特征，从材料选择、成型及装配工艺、结构设计方案等各方面进行描述。如：

a. 覆盖的系统

本审定计划所覆盖的系统为方向舵。

b. 材料选择

表 10 - 13 给出了主要复合材料选材示例。

表 10 - 13 主要复合材料选材示例

序号	材料名称	材料牌号	主要用途
1	中温固化环氧树脂/碳纤维单向带预浸料	×××	主要用于梁缘条
2	中温固化环氧树脂/碳纤维织物预浸料	×××	用于方向舵等结构

c. 系统描述

可先概述总体技术要求、总体参数等信息，再分别简要清晰描述复合材料方向舵结构的设计和功能。

(5) 系统安全要求。

本节应主要描述与复合材料方向舵结构有关的初步安全性分析的结果信息，为审查组识别、确定相关系统符合性验证工作提供依据。

如没有，本节为“不适用(N/A)”。

(6) 构型信息。

本节应明确取证型号的复合材料方向舵结构相关的构型项和纳入构型控制的文件。针对产品技术状态基本冻结的项目，应简单描述复合材料方向舵结构所涉及的具体验证对象构型信息(文件编号、版次和名称)，如表 10 - 14 所示。针对产品技术状态处于迭代的项目，应简单描述复合材料方向舵结构所涉及的、为确定审定基础及符合性方法所必要的产品技术状态信息。此章节内容在 CP 认可时可以是不完备的，但在 CP 批准时应是完整的。

表 10-14　构型文件示例

文件编号	版　次	文件名称
×××	C	方向舵零件图纸目录

（7）运行要求。

本章节应描述通航飞机取证型号的复合材料方向舵结构涉及的对 91 部和 135 部等运行规章的要求内容的符合性。如：

CCAR-91-R3《一般运行和飞行规则》

CCAR-135-R2《小型航空器商业运输运营人运行合格审定规定》

（8）审定基础。

型号合格审定基础是经型号合格审定委员会确定的、对某一民用航空产品进行型号合格审定所依据的标准，包括适用的适航规章条款、环境保护要求、专用条件、豁免条款、等效安全等。

本节应描述复合材料方向舵结构验证的规章编号、条、款或专用条件及其名称、适用与否及原因。对于申请等效安全或豁免的适航规章条款，或者明确部分条款内容在其余 CP 中开展验证的情况，应给予备注。CP 的审定基础可参照表 10-15 列出。

表 10-15　复合材料方向舵结构审定基础示例

条编号	条款名称	款编号	是否适用	不适用原因	备　注
303	安全系数		是		
305	强度和变形	a	是		
		b	是		
307	结构符合性的证明	a	是		
		b	是		
573	结构的损伤容限和疲劳评定	a	是		
		b	不适用	金属结构	

(9) 符合性验证思路及方法。

本节应按照确定的审定基础条款，逐条逐款地描述符合性验证思路。规划符合性方法及验证工作项的目的是建立适航条款与验证工作项之间的联系，使申请人与审查组均明确完成条款验证所必须完成的工作。

针对复合材料方向舵结构相关适航条款要求，可制定符合性验证路线图和具体符合性技术要点，双方达成共识，形成完整符合性验证思路。符合性验证思路可采用声明、设计说明、安全性评估、计算分析、部件试验、整机试验等方法。其中，各个符合性验证方法应包含如下描述要点。

声明类：至少应包括声明的目的、对象、要素、特性、限制。

设计说明类：至少应包括说明的目的、说明的对象及特征。

安全性评估类：至少应包括目的、对象、功能、评估方法、预期研制保证等级、数据的有效性评估。

计算分析类：至少应包括分析的目的、分析方法、方法的校验、分析边界条件。

试验类：至少应包括试验目的、试验方法、试验对象、试验边界、试验判据。

本节应包括完整符合性验证思路中要求的内容，描述规章的编号、条、款、符合性验证思路和采用的符合性方法。如表 10－16 所示，具体形式不限。

符合性方法类别说明详见本书第 1 章表 1－2 符合性方法的代码、名称、使用说明和相关符合性文件。符合性方法及符合性验证思路可参照表 10－16。

表 10－16　复合材料方向舵结构符合性验证思路及方法示例

飞机型号：××× 专业名称：复合材料方向舵结构		MC0——符合性说明 MC1——设计评审 MC2——分析/计算 MC3——安全评估 MC4——试验室试验	MC5——相关产品上的地面试验 MC6——飞行试验 MC7——工程符合性检查 MC8——模拟器试验 MC9——设备鉴定	
CCAR-23-R3		符合性方法	符合性验证思路	备注
条款号	条款名称			
305（a）(b)	强度和变形	MC1 MC2 MC4	主要采用积木式试验验证方法，同时与试验相结合采用分析/计算。	
307（a）(b)	结构符合性的证明	MC1 MC2 MC4	主要采用积木式试验验证方法，同时与试验相结合采用分析/计算。	
573(a)	结构的损伤容限和疲劳评定	MC1 MC2 MC4	主要采用积木式试验验证方法，同时与试验相结合采用分析/计算。	

每一条款的符合性方法的确定并没有特别强制的规定，但基本原则是由简到繁，如果采用 MC2（分析/计算）能够说明该结构满足适航要求，就不需要采用 MC4（试验室试验），但是一般情况下，仅采用一种符合性方法可能不足以说明满足符合性要求。对于复合材料结构，由于其分散性远大于金属结构，分析方法还不成熟，因此，主要采用积木式试验验证方法。根据 23.307(a)“只有在经验表明某种分析方法对某种结构是可靠的情况下，对于同类结构，才可用结构分析来表明结构的符合性。否则，必须进行载荷试验来表明其符合性。”申请人可以同时通过试验验证和采用分析/计算的方法，这可为后续同类结构设计或结构维修积累数据和奠定基础。因此，一般选择 MC2 和 MC4 等符合性方法来进行验证。

(10) 符合性验证工作清单及实施计划。

根据双方确定的符合性验证思路和符合性方法，提出符合性验证工作项目和实施计划。对每项符合性验证工作，注明所验证的条款，以及与项目里程碑的逻辑关系和责任人、实施单位、预计实施时间、实施地点等。对于每项符合性验证试验，还需要写明需特殊说明的试验件或试验装置以及制造检查所需考虑的特别要求。清单应细化到具体的试验项目，如表 10-17 所示。

(11) 供应商验证工作。

供应商概述：简要描述本 CP 对象涉及的供应商负责的范围、供应商所承担的符合性验证工作，与申请人的工作接口关系，以及供应商提供的持续适航方面支持。

供应商支持计划：明确供应商应提交的符合性资料、供应商对符合性验证活动（包括文件评审、制造符合性检查、试验目击等）的支持，明确取证计划、相关验证的支持工作等。例如，设计阶段，相关供应商按照申请人提供的成品主要技术指标、产品环境条件及试验方法要求、产品安全性和维修性指标等内容，完成产品研制及合格鉴定工作。供应商与申请人共同制定“供应商支持计划”，其中包括申请人和局方应检查和评估的重要节点和内容。如没有，本节为“不适用(N/A)”或“无”。

(12) 制造符合性检查。

本节应描述制造符合性检查所需的具体项目，但在 CP 认可时有可能此部分内容不完整，此时可进行如下说明，并规划制造符合性检查计划内容。“本 CP 所涉及的制造符合性检查项目及计划，将针对具体试验项目与审查组讨论确定，并纳入制造符合性检查计划进行管理。”

表 10－17 符合性验证试验清单示例

序号	试验项目		主要验证条款	验证方法	试验件（件）	所需试验设备	制造检查所需考虑的特别要求	与项目里程碑的逻辑关系				申请方责任人	审查方责任人	是否目击（是/否）	预计实施时间	实施单位及地点
	层级	名称						首飞前	TIA前	取证前	其他					
1	试样级	材料合格鉴定	603,605,613	MOC4	约 4 000	按需	试样尺寸精度		√			孙某某	刘某某	是	×年×月	×××
2	试样级-典型铺层	梁上部蒙皮试验	603,605,613	MOC4	212	按需	试样尺寸精度		√			孙某某	刘某某	是	×年×月	×××
3		前梁缘条试验	603,605,613	MOC4	182	按需	试样尺寸精度		√			孙某某	刘某某	是	×年×月	×××
4	元件级	前梁腹板开口试验	305,307	MOC4	18	按需	无损检测		√			孙某某	刘某某	是	×年×月	×××
5		蒙皮开口试验	305,307	MOC4	12	按需	无损检测		√			孙某某	刘某某	是	×年×月	×××
6	典型结构件	铺层递减强度试验	305,307	MOC4	24	按需	无损检测		√			孙某某	刘某某	是	×年×月	×××
7		胶接连接拉拔试验	305,307	MOC4	12	按需	无损检测		√			孙某某	刘某某	是	×年×月	×××
8		蜂窝夹层结构平拉强度试验	305,307	MOC4	10	按需	无损检测		√			孙某某	刘某某	是	×年×月	×××
9		蜂窝夹层结构弯曲试验	305,307	MOC4	18	按需	无损检测		√			孙某某	刘某某	是	×年×月	×××

注：表 10－17 中给出的仅为示例，试验项目和试验件数量可以按最少必须的原则进行规划，但须经审查组认可。制造检查所需考虑的特别要求将根据具体结构形式确定。与项目里程碑的逻辑关系，如全尺寸试验中疲劳试验时间较长，可能取证前不能全部完成。需要完成多少，需要申请人和审查组双方协商。

(13) 符合性文件清单。

本节应描述复合材料方向舵结构需要提交的所有符合性文件信息，包括符合性文件名称、本 CP 验证的适航条、款、提交节点(可根据项目里程碑、型号合格审定阶段确定)等。参考示例如表 10－18 所示。

表 10－18　符合性文件清单示例

序号	符合性文件名称	验证的条、款	提交节点	备注
1	蜂窝夹层结构平拉强度分析报告	23.305(a)(b) 23.307(a)(b)	×年×月×日	
2	蜂窝夹层结构平拉强度试验大纲	23.305(a)(b) 23.307(a)(b)	×年×月×日	
3	蜂窝夹层结构平拉强度试验报告	23.305(a)(b) 23.307(a)(b)	×年×月×日	

(14) 符合性检查单。

本节应描述复合材料方向舵结构 CP 验证的审定基础适用的规章编号、条、款所对应的符合性文件，包括适航条、款、符合性文件编号、名称、完成时间、双方责任人和批准状态等，如表 10－19 所示。

表 10－19　符合性检查单示例

CCAR-23-R3		符合性方法	符合性文件							
条款号	条款名称		文件编号	文件名称	完成时间	申请方责任人	DER	审查方责任人	批准状态
305(a)(b)	强度和变形	MC1	×××	复合材料结构的符合性说明	×年×月×日	孙某某	袁某某	刘某某	批准
		MC2	×××	蜂窝夹层结构平拉强度分析报告	×年×月×日	孙某某	袁某某	刘某某	待定
		MC4	×××	蜂窝夹层结构平拉强度试验大纲	×年×月×日	孙某某	袁某某	刘某某	待定
			×××	蜂窝夹层结构平拉强度试验报告	×年×月×日	孙某某	袁某某	刘某某	待定

表 10-18 符合性文件清单是复合材料方向舵结构的所有符合性文件清单，通过该表可以明晰每一份符合性文件验证哪些条、款。表 10-19 符合性检查单是所有复合材料方向舵结构 CP 验证的审定基础适用的规章编号、条、款，以及每一条、款的符合性由哪些符合性文件来表明。

(15) 对持续适航的说明。

这部分包括审定维修要求(CMR)、适航限制项目(ALI)和主最低设备清单(MMEL)等需要交付的持续适航文件，需说明复合材料结构有哪些问题需在以上项目中体现或对以上项目产生影响，所有说明内容需要双方达成共识。

(16) 委任代表。

本节应说明申请人计划推荐的委任代表名单，目的是对委任代表进行授权培训。授权后，该代表可以执行授权范围内的工作。委任代表信息包括姓名、性别、申请授权的专业领域 DER 证件号等。参考示例如表 10-20 所示。

表 10-20 委任代表信息表示例

姓 名	性 别	申请授权的专业领域	DER 证号
张某某	男	结构强度	×××
王某某	女	飞行性能	×××

3) 复合材料结构审定计划(CP)编写建议

对于复合材料结构，审定计划除了应包含上述典型的审定计划内容外，还应包含因复合材料特点而考虑的因素，以下内容仅为建议，具体型号应以审查双方协商一致为准。

1 复合材料结构描述

1.1 设计描述

1.2 制造工艺描述

1.3 装配工艺描述

2 设计条件

2.1 使用环境条件

2.1.1 温度

2.1.2 湿度

2.2 载荷条件

2.3 结构耐久性

2.4 可检性

3 材料和工艺

3.1 使用材料

3.2 材料许用值-符合性方法

3.2.1 符合性方法

3.2.2 统计分析方法

3.2.3 环境参数

3.2.4 UV 影响

3.2.5 温度稳定性

3.2.6 验证规范

3.2.7 批次控制：采购规范

3.2.8 制造过程控制

3.3 设计值

4 结构验证

4.1 符合性方法

4.2 重复载荷和环境暴露的影响

4.2.1 重复载荷

4.2.2 温度和湿度

4.3 冲击损伤影响

4.4 结构验证-分析

4.4.1 结构分析

4.4.2 结构分析模型

4.4.2.1 载荷条件

4.4.2.2 失效模式

4.4.3 结构分析判据

4.4.3.1 判据准则

4.4.3.2 尺寸载荷工况选择

4.4.4 次承力结构

4.5 结构验证-试验
4.5.1 试样级试验
4.5.2 结构特征试验
4.5.3 全尺寸试验
4.5.3.1 试验件
4.5.3.2 重复载荷
4.5.5 试验程序
5 其他事项
5.1 适坠性
5.2 防火
5.3 雷击防护
5.4 腐蚀防护
5.5 质量控制和制造
5.5.1 来料检测
5.5.2 过程控制
5.5.3 部件检测
5.5.4 装配过程检测
5.5.5 可接受的差异
5.6 修理验证

10.4.2 CP 分阶段认可的原则

当采用专业/专题级 CP 模式时，CP 的编制及批准持续时间可能较长。为了加快审查进展，建议可以分阶段认可及批准。当审定基础双方达成共识，可进行 CP 第一阶段认可。当符合性验证思路双方达成共识，可进行 CP 第二阶段认可。当确定项目工作计划及符合性证据清单，可进行 CP 第三阶段批准。

CP 分阶段认可与 11 程序中规定的 5 个阶段无严格对应关系。审查组对 CP 的认可从要求确定阶段开始，一般应在符合性计划制定阶段完成批准。如果在项目开展过程中，个别 CP 或内容无法满足上述阶段目标要求，申请人应确定解决路径并给出关闭计划。审查组评估后，可灵活推进项目进入计划实施阶段。

10.5　符合性确认

审查组认可 CP 后，即可进入符合性确认阶段。在此阶段将审查申请人的符合性文件和试验目击等。

复合材料方向舵结构的设计、计算和试验所应用的总体环境条件定义可参考飞机总体设计要求。飞机适航验证的最终目的就是要求飞机在整个服役寿命中保持可接受的安全性水平。验证由进入服役前和飞机寿命期间两个阶段的某些工作组成。对结构而言，这些工作的主要目的是预测结构强度，并在服役条件下评定强度的退化效应。通过采取控制措施和服役检查来保证结构达到持续适航要求，必要的修理应恢复到可接受的安全性水平。

验证的基本原理：在整个服役寿命中，结构必须设计成在适当环境条件下承受极限载荷，这不仅适用于新结构，而且也适用于老化(指的是疲劳、温度、湿度和任何其他如紫外线辐射或化学环境对结构强度或刚度影响的组合效应)结构。老化结构也可能包括带有损伤的结构，这些损伤可能已检出但没修理，或者在服役中出现在检查不能接近区域。结构还应该在整个服役寿命中满足刚度要求。对于某些损伤，应通过损伤容限评估可能的扩展和剩余强度，以及修理、老化和来自环境的考虑等。

表 10 - 16 中确定的符合性方法包括 MC0、MC1、MC2 和 MC4，本节重点介绍 MC2(分析/计算)和 MC4(试验室试验)的符合性确认。

10.5.1　分析

根据 11 程序 3.13.3 分析。工程分析是生成符合性验证数据或资料活动中的一个重要组成部分，包含分析手段涉及的所有方面，如教科书里的公式、计算机的运算法则、计算机建模/模拟或结构化评估。局方通常只批准分析的结果数据，而不批准分析用的手段，因此，局方没有一个关于可接受的分析手段、经批准的计算机代码或标准公式的清单。使用好的分析技术，并不足以保证分析结果的有效性。因此，申请人必须表明数据是有效的。审查代表在审查工程分析时，要负责检查确认数据的准确性、适用性以及所做的分析未违背原问题的假设条件。

1) 结构分析要求

分析和试验是基本的符合性方法。应力分析主要采用有限元法，并基于公开的分析方法进行计算。

(1) 分析模型。结构分析中的模型通常使用总体有限元模型，必要时可采用细节模型。方向舵应力分析中采用了总体有限元模型。

(2) 载荷。临界载荷工况在载荷文档中进行定义，分析应该包括以下最严重的载荷情况及其组合：空气动力和系统载荷。

(3) 计算工况。应该依据载荷筛选要求，对所有选出的载荷工况进行应力分析。此外，还应考虑垂直安定面弯曲对方向舵的影响和热效应。失效模式分析中还应该包括铰链接头的故障安全分析，即对每个铰链接头在限制载荷下进行失效分析。

(4) 局部强度。应该对复合材料零件进行孔的压缩/拉伸与挤压强度分析、蒙皮的局部屈曲分析、肋腹板的局部屈曲分析及疲劳和损伤容限分析等。

2) 案例分析概述

本案例中的方向舵结构采用 NASTRAN 程序通过进行总体应力分析。方向舵的有限元模型与垂直安定面的有限元模型联合求解，方向舵的三个悬挂点分别与各自对应的垂直安定面上的悬挂接头连接，方向舵下部连接件与机身 X 框的下部支座连接。方向舵计算约束条件如图 10-8 所示。

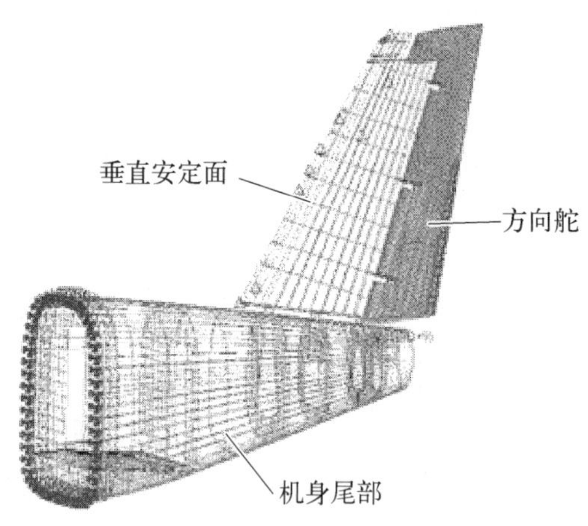

图 10-8 方向舵计算约束条件

方向舵有限元模型图如图 10-9 所示。

载荷定义：垂尾所受气动载荷通过静强度等效原则施加在方向舵右侧面的节点上。进行结构静强度计算中，施加了极限载荷。极限载荷＝限制载荷×1.5，在破损-安全计算中，施加了限制载荷。

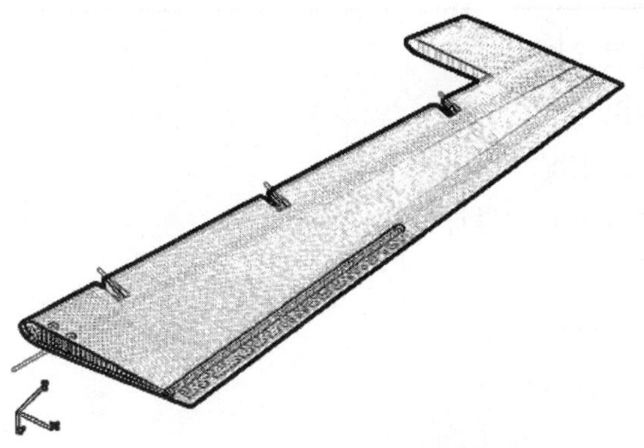

图 10－9　方向舵有限元模型图

临界载荷选取：计算载荷取自飞行载荷和地面载荷筛选报告，以及垂尾外载荷计算报告。计算还考虑了环境温度的影响，将最高使用温度 70℃与气动载荷叠加考虑。根据 CCAR-23-R3 要求，方向舵要承受平行于铰链线的载荷，即方向舵及支承铰链架必须设计成能承受平行于铰链线作用的惯性载荷。

分析结论：方向舵在各工况极限载荷下，满足静强度设计要求。方向舵在限制载荷下，不会发生失稳，满足稳定性设计要求。在限制载荷下，方向舵中有任意一个悬挂接头失去承载能力，载荷重新分配后，依然满足静强度和稳定性设计要求。

为了验证有限元计算结果的准确性，进行了严重工况的结构强度试验进行验证。

3）分析报告编写建议

分析报告编写建议仅供参考，具体型号的分析报告由双方负责人协商确定。

分析报告应至少但不限于包含如下内容：

1. 前言

2. 符号说明

3. 方向舵结构及材料介绍

4. 载荷说明

5. 方向舵结构计算模型

5.1　坐标系定义

5.2　计算单位

5.3 有限元模型
5.4 约束
5.5 载荷工况
5.6 材料性能和设计许用应变
6. 强度分析
6.1 失效准则
6.2 总体强度计算
6.2.1 载荷工况×××
6.2.2 载荷工况×××
6.2.3 稳定性分析
6.3 局部强度计算(应分析结构的每一个局部细节)
7. 安全裕度表
8. 结论

10.5.2 试验

申请人根据11程序3.13.7节提交符合性报告。

验证试验的试验报告属于符合性报告，试验报告的内容至少包括：

(1) 试验目的。包括试验参照的适航规章条款。

(2) 试验产品的说明。包括试验产品的构型及偏离、制造符合性检查及试验产品构型偏离的影响评估等。

(3) 试验设备。包括附有照片的完整说明或引用以前使用过同一设备的报告(如有必要)、试验产品在试验设备上的安装方式、仪表及其校正状态。

(4) 试验程序。包括试验名称、试验步骤及其记录、试验推迟的次数和原因。

(5) 试验数据资料。至少包含试验数据整理后的结果、曲线、图表以及数据整理方法和修正方法等。

(6) 试验后分解检查结果。包括重要的尺寸变化、无损检验结果、故障照片和分析等。

(7) 有关的试验分析报告(如燃油、滑油的试验分析等)。

(8) 结论。

1) 试样级试验

试验应符合 11 程序 3.13.1 节工程验证试验要求。

试样级试验包括材料合格鉴定和典型铺层试样级试验。材料合格鉴定试验规划制定可参见本书第 3 章内容。典型铺层试样级试验规划见本章 10.3.1 节。为了在预想的适当临界服役环境暴露下，获得高置信度的材料许用值，应对试验数据进行合理的统计分析。应该通过相应材料体系的试验来确定服役环境对静强度、疲劳和刚度性能的影响。通过层压板试验在层压板水平上建立材料体系的设计许用值。对于单个结构件的特定结构连接(点设计)设计值的建立，应考虑设计特性的影响(如孔、连接等)。冲击损伤通常按照限制设计应变水平体现其影响。这部分试验基本都是依据/参考公开的试验标准(如 ASTM 等)进行，关注点如下：

① 申请人编写相关工艺规范，审查组通过工艺鉴定过程来验证工艺流程是否合理。

② 试板必须由型号申请人/制造商制造，以便反映实际的制造能力和水平。

③ 试样尺寸精度需满足相应试验标准要求，以便能够获得较真实的复合材料性能。

④ 试验必须按照经批准的试验大纲进行，以减少由于试验带来的分散性。

⑤ 试板和试样经制造符合性检查合格后，审查组制造符合性检查代表签发适航批准标签，签发了适航标签的试板才能用于试样加工，签发了适航标签的试样才能用于试验。

⑥ 试验设备和人员资质等需经制造符合性检查，如合格，工程代表即可进行试验目击。

⑦ 试验后按经批准的统计方法进行数据统计。

以下仅简要介绍本案例在整个材料鉴定过程中积累的经验及教训，避免读者走弯路。

(1) 材料验证规划应考虑因素。

对于每种树脂体系，由于目前还没有成熟的从一种预浸料转换到另一种预浸料的力学性能转换理论，在验证程序中，织物和单向带材料被分别看作独立的材料。

本案例对两种材料(同一种树脂体系，单向带和织物两种增强体)进行了鉴定。整个材料验证程序需考虑以下几个方面：

① 热/湿定义。湿热环境影响着复合材料在服役寿命期内的水分吸收。水

分被复合材料吸收后，不仅会导致重量增加，当温度升高时，还会引起机械性能的降低。为了预测复合材料结构在服役中吸收水分后的力学性能，必须采用层压结构进行力学性能测试，试验件的吸湿量须和复合材料结构实际寿命中所达到的最高吸湿量一致。在相同的环境条件下，不同的树脂体系的吸湿量可能不同。因此，对于不同的树脂体系，不能选用相同的湿度百分比进行试验。为了评估每种树脂体系的服役湿含量，试验件吸湿处理必须按标准进行热/湿处理，以便试验件可以在短时间内达到真实环境下长期暴露达到的相同吸湿量。

② 主要物理性能。热固性复合材料的基本物理特性之一是随着温度的升高，其性能在较大范围相对比较稳定。当达到一定温度时，分子结构的物理/化学变化会导致树脂性能急剧下降。这个性能快速降低的温度区称为“玻璃化转变温度（T_g）”，可以采用局方认可的试验方法测量 T_g。要根据材料的湿态 T_g 与最高工作温度之间的安全裕度进行选材。对于环氧树脂基体的复合材料结构，在服役加载时，通常的安全裕度一般不得小于 28℃。假设等待起飞停放 30 分钟，垂尾表面面向太阳，方向舵最大服役温度设定为 70℃，那么所采用的复合材料体系要求其湿态 T_g 原则上不得低于 98℃。

③ 物理、化学和力学验证。首先进行材料鉴定试验，包括至少 3 批次材料的未固化和固化后性能试验。针对材料规范，必须对原材料、工艺过程和最终产品进行详细定义。对于制造商来说，验证期间的所有重要数据和参数都是确定的。原材料供应商的规范、工艺规范和质控文件及所使用的设备都必须保持不变。必须使用户及时了解规范中任何影响材料性能的变更。如需重新验证，必须针对每个情况，重新确定所有重要数据和参数。

④ 批量控制。每种材料的批量控制例如材料出厂检验和入厂接收复验都是通过物理、化学和力学性能试验来确定的。每种产品都要求记录在单独的数据报告中。正常质量控制程序以外的接收材料附加试验由设计部门确定，这可能改变材料的使用情况。

⑤ 工艺验证。以上所描述的所有试验均在标准固化循环内进行。由于结构件的几何形状、加工和复合材料方向舵的某些特殊结构件细节等其他原因，在标准固化循环范围外，可能有固化条件限制。工艺验证就是验证复合材料构件生产商的制造工艺水平。申请人应就这些因素对材料性能的每种效应进行检查，这可以采用正交铺层的层间剪切试验对压力速率、加热率、放热反应和复合固化循环等工艺参数进行研究。试验件制造应考虑工艺差异，并通过试验数据评估该差异。

（2）材料验证相关文件。

申请人依据经批准的试验规划编写以下文件，各类文件编写内容需要审查双方负责人协商确定。

试板制造文件：至少应包括鉴定用试板制造相关的材料控制、试板制备、试板构型、试板编号、图纸等内容和要求。依据初步的材料规范和工艺规范进行试板制造。该文件为试样加工大纲编写依据。

试样加工文件：至少应包括试样加工相关的试板信息、试样编号规则、加工及检验设备、试样图、下料图、试样加工及检验和交付、试样完整编号以及试样加工人员安排等。该文件为试验大纲编写依据。

材料验证文件还包括试验大纲和最后的试验报告，试验报告编写见 10.5.2 节。试样级试验大纲编写建议如下。

1　任务来源与试验目的

2　依据及引用文件

3　试验内容

3.1　试验环境

3.2　试验项目代码

3.3　物理性能试验矩阵

3.4　单层级力学性能试验矩阵

3.5　层压板力学性能试验矩阵

3.6　耐流体性能试验矩阵

4　试验件

4.1　试验件材料

4.2　试板信息

4.3　试板和试验件验收

4.4　试验件编号规则

5　试验设备

6　试验过程

6.1　试验件状态调节

6.2　试验温度设置和控制

6.3　物理性能试验过程（分别描述各项物理性能）

6.4 力学性能试验过程(分别描述各项力学性能)
6.5 耐流体性能试验
7 试验数据处理
8 结果形式
9 安全保护措施
10 质量保证措施
附录 A 原始记录样表
附录 B 试验人员安排

(3) 材料鉴定常见问题。

a. 鉴定用预浸料生产

预浸料批次应严格执行批次定义,保证材料鉴定能准确代表其总体情况和材料变异性。必须依据经申请人确认的材料供应商的 PCD 文件生产鉴定用的 3 批材料,并尽可能保证材料的稳定性。必须按双方确认的检验要求进行材料合格判定,只有合格的材料才能用于材料鉴定。

b. 试板制造

试板制造可以反映申请人/制造商的实际制造能力和水平。材料鉴定用试板必须由申请人或申请人指定的复合材料制造商,依据审查组认可的工艺规范进行制造。试板上一定要清晰标识 0°方向参考边和试板编号,并应尽可能保证试板的平面度和平行度等。同一批次、载荷和环境条件的试样必须来源于最少能代表两个独立工艺循环的试板,以考虑制造分散性。试板的制造工艺应在最大程度上与零件的制造方法一致(所有工艺参数最后都应该通过批生产的零件进行验证)。试板在运输过程中,注意表面保护。只有经适航部门签发适航批准标签的试板,才能用于试样加工。

c. 试样加工

试样加工是复合材料鉴定工作中非常重要的环节之一,必须尽可能减少由于试样加工不合格而导致的性能低/分散性大等问题。产生试样加工不合格的主要原因包括:试样制造质量及尺寸精度要求高于加工单位的技术能力;质量控制不严,加工单位虽拥有较完善的质量控制体系,但文实不符,执行力欠缺;制造商缺乏试样加工经验。因此,应尽可能在具备资质、技术能力较强且加工经验丰富的单位加工试样,以保证试验结果客观反映材料的真实性能。

试样常见缺陷主要包括：由大板带来或试样加工保护不当引起的表面褶皱及划伤；由切割刀具材料或加工参数设置不合理导致的试样切割边缘粗糙或分层；由加工导致的试样外形尺寸超差；由大板带来或试样加工导致的试样形位公差超差；由加工方法不合理导致的试样孔中心位置精度超差；由操作人员的责任心不强导致的试样标记错误；由于没有严格按照参考基准边进行铺贴，导致的预浸料铺放角度超差；由于试样加工工序不合理，导致的试样纤维方向超差；由于胶接工艺不合理或胶膜太厚，导致的加强片粘接出现质量问题(例如由于加强片本身厚度不均，导致试样上背对背粘接的加强片厚度不均；因粘接工序不合理，导致试验上的加强片位置尺寸超差)，等等。

d. 试验

试验单位的选择依据主要考虑试验资质、试验设备、试验人员对试验标准的认知、质量控制、数据处理等方面。试验单位必须严格按照适航部门批准的试验大纲和试验部门的质量控制程序进行，试验过程需由适航部门进行现场审查目击。试验一般需要注意以下几个方面：试样尺寸测量应满足精度要求，以便进行正则化处理；试样编号标记尽量避开预计的破坏区域；试验夹具应满足试验标准要求；试样安装应满足试验大纲要求，并满足对中和夹持力等要求；试验加载应按照试验大纲要求均匀加载；试验过程记录要准确；试样破坏后照相要清晰。试样在夹具上安装、加载、结果记录(包括最大破坏载荷、破坏模式及破坏位置等)、试验异常情况处理等都需要严格执行试验大纲中的具体要求及质量控制程序。

e. 平衡吸湿量变化率

CMH-17 最新版和 FAA 技术报告 DOT/FAA/AR-03/19 中的平衡吸湿量变化率要求为 0.05%，ASTM D 5229 中的吸湿平衡条件为 71℃/85% RH 为 0.02%。选择哪个值，由双方根据实际情况协商后确定。

f. 应变片粘贴

应变片一般采用常温胶粘接在试片上，粘接需按照相应规范进行。选择的粘接材料应在试验过程中能够承受低高温试验。对于高温/湿试样，应该在试片达到吸湿平衡后，再从湿热环境箱取出，并在限定时间内完成应变片粘接。

(4) 材料许用值和设计值。

许用值包含材料许用值(单向板的单层级材料许用值)和设计许用值(层压板的带有设计特征如开孔等与结构设计有关的许用值)两部分内容。许用值是材料本身固有的性能，通常基于试样级试验数据并经统计处理后得到。设计值则是在许用值以及其他更高级别试验数据基础上，为满足结构完整性要求(保证结构安全性和功能要求)，在结构设计准则中给出的材料或设计细节的性能。设计值涵盖的内容已经超出了许用值的范围，其选取的值可以与许用值相同，也可以不同。

复合材料方向舵结构为多路传力结构，使用 B 基值计算其极限强度性能。B 基值统计方法采用了 CMH-17 中的计算软件。

a. 材料许用值

进行合格鉴定的材料包括织物和单向带。根据单向带和织物的试验结果，明确了对两种材料的拉伸、压缩性能影响最严重的环境条件，从而确定了不同铺层的材料许用值。其中，弹性模量采用室温数据，强度性能采用严重环境试验结果，许用应变为强度性能与弹性模量的比值。

b. 设计值

根据试验数据统计分析结果，结合方向舵复合材料结构设计和分析要求，参考国内外各飞机公司碳纤维树脂基复合材料结构设计相关资料，确定了复合材料方向舵的结构设计值。

(5) 材料规范和工艺规范。

材料规范是用于明确某个材料在成分、性能、制造工艺、测试方法等方面必须满足的技术要求和标准文件。工艺规范是保证使用某种材料制造产品，并保证产品制造的质量一致性所需的制造工艺控制要求。

材料规范与工艺规范是相互交织的，两者的建立及验证不能互相独立。材料规范中的物理和力学性能数据，以及材料许用值和结构设计值都是按照工艺规范制造试验件后获得的，该种材料层压板的特性直接取决于其在制造时使用的特定工艺流程。如果设计部门使用上述这些数据，就必须按照该材料规范来采购材料，并按照该工艺规范制造试验件，才能满足设计要求。

材料规范中的力学性能数据主要包括极限拉伸/压缩强度、拉伸/压缩模量、极限剪切强度、剪切模量等数据。材料规范中的数据以试验测试结果为依据，按照相应的数据统计方法，加之经验判断，合理地制定出可靠性高且报废率低的数据，用于对材料质量的控制。

材料规范中的数据与材料许用值是不同的。二者虽然来源于同样的试验数据，但它们的计算方法不同，用途也不同。

2) 中间层级试验

方向舵结构中间层级(元件、典型结构件及缺陷和修理验证试验)试验汇总如表 10 - 21 所示。

表 10-21　方向舵结构中间层级试验列表

试件细节	试件数	试验类型	附注
元件级试验			
前梁腹板开口	18	静强度(拉伸,压缩)	室温/干 70℃/85% RH
蒙皮开口	12		
典型结构件试验			
铺层递减	24	疲劳+拉伸/压缩	室温/干 70℃/85% RH
胶接拉拔	12	静强度-拉拔	
蜂窝平拉	10	静强度-平拉	
蜂窝弯曲	24	静强度-弯曲	
缺陷及修理验证试验			
层压结构	20+10	压缩性能	室温/干 70℃/85% RH
蜂窝夹层结构	20	侧压试验	室温/干
层压结构	20+10	压-压疲劳试验	室温/干 70℃/85% RH
复合材料夹层结构修理验证试验	10+10	穿孔：弯曲和侧压	室温/干
	10+10	开胶：弯曲和侧压	

下面选择前梁腹板开口强度试验,介绍试验的适航符合性。

(1) 程序要求。

根据 11 程序 3.13.1 节工程验证试验要求,航空产品型号合格审定过程中的试验分为工程验证试验和飞行试验。典型的工程验证试验包括：零部件鉴定试验、系统功能试验、铁鸟试验、疲劳试验、燃烧试验、起落架落震试验、地面振动试验、电磁干扰试验以及航空器地面验证试验等。

前梁腹板开口试验属于零部件鉴定试验。工程验证试验要求简述如下,详见 11 程序 3.13.1 节。

① 申请人依据已批准的审定计划(CP)中确定的验证试验项目,编写试验大纲并提交审查组。试验大纲应包含但不限于以下内容：

A. 试验目的(包含拟验证的适航条款)；

B. 试验依据；

C. 被试对象即试验产品的说明(包括试验产品构型、试验产品在试验装置上的安装、有关图纸编号等)；

D. 试验中使用的所有试验设备清单及校验和批准说明；

E. 测试设备及其精度；

F. 对试验产品和试验装置的制造符合性要求；

G. 该试验预期如何表明对拟验证条款符合性的说明；

H. 试验步骤；

I. 试验成功判据；

J. 记录项目；

K. 异常情况的处理等。

注：在试验大纲中引用的文件、数据资料应有明确的说明，必要时可提供审查。

② 工程审查代表用型号资料批准表批准试验大纲后，对试验产品和试验装置相应地发出制造符合性检查请求单。

③ 申请人向审查组制造符合性检查代表提交试验件和试验装置制造符合性声明。制造符合性检查代表按制造符合性检查请求单和制造符合性声明对试验产品、试验装置和人员资格等进行检查。检查结果记录在制造符合性检查记录表里，并对试验产品签发批准放行证书/适航批准标签。

④ 工程审查代表评估制造符合性检查结果对试验的影响，工程审查代表负责在验证试验开始前处理所有的制造偏离。

⑤ 除非审查组同意，试验产品、试验装置从提交制造符合性声明表明符合型号资料至开展验证试验这一段时间内不得进行更改。如有任何更改，需重报工程审查代表认可，必要时将重新进行制造符合性检查。

⑥ 目击验证试验时，如果试验持续时间很长，审查代表至少应目击试验中最重要的或最关键的部分，并进行试验后的检查。对于目击试验过程中发现的问题，审查代表将以试验观察问题记录单立即通知申请人及相关人员。中止目击试验时，审查组组长或专业/专题组组长签署记录单后正式通知申请人。中止原因排除后，申请人应向审查组提出恢复试验的报告，经审查组同意后才能恢复试验。

⑦ 试验结束后，现场目击的审查代表应编写试验观察报告，简述试验结果和发现的问题以及申请人的处理措施。

⑧ 申请人提交工程验证试验报告(试验报告要求见 11 程序 3.13.7 节)给工程审查代表审查批准。

(2) 方向舵前梁腹板开口强度试验。

a. 试验目的

通过试验获得带开口的梁腹板在拉伸及压缩载荷下的强度，评估材料对常见的层压板不连续性的承载能力和分析方法的可靠性，并可作为 23.305、23.307、23.603 和 23.613 等条款符合性的支持。

b. 试验件说明

试验件共计 21 个，其中拉伸试验 12 件，压缩试验 9 件，试验件配套目录如表 10－22 所示。

表 10－22　试验件配套目录

图　号	名　称	编　号	数　量
×××	腹板开口拉伸试验件	85T01－85T12	12
×××	腹板开口压缩试验件	85C01－85C09	9

制造检查代表按制造符合性检查请求单(×××)和制造符合性声明(×××)对试验产品进行了检查。21 个试验件经检查均无偏离，检查结果记录在制造符合性检查记录表(×××)里，并签发了批准放行证书/适航批准标签(×××)。

c. 试验设备

试验设备示意如表 10－23 所示。

表 10－23　试验设备示意

设备名称	设备型号	精　度	检定编号	有　效　期
试验机	810	±1%	×××	×年×月×日—×年×月×日
静态应变测试系统	DH3816	±0.5%	×××	×年×月×日—×年×月×日
位移传感器	FT11	±0.1%	×××	×年×月×日—×年×月×日
			×××	×年×月×日—×年×月×日
落锤冲击试验台	FYLQ－110J	±1%	×××	×年×月×日—×年×月×日
深度千分尺	0－100	0.01 mm	×××	×年×月×日—×年×月×日

续 表

设备名称	设备型号	精 度	检定编号	有 效 期
前梁腹板开口强度试验安装	×××	—	—	—
巨浮恒温恒湿试验机	ETH-225-70-CP-AR	温度±0.3(−70～100℃) 湿度±3%(10%～98%)	见检验证书	见检验证书
超声3D检测系统	RDT5420	见检验证书	见检验证书	见检验证书
10轴超声喷水扫描系统	USL6000	见检验证书	见检验证书	见检验证书

注：所有设备均具有合格证并且在有效期内，其中位移传感器仅用于压缩试验。

d. 试验件安装

试验件依据批准的试验大纲进行安装，包括拉伸试验安装和压缩试验安装，如图10-10所示。安装时保证MTS试验机加载轴线与加载夹具轴线重合，压缩比拉伸试验多安装了位移传感器支架及位移传感器。

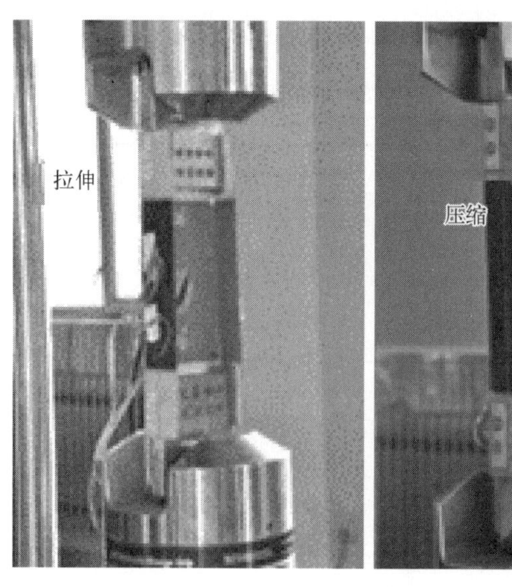

图10-10 拉伸和压缩试验安装示意图

e. 试验要求

试验项目如表 10－24 所示。

表 10－24　试验项目

序号	试验性能	试验环境	数量	对应试验件
1	拉伸试验	室温	3	85T01－85T03
2		70℃/85% RH 湿热	3	85T04－85T06
3	冲击后拉伸试验	室温	6	85T07－85T12
4	压缩试验	室温	3	85C01－85C03
5		70℃/85% RH 湿热	3	85C04－85C06
6	冲击后压缩试验	室温	3	85C07－85C09

注：① "室温"指试验件在试验室标准环境条件下至少放置 24 h，然后在室温环境下进行试验。
② "70℃/85% RH"指试件在温度 70℃±3℃，相对湿度 85%±5%的环境下按 ASTM D5229/D5229M 标准吸湿程序 B 进行吸湿平衡处理，当平均吸湿量的变化小于 0.02%时，认为试件达到了有效吸湿平衡，然后把试件从浸润箱中取出，连同潮湿巾放入密封袋中保存，直到进行力学性能试验。试件在密封袋中保存时间不得超过 14 天，力学性能试验在室温环境下进行。

f. 试验测量

包括应变测量和位移测量。应变测量和位移测量如图 10－11 所示。应变共测量 14 个点，全部采用应变花。位移测量试验件 X、Z 两个方向的位移。

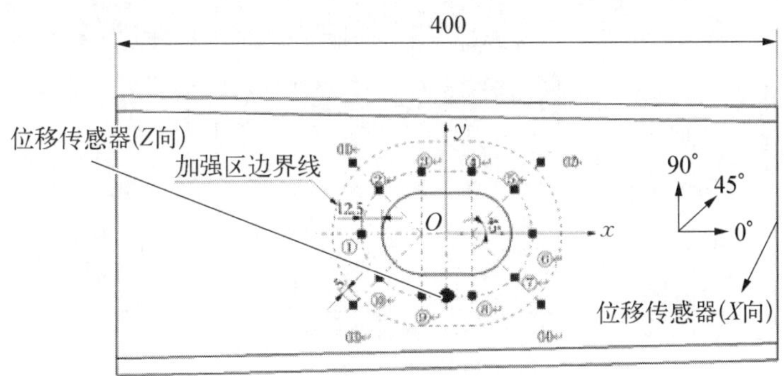

图 10－11　应变测量和位移测量示意图

试验过程需记录以下内容：试验环境；测试时间及试验件编号；试验件冲击后 C 扫描检测报告；试验载荷及应变的数据记录；对试验件破坏过程进行实时

录像；对试验件破坏前后的情况进行多方位照相。

其他要求：加载设备应能对加载点提供精确的载荷控制，并应具有防超载和应急卸载的功能。

g. 试验过程

试验前准备：检查试验件合格证和有无表面缺陷并记录。详细记录高温湿试验件湿热处理过程，达到吸湿平衡才能用于试验。

试验设备调试：按相关文件对试验机、位移传感器、应变测量系统进行试验调试，并设置试验机限位保护，以防出现紧急情况。

试验步骤：为了保证加载的正确性，对安装好的试验件进行预加载 30%后卸载；然后逐步进行限制载荷和极限载荷试验；如可以，将持续加载至试验件破坏。

冲击后拉伸和压缩试验：先用 3 个试验件采用 12.7 mm 冲头进行冲击试测，获得产生目视勉强可见损伤所需能量。然后以此能量为依据对正式试验件实施冲击。冲击后采用 NDI 检测确定损伤尺寸，然后在室温下进行拉伸/压缩试验。

试验数据资料：记录上述所有试验件的原始试验数据和曲线。

试验结果：高温湿试验件吸湿平衡处理记录；冲击后凹坑深度实测记录。

拉伸试验结果：限制载荷未见永久变形，极限载荷未破坏，继续加载直至试验件破坏。试验件破坏如图 10－12 所示。

图 10－12　三种拉伸试验件破坏示意图

压缩试验结果：限制载荷未见永久变形，极限载荷未破坏，继续加载直至试验件破坏。试验件破坏如图 10－13 所示。

室温85C01-03件破坏形式　　湿热85C04-06件破坏形式　　冲击后压缩85C07-09件破坏形式

图 10-13　三种压缩试验件破坏示意图

结论：试验过程符合试验大纲要求，试验数据可靠；试验获得了带开口的梁腹板在拉伸及压缩载荷下的强度，表明了材料对常见的层板不连续性的承载能力；初步分析结果与试验结果的对比。可为试验支持下分析方法提供依据；试验结果可为 23.305、23.307、23.603 和 23.613 等条款的符合性提供支持。

3) 方向舵全尺寸静强度、疲劳及损伤容限试验

全尺寸试验应考虑如下因素：

① 试验件数量。申请人可以根据型号研制阶段的要求，按需确定全尺寸试验件数量。复合材料方向舵采用一个全尺寸试验件验证结构的静强度和疲劳及损伤容限特性。

② 全尺寸试验件制造。应根据生产规范和工艺要求制造和装配全尺寸试验件。制造时，需按设计要求引入制造缺陷，以便试验件能够代表生产结构。

③ 损伤预制。根据 1 类(BVID)及 2 类(VID)冲击损伤判断依据、引入原则及试冲要求(在与舵面蒙皮材料相同的试片上进行试冲)，以及典型冲击损伤在制造、装配和服役中可能发生的具体部位，预制冲击损伤，每个冲击位置不允许发生二次冲击。冲击后应确定初始可检损伤的范围，并要求与在制造和服役期间的检查技术相一致。BVID 损伤冲后立即检测的凹坑深度应为 1.0±0.2 mm，VID 损伤冲击后立即检测的凹坑深度应为 2.5±0.5 mm。

④ 静强度验证工况筛选及环境效应。静强度试验载荷筛选应选择严重载荷工况。环境影响已通过试样低层次试验可靠地测出，全尺寸试验在大气环境中进行。方向舵复合材料结构静强度试验考虑了环境补偿系数 EF。

⑤ 疲劳及损伤容限验证。方向舵采用了损伤无扩展设计概念，疲劳试验载荷谱为飞-续-飞载荷谱，试验选取了 1.5 倍疲劳载荷谱及 1.15 倍载荷放大系数。

⑥ 修理的验证。通过全尺寸试验，验证了结构修理手册中定义的修理方案，为结构修理手册提供了依据。

(1) 试验目的。

① 验证方向舵有限元模型。

② 验证方向舵复合材料结构的完整性和金属接头的静强度。

③ 支持方向舵的分析和验证方法。

④ 验证对 23.305、23.307 和 23.573(a)条款的符合性。

(2) 试验件配套目录。

试验件配套目录主要包括方向舵构型目录和制造缺陷引入图纸。

试验件包括一个翼盒、前缘、角补偿、金属铰链接头等，不需安装闪电防护系统和调整片。具体如图 10-14 所示。

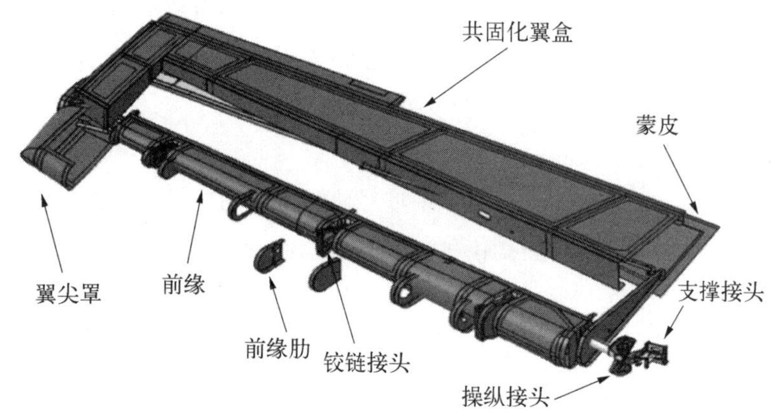

图 10-14 方向舵全尺寸试验件示意图

试验所需假件有支撑接头、操纵接头及与扭力管连接的固定装置。在试验件制造和装配过程中，应按质量程序进行检查，保证与设计的符合性。制造符合性检查代表按制造符合性检查请求单和制造符合性声明对试验件、试验装置和人员资格等进行了检查。存在的偏离经工程代表确认后，检查结果记录在制造符合性检查记录表。对试验件签发了批准放行证书/适航批准标签。

(3) 试验设备。

试验中所用到的仪器设备如表 10-25 所示。

表 10 - 25　试验仪器设备示意

<table>
<tr><th>序号</th><th>名　称</th><th>型号/规格</th><th>精　度</th><th>检定编号</th><th>有效期</th></tr>
<tr><td>1</td><td>36 通道嵌入式测控系统</td><td>——</td><td>±2%</td><td rowspan="7">×××</td><td rowspan="7">×年×月×日—×年×月×日</td></tr>
<tr><td>2</td><td>动态信号采集处理系统</td><td>DEWE - 801</td><td>±0.1%</td></tr>
<tr><td>3</td><td>S 型力传感器 25 个</td><td>BM3 系列</td><td>±0.1%</td></tr>
<tr><td>4</td><td>S 型力传感器 6 个</td><td>H3 - C3</td><td>±0.1%</td></tr>
<tr><td>5</td><td>冲击试验器</td><td>HMS - C01</td><td>1%</td></tr>
<tr><td>6</td><td>深度千分尺</td><td>0 - 100</td><td>0.01 mm</td></tr>
<tr><td>7</td><td>通用超声波探伤仪</td><td>USM35</td><td>——</td></tr>
<tr><td>8</td><td>方向舵全尺寸试验工装</td><td>×××</td><td>——</td><td>——</td><td>——</td></tr>
</table>

(4) 试验件安装。

试验件在试验过程中竖直放置，为了便于加载和约束夹具的安装，将试验件放置在由槽钢焊接而成的框架中。在试验过程中，舵面的气动载荷通过作动筒和杠杆实现。试验件上的所有约束都是通过传感器与框架直接相连来实现的。试验安装如图 10 - 15 所示。

图 10 - 15　试验安装示意图

(5) 试验要求。

a. 试验规划

方向舵采用裂纹不扩展设计。方向舵全尺寸试验在室温环境下实施。方向舵金属接头静强度由本试验考核，疲劳寿命单独考核。具体规划如第 6 章图 6 - 6 所示。

b. 加载方式

在加载过程中，将方向舵竖直放置，使其保持在平衡状态，并且使其支持状态与真实情况类似。当舵面上的气动载荷和各个悬挂点处的载荷发生变化时，各个约束点处的力随之变化。

舵面上的静强度载荷通过连接杠杆实现，点 1－1、点 2－1、点 3－1 和点 4－1 组成一套加载杠杆，其余加载点组成另一套加载杠杆，即静强度载荷由两个加载作动筒实现。舵面上所有点的疲劳载荷用一套杠杆实现，该套杠杆与拉压垫组合而成，实现对舵面加载点的拉压载荷。

c. 损伤引入

在 1 类(BVID)和 2 类(VID)损伤引入前，对冲击试验器进行了标定。首先，在与舵面蒙皮材料相同的试片上进行试冲击，预估引入指定损伤所用的能量，然后再在试验件上依据设计确定的冲击点进行试冲击。

d. 测量内容

在加载过程中，除了需要测量各个约束点处的受力大小外，还需测量所有静强度试验载荷情况的应变。

e. 检查项目

在试验过程中，目视检查金属接头。若发现损伤如裂纹等情况，可根据检查结果，决定替换或加强金属接头。目视检查复合材料结构的状态，确保复合材料试验的安全。针对复合材料结构的制造允许缺陷和试验过程中引入的冲击损伤，在损伤引入后和阶段性试验后，先进行目视检查，然后再采用 A 扫对损伤是否扩展进行详细检测。

f. 检查周期

每项静强度试验后检查：金属接头、损伤扩展。1 DSG 疲劳试验，0.5 DSG 损伤容限试验，均按规定的节点和要求进行检查。如发现异常情况，可缩短检查间隔，加大检查密度。

g. 数据采集

采集所有静强度试验载荷工况下应变。在疲劳试验开始前，采集单位疲劳试验载荷下的应变。在疲劳试验过程中，每间隔 1/10 倍 DSG 飞行循环，采集一次应变，采集长度为 10 个连续的载荷级。

h. 静强度试验载荷

静强度试验载荷增量和极限载荷的具体数值以设计为准。

i. 疲劳试验载荷

疲劳试验载荷谱为飞-续-飞载荷谱。试验载荷谱高载截断至设计限制载荷，低载截除至 20%设计限制载荷。载荷谱中的载荷已考虑载荷放大系数 LEF=1.15。

(6) 主要试验过程。

① 引入 1 类损伤(BVID)。冲击点照片如图 10－16 所示。

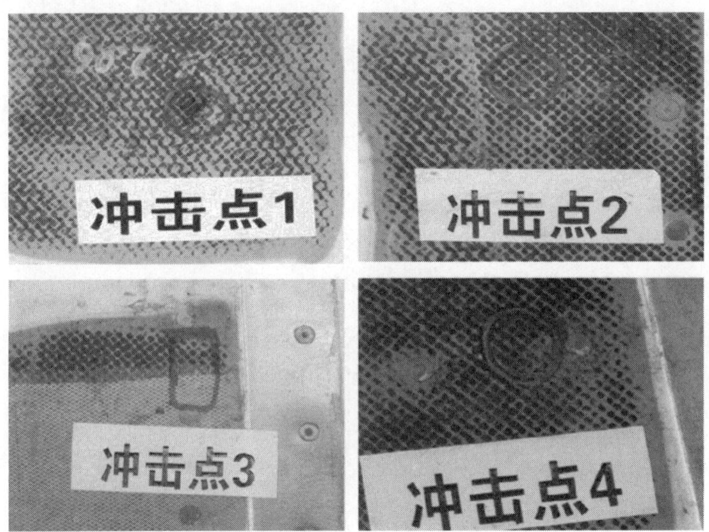

图 10-16　BVID 冲击点

② 金属接头极限载荷试验。如申请人不在此验证金属接头对 23.305 和 23.307 条款的符合性，这一步仅加载到限制载荷，仅标定试验装置以确认载荷的正确加载即可。

③ 复合材料结构的疲劳试验。试验至 1 倍 DSG 飞行循环，载荷放大系数为 LEF=1.15。在试验过程中，依据规定的检查节点，对复合材料结构采用 A 扫检查 BVID 损伤是否扩展，并对金属接头进行详细目视检查。

④ 复合材料结构极限载荷静强度试验。按筛选的临界载荷，考虑环境影响系数 EF，试验至 EF×150%限制载荷。

⑤ 引入 2 类损伤(VID)，冲击点照片如图 10-17 所示。

⑥ 复合材料结构损伤容限试验。试验至 0.5 倍 DSG 飞行循环，载荷放大系数为 LEF=1.15。在试验过程中，依据规定的检查节点，对复合材料结构采用 A 扫检查 VID 损伤是否扩展情，并对金属接头进行详细目视检查。

⑦ 引入 3 类损伤(LVID)。

⑧ 依据复合材料结构的疲劳载荷谱，试验至 50 个飞行循环，载荷放大系数为 LEF=1.15。

⑨ 复合材料结构限制载荷静强度试验。按筛选的临界载荷工况，考虑环境影响系数 EF，试验至 EF×100%限制载荷。

⑩ 引入 4 类损伤。

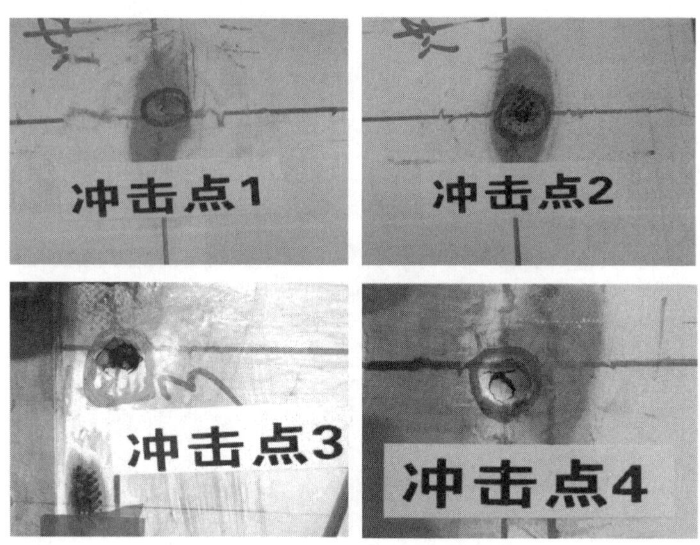

图 10-17　VID 冲击点

⑪ 复合材料结构返航静强度试验。按筛选的临界载荷,考虑环境影响系数 EF,试验至 EF×70%限制载荷。

⑫ 按设计修理方案对 2、3 和 4 类损伤进行理。

⑬ 复合材料结构修理的验证-极限载荷静强度试验。按筛选的临界载荷,考虑环境影响系数 EF,试验至 EF×150%限制载荷。

⑭ 复合材料结构静强度裕度试验。在上一步骤试验至 EF×150%限制载荷后,继续逐级加载至破坏。

(7) 试验结果。

方向舵的金属接头满足 150%限制载荷试验要求,试验后目视检查金属接头未发现异常。复合材料结构完成了 1 倍 DSG 飞行循环试验后,对复合材料结构中的预置缺陷和冲击损伤进行了 A 扫检查,未发现损伤扩展。复合材料结构完成了 EF×150%限制载荷试验,结构直到限制载荷无有害的永久变形,并承受住了极限载荷三秒没有破坏。复合材料结构完成了0.5 倍 DSG 飞行循环试验后,对复合材料结构预置缺陷和冲击损伤进行 A 扫检查,未发现损伤扩展。复合材料结构完成了 EF×100%限制载荷试验,结构直到限制载荷无有害的永久变形。复合材料结构修理验证试验完成了 EF×150%限制载荷试验,结构直到限制载荷无有害的永久变形,并承受住了极限载荷三秒没有破坏。在强度裕度试验中,加载至约 300%限制载荷时试验件发生破坏,舵面与扭力管连接处铆钉全部剪断。通过对预制缺陷和冲击损伤的 A 扫无损检测结果可知，预制缺陷和冲击损伤均未出现扩展。

10.6　持续适航

10.6.1　结构防护

结构腐蚀防护措施包括：金属零件表面处理；复合材料和金属零件喷底漆；在碳纤维复合材料和金属材料之间铺放一层玻璃布，防止电化腐蚀；连接件进行湿装配；连接及边缘需要密封等。

磨损、腐蚀、紫外线辐射和化学环境（乙二醇、液压流体、燃油、清洗剂等）可能引起复合材料性能的退化，应提供适当防护，并通过试验进行验证。

符合性说明：针对金属部件和铆钉的防护按申请人相关文件××××实施。CFRP 表面防护漆只能防护紫外线辐射，对湿度和流体的持久抵抗只能通过 CFRP 材料本身来实现，同时必须考虑机械性能的退化。

10.6.2　质量控制和制造

适航要求整体计划中应该包括所有有关的项目，即工程、制造和质量控制。质量控制应该反映工程设计要求，如单个部件或区域的破坏模式。同时，也反映出损伤容限要求、加载、可检性和对制造及工装表现出的局部敏感性等。

所有材料和结构制造均需建立材料/工艺规范和检测程序（制造过程验证将在工艺验证计划中说明）。应制订包括工艺和制造程序在内的规范，以确保在制造可重复性和质量可靠性方面有章可循。规范中允许的偏差应该通过试验支持下的分析，或试样、元件或典型结构件的试验来验证。

质量控制相关规范包括但不限于：质量保证规范；结构件特殊制造规范；结构件特殊试验规范；材料数据；首件检验；原材料从入厂检验至复合材料零件制造完成的整个过程涉及的文件；质量控制相关文件。申请人和审查组双方共同协商和确定具体规范。

对于批生产零件，质量保证的定义是基于“首件检验”与在每个零件研制和制造期间得到的经验一起获得的结果。在生产期间的质量保证工作包括以下主要步骤：

1）产品检测

完善的检测程序包括：零部件类别；允许使用的材料：根据材料规范和入厂

检验相关文件要求，按照入厂检测程序进行入厂复验(包括力学、物理及化学方法试验)。只有检验合格的材料才能入库待用于生产；工装检查，有效期、变形、表面质量检查等；图纸有效版次；制造工艺规范；验收现行有效文件；层压板内部质量标准(包括纤维/树脂是否均衡；允许的制造缺陷；随炉件力学性能试验)；产品外部质量；首件检测说明；零件质量检查说明等。

2) 工艺控制

在生产期间，工艺过程控制是确保每一个产品能否依照工艺规范进行制造的关键。每个复合材料件均应依据相应的工艺规范中规定的方法进行检查，至少包括(不同工艺会有差异)：生产前和定检的工装检查；车间环境条件以及预浸料解冻和生产期的控制；铺层数量；铺层方向；隔离膜去除；设备有效期及操作控制；固化过程及记录：温度-时间与压力-时间曲线。

3) 复合材料件最后检查

包括目视检查(几何形状偏差、脱模引起的损伤、贫/富脂区域、缺压区域等)；尺寸检查(依据图纸进行尺寸如层压板厚度等)；无损检验(依据无损检测验收技术标准等相关文件进行检查，如对孔隙、分层、脱粘、工具脱模期间引起的损伤和目视检查中发现的缺陷进行详细检查)。

4) 可接受的制造允许缺陷

制造允许缺陷尺寸取决于局部应变水平和复合材料件的结构构型，可接受的制造偏差门槛值是通过试验确定的。可接受的制造偏差应汇总在验收文件中，如方向舵制造验收技术文件。文件中应详细列出检测方法、区域、缺陷类型、最小可接受缺陷尺寸等信息。如果缺陷尺寸超差，可依据具体情况，由设计部门/适航当局给出处理意见。

5) 最后装配过程检测

装配检查在生产线和最后检查可同步进行。最后装配期间的检查包括：尺寸检查；波度和顶层线度的检查；互换性检查；层压板边缘的目视检查；孔的检查；紧固件的目视和几何检查；衬垫的检查；辨别标记；在工具掉落或其他异常事件中的检查。在最后的装配过程中，须对典型缺陷(如边缘分层、钻孔碎屑、错误的连接件安装等)检测程序进行持续控制。

10.6.3 修理的验证

修理方法的建立须通过试验和试验支持下的分析相结合进行验证。适航当局批准的文件或维护手册提供的修理程序，应该通过分析和/或试验进行验证，表明相关修理方法和程序可将修理的结构恢复到适航状态。

符合性说明：根据方向舵结构特点和在其他复合材料结构积累的修理经验，确定方向舵结构的修理方案。制订详细的修理验证试验规划，如复合材料夹层结构修理验证试验规划、全尺寸试验中修理的验证等。修理验证试验规划应包括试验件、修理程序、选择的修理材料、和允许修理的损伤大小等，所有这些信息都将在结构修理手册(SRM)中规定。

1) 修理方法

结构必须以这样一种方式修理，即从修理之日起到飞机退役，它能够承受考虑老化和环境效应的所有静强度载荷。根据损伤类型(表面防护缺陷、磨损、划伤，包括带或不带可见裂纹/孔的冲击的分层)和它们在方向舵的位置，修理原则如下：对于严重损伤(大的 3 类及以上损伤)，必须立即修理；对于轻微损伤(2 类/小的 3 类损伤)，需要在规定的飞行小时或着陆间隔内进行修理，较大的损伤必须立即进行现场修理；对于可接受的损伤(制造允许缺陷/1 类损伤)不需修理或者如果需要，仅进行表面修复即可。

修理可以通过铆接或胶接进行，允许的胶接修理最大尺寸可在结构修理手册中给出。对于所有较大的损伤，修理单位应该依据制造厂商的经验进行处理或返厂修理。

2) 修理的验证

结构修理手册中列入的所有修理将通过试验与分析相结合的方式进行验证。

室温下蜂窝夹层结构带损伤(穿孔和开胶缺陷)的静强度试验主要包括四点弯曲试验和蜂窝侧压试验。

方向舵全尺寸试验中引入了 2 类、3 类和 4 类损伤，在完成相应的静强度/疲劳试验后，按制定的修理方法和程序进行了损伤修理，并验证了修理后的结构可以恢复到适航状态。

3) 结构修理手册(SRM)

临界尺寸汇总和修理方案应在结构修理手册中给出。方向舵结构修理手册(SRM)中给出的修理方法及程序包括：方向舵的修理区域；允许的修理(类型和尺寸)；临时/永久修理；修理程序；使用的材料；铺层方向、数量和铺层顺序；使用的铆钉类型、边距和间距等。

10.6.4　检查和维护

在维护计划中，申请人应在检查大纲中明确规定检查次数、范围和方法，确定检查间隔，使得在最初可检与强度达到限制值期间的损伤尺寸都能被检测到。对于损伤无扩展设计概念，检查间隔应该作为维护大纲的一部分。选择这样的间隔时，剩余强度水平与假设的损伤要一起考虑。

符合性说明：维护手册中规定了方向舵复合材料结构的检查周期、维护和修理程序等。

10.7 其他事项

10.7.1 闪电防护

方向舵的闪电防护应该考虑到所有雷击效应的抵抗特性。CFRP 方向舵是通过在各复合材料零件结构表面铺设多孔金属网箔，各结构件间采用金属带连接，整个舵面与安定面采用软搭铁连接，形成导电通路，以保护结构。

1) 雷击区域划分及设计要求

威胁分析始于结构布置。依据飞机设计指南定义的雷击区域，垂尾上部区域 500 mm 的范围 1A 区和 1B 区可能会出现直接雷击附着，剩余的 2A 区域应该能够将产生的电流安全传到机身。还必须考虑到，雷击电流可能进入到垂尾盒段结构，并通过方向舵悬挂支臂击中方向舵，这种事也很有可能发生。

2) 结构完整性考虑的雷电防护

(1) 方向舵结构雷击威胁。

方向舵必须针对下列雷击威胁进行防护：在 1A 区和 1B 区域的弧根损伤；由于高电流，CFRP 结构件极度变热；由于高电流强度和/或连接件处的电流通路不良引起的铆钉或螺栓连接处的燃烧和松脱；由于中断电流连续性引起的胶接连接件破坏；在 CFRP 结构的高阻抗内，由于电压降低引起电流通过飞行控制杆和电流导线的效应；由于 CFRP 结构屏蔽有效性不良引起的电压降低效应。

(2) 设计目标。

方向舵在 1A 区和 1B 区的直接雷击对结构或设备不会引起需要立即修理的弧根或任何其他损伤。在方向舵任何其他区域的直接雷击将不会引起影响飞行安全或为了修理需要拆卸方向舵。

(3) 符合性说明。

闪电防护主要是基于 CFRP 材料传递大量雷击电流而没有遭受损伤和在整个结构内确保电流连续性的能力。从垂尾盒段到方向舵，电流必须流经悬挂支臂，这些结构件是金属材料，因此有良好的置信度，能够承受大流量电流而不需要特殊防护。所有悬挂支臂通过一个或两个搭铁线跨接垂尾盒段结构和方向舵。方向舵翼尖罩由 GFRP 制造，方向舵后缘弧根损伤防护沿整个展向装配金属搭铁来实施。

申请人努力确保雷击电流传递到整个结构，以避免电流集中区域，并确保在所有结构连接处保持电流的连续性，将能够承受超出预期很大的电流。闪电防护通过雷电直接效应试验进行验证。试验件是一个完整的全尺寸方向舵。雷击通过附着在方向舵的金属结构件只引起了可以忽略的局部损伤，但如果通过没有防护的薄夹层壁板，可以发现范围达 150 mm^2 的局部破坏。在所有情况中，梁和铰链接头没有受到影响。

10.7.2　防火和阻燃

方向舵不适用。

相关知识

燃烧试验方法及合格判据

飞机座舱内部和行李舱一直是为保护乘客安全而考虑阻燃的区域。本节简单介绍一下试验方法和合格判据：

1) 试验方法

(1) 60 秒垂直燃烧试验。

① 试验件置于 21±2.8℃ 和 50%±5%相对湿度的环境下预处理，放置至少 24 小时直到水分达到平衡。试验件在送入火焰之前，必须保持在预处理环境内。

② 燃烧箱准备。试验在没有抽风现象的燃烧箱内进行，火焰高度调到 38.1 mm (3/2 in)，用经核准的热电偶高温计在火焰中测得的焰温不得低于 843℃(1 550℉)。

③ 试验件安装。试验件垂直支撑，两条长边和上边夹紧，下端高出灯的顶部 19.1 mm(3/4 in)。试验件的暴露面积大于“宽 50.8 mm(2 in)、长 305 mm(12 in)”。

④ 试验及数据处理。每次只可以从预处理环境中取出一个试验件并立即送入火焰，施加火焰 60 s 后移开，记录焰燃时间、烧焦长度和滴落物(如有)。共测试 3 件试验件，取试验结果的平均值，将平均值与判据进行比较，符合要求即为合格，否则为不合格。

(2) 45 度燃烧试验。

① 试验件置于21±2.8℃和50%±5%相对湿度的环境下预处理，放置至少24小时直到水分达到平衡。试验件在送入火焰之前，必须保持在预处理环境内。

② 燃烧箱准备。试验在没有抽风现象的燃烧箱内进行，火焰的1/3必须在试验件中心处接触材料，使用内径为9.5 mm(3/8 in)灯管将火焰高度调到38.1 mm (3/2 in)，用经核准的热电偶高温计在火焰中测得的焰温不得低于843℃(1 550℉)。

③ 试验件安装。试验件的四边都必须夹紧在金属框架内，其暴露面积至少为203 mm×203 mm(8 in×8 in)。试验件必须以与水平面成45°角的方式支撑。试验件在试验时未喷漆表面必须朝下与火焰接触。

④ 试验及数据处理，每次只可以从预处理环境中取出一个试验件并立即送入火焰，施加火焰30 s后移开，记录焰燃时间、阴燃时间和火焰是否烧穿试验件。共测试3件试验件，取试验结果的平均值，将平均值与判据进行比较，符合要求即为合格，否则为不合格。

2) 合格判据

按CCAR23.853(d)(3)(i)和CCAR23.855(c)(2)进行判定：

(1) 60 秒垂直燃烧。

必须自熄；平均烧焦长度不得超过152 mm；移去火源后的平均焰燃时间不得超过15 s；试样滴落物在跌落后继续焰燃的时间平均不得超过3 s。

(2) 45 度燃烧试验。

火焰不得烧穿材料；离开火源后的平均焰燃时间不得超过15 s；平均阴燃时间不得超过10 s。

缩略语

ICAO	International Civil Aviation Organization	国际民用航空组织
CAAC	Civil Aviation Administration of China	中国民用航空局
TCB	Type Certification Board	型号合格审定委员会
TCT	type certification team	审查组
PSCP	project special certification plan	专项合格审定计划
CP	certification plan	审定计划
TIA	type inspection authorization	型号检查核准书
TC	type certification	型号合格证
DER	designated engineering representative	委任工程代表
DMIR	designated manufacturing inspection representative	委任制造符合性检查代表
OEM	original equipment manufacturer	原始设备制造商
ASTM	American Society for Testing Materials	美国材料与试验协会
SACMA	Suppliers of Advanced Composite Materials Association	先进复合材料供应商协会
CHG	change	变化
PSE	primary structural element	主要结构元件
NDI	non-destructive inspection	无损检测
QC	quality control	质量控制
PCD	process control document	过程控制文件
KC	key characteristics	关键特性
KPP	key process parameter	关键工艺参数
CFRP	carbon fiber reinforced plastic	碳纤维增强复合材料
GFRP	glass fiber reinforced plastic	玻璃纤维增强复合材料

CTD	cold temperature dry	低温干态
RTD	room temperature dry	室温干态
ETD	elevated temperature dry	高温干态
ETW	elevated temperature wet	高温湿态
FAW	fiber areal weight	纤维面重
FV	fiber volume fraction	纤维体积分数
HPLC	high performance liquid chromatography	高效液相色谱
IR	inf rared	红外光谱
DSC	differential scanning calorimetry	差示扫描量热法
CPT	cured ply thickness	固化后单层厚度
RC	resin content	树脂含量
CAI	compression after impact	冲击后压缩
T_g	glass transition temperature	玻璃化转变温度
MOT	max. of temperature	最高温度
SRM	structural repair manual	结构修理手册
SB	service bulletin	服务通告
CV	coefficient of variation	变异系数
TF	test factor	试验系数
M&P	material and processing	材料和制备工艺
	manufacturing and processing	制造和装配工艺
FEM	finite element modeling	有限元模型
DUL	design ultimate load	设计极限载荷
DLL	design limit load	设计限制载荷
MS	margin of safety	安全裕度
BVID	barely visible impact damage	目视勉强可见冲击损伤
VID	visible impact damage	目视可见冲击损伤
LVID	large visible impact damage	较大目视可见冲击损伤
ADL	allowable damage limit	允许损伤限制
MDD	maximum design damage	最大设计损伤
CDT	critical damage threshold	临界损伤门槛值
RDD	readily detectable damage	易于检测的损伤
DSD	discrete source damage	离散源损伤

DVI	detailed visual inspection	详细目视检查
GVI	general visual inspection	一般目视检查
WA	walk around	巡回检查
LEF	load enhancement factor	载荷放大系数
DSG	designed safe-life goal	设计安全寿命目标
GVT	ground vibration test	地面振动试验
MRBR	maintenance review board report	维修审查委员会报告
MPD	maintenance planning document	维修计划文件
SRM	structural repair manual	结构修理手册
RDL	repair damage limit	修理损伤限制
MRB	material review board	材料审查委员会
ALI	airworthiness limitation item	适航限制项目
CMR	certification maintenance requirement	审定维修要求
MMEL	master minimum equipment list	主最低设备清单

适航相关资料

[1] 国际民用航空组织.《国际民用航空公约》(DOC 7300/9)[Z]. 1947.4.4.

[2] 国际民用航空组织.《国际民用航空公约》附件“国际标准和建议措施”之附件 8《航空器适航性》第 108 次修订[S]. 2021.07.12.

[3] 国际民用航空组织.《适航技术手册》(Doc 9760 号文件)[S]. 2020.

[4]《中华人民共和国民用航空法》[Z]. 2021.04.29.

[5]《中华人民共和国民用航空器适航管理条例》[Z]. 1987.05.04.

[6] CCAR-21-R5《民用航空产品和零部件合格审定规定》[S]. 中华人民共和国交通运输部令 2024 年第 5 号,2024.02.18.

[7] 中国民用航空局. AP-21-AA-2023-11R1《型号合格审定程序》[S]. 2023.12.06.

[8] CCAR-23-R3《正常类、实用类、特技类和通勤类飞机适航规定》[S]. 2005.01.01.

[9] 中国民用航空局. ACM-TR-23《适航审定手册》[G]. 2019.05.

[10] FAA, U.S. Department of Transportation. PS-ACE100-2-18-1999, policy on acceptability of temperature differential between wet glass transition temperature (Tgwet) and maximum operating temperature (MOT) for epoxy matrix composite[S]. 1999.02.18.

[11] FAA, U.S. Department of Transportation. PS-ACE100-2001-02, final policy for flammability testing per 14 CFR Part 23, Sections 23.853, 23.855 & and 23.1359[S]. 2002.01.23.

[12] FAA, U.S. Department of Transportation. PS-ACE100-2001-006, static strength substantiation of composite airplane structure[S]. 2001.12.21.

[13] FAA, U.S. Department of Transportation. PS-ACE100-2002-006, material qualification and equivalency for polymer matrix composite

material systems[S]. 2003.09.15.

[14] FAA, U.S. Department of Transportation. PS-ACE100-2004-10030, substantiation of secondary composite structures[S]. 2005.04.19.

[15] FAA, U.S. Department of Transportation. PS-ACE100-2005-10038, bonded joints and structures - technical issues and certification considerations[S]. 2005.09.02.

[16] FAA, U.S. Department of Transportation. PS ACE-00-23.561-01, issuance of policy statement, methods of approval of retrofit shoulder harness installations in small airplanes[S]. 2000.09.19.

[17] FAA, U.S. Department of Transportation. PS-AIR-100-120-07, policy memo on guidance for component contractor generated composite design values for composite structure[S]. 2013.09.20.

[18] FAA, U.S. Department of Transportation. PS-AIR-20-130-01, bonded repair size limits[S]. 2014.11.24.

[19] 中国民用航空局航空器适航审定司. AC-21-AA-2017-39《复合材料结构制造质量体系要求指南》[S]. 2017.03.17.

[20] FAA, U.S. Department of Transportation. AC 20-53C, protection of airplane fuel systems against fuel vapor ignition due to lightning[S]. 2018.09.24.

[21] FAA, U.S. Department of Transportation. AC 20-155A, industry documents to support aircraft lightning protection certification[S]. 2013.07.16.

[22] FAA, U.S. Department of Transportation. AC 20-66B, propeller vibration and fatigue[S]. 2001.09.

[23] FAA, U.S. Department of Transportation. AC 20-107B, change 1 to composite aircraft structure[S]. 2010.08.24.

[24] FAA, U.S. Department of Transportation. AC 20-135, change 1 to powerplant installation and propulsion system component fire protection test methods, standards, and criteria[S]. 2018.10.11.

[25] FAA, U.S. Department of Transportation. AC 20-136B, aircraft electrical and electronic system lightning protection[S]. 2011.09.07.

[26] FAA, U.S. Department of Transportation. AC 21-26A, quality control

for the manufacture of composite structures[S]. 2010.07.23.

[27] FAA, U.S. Department of Transportation. AC 21-31A, quality control for the manufacture of non-metallic compartment interior components [S]. 2010.08.31.

[28] FAA, U.S. Department of Transportation. AC 23-2A, flammability tests [S]. 2013.02.15.

[29] FAA, U.S. Department of Transportation. AC 23-15A, small airplane certification compliance program[S]. 2003.12.

[30] FAA, U.S. Department of Transportation. AC 23-19A, airframe guide for certification of part 23 airplanes[S]. 2007.04.30.

[31] FAA, U.S. Department of Transportation. AC 23-20, acceptance guidance on material procurement and process specifications for polymer matrix composite systems[S]. 2003.09.19.

[32] FAA, U.S. Department of Transportation. AC 23.562-1, dynamic testing of part 23 airplane seat restraint systems and occupant protection[S]. 1989.06.22.

[33] FAA, U.S. Department of Transportation. AC 23.629-1B, means of compliance with title 14 CFR, part 23, § 23.629, flutter[S]. 2004.09.28.

[34] FAA, U.S. Department of Transportation. AC 145-6, repair stations for composite and bonded aircraft structure[S]. 1996.11.15.

[35] FAA, U.S. Department of Transportation. ACE-100-1, fatigue evaluation of empennage, forward wing, and winglets/tip fins [S]. NTIS, Springfield, Virginia 22161, 1994.02.15.

[36] FAA, U. S. Department of Transportation. DOT/FAA/AR-00/12, aircraft materials fire test handbook[S]. NTIS, Springfield, Virginia 22161, 2000.04.

[37] FAA, U. S. Department of Transportation. DOT/FAA/AR-02/109, guidelines and recommended criteria for the development of a material specification for carbon fiber/epoxy unidirectional prepregs[S]. NTIS, Springfield, Virginia 22161, 2003.03.

[38] FAA, U. S. Department of Transportation. DOT/FAA/AR-02/110, guidelines for the development of process specifications, instructions, and

controls for the fabrication of fiber-reinforced polymer composites[S]. NTIS, Springfield, Virginia 22161,2003.03.

[39] FAA, U. S. Department of Transportation. DOT/FAA/AR-02/121, guidelines for analysis, testing, and nondestructive inspection of impact damaged composite sandwich structures[S]. NTIS, Springfield, Virginia 22161, 2003.03.

[40] FAA, U. S. Department of Transportation. DOT/FAA/AR-03/19, material qualification and equivalency for polymer matrix composite material systems: updated procedure[S]. NTIS, Springfield, Virginia 22161,2003.09.

[41] FAA, U. S. Department of Transportation. DOT/FAA/AR-03/53, effects of surface preparation on the long-term durability of adhesively bonded composite joints[S]. NTIS, Springfield, Virginia 22161, 2004.01.

[42] FAA, U. S. Department of Transportation. DOT/FAA/AR-03/74, bonded repair of aircraft composite sandwich structures[S]. NTIS, Springfield, Virginia 22161, 2004.02.

[43] FAA, U. S. Department of Transportation. DOT/FAA/AR-06/10, guidelines and recommended criteria for the development of a material specification for carbon fiber/epoxy fabric prepregs[S]. NTIS, Springfield, Virginia 22161, 2007.05.

[44] FAA, U. S. Department of Transportation. DOT/FAA/AR-07/3, guidelines and recommended criteria for the development of a material specification for carbon fiber/epoxy unidirectional prepregs update[S]. NTIS, Springfield, Virginia 22161, 2007.05.

[45] FAA, U. S. Department of Transportation. DOT/FAA/AR-10/6, determining the fatigue life of composite aircraft structures using life and load-enhancement factors[S]. NTIS, Springfield, Virginia 22161, 2011.06.

[46] FAA, U. S. Department of Transportation. DOT/FAA/AR-96/75, handbook: manufacturing advanced composite components for airframes [S]. NTIS, Springfield, Virginia 22161, 1997.04.

[47] FAA, U. S. Department of Transportation. DOT/FAA/AR-96/111,

advanced certification methodology for composite structures[S], NTIS, Springfield, Virginia 22161, 1997.04.

[48] FAA, U. S. Department of Transportation. DOT/FAA/CT-86/39, certification testing methodology for composite structures, volumes II [S]. NTIS, Springfield, Virginia 22161, 1996.05.24.

[49] FAA, U. S. Department of Transportation. DOT/FAA/CT-89/15, manual for combustion tests of aviation materials[S]. NTIS, Springfield, Virginia 22161.

[50] FAA, U. S. Department of Transportation. DOT/FAA/CT-89/22, Aircraft lightning protection handbook [S]. NTIS, Springfield, Virginia 22161.

[51] FAA, U. S. Department of Transportation. DOT/FAA/CT-91/20, general aviation aircraft—normal acceleration data analysis and collection project[S]. NTIS, Springfield, Virginia 22161, 1993.02.

[52] 中航工业直升机设计研究所.AC-27-1B Chg6《正常类旋翼航空器适航规定咨询通告》[S]. 2014.7.25.

参考文献

[1] 中国民用航空局航空器适航审定司，中国民航管理干部学院.适航法规基础知识[M]. 北京：中国民航出版社，2010.

[2] 周沐.适航管理基础理论与适航文化[M]. 北京：中国民航出版社，2021.

[3] 冯振宇，邹田春. 复合材料飞机结构合格审定[M]. 北京：航空工业出版社，2012.

[4] 李龙彪. 复合材料结构适航验证与审定[M]. 北京：北京航空航天大学出版社，2019.

[5] 杨乃宾，梁伟. 飞机复合材料结构适航符合性证明概论[M]. 北京：航空工业出版社，2015.

[6] 杨乃宾，章怡宁. 复合材料飞机结构设计[M]. 北京：航空工业出版社，2002.

[7] 中国航空研究院.复合材料结构设计手册[M].北京：航空工业出版社，2003.

[8] 霍斯金，贝克.复合材料原理及其应用[M].沈真，仇仲翼，译.北京：科学出版社，1992.

[9] Joseph R. Soderquist. Design / Certification considerations in civil composite aircraft structure [R]. SAE Technical Paper Series. 1987，10.

[10] Bristow J W. Airworthiness of composite structure — some experience from civil certifi — cation [M]. London: Mechanical Engineering Publications Limited，1985.

[11] Whitehead R S, Kan H P, Cordero R, et al. Certification testing methodology for composite structure, volume II — methodology development [R]. Report No. NADC-87042-60(DOT/FAA/CT-86-39), U.S. Government Printing Office, 1986.

[12] 林建鸿. 积木式方法与试验金字塔的历史沿革与发展趋势[J]. 航空工程进展,2023,14(5):8-18.

[13] CMH-17 Organization. Composite materials handbook [M]. SAE International, 2012.

[14] Whitehead, Deo. A building-block approach to design verification testing of primary composite structure[J]. American Institute of Aeronautics and Astronautics. 1983.

[15] Jean Rouchon. Certification of large airplane composite structures[J]. Recent Progress and New Trends in Compliance Philosophy, 1990.

[16] Cindy Ashforth, Larry Ilcewicz. Certification and compliance considerations for aircraft products with composite materials[G]. FAA, Renton, WA, United States, 2018.

[17] 中国人民解放军总装备部. GJB 67.14-2008,军用飞机结构强度规范第 14 部分:复合材料结构[S]. 2008.12.01.

[18] 刘秀芝.复合材料结构全尺寸强度验证试验与适航关系[J].新能源航空,2023,1:40-46.

复合材料飞机结构

Change1 to
Composite Aircraft Structure

刘秀芝 汪 海 译
葛 健 校

内容提要

本咨询通告针对纤维增强树脂基复合材料飞机结构在研制和适航认证过程中可能遇到的材料和工艺、胶接、静强度、疲劳和损伤容限、颤振和气动弹性等适航符合性方法和技术问题，给出了一种可接受的方法。虽然本咨询通告中给出的并不是用于表明相关适航条款符合性的唯一方法，但是，该通告却是截至目前国内外正常类、运输类固定翼飞机和旋翼航空器复合材料结构研制与适航认证中普遍依据和遵循的重要指导性技术文件。

本咨询通告中的相关内容不仅可以用于表明各类民用飞机复合材料结构的适航符合性要求，也可为军用飞机复合材料结构研制提供重要技术依据。本咨询通告可供各类飞机研制单位、材料供应商以及相关的工程技术人员参考。

译者序

20 世纪 80 年代初，先进复合材料开始在飞机结构上获得初步应用。为了明确复合材料飞机结构的适航审查要求，1978 年 7 月 10 日，美国联邦航空局(Federal Aviation Administration，FAA)颁布了咨询通告《AC 20-107 复合材料飞机结构》。1984 年 4 月 25 日，FAA 对该通告进行了完善，并升版为《AC 20-107A 复合材料飞机结构》(正文 6 页，附录 5 页，共 11 页)。在此后 25 年中，该咨询通告作为相关适航法规的重要补充技术文件，成为指导世界各国的型号申请人开展复合材料飞机结构研发、取证的关键资料。随着先进复合材料在波音 B787 和空客 A350 等机型上的用量突破 50%，大量复合材料结构设计、制造、试验和使用经验被总结出来。2009 年 9 月 8 日，FAA 在经过多次与工业部门、航空公司等相关行业反复讨论和不断修改后，颁布了《AC 20-107B 复合材料飞机结构》(正文 27 页，附录 10 页，共 37 页)。2010 年 8 月 24 日，FAA 又对该版本进行了第一次修订，颁布了《AC 20-107B 复合材料飞机结构(第 1 次修订)》(正文 28 页，附录 10 页，共 38 页)。该版本是目前最新版本，本译本基于该版本进行翻译。

为了方便读者使用本咨询通告，译者在翻译时，已经将修订内容(如“类别 3 损伤”的描述等)贯彻到正文和附录中。译者在翻译时，除参考已出版的相关适航法规、标准、手册等资料中的规范用词用语外，还借鉴了译者 30 多年在飞机设计、适航审查等方面的工作经验。为了对咨询通告中通篇技术要求性语言和具体描述细节都做到理解正确，中文翻译准确，用词规范专业，译者还利用多年在对外合作交流和与 FAA、EASA 联合开展“复合材料飞机认证与技术”高端培训渠道，对若干关键性问题，与该咨询通告作者(前 FAA 复合材料飞机认证负责人)进行了确认，力求译文不仅在内容上符合原文原意，而且在技术要求精准表达和强弱语气等方面都忠实原文，让读者读得懂，理解正确，执行准确。

感谢沈真、杨乃宾两位复合材料界前辈在该咨询通告之前的版本上所做的翻译工作。感谢中国民用航空沈阳航空器适航审定中心、上海航空材料结构检测股份有限公司对本译本翻译工作给予的大力支持。

本译本可供航空器复合材料结构设计、制造、试验、使用及复合材料制造商、零部件生产供应商和航空教育等相关从业者参考使用。

美国交通部
联邦航空局

标题：复合材料飞机结构	**日期：2010.8.24**	**通告编号：20-107B**
	发起：AIR-100	**修正次数：1**

1. 本咨询通告的目的

本咨询通告给出了一种可接受的方法，但该方法并不是对含有纤维增强材料（如碳和玻璃纤维增强塑料）的复合材料飞机结构进行型号适航认证时表明符合联邦法典第 14 卷（14CFR-14 of the Code of Federal Regulations）第 23、25、27 和 29 部各规章的唯一符合性方法。通告中还给出了与设计、制造和维护方面密切相关的信息指南。这里所包含的信息是指导性的，本质上不具有指令性或规章性。

2. 本咨询通告适用对象

本咨询通告的适用对象可以包括申请人、审定/批准责任人、零件制造商、材料供应商、维护和维修机构。

3. 撤销

撤销 1984 年 4 月 25 日颁布的 AC 20-107A《复合材料飞机结构》。

4. 相关规章和指南

这里所包含的内容适用于根据民用航空规章（CARs）3、4b、6、7 和 14 卷第 23、25、27、29 部规章进行型号认证的正常类、实用类、特技类、通勤类和运输类飞机。飞机生产应与 14 卷第 21 部 21.125 或 21.143 条款规定相一致。附录 1 中列出了适用于本咨询通告各段落的 14 卷第 23、25、27 和 29 部各规章的对应条款。附录 1 中还提供了与本咨询通告相关的其他支持性指南。

5. 总则

a. 本咨询通告给出的程序可为复合材料结构，特别是为那些对飞机的飞行安全极其重要的结构（"关键结构"定义见附录 2）提供指导性资料，FAA 认为该程序是可接受的，可以用于表明民用复合材料飞机认证要求的符合性。颁布本通告旨在为复合材料应用中的认证程序评估提供帮助，并反映复合材料技术现状。预计本通告将定期修订，以反映复合材料技术的不断进步和来自使用经验及应用不断扩大的数据累积情况。

b. 每一个具体的复合材料结构应用中采用的材料和制造工艺都会存在若干独特因素。例如，复合材料的环境敏感性、各向异性和非均质性均会使得结构的破坏载荷、破坏模式和破坏部位难以确定和评估，而且这种评估的可靠性是由制造或修理过程中产生的大量结构细节的重复性所决定的。需要进行的试验和/或分析的工作量可能会因结构而异，这主要取决于该结构对飞行安全的重要程度、运营中的预期用途、所选用的材料和工艺、设计裕度、失效准则、数据库和来自类似结构的经验，也取决于对特定结构产生影响的其他因素。当在具体应用中使用本咨询通告时，这些因素都应考虑。

c. 附录 2 中给出了本咨询通告中所用术语的定义。

6. 材料和制造

结构中采用的所有复合材料及其制造工艺均应进行充分的试制和性能测试并通过鉴定，以证明设计满足可重复生产和可靠性要求。在复合材料生产制造过程中有许多特殊要求，其中之一就是要特别关注复合材料的采购过程和制造工艺。对于给定的复合材料来说，其最终力学性能很可能会因为制造产品零件时采用的工艺方法不同而有很大变化。一旦把材料移交给生产单位，就需要特别注意，既要控制好该材料的采购过程，又要控制好该材料的制造工艺过程。14CFR 第 2X 部 2x.603 和 2x.605 条款特别提出要求，必须按批准的材料和工艺规范采购和加工材料，这些规范中包含控制结构性能的关键参数。14CFR 第 2X 部 2x.609 和 2x.613 条款给出了结构防护要求，以防止结构在使用中可能引起的性能退化。条款还要求设计必须考虑材料和工艺规范允许的任何性能变化（如环境和变异性影响）。

a. 材料和工艺控制

(1) 应该建立材料、材料加工和生产制造过程等各类规范，以确保具备可重复、可靠制造结构的基础条件。需要用材料规范来确保采购材料的一致性，并采用批次验收试验或对过程控制进行统计，确保材料性能在任何时候都不会出现偏离。应制定加工过程规范，以确保结构可重复、可靠地制造。每个材料规范中定义的工艺鉴定与验收试验方法必须能代表拟采用的实际制造工艺。制造试验件的工艺参数必须与制造实际产品零件时使用的工艺参数尽可能一致，试验件和生产件都必须符合材料和工艺规范。

(2) 生产制造工艺一旦确定，就不应随意改变，除非另外完成了包括差异性试验在内的鉴定(参见附录 3)。建立工艺容差、材料处理和贮存限制以及关键特征值非常重要，因为凭借这些可测量和可追溯信息，就可以判断零件的质量。

(3) 采购规范中规定的材料要求应基于采用相关工艺规范生产出来的样件获得的鉴定试验结果。鉴定试验数据必须覆盖控制复合材料结构生产所用材料(复合材料和黏结剂)和工艺的所有重要性能。必须采用经过仔细筛选确定的物理、化学和力学鉴定试验来验证航空器结构在确定的制造工艺下实际使用的材料组分配方、刚度、强度、耐久性和可靠性。建议材料供应商与航空器结构制造商密切合作，以便恰当地定义材料要求。

(4) 为了提供设计可用的数据库，必须确定环境对材料体系关键性能和相关工艺的影响。除了需要在大气环境下测试材料性能外，还应考虑极端使用温度、吸湿量条件及长期耐久性等变量的影响。在评定与结构胶接有关的材料、工艺和界面问题时，环境影响和长期耐久性方面的鉴定试验则特别重要(有关指南参考 § 6.c)。

(5) 为了对质量进行全过程控制，应对关键特性和工艺参数进行监控。审定部门要求的全面质量控制计划应包括所有相关部门，即工程、制造和质量控制。应建立可靠的质量控制体系，以表明因潜在失效模式、损伤容限和缺陷增长要求、载荷、可检性以及制造和装配的局部敏感性，对某个零件或区域的具体工程要求。

(6) 规范中允许的偏差也应该通过试验支持的分析或试样、元件或组合件级的试验进行验证。对于新的生产方法，应在足够复杂的结构上证明其制造过程的可重复性，并证明其与材料和工艺鉴定试验以及相关规范的制定是一致的。这项工作要求在进行大规模的结构试验和相关分析投入之前，对与产品设计和制造细节相关的技术问题进行整合。这种做法将确保所编制的用来控制材料和工艺的质量控制程序与相应的产品结构细节的相关性。

(7) FAA 通常不对材料和工艺进行审定，但材料和工艺可以作为某个航空器产品取证的一部分得到认可。对于那些把验证和使用过的同样材料和工艺再次用在类似应用中的单位，可以给予适当信任。在某些情况下，材料和工艺信息可能会成为整个工业界可接受并使用的共享数据库的组成部分。共享数据库的新用户必须通过正确使用相关的规范来控制有关的材料和工艺，并通过关键性能等同性试验来证明其对上述规范的理解。用于技术标准规范（technical standard order，TSO）或授权文件的材料和工艺也必须通过鉴定并受控。

b. 制造实施

（1）需要采用工艺规范和制造文件来控制复合材料结构的制造和装配。生产设施的环境和清洁度应该控制在通过相关鉴定并满足结构验证试验件制造所要求的水平。原材料和辅助材料的控制应与材料和工艺鉴定中相关规范要求相一致。所制造的零件要满足鉴定、设计数据库建立及结构试验验证环节已经验证的产品容差要求。必须按照上述要求严格控制制造工艺的关键制造过程包括：材料处置和贮存、层压板铺放与装袋（或其他可替代的非层压板材料和先进工艺）、配合零件的尺寸容差控制、零件固化（加热控制）、加工与装配、已固化零件的检测和处置程序，以及对具体材料、工艺、模具和设备操作技术人员的培训。

（2）需要建立完整的生产记录，以便支持零件验收和允许偏差（缺陷、损伤和异常）。需要提供验证数据，以便判断所有已知并被允许继续使用的缺陷、损伤和异常不需要返工或修理。所有经过验证的设计和工艺变化也需要建立生产记录。

（3）对于那些先前已经认证的航空器产品的新的零件供应商，应通过制造验证和质量评估来获得资格，以确保所生产零件的等同性和可重复性。对于某些关键结构细节中无法进行最终检查且需要进行工艺控制的制造缺陷，需要进行破坏性检测，以保证可靠生产。

c. 结构胶接

胶接结构包括多种界面（如复合材料与复合材料、复合材料与金属或金属与金属），其中，至少需要对界面中一个表面进行胶接前的额外表面制备。控制不同种类胶接结构界面技术参数的特性一般是类似的。当表面制备的工艺步骤通过了可重复性和可靠性的验证后，就要对胶接工艺进行鉴定并形成文件。显而易见，胶接结构性能会对该工艺文件中允许的预期可能出现的差异性非常敏感。建议对超出工艺限制值后的影响进行表征，以确保工艺的鲁棒性（robustness）。对于复合材料胶接界面，必须对所有之前已经固化的基材进行合格的表面制备，激活其表面以实现化学粘接。胶接结构中的所有金属界面也需要采用合格的表面制备工艺对其表面进行化学激活。为了解决众多的胶接技术问题，需组建专业交叉的技术团队，以实现胶接结构的成功应用。胶接结构应用要求对工艺过程进行严格控制，并对结构完整性进行充分验证。

(1) 使用中出现的很多胶接失效问题均可追溯到生产过程中的无效鉴定或质量控制不到位。可以采用物理或化学检测的方法来控制表面制备、黏结剂混合、黏度和固化性能（如密度、固化度、玻璃化转变温度）。通常采用搭接板的剪切刚度与强度力学性能试验来对黏结剂和胶接工艺进行鉴定。但是，剪切试验并不能可靠地测试出由于胶接工艺质量差（如缺胶）产生的对长期耐久性和环境退化的影响；某种剥离试验已被证实能更可靠地评定胶接质量。若无化学键合，当胶接连接区受到剥离力或长期暴露于环境条件下，或同时受到二者作用时，就会出现所谓的“弱胶接”情况。在所有试验破坏类型中，基材与胶接材料之间由于缺乏化学键合而发生胶接破坏被认为是最不可接受的失效模式。因此，在进行鉴定试验前，首先需要解决导致胶层失效的材料或胶接工艺问题。

(2) 需要用工艺规范来控制制造和修理中的胶接质量。实践证明，“过程控制法”是保证胶接质量最可靠的方法，该方法包括在线检测与试验相结合。要对用于实施胶接工艺的厂房环境和清洁度进行控制，洁净度水平要通过结构试验进行鉴定和验证。对黏结剂和基材的控制需满足相关规范要求，并与材料和胶接工艺鉴定时的要求相一致。用于生产和修理的胶接工艺应符合材料和胶接工艺鉴定、建立设计数据和结构试验验证时已经证实的容差。需要按照上述要求控制胶接制造工艺的关键过程包括：材料处置和贮存、胶接表面制备、装配零件的尺寸容差控制、涂胶和夹紧压力、胶层厚度控制、胶接零件固化（加热控制）、已固化零件检测与处置程序及对接触特定材料、工艺、模具和设备的胶接技术人员培训。必须严格控制胶接表面制备及后续操作工序，特别要控制好从完成上述工序（此时暴露在环境与污染物下）到进行胶接组装和固化时间的提前量。

(3) 14 CFR § 23.573(a)提出了对复合材料机体主承力结构进行验证的要求，验证内容包括对损伤容限、疲劳和胶接接头的相关考虑。虽然这是针对小飞机的法则，但通常对运输类飞机和旋翼机预期也会采用同样的性能标准（通过专用条件和问题纪要）。

(a) 对任何胶接连接件，§ 23.573(a)(5)规定：“如果其失效可能会造成飞机发生灾难性后果，则必须用下列方法之一验证其限制载荷能力：(i) 必须用分析、试验或两者相结合的方法确定每个胶接连接件能承受本条(a)(3)的载荷的最大脱胶范围。必须采取设计手段对任一胶接连接件上可能出现的大于该值的脱胶情况加以预防；或(ii) 对每个将承受临界限制设计载荷的关键胶接连接件的批生产件都必须进行验证检测;或(iii) 必须确定可重复的、可靠的无损检测方法,以确保每个连接件的强度。”

(b) 上段中那些选项并不能替代对胶接工艺进行鉴定和对胶接结构进行严格的质量控制的要求。例如,第一个选项中所说的破损安全,并非指一个机群的飞机结构在采用了不合格的胶接工艺而产生系统性问题后还符合安全性要求,恰恰相反,该选项只是对局部区域可能偶尔出现的胶接质量问题(如胶接固化时局部压力不够或有污染)是否还满足破损安全要求给出意见。第二个选项中提到的进行限制载荷下的静力试验验证,可能也不能检测出弱胶接问题,因为弱胶接需要在环境下暴露一段时间后,胶接连接件的强度才会出现退化。该问题应该采用对已鉴定的胶接材料和工艺进行适当的长期环境耐久性试验来解决。最后,第三个选项只能不关闭,留给未来先进的无损检测(non-destructive inspection, NDI)技术能够检出随着时间不断退化直至发生胶接破坏的弱胶接并得到验证。迄今为止,这种无损检测技术还没有在规模化生产中得到可靠验证。

(4) 生产中一旦发现胶接破坏,必须立即采取措施找出具体原因,并将所有受影响的零件和装配件隔离开,以便处置。使用中一旦发现胶接破坏,必须立即采取措施确定原因,同时将受影响的航空器隔离开,并进行直接检测和修理。根据对胶接问题严重性的初步判断,可能需要立即采取措施,将受影响的航空器修复到适航状态。

d. 环境考虑

需要制订环境设计准则,确定材料在应用中经评估可能遭受的临界湿度和温度环境条件。可以使用服役实测数据(如服役中吸湿量与时间的函数关系)来确认上述准则与实际情况的符合性。此外,对于航空器系统中靠近热源的复合材料结构,还需要确定在最严酷但属正常操作及系统失效情况时结构上的最高温度。如果已有数据可以证明,在所考虑的临界环境暴露范围内,环境(包括温度和湿度)对该材料体系和结构细节没有明显影响,则无须制订该环境设计准则。

(1) 需要提供试验数据证明,材料许用值或设计值是在高置信度和符合服役预期的临界环境条件下获得的。应该知道,某个最恶劣环境并不一定对所有结构细节影响都一致(如湿热条件对某些失效模式最严酷,而干冷条件则可能对其他失效模式最严酷)。应通过试验,如加速环境试验或适用的使用数据来确定使用环境对该材料体系的静强度、疲劳和刚度性能以及设计值的影响。设计时采用的最大吸湿量只是整个使用寿命期内可能的最大值,它可能与具体零件的厚度、吸湿扩散特性和实际环境暴露情况有关。当实际应用情况有变化或出现以前没有覆盖的设计细节时，应该对环境循环（温度和湿度）影响进行评估。如果现有试验数据可以表明适合对该应用的材料体系、设计细节和环境循环条件特性进行分析，则可以直接使用这些数据。所有的加速试验方法应能代表实际的环境与载荷暴露条件。应避免在加速试验中出现可能引起材料化学变化的任何因素（如引起后固化的高温），以确保得到的性能数据可以代表真实的环境暴露条件。

(2) 必须根据设计构型、局部结构细节和所选工艺，对因环境产生的残余应力影响加以说明（如相互连接的零件之间出现不同的热膨胀）。

e. 结构防护

风化、磨蚀、腐蚀、紫外线辐射和化学环境（乙二醇、液压油、燃油、清洗剂等）可能会引起复合材料结构的性能退化。应针对服役中预期的使用条件，提出防止材料性能退化的有效防护措施和/或注意事项，并通过试验验证。必要时，提供通风和排水措施。在某些复合材料与金属材料之间的界面，需要设立隔离层以避免电化学腐蚀（如，可以使用玻璃布隔离碳纤维复合材料铺层与铝合金）。此外，还需要对复合材料零件装配时所用的特殊紧固件和安装程序进行鉴定，解决电偶腐蚀，以及在安装紧固件时可能对复合材料产生的损伤问题（分层和纤维断裂）。

f. 设计值

用于确定设计值的数据必须来自稳定的可重复生产的材料，这些材料必须根据成熟的材料规范进行采购，采用能够代表生产的工艺规范进行试验件制造。这样做是为了保证在导出设计值的统计分析中已经获取了生产材料允许的变异性。如果设计值确定得过早，如在材料研发阶段，原材料和复合材料零件的生产工艺还不够成熟，此时确定的设计值或许不能满足相关规定的要求。层压材料体系的设计值必须通过层压板试验或单层板试验并结合经过试验验证的分析方法来确定，类似地，非层压材料形式和先进复合材料工艺的设计值必须通过最能代表材料在零件中实际状态的具有一定规模的试验来确定，或由那些用于验证分析方法的复合材料组合件试验来确定。

g. 结构细节

可以针对单个组合件（点设计情况）的具体结构形式，建立包括相应设计特征（孔、接头等）影响的设计值。需要建立专门的用来量化外来物冲击损伤威胁所造成的复合材料结构损伤严重程度的表征方法（类似金属的裂纹长度），以便完成结构分析。因此，常常需要通过试验来表征结构的剩余强度，包括临界损伤位置和复合载荷对结构剩余强度的影响。通常采用限制设计应变水平的方法来对应不同的冲击损伤水平，而这些设计应变值又分别与极限载荷和限制组合载荷下的设计准则相对应。这样，就能够建立试验支持的合理的分析方法，并用来表征点设计结构细节的剩余强度。

7. 结构验证——静强度

复合材料结构在进行静强度设计验证时，不仅应该考虑所有临界载荷情况和相关失效模式，还应考虑环境的影响（包括制造过程引起的结构残余应力）、材料和工艺的变异性、不可检缺陷、质量控制和制造验收准则允许的任何缺陷，以及最终产品维修文件中允许的使用损伤。复合材料结构的静强度应通过适当环境下的部件极限载荷试验来进行验证，除非已有类似设计、材料体系和加载条件的研制经验可以证明，用组合件、元件和试样试验支持的分析方法来代替上述部件极限载荷试验是合适的，则可在可接受的较低载荷水平下进行部件试验。这里用来验证某个分析方法所必需的研制经验应该包括之前基于类似设计、材料体系和载荷工况完成的部件级极限载荷试验。

a. 必须重视重复加载和可能导致材料性能退化的环境暴露对静强度评估的影响。这种影响可用试验支持的分析，用相关的试样、元件或组合件级试验，或采用之前已有的相关数据来说明。在本咨询通告前面的讨论中，强调了环境对材料性能的影响（§6.d）和结构防护（§6.e）。在全尺寸静力试验中，对于那些关键加载工况，通常采用以下三种方法来考虑前面提到的重复加载和/或环境暴露的影响。

(1) 第一种方法，在全尺寸结构上先进行模拟严重暴露环境条件的重复加载试验，再在该环境下进行全尺寸静力试验。

(2) 第二种方法，采用试样、元件和组合件试验数据确定重复加载和环境暴露对静强度的影响，首先通过上述试验数据对性能退化影响进行表征，然后在全尺寸静强度验证试验中（如采用过载系数）或在对试验结果进行分析时（如采用已考虑环境和重复载荷对材料性能退化影响的设计值进行强度计算，安全裕度为正）予以考虑。

(3) 实际应用中，可以把前两种方法结合起来得到所需的结果（如全尺寸静力试验可以在临界工作温度下进行，并用载荷系数来考虑飞机结构在全寿命周期内的吸湿影响）。申请人也可以向局方提出其他考虑环境影响的替代方法并需获得批准，该方法应该已经通过试验和分析验证（如采用不引起材料化学变化的等效升温来考虑吸湿影响）。

b. 复合材料结构的强度必须通过系统性分析和一系列各种不同复杂程度

的试验来逐步、可靠地确定。这些工业界通常称之为“积木式”方法的试验和分析由试样、元件、典型结构件和组合件级的试验和分析组成，可以用来说明变异性、环境、结构不连续(如接头、开口或其他应力集中部位)、损伤、制造缺陷、细节设计或特定工艺等问题。试验通常从简单的试样开始，逐步发展到更加复杂的元件和典型结构件试验。该方法可以非常经济地获得数据，用于进行充分的分析方法验证，并可为较大尺寸结构上出现的变异性问题的量化分析提供必要的重复数据。初期试验中获得的经验也非常有助于帮助避免在较复杂的全尺寸试验中发生提前破坏。由于开展全尺寸试验的费用较高，通常都会将全尺寸试验安排在取证计划的后期。

(1) 图 1 和图 2 分别给出了固定翼和旋翼结构积木式方法中包括的典型试验概念图。建立统计数据基础所需要的大量试验来自最低层级(试样和元件)试验，而结构细节性能则用较少的组合件和部件试验来验证。典型结构件和组合件试验可以用来验证分析方法在预测局部应变和失效模式时的适用性。如果分析方法没有得到验证，则需要进行另外的满足统计要求的考虑(如重复对该设计点进行试验和/或在部件试验中使用过载系数来覆盖材料和工艺的变异性)。静强度验证计划还必须考虑到所有关键结构的所有关键载荷情况，该验证计划包括对飞机在总体设计时确定的服役寿命期后飞机结构的剩余强度和刚度是否满足要求进行评估，评估时需要考虑整个服役期内出现的损伤和其他退化问题。

(2) 复合材料结构静强度的成功验证，通常取决于对应力集中(如典型结构件上的缺口敏感性和冲击损伤)、实际发生的失效模式和面外载荷的恰当考虑。一个完备的复合材料结构积木式验证方案，能够用复杂程度逐步增加的试验件来验证结构上的大部分关键问题。于是，许多性能指标在部件试验之前就能够得到可靠验证。典型结构件和组合件试验需要建立失效判据，并考虑已完成装配的复合材料结构上的冲击损伤。部件试验的目的是对结构承受复合载荷和多条复杂传力路径，包括某些面外效应的情况进行最终的验证。由此可见，采用积木式方法，可以借助试验验证的分析方法，为后续部件级试验提前识别出关键载荷工况和相应的各种破坏模式。

c. 如果通过积木式试验能够对环境影响进行可靠预测，并在静力试验或对静力试验结果进行分析时考虑环境影响，则部件静力试验可以在大气环境下进行。

d. 静力试验件的制造和装配必须与生产规范和工艺相一致，以使试验件可以代表实际生产结构，包括试验件上的缺陷处置也要依据制造验收标准中的限制值进行。

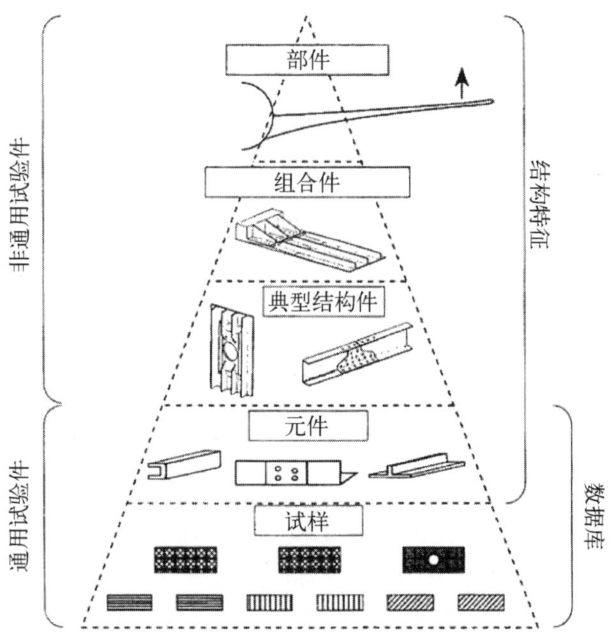

图 1 固定翼结构积木式试验简图

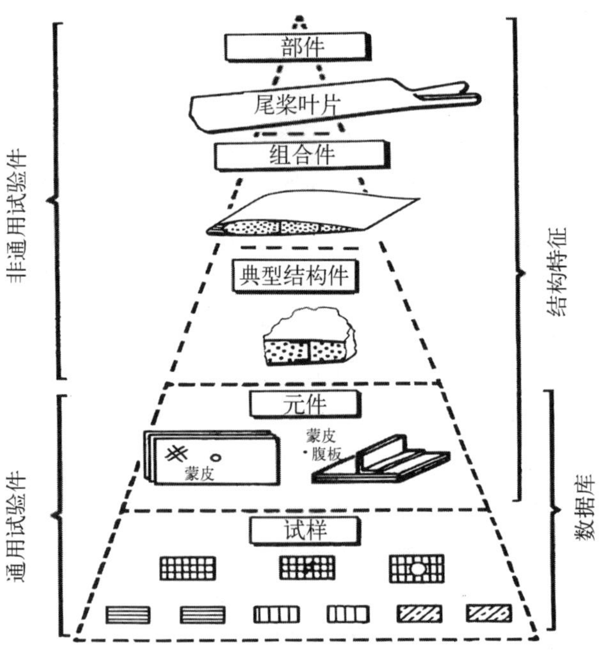

图 2 尾桨叶积木式试验简图

e. 静强度验证中必须考虑复合材料结构的材料和工艺变异性。这主要通过建立完备的结构制造工艺和质量控制程序，以及借助测试和分析手段对结构应具有的强度进行可靠验证来实现。材料和工艺变异性引起的强度性能分散性可以采用与 14CFR § 2x.613 相一致的方法得到的适当的材料许用值或设计值来表征。当典型结构件、组合件和部件试验表明，局部应变预测正确，并且采用经过验证的分析方法计算得到的结构各处的安全裕度均为正值时，则可以说采用试验支持的分析对静强度进行分析的正确性得到了验证。反之，如果缺乏足够的积木式试验数据和对分析方法的验证，则需要采用试验验证的方法，在部件试验中施加过载系数，对结构静强度进行验证。该情况下施加的过载系数需要通过试验或用过去的经验数据来验证，而且必须考虑预期的材料和工艺变异性。

f. 应该表明，如果制造和使用中预计可能出现的冲击损伤不大于根据规定的检测方法确定的可检门槛值，则结构强度就不会低于极限载荷承载能力。这可通过试验支持的分析来证明，或者结合试样、元件、组合件和部件级试验结果来证明。理想的冲击损伤试验评估需要合理考虑结构细节和边界条件。当采用目视检测方法时，那个能够被可靠地检出的冲击损伤门槛值被称为目视勉强可见冲击损伤(barely visible impact damage, BVID)。静强度验证中冲击部位的选择应该考虑具体局部结构细节的重要程度和对任一部位的检测能力。静强度验证所用的冲击头尺寸和形状应与航空器整个寿命期内可能漏检的冲击损伤事件相匹配。请注意，可能有些设计允许结构含有可检冲击损伤，且不予修理仍需满足静强度相关载荷和其他要求[参见 § 10.c.(1)中允许损伤的讨论]。

g. 如果已取证结构上的材料和工艺发生重大变化，必须另外进行静强度验证(如参见附录 3)。

8. 结构验证——疲劳和损伤容限

应该根据 14CFR 23.573(a)，25.571，27.571 和 29.571 中的适用要求，对复合材料结构进行评估。这种评估必须表明，在飞机整个运营寿命周期内，可以避免由于疲劳、环境影响、制造缺陷或意外损伤引起的灾难性破坏。以前适用的复合材料结构疲劳和损伤容限设计、制造、试验和使用经验可以用来决定该整体结构和/或部分主要结构的分析或试验的主要内容和限制范围。如果缺乏类似的结构设计经验，则应按照 FAA 批准的结构研发试验内容，完成部件、组合件和元件试验(依据 § 6.b 和附录 3 中讨论的同一原则)。以下内容是专为复合材料应用情况编写的，可为申请人选择验证方法提供指南。在建立损伤容限和疲劳评估细则时，必须对完整系统的损伤威胁评估、损伤尺寸信息、可检性、成功的设计实践，以及所研究的结构损伤/退化类型给予充分重视。

- 复合材料损伤容限和疲劳性能与结构设计细节(如蒙皮层压板铺层顺序、桁条或框间距、加筋元件连接细节、损伤抑制特征和结构冗余度)密切相关；
- 复合材料损伤容限和疲劳评估应该通过部件级试验进行验证，除非已有类似的结构设计、材料体系和承载方面的经验能够证明，这个由试样、元件和组合件试验支持的分析方法是适用的。
- 如果已经获得非常充分的积木式试验数据，可以确保所选的重复载荷和静力加载试验顺序可以代表飞机使用情况或给出一个保守的评估结论，那么，最终的静强度、疲劳和损伤容限验证也可以通过对单个部件进行试验来完成。
- 为了验证飞机复合材料结构的疲劳和损伤容限特性，需要在有限数量的部件试验中施加峰值重复载荷。因此，通常需要对试验件中的金属结构另外考虑和测试。AC 25.571-1 中包含有金属结构疲劳和损伤容限指南信息。

a. 损伤容限评估

(1) 损伤容限评估从对结构的识别开始。必须对其失效将会降低飞机结构的完整性的结构进行损伤威胁评估，以确定在制造、使用或维护过程中可能出现的损伤位置、类型和尺寸。评估中要考虑疲劳、环境影响、固有缺陷和外来物冲击或其他意外损伤(包括离散源损伤)。

(a) 目前，能够非常详细地描述复合材料结构实际应用中的严重损伤威胁，进而建立完整的损伤容限评定所需的设计准则或试验和分析方法的工业标准还非常少。在缺乏标准的情况下，通过完成必要的研发任务获得用于支持产品验证的数据则成为每个申请人的必要工作。对于具体的复合材料结构来说，在进行损伤威胁评估研发工作时，需要考虑的因素包括：结构功能、在飞机上的位置、过去的运营数据、意外损伤威胁、环境暴露情况、冲击损伤阻抗、结构连接部位的耐久性(如螺接或胶接接头的长期耐久性)、相邻系统间的影响(如潜在的过热或其他与系统失效有关的威胁)，以及可能导致零件过载或损坏的非正常使用或维护操作。由于关乎具体结构的损伤威胁评估与维护程序，所以应该针对已知的损伤威胁，建立结构的损伤容限能力和检测能力。

(b) 外来物冲击是大多数复合材料结构都要面对的问题，并要求在损伤威胁评估中予以特别关注，因为这是确定冲击损伤的严重程度，进而确定设计和维护的可检性所必需的。冲击损伤威胁应该包括所有可能收集到的来自使用和冲击调查的损伤数据。冲击调查包括在典型结构件上完成的冲击试验，该试验件应该具有实际结构的边界条件特征。在冲击调查中应考虑不同的冲击情况和部位,其目的是确定实际可能遇到的最危险冲击情况(那些引起最严重损伤又最不易检的冲击情况)。在模拟典型能量水平下的意外冲击损伤时,应根据受载情况(如拉伸、压缩或剪切)选择不同尺寸和形状的钝或尖锐冲击头,以便产生最严重且最不易检的损伤。冲击调查应考虑各种可能发生的冲击,包括跑道或地面碎石、冰雹、工具掉落和车辆撞击,直至获得足够的使用经验,并对能量和冲击头变量做出正确的工程判断。上述要求对于采用概率损伤威胁评估方法定义设计准则、确定检查方法及维护时的重复检查间隔是非常重要的。随时间推移逐渐积累的使用数据可以更好地对冲击调查和后续产品的设计准则进行定义,还可以用于建立更加合理的检查间隔和维护措施。在评估这类信息时,应该认识到很可能最严重、最关键的冲击损伤还没有被纳入使用数据库中。

(c) 完成损伤威胁评估后,可以把各种损伤类型分为如下所述的 5 类损伤(见图 3)。本咨询通告采用这样的损伤分类方式来进行沟通。申请人也可以使用其他的损伤分类方式来帮助建立疲劳和损伤容限验证的具体途径,但需取得监管机构同意。

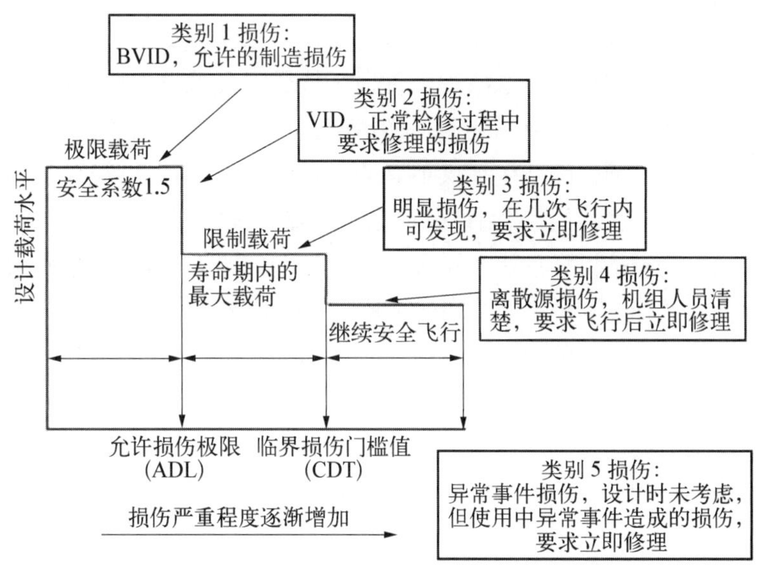

图 3 设计载荷水平与损伤严重性类别关系图

(i) 类别 1:在例行检查或外场检查中可能漏检的允许损伤,也包括允许的制造缺陷。含有类别 1 损伤的结构验证包括服役寿命的可靠验证,并且结构还应具有极限载荷承载能力。根据定义，这类损伤应该满足与本咨询通告第 7 章相关的要求和指南。类别 1 损伤的一些例子包括 BVID 和在制造或使用中引起的允许损伤(如小分层、孔隙、小划伤、沟槽、轻微的环境损伤)。应有验证数据表明，含有这些损伤的航空器结构在全寿命期内都具有极限载荷承载能力。

(ii) 类别 2：在例行检查或按照规定的检测间隔进行外场直接目视检查中，能够被可靠地检测出的损伤。含有类别 2 损伤的结构验证包括对可靠检查方法和检查间隔的验证，并且在此检查间隔内，结构应该具有限制载荷以上的承载能力。某个给定的含有类别 2 损伤的结构，其剩余强度可能取决于选定的检查间隔和检查方法。类别 2 损伤的例子包括目视可见冲击损伤(visible impact damage, VID,尺寸从小到大)、深沟槽或划伤、厂内不明显的制造缺陷、可检分层或脱胶，以及大的局部过热或环境引起的性能退化。这类损伤在被发现前，结构应该具有足够的剩余强度。这类损伤不应扩展，或者如果出现缓慢扩展或可抑制的扩展，那么，在检查间隔内，结构的剩余强度水平应该足够并高于限制载荷承载能力。

(iii) 类别 3：可由没有复合材料检查专业技能的机组或外场维护人员在损伤出现后几个飞行起落内就能可靠检出的损伤。这类损伤所处位置一定非常明显，目视清晰可见，或者由于零件变形、配合或功能丧失，在短时间内使得其他潜在损伤特征变得愈加明显。这两种严重损坏特征都要求扩大检查范围，以确定对零件和周围结构区域造成的全部损伤情况。在实操中，可能需要通过结构设计手段来为含有大损伤的结构提供足够的承载能力，以确保结构在含有明显可检类别 3 损伤时，仍然具有限制载荷或接近限制载荷的承载能力。含有类别 3 损伤的结构验证包括可靠且快速检出并同时具有限制载荷或接近限制载荷承载能力的验证。类别 2 和类别 3 损伤的主要区别是对含有大损伤的结构进行限制载荷或接近限制载荷下的承载能力验证时，后者的例行检查间隔时间远远短于前者。含有类别 3 损伤的结构剩余强度验证可能取决于可靠的短时间检查间隔。一些类别 3 损伤的例子包括地面巡回检查或常规操作过程检查(如油箱渗漏、系统故障或客舱噪声)期间发现的大 VID 或其他明显可见损伤。

(iv) 类别 4：来自已知偶发事件并限制了飞行机动性的离散源损伤。含有类别 4 损伤的结构验证包括规章中规定载荷下的剩余强度验证。需要注意，增压结构通常要求具有比图 3 中所示的类别 4 更高的剩余强度水平。一些类别 4 损伤的例子包括发动机转子爆破、鸟撞(按规章规定)、轮胎爆裂以及飞行中遭遇严重冰雹。

(v) 类别 5：设计准则或结构验证计划中没有包括的、由异常的地面或飞行事件引起的严重损伤。将这种损伤纳入当前指南的目的就是确保负责复合材料航空器结构设计的工程师能够和 FAA 与维护机构一起协作，并让操作人员意识到可能存在类别 5 损伤事件，一旦发生，基本要求是立即向维护负责人报告。结构工程师也有责任设计出具有足够损伤阻抗的结构，以便类别 5 损伤事件发生时，相关操作人员能够轻松面对。需要与工程部门建立工作协调机制，以便根据异常事件能够提供的有限信息，正确确定合适的检查方案。这样做将有助于在修理前对损伤进行必要的表征。一些类别 5 损伤的例子包括运营车辆与航空器的严重撞击、异常飞行超载情况、异常硬着陆、维护用千斤顶操作失误和飞机部件在飞行中失落，还包括相邻飞机结构可能发生的高能量、大面积(钝头)冲击。有些类别 5 损伤情况或许没有清晰可见的损伤痕迹，特别是对复合材料结构而言。但是，应该全面了解与这个事件相关的其他证据材料，为确保安全，首当其冲的就是关于操作可能造成的损伤的完整报告。

(d) 这五类损伤随后将作为例子，在本节及第 9 章和第 10 章中进行讨论。注意，类别 2、3、4 和 5 损伤均与维修有关。

(2) 应对重要结构区域的典型结构件、元件和组合件进行重复载荷试验，以确定结构对损伤扩展的敏感性。这种试验是证明损伤容限要求中损伤无扩展方法的基础。该试验应评定环境对缺陷和损伤扩展特性的影响，验证损伤无扩展。试验用的环境应符合预计的使用情况。由于热膨胀不同，设计中在复合材料与金属之间的界面处会产生残余应力，该应力大小取决于重复载荷循环期间的使用温度，并要求在损伤容限评估中予以考虑。应通过考虑特定损伤的出现概率和与该损伤相关的剩余强度能力来确定检测间隔。这样做的目的是要保证结构的剩余强度低于极限载荷的时间不要过久，此时，结构的安全性水平低于典型缓慢扩展状态，如图 4 所示。如果没有给定损伤尺寸出现概率的统计数据，则可能需要对几次飞行就能确定检出较大尺寸损伤的能力做出比较保守的假设。一旦检出损伤，该部件要么通过修理恢复到极限载荷承载能力，要么更换。

(a) 对于复合材料中发现的某些损伤类型，若能表明损伤扩展速率是缓慢、稳定和可预测的，则传统的缓慢扩展方法或许适用。缓慢扩展表征方法应给出保守和可靠的结果。作为缓慢扩展方法的一部分，应制定一个检查计划，包括检查的频率、范围和方法，并纳入维护计划中。应确定检测间隔，使损伤从最初的刚刚可检，到剩余强度降低到限制载荷(此时被视为极限载荷)的时间段内，都能

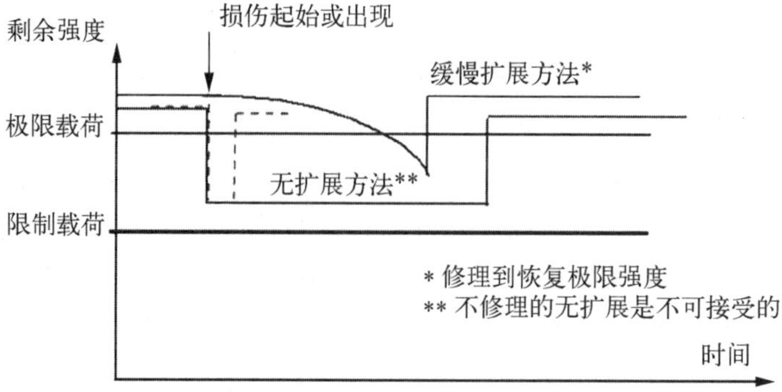

– – – – 表示修理以前在降低的剩余强度状态下可接受的间隔(无扩展情况)

———— 表示修理以前在降低的剩余强度状态下不可接受的间隔(无扩展情况)

图 4 剩余强度示意图(用来说明“无扩展方法”也不允许重大意外损坏长时间留在结构中而不修复)

以极高的概率被检出,包括考虑环境影响。如果被检出的损伤已经使结构承载能力低于极限载荷,则要么修理部件使其恢复到承受极限载荷能力,要么更换。如果在损伤达到临界值以前,结构出现功能失效(如不可接受的刚度降),则也需要对零件进行修理或更换。

(b) 适用于某些损伤类型和采用相应设计特征的复合材料结构的另外一种损伤扩展方法,即如果可以证明损伤扩展能够被可靠地预计,并在损伤达到临界值前被阻止。图 5 所示为适用于复合材料结构的所有三种损伤扩展方法的简图。抑制扩展方法适用于损伤在其扩展到临界值(剩余静强度降低到限制载荷)前被抑制或终止的情况,如图 5 所示。损伤扩展在遇到几何形状变化、加筋、厚度变化或结构连接等设计特征时就会被阻止。这种方法适用于可检且发现后被可靠地阻止的损伤扩展情况,包括所有适用的动态载荷作用情况。为了验证抑制扩展方法,应该选择关键结构区域的典型结构件、元件和组合件、部件或全尺寸结构,进行重复载荷试验。类似于采用“无扩展”方法进行损伤容限评估的情况,此时也应确定检测间隔,同时考虑剩余强度承载能力应该与抑制扩展方法中的损伤尺寸保持一致(指增加到图 5 上的虚线,用于从概念上说明损伤无扩展与缓慢扩展两种方法,在确定检查间隔时,基准是一致的)。同样,这也是为了确保结构在修理前不会长期处于剩余强度能力接近限制载荷的受损状态。对于任何使部件的承载能力低于极限载荷的损伤尺寸,都要通过修理使其恢复到极限载荷承载能力,或将其更换。

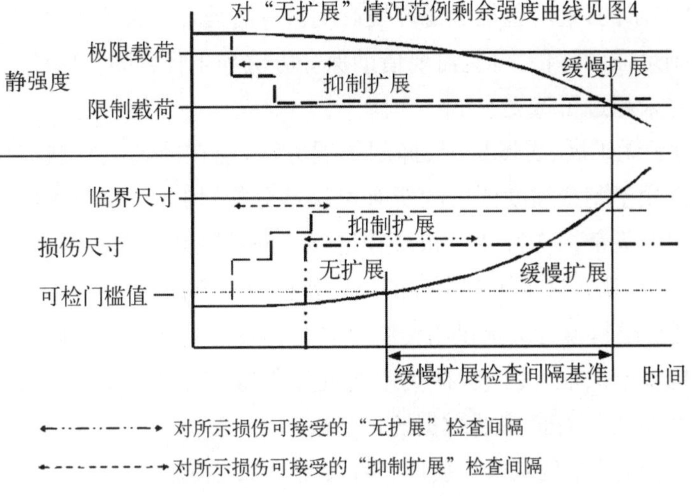

图 5　剩余强度与损伤尺寸关系示意图(用来说明三种不同的复合材料结构损伤容限验证方法)

(c) 重复载荷应该能够代表预期的使用情况。重复载荷试验应该包括那些典型的制造、装配和使用时可能出现并与实际使用的检测技术一致的损伤水平(包括冲击损伤)。应该按照生产规程和工艺来制造和装配损伤容限试验件,以使试验件能够代表生产型结构。

(3) 应确定最初可检损伤的尺寸,并与制造和使用时所用检测技术相一致。该信息会自然地建立起类别 1 和类别 2 损伤类型(这里指受过培训的检测人员在定期维护中使用的检测方法)之间的尺寸过渡。对于定期维护前很容易被发现的清晰可检损伤(允许归为类别 3 的损伤),允许由未受过培训的人员在较短的时间间隔内实施检查。缺陷/损伤扩展数据应该通过对含有固有缺陷或采用机械方法引入损伤的结构施加重复载荷来获得。用于验证扩展和无扩展概念的循环次数应具有统计学意义,并且可以根据载荷和/或寿命方面的考虑及损伤尺寸关系来确定。应通过试验证据支持的分析,或通过试样、元件或组合件级试验来对损伤扩展或无扩展进行评估。

(4) 应确定剩余强度评估中的损伤尺寸,包括应该考虑使用选定的外场检查程序检出损伤的概率。前 4 类损伤应基于损伤威胁评估予以考虑。此外,类别 3 损伤应在地面巡检或正常的操作过程中就能被检出。剩余强度评估应该在考虑损伤的情况下,通过部件或组合件试验,或试验证据支持的分析来完成。评估应能证明结构的剩余强度可靠地等于或大于规定的设计载荷(此时被视为极限载荷)所要求的强度,包括考虑环境影响。具有统计意义的可靠的组合件和典型结构件剩余强度评估,可能需要借助保守方法和工程判断。应该表明,刚度特性的变化并未超过可接受水平。

(a) 对于无扩展、缓慢扩展、抑制扩展方法,应在施加重复载荷后进行剩余强度试验。用于剩余强度评估的所有可靠性分析,均应正确考虑由全面损伤威胁评估确定的复杂损伤特性。如果有足够多的重复载荷和环境暴露试验数据,在这类分析中,就允许采用较保守的损伤指标分析方法。

(b) 复合材料设计应提供与传统金属结构设计同样水平的破损-安全、多传力路线结构安全保证。因此,在决定所使用的静强度许用值时,同样期望基于95%置信度和90%存活率的数据统计基础。

(c) 关于胶结结构剩余强度的特殊考虑见6.c.(3)。

(5) 为疲劳试验和分析目的编制的重复载荷谱必须代表预期的实际使用情况。可以省略(截除)已表明对损伤扩展没有贡献的低幅载荷水平,但降低最大载荷水平(高载截除)通常是不被接受的。重复载荷行为中的变异性问题应该通过适当的载荷放大系数或寿命分散系数来解决,这些系数应考虑试验件数量。部件试验中使用的用来证明可靠性的这些系数,应与积木式试验中由材料、工艺和其他结构设计细节表征的疲劳与损伤容限行为相一致。

(6) 应制定检查计划,包括检查的频率、范围和方法,并纳入维护计划中。检查间隔的确定,应使得损伤从最初刚刚可检,扩展到满足剩余强度能力要求的极限尺寸的时间范围内,都能被可靠地检出。应考虑可能存在漏检问题。

(a) 对无扩展设计概念情况,应确定检查间隔并成为维护大纲的一部分。在选择这样的检查间隔时,必须考虑对应假定损伤的结构具有的剩余强度水平,这一点在图4和图5中进行了说明。请注意,图4和图5中对应"无扩展"和"抑制扩展"选项的较大损伤的可接受检测间隔,概念上与可接受的缓慢扩展基准点有关,即损伤被检出和维修前的剩余强度及低于极限载荷的时间。不同损伤尺寸出现概率的统计数据,也有助于确定检测间隔。

(b) 通过对复合材料损伤威胁进行全面评估,并将不同尺寸的损伤分类,每一类损伤都对应相应的检查方法,就可以为严谨的损伤容限评估方法的建立提供支持,避免因采用很大损伤假设所带来的偏保守的设计准则。在这种情况下,类别2损伤将要求进行结构验证。验证由经过培训的检测人员,采用专门指定且可靠的检查方法,在规定的维护间隔期间完成(可以默认类别1损伤是本次评估的门槛值)。那些划归类别3的损伤可以采用较短的检查间隔,但需提供充分的结构验证证据，证明未经培训的外场维护或机组人员能够在早期就可以检出这类损伤。按照定义，类别 4 损伤将要求进行剩余强度验证，表明具备完成相关规章载荷下的限制机动飞行的安全水平。鉴于产生类别 4 损伤的运营事件的性质，在飞机进行后续修理和恢复运营之前，需要确定合适的检查方法，对损伤程度整体情况进行评估。按照定义，类别 5 损伤没有相关的损伤容限设计准则或相关的结构验证要求。类别 5 损伤将要求在飞机重新投入使用之前，根据对异常运营事件的工程评估进行适当的检查，并进行适当的结构维修和/或零件更换。

(7) 如果结构上出现了来自明显离散源(例如非包容发动机破坏等)导致的损伤，该结构应该能够承受在完成本次飞行中合理预计可能遇到的静载荷(该载荷此时被视为极限载荷)。应该基于对服役任务以及与每一离散源有关的潜在损伤的合理评估来确定受损伤程度。应在相关载荷工况下，针对最严重的类别 4 损伤进行结构验证。有些类别 4 损伤(如飞行中冰雹引起的严重损伤)由于安全裕度高的原因，可能不要求针对相关的返航载荷进行专门的剩余强度评估，但仍要求进行适当的检查评估，因为它们的可检性可能与类别 2 损伤所需要的验证不一致。

(8) 在损伤容限评估中，应阐明可能引起材料性能退化的温度、湿度和其他环境或与时间有关的老化因素的影响。除非在临界环境下进行试验，否则应导出适当的环境因子并用于评估。

b. 疲劳评估

疲劳验证应包括部件疲劳试验或由试验证据支持的分析，并计及适当的环境影响。应按照生产规程和工艺来制造和装配试验件，以使试验件能代表生产型结构。应进行足够的部件、组合件、元件或试样试验来确定疲劳分散性和环境影响。可以用部件、组合件和/或元件试验来评估含冲击损伤结构的疲劳响应，其损伤程度代表了制造、装配和使用时可能出现的损伤，且与所用检测方法相一致。在疲劳试验中还应包括结构全寿命期内会存在且允许的其他制造缺陷和使用损伤。在疲劳试验期间，应验证刚度性能的变化没有超过可接受的水平。应基于试验结果确定零部件更换寿命。按照定义，类别 1 损伤要经受疲劳评估，并要求在航空器结构全寿命期内保持极限载荷的承受能力。

c. 损伤容限与疲劳的联合评定

通常，应该针对具体结构建立检查大纲并验证服役寿命。它们要能够覆盖航空器使用期间可能遇到的所有可检与不可检损伤。延寿应包括来自部件重复载荷试验、机队领先飞行计划(包括 NDI 和破坏性的分解检查)的证据以及对意外损伤和环境使用数据等考虑因素的适当统计评估。

9. 结构验证——颤振和其他气动弹性不稳定性

必须对颤振、控制反效、发散以及结构因受载后变形造成的任何过度失稳和失控进行气动弹性评估。必须通过设计、质量控制、维护和系统间交互作用来避免颤振和其他气动弹性不稳定情况的发生。

a. 复合材料结构评估需要考虑重复载荷、环境暴露和服役中的各类损伤情况(如较大的类别 2、类别 3 和类别 4 损伤)对刚度、质量和阻尼等关键性能的影响。有些控制面在遭受大的损伤后,虽然可能还具有一定的剩余强度裕度,但是,结构内部不易察觉的刚度降和质量增加(如夹层壁板脱胶和/或水分浸入)可能已经对颤振和其他气动特性产生了不利影响。该评估工作对那些容易受到意外损伤和因环境因素产生性能退化的控制面特别重要。另外,还需要对其他由于修理、制造缺陷、多层涂漆带来的重量或刚度变化等因素进行评估。可能还有一些与邻近高温热源的结构部件有关的问题(如位于喷气发动机尾喷流或发动机引气气动系统管道所在路径上的尾翼结构)。这些影响可以通过试验支持的分析,或通过试样、元件或组合件级试验来确定。

10. 持续适航

复合材料飞机结构维护和修理,应满足本咨询通告中覆盖的适用于具体结构类型及其应用的总则、设计与制造、静强度、疲劳/损伤容限、颤振和其他事项中的所有条款。

a. 维护设计

复合材料航空器结构应设计外场维护条件下的检查与修理通道。在结构细节检测和修理方法中,对于那些难以检出、表征和修理的关键损伤类型,应该明确给出所需的专用文件和培训。必须在适当的持续适航文件中明确规定所有结构细节的检测间隔与寿命极限值,以及可以不予修理的损伤水平。

b. 维护实操

相关部门应组织编制维护手册,手册中应包括对复合材料结构进行必要的检查、维护和修理的操作程序,包括顶升、分解、处置、零件干燥方法和重新涂漆的相关说明(含对可能增加结构温度的油漆颜色的使用限制)。实际维护情况表明,不同的航空器类型和型号,外场的标准维护操作并不相同。因此,应针对具体需要检测和修理的零件,确定所需的专用设备、修理材料、辅助材料、工具、工艺步骤和其他所需信息。

(1) 损伤检测

(a) 必须表明用于损伤检测的程序是可靠的，能够检测出结构完整性下降到低于极限载荷承载能力的情况，这些检测方法和流程必须在持续适航文件的相应章节中有明文规定，而且应在第6、7和8章中提到的进行静强度、耐环境能力、疲劳和损伤容限评定工作时予以验证。通过验证的检测程序可用于检测经损伤威胁评估识别出的所有损伤类型，包括各类外来物冲击威胁、制造缺陷和因过热引起的性能退化。必须检出为结构提供紫外线防护作用的表面层(如漆层和涂层)的性能退化，还必须检出影响结构完整性、油箱安全和电气系统的闪电防护系统的退化。

(b) 目视检查是最主要的外场损伤检测方法，应该在规定的光线条件下进行。目视检查方法应考虑适用条件、冲击损伤凹坑深度的时间松弛效应和零件表面颜色、涂层和清洁度等因素的影响。

(2) 检查

目视损伤表征法常被用于复合材料损伤检测，但该方法对损伤不可见部分能够提供的细节非常有限，这就需要对损伤做进一步检查。因此，其他可用于复合材料损伤全面表征的检查方法往往与最初的损伤检查方法不同，这需要在文件中详细说明。必须表明，无论是修理前进行的无损检测，还是修理过程中实施的那些损伤清理步骤，损伤的位置和完整边界范围都是能够准确确定的。必须表明，修理质量的过程控制和修理后的检查方法是可靠的，并能为工程师提供数据，用来确定由于修理本身所造成的结构完整性下降，即结构承载能力低于极限载荷的具体情况。某些制造缺陷(如弱胶接)在修理完成后可能无法可靠地检出，在这种情况下，应通过损伤威胁评估和采用独特的修理设计甚至增加限制使用条件等手段来保证结构具有足够的损伤容限能力。

(3) 修理

所有用于给定结构的螺接和胶接修理设计和修理程序，均应通过验证并满足相关的技术要求。其中，与安全密切相关的是胶接材料相容性、胶接表面准备(包括烘干、清洁和化学活化)、固化加热控制、复合材料机械加工、复合材料专用紧固件及其安装技术，以及相关的修理过程控制方法。此外，还必须对为结构提供紫外线防护的表面层(如漆层和涂层)和闪电防护系统进行适当的修理。

(4) 制定文件和提供报告

所有与修理相关的文件都必须录入与该具体零件编号对应的维修记录中，

该信息会对今后在同一零件上进行维护、损伤处置和修理工作提供技术支持。建议：应该把复合材料零件在服役中出现的困难、损伤和性能退化等情况反馈给初始设备制造商(original equipment manufacturer, OEM)，以帮助其不断更新损伤威胁评估内容，支持后续对设计细节和工艺的不断改进。这类信息还将支持今后设计准则、分析和试验数据库的发展。

c. 修理的验证

(1) 当申请人在报 FAA 批准的文件或维护手册中提供了修理程序时，应该通过分析和/或试验来验证这些修理方法和技术可以使结构恢复到适航状态。必须在文件中明确定义可修理损伤极限(repairable damage limits, RDL)，该限制值基于现有数据定义了结构部件上可修复损伤的细节。不需要修理的允许损伤极限(allowable damage limits, ADL)，也必须在文件中明确定义。RDL 和 ADL 都必须基于充分的分析和试验数据来确定，并满足本咨询通告中提到的相应的结构验证要求和其他方面的考虑。如果出现了前期设计研制时没有考虑到的损伤类型和尺寸，通常还需要另外的验证数据。有些损伤类型可能需要针对外场修理和相关质量控制要求，制定专用说明。胶接修理与结构胶接在基本设计上的考虑是一样的(参见§6.c)。

(2) 运营商和维修机构(maintenance repair organizations, MRO)如果想超出已批准的修理文件范围对航空器进行大修或改装，就必须对需要完成的大量分析、设计、工艺和试验验证工作非常清楚，以确保已取证结构满足适航符合性要求。且必须保存好这些验证工作的文件记录和审定批准文件，以便支持后续的任何维护工作。

d. 损伤检测、检查和修理资格

(1) 涉及损伤处置和修理的所有技术人员、检测人员和工程师都应具有必要的技能，以便他们能够完成对具体复合材料结构零件的技术支持和维护任务。有些已获技能也可能会在连续多次验证后超出最初的培训水平(如类似于焊接人员的资格认证)。对于某些特定复合材料零件来说，所使用的修理设计、检查和修理方法，要求有已批准的结构验证数据的支持。美国汽车工程师学会(Society of Automotive Engineers International, SAE)在航空航天信息报告(aerospace information report, AIR)5719 中对复合材料维护与修理中的安全问题基本知识培训进行了概述。如果执行特殊工程设计、检查和修理任务，则还需另外进行专门的技能提升培训。

(2) 需要对飞行员、地面维护人员和其他为航空器服务的操作人员进行培训,以便他们在遇到可能引起航空器复合材料结构严重损伤的异常地面事故和飞行事件时能立即报告。特别是要立即报告那些服役期间发生的超出给定结构的损伤容限验证范围和标准维护操作要求以外的事件。类别 4 和类别 5 损伤能否立即检出取决于航空器空勤和地勤人员的正确反应。报告的具体要求请参见 21 部、121 部和 135 部规章。

11. 其他事项

a. 适坠性

(1) 航空器的适坠性取决于机身的冲击响应特性。通常情况下,规章的发展要么基于现有航空器实际发生的严重事件或坠撞事故积累的经验,要么来自新设计提出的预期安全性问题。在适坠性问题上,规章总是从航空器的实际运营中不断获取经验并得以发展。例如,已经确定用应急载荷系数和乘客座椅载荷来表征从机队经验和受控的 FAA 及工业界研究工作中观察到的动态受载情况。机队经验表明,不需要制定整机级的适坠性验证标准。因此,这些规章反映了传统铝制航空器结构在可存活坠毁条件下的承载能力。航空器采用传统的制造方法进行设计时,这种方法是令人满意的。随着复合材料机身结构的出现和/或采用新颖设计时,过去采用的为乘客提供的防护方法,可能就不再能为乘客提供类似于金属飞机设计中提供的相同防护水平。

(2) 在机体结构设计中应该确保乘员在实际发生可存活坠撞冲击时,具有各种合理机会避免受到严重伤害。与传统的金属机体结构设计相比,复合材料设计时应考虑其独特的力学行为及结构特性,包括重大修理和改装。可以通过试验或由试验证据支持的分析来进行结构评估,使用经验也可以用来支持验证。

(3) 航空器坠撞动力学和相关的能量吸收很难建模分析,也很难全面定义与结构要求相关的代表性试验。每一类航空器产品(运输类飞机、小型飞机、旋翼类航空器)都有专门的规章来管控特定航空器结构的适坠性,因此,应使用与每一类航空器产品相对应的规章和指南。运输类飞机和旋翼类航空器规章的相关条款超出小型飞机的规章要求。

(4) 对于带有复合材料机身结构的运输类飞机,预计需要通过专用条件来说明其适坠存活能力。必须对复合材料机身结构的冲击响应进行评估,以便确保其存活能力与金属材料制造的类似尺寸的航空器没有明显差别。必须评估机身支撑结构和地板结构受到的冲击载荷及产生的结构变形情况。在进行上述评估时,应重点考虑以下四个基本准则:

(a) 当发生重物(如头顶的行李舱)掉落冲击事件时,乘员必须得到保护;

(b) 当可存活坠撞发生后,应急出口必须保持畅通;

(c) 当可存活坠撞发生时,乘员所承受的加速度和载荷不得超过临界门槛值;

(d) 当发生冲击事件后,乘员必须有足够的存活空间。

(5) 在这四个准则中,每个准则都将根据特定的坠撞条件发挥重要作用。例如,在较低的冲击速度下,处于结构尚未发生破坏位置的乘客可能也会感受到较高的载荷和加速度。因此,实际上可能需要采用经过验证的分析作为对运输类飞机机身进行全部适坠性评估工作的方法。

(6) 现行运输类飞机还对发生可存活的坠撞冲击事件,需要对油箱结构进行完整性说明提出了要求,因其关系到防火安全性(可参见§11.b)。因关乎适坠性,所以复合材料油箱结构不得发生破坏或变形,避免燃烧威胁超过金属油箱结构。

(7) 复合材料结构适坠性涉及物理学和力学几个方面的事情。当复合材料结构遭受可存活的坠撞时,局部强度、能量吸收特性和多种可能的失效模式等都需要予以阐明。这对于由各向异性、准脆性复合材料制造的航空器机体结构而言,不是那么简单就能做到的。因此,复合材料航空器上的乘客和设备所承受的加速度和载荷历程,可能与在类似金属航空器上遇到的情况完全不同,除非在复合材料结构设计时进行了专门考虑。此外,当更改复合材料结构以便获得某些特殊的力学性能时,也要特别注意(例如,金属结构中材料厚度的变化对结构性能的影响可能很容易预计,而复合材料层压板铺层的增加或减少则可能需要顾及层压板的铺层顺序对复合材料单元失效模式和吸能特性的影响数据)。

(8) 要想获得有效的试验与分析结果,必须采用代表性结构。由于航空器受载(要求研究航空器上各种不同的乘客与货物布局)、结构动力学相关考虑和渐进破坏模式不同,整个结构中各处的局部应变变化率和受载情况可能也是不同的。运输类飞机和旋翼类航空器还应考虑结构性能对坠撞时受冲击方向的敏感性,这可以通过试验证据支持的分析来加以说明。

(9) 考虑到需要与金属结构进行对比评估,还要考虑各种坠撞条件,所以,运输类飞机和旋翼类航空器常常需要进行充分的分析并与结构试验结果相结合。分析中需要广泛深入地开展模型的敏感性受建模参数(如网格优化、连接关系简化、单元材料本构数据)的影响研究。试验中还需要对适用于复合材料的试验设备敏感性(例如对应结构中预期脉冲特性的滤波器频率)进行研究。可以采用积木式方法进行模型验证，直至通过相当复杂的试验验证(例如通过足够多的典型结构件坠撞试验，对适坠性设计准则给出恰当评估)。

b. 防火、阻燃和受热问题

(1) 需要专门考虑复合材料机体结构的着火和暴露在超过最高工作温度的情况(参见下面的说明)。航空器机体结构阻燃和防火要求意在最大限度地减少可燃材料、液体或汽化器点火对乘员的伤害。应使用每个航空器类型(运输类飞机、小型飞机、旋翼类航空器)专门的规章。可以用试验或试验证据支持的分析来表明符合性。在复合材料结构设计中，包括在修理和改装中，都不应出现低于现有金属结构安全性水平的情况。此外，还应制定维护程序，适用于当复合材料航空器结构暴露于火焰和高于设计验证过的最高工作温度时，对结构完整性进行评估。

说明：航空器座舱内饰和行李舱一直都是保护乘员安全时的阻燃问题关注区域。本次咨询通告修订并没有对航空器内饰和行李舱中使用的复合材料进行说明。关于内饰阻燃条款相关的可接受的符合性方法，请参见其他指导性文件。

(2) 在发动机安装结构、防火墙和其他含有复合材料元件的动力装置结构设计中，一般都会考虑防火和阻燃问题。随着复合材料在运输类飞机机翼和机身结构中的应用不断扩大，其他对乘员安全性非常重要的问题随之产生。现有规章并没有对机体结构本身存在的易燃可能性进行说明。因此，机翼和机身应用中应该考虑由于采用了复合材料设计和制造，飞行中的着火事件或紧急着陆时导致燃油泄漏起火并溢出的情况对乘客安全性产生的影响。

(3) 复合材料结构部件防火和阻燃试验结果表明，总体设计和工艺细节对防火阻燃及火源和过火范围有重要影响。例如，火源对复合材料机身结构的整体影响可能大不相同，当机舱内起火时，可以通过限制结构区域来控制火势蔓延。而当发生坠撞引起机身外部着火时，燃油可能是造成火灾并蔓延的主要原因。每种情况下的威胁不同，减轻威胁的方法也不相同。飞行中的火灾安全性说的是由于某些故障导致航空器内部起火的问题，坠撞后的火灾安全性则强调了航空器燃油泄漏后引起舱外火灾的问题。预计需要专用条件来考虑运输类飞机机身结构在飞行中和坠撞后可能遭受的火灾情况。运输类飞机机翼结构也需要有坠撞后火灾情况的专用条件。

(4) 对于运输类飞机出现飞行中火灾的情况，至关重要的是火焰不能蔓延或产生大量的有毒副产品。当飞行中的火灾在不可接近区域蔓延时，这种火灾必然是灾难性的。如果没有考虑该问题，则复合材料机身结构与传统金属机身结构在防火问题上所扮演的角色就会完全不同。

(5) 金属运输类飞机已经建立了机身和机翼结构防火基准，这可用于评估某个特定的复合材料机翼和机身的结构设计细节。在考虑复合材料运输类飞机结构外部防火问题时，必须考虑当发生可存活坠撞着陆后，外部燃油着火的影响。机身结构应为乘客疏散提供足够的逃生时间，并且不会发生烟雾弥漫，也不会释放对逃生乘客有毒或可能加剧火势的气体和/或物质。此外，还必须把这些要求扩展到机翼和油箱结构，必须防止其结构破坏或发生燃油泄漏(包括考虑燃油载荷对结构特性的影响)。适航标准§25.856(b)中为运输类飞机提供了建立所需安全性水平的基准。

(6) 关于复合材料结构高温暴露问题，不仅需要考虑直接可燃性和防火，还需要扩展到其他受热问题。复合材料的玻璃化转变温度标志着强度和刚度降低的开始，该温度一般都低于金属结构中对性能产生类似影响的温度。大多数复合材料的玻璃化转变温度都会由于吸湿而进一步降低。必须根据特定应用要求(例如发动机或其他系统故障)来考虑高温暴露导致的复合材料强度或刚度降低。在出现系统故障和/或发生火灾后，可能很难检测出高温暴露对复合材料结构产生不可逆损伤的全部情况。因此，可能需要对暴露于高温的复合材料结构进行专门的检查、测试和分析，以便妥善处置热损伤。所有与热相关的损伤威胁和性能退化机理都需要被识别出来，并纳入相应的损伤容限和维护评估中。必须对暴露在未知高温下的零件中的损伤情况进行可靠的检查和测试并记录下来，应特别注意那些采用确定的检测方法可能漏检的最大损伤。

c. 闪电防护

航空器复合材料结构需要具有闪电防护设计特性。当前碳纤维复合材料的导电性大约是标准铝材的千分之一，复合材料树脂和黏结剂通常不导电，玻璃和芳纶纤维复合材料也不导电。如果不进行导电设计，不提供闪电防护，复合材料在遭遇闪电雷击后，可能会造成结构破坏或大面积损伤，并可能会在金属液压管路、燃油系统管路和电缆上因闪电产生大电流和高电压。飞机闪电防护设计指南可参见FAA技术报告《飞机闪电防护手册》(DOT/FAA/CT-89/22)。复合材料结构闪电防护的有效性应该通过试验或试验证据支持的分析来进行验证。这类试验通常在试样、壁板、装配件或可以代表飞机结构的试样或全尺寸飞机上完成。AC 20-155引用的SAE技术报告对闪电试验波形和闪电附着区域进行了定义。标准闪电试验中观察到的所有结构损伤，均应根据检测出的损伤严重程度，限定在类别1、2或3。在对这些损伤进行表征后，就可以统一纳入相应的损伤容限分析和试验中。对于按照14CFR23部申请仅用于VFR(目视飞行规则VFR)简单的小型飞机,可以按照AC 23-15基于工程评估进行审定。应该评估复合材料结构修理和维护对闪电防护系统的影响,修理设计应该保持闪电防护能力不受影响。

(1) 结构完整性中的闪电防护

(a) 在复合材料结构设计中,应该将闪电防护纳入设计工作中,按需制定闪电防护措施。闪电防护措施设计范围取决于航空器表面闪电附着区定义的区域面积。闪电防护措施包括(但不限于)复合材料结构外表面需要在预期的闪电直接影响区域增加金属丝或网。

(b) 当航空器遭受闪电时,会有高电流通过机体结构。必须在结构部件之间建立适当的电搭接,但这对于活动部件(如副翼、方向舵和升降舵)却非常困难。必须仔细设计电搭接尺寸,以便引导闪电电流通过。否则,如果高电流流经非正常路径,如控制电缆、控制杆或液压管路,就可能出现汽化。飞机结构闪电防护验证指南可参见运输类飞机指导性政策声明ANM-111-05-004引用的SAE航空航天推荐操作手册(ARP)5577。

(2) 燃油系统的闪电防护

(a) 必须对带整体油箱复合材料飞机结构中的燃油系统的闪电防护问题给予特别考虑。必须在带整体油箱燃油系统的复合材料结构的外表面、接头、紧固件和燃油系统管路和部件的结构支架上,采用专门的闪电防护措施,消除电流通过结构渗漏和产生电弧、火花或其他起火源的可能性。AC 20-53给出了航空器燃油系统闪电防护验证指南。

(b) §25.981条款的运输类飞机燃油系统防火要求闪电防护具有一定的破坏容限。因此,油箱结构中复合材料结构连接和紧固件的闪电防护措施必须是冗余和稳健的,以确保起到有效防护作用,阻止火焰蔓延。

(3) 电子电气系统的闪电防护

(a) 需要建立复合材料结构防雷击措施,以避免把闪电产生的高电压和电流引入电子电气系统线路中,该系统如果发生故障或损伤,将影响航空器的安全使用。对于那些具有特别关键作用的电子电气系统,如电传操纵飞行控制系统或发动机控制系统,如果复合材料结构没有防护措施,遭遇雷击的后果将是灾难性的。

(b) 在电气系统布线中实施电屏蔽设计,以及在电子电气设备的电路设计中考虑鲁棒性,均能对雷电引起的系统故障或损伤提供一定的防护作用。由于大部分复合材料的电屏蔽性能都差，因此，最好的做法通常是在复合材料结构上增加金属箔或网，为导线和设备提供额外屏蔽。应该在复合材料结构部件和壁板之间建立电搭接，以保证屏蔽有效。AC 20-136 给出了航空器电子电气系统闪电防护的验证指南。

大卫　亨普

飞机认证业务司飞机工程部经理

附录 1 适用规章和相关指南

1. 适用规章

下表给出了本咨询通告覆盖的适用规章条款。在大多数情况下，这些规章条款均适用，且与飞机结构中使用的材料种类无关。

咨询通告中的章	23 部	25 部	27 部	29 部
1 本咨询通告的目的	无			
2 本咨询通告适用对象	无			
3 撤销	无			
4 相关规章和指南	无			
5 总则	无			
6 材料和制造	603 605 609 613 619	603 605 609 613 619	603 605 609 613 619	603 605 609 613 619
7 结构验证——静强度	305 307	305 307	305 307	305 307
8 结构验证——疲劳和损伤容限	573	571	571	571
9 结构验证—颤振和其他气动弹性不稳定性	629	629	629	629
10 持续适航	1 529 附录 G	1 529 附录 H	1 529 附录 A	1 529 附录 A

续 表

咨询通告中的章	23 部	25 部	27 部	29 部
11 其他事项				
a. 适坠性	561 562 601 721 783 785 787 807 965 967	561 562 601 631 721 783 785 787 789 801 809 963 967 981	561 562 601 783 785 787 801 807 965 1 413	561 562 601 783 785 787 801 803 809 963 967
b. 防火、阻燃和受热问题	609 787 863 865 867 954 1 121 1 182 1 183 1 189 1 191 1 193 1 359 1 365	609 863 865 867 903 967 1 121 1 181 1 182 1 183 1 185 1 189 1 191 1 193	609 861 863 1 183 1 185 1 191 1 193 1 194	609 861 863 903 967 1 013 1 121 1 183 1 185 1 189 1 191 1 193 1 193 1 194
c. 闪电防护	867 954 1 309	581 954 981 1 316	610 954 1 309	610 954 1 309

注：① 该列表可能没有涵盖全部相关条款，不同局方之间也可能存在差异。
② 可能需要针对新颖和非常规设计颁布专用条件(如全新的复合材料体系)。

2. 指南

FAA 颁布指南提供可用于表明规章中的相关条款符合性的支持性信息。指南可以包括咨询通告(AC)和政策声明(PS)。通常情况下,咨询通告给出的是可以接受但非唯一的用于表明规章符合性方法的相关信息。下面列出的指南支持了本咨询通告的目的。FAA 发布的这些文件可从下面网站得到:http://www.faa.gov/regulations_policies/。

a. 咨询通报

(1) AC 20-53, Protection of Airplane Fuel Systems Against Fuel Vapor Ignition Due to Lightning [6/06]

(2) AC 20-135, Powerplant Installation and Propulsion System Component Fire Protection Test Methods, Standards, and Criteria [2/90]

(3) AC 20-136, Protection of Aircraft Electrical/Electronic Systems Against the Indirect Effects of Lightning [12/06]

(4) AC 20-155, SAE Documents to Support Aircraft Lightning Protection Certification [4/06]

(5) AC 21-26, Quality Control for the Manufacture of Composite Structures [6/89]

(6) AC 21-31, Quality Control for the Manufacture of Non-Metallic Compartment Interior Components [11/91]

(7) AC 23-15, Small Airplane Certification Compliance Program [12/03]

(8) AC 23-20, Acceptance Guidance on Material Procurement and Process Specifications for Polymer Matrix Composite Systems [9/03]

(9) AC 25.571-1, Damage Tolerance and Fatigue Evaluation of Structure [4/98]

(10) AC 29 MG 8, Substantiation of Composite Rotorcraft Structure [4/06]

(11) AC 35.37-1, Guidance Material for Fatigue Limit Tests and Composite Blade Fatigue Substantiation [9/01]

(12) AC 145-6, Repair Stations for Composite and Bonded Aircraft Structure [11/96]

b. 政策性说明

(1) Static Strength Substantiation of Composite Airplane Structure [PS-ACE100-2001-006, December 2001]

(2) Final Policy for Flammability Testing per 14 CFR Part 23, Sections 23.853, 23.855 and 23.1359 [PS-ACE100-2001-002, January 2002]

(3) Material Qualification and Equivalency for Polymer Matrix Composite Material Systems [PS-ACE100-2002-006, September 2003]

(4) Bonded Joints and Structures - Technical Issues and Certification Considerations [PS-ACE100-2005-10038, September 2005]

(5) Policy Statement on Acceptance of SAE International Aerospace Recommended Practice 5577 as an Acceptable Method of Compliance to the Lightning Direct Effects requirements of § 25.581 [ANM-111-05-004, April 2006]

附录 2　定义

1. 许用值(allowables)——基于概率统计基础，依据层压板或单层板级的试验数据确定的材料性能值(如 A 或 B 基准值，就分别对应了 99%存活率和 95%置信度，或 90%存活率和 95%置信度)。导出这些性能值所要求的数据量由所需的统计意义(或基准)来决定。

2. 各向异性(anisotropic)——不是各向同性，力学和/或物理性能相对材料自身固有的自然参考轴的方向不同而发生变化。

3. 抑制扩展方法(arrested growth approach)——一种设计方法。该方法要求验证含有确定缺陷的结构能够承受相应的重复载荷。缺陷扩展要么可以通过机械方式止裂，要么在达到临界尺寸(该尺寸下，剩余静强度已降低到限制载荷)前终止。该方法与相应的检测间隔和损伤可检性相关。

4. 损伤类别(category of damage)——根据剩余强度承载能力、所要求的载荷水平、可检性、检测间隔、损伤威胁，以及产生损伤的事件是否明显可察，定义了 5 类损伤。

5. 部件(component)——机体结构的主要部分(如机翼、机身、尾翼、水平安定面)，可作为一个完整的单元进行试验，以对该结构进行鉴定。

6. 试样(coupon)——小试验件(如通常的平层压板)，用以评定单层板或层压板的基本性能，或者结构的通用特性(如胶接或机械连接接头)。

7. 关键结构(critical structure)——其完整性对保持飞机总体飞行安全至关重要的承载结构/元件。由于不同类型飞机中的主承力结构、次承力结构和主要结构元件(principle structural elements, PSE)定义不同，因此，本咨询通告采用了关键结构定义。例如，对于运输类飞机，PSE 就是关键结构。

8. 损伤(damage)——在制造(加工、生产、装配或处置)或使用中产生的结构异常。

9. 脱胶(debond)——见 disbond。

10. 退化(degradation)——材料性能(如强度、模量、膨胀系数)的变化,可能是由于制造偏差或重复载荷和/或环境暴露所致。

11. 分层(delamination)——指固化层压板中两个单层之间发生了分离。它可能是局部的,也可能覆盖层压板较大面积。它可能在固化或随后层压板使用期间任意时刻出现,并可能由于各种不同原因引起。

12. 设计值(design values)——根据试验数据确定并选定的材料、结构元件和典型结构件的设计性能值,该值可确保整体结构的完整性具有高置信度。这些值通常基于许用值,并在考虑实际结构情况和对许用值进行修正后获得,可用于分析并进行安全裕度计算。

13. 典型结构件(detail)——较复杂的非通用结构元件(如具有特殊设计构型的接头、搭接接头、长桁、长桁端头或主要检修口)。

14. 脱胶(disbond)——指在两个被胶接件之间的胶接面内出现的粘接破坏或发生分离的情况。它可能发生在子结构寿命期内的任意时刻,并可能由各种不同的原因引起。当然,也可以表述为已固化层压板中两个单层之间发生了分离(这种情况下,通常使用“分层”这个词)。

15. 偏差(discrepancy)——一种允许的采用计划中的检测程序可以检出的制造异常。它们可能在加工、生产或装配过程中产生。

16. 元件(element)——一种通用的比较复杂的结构元件(如蒙皮、长桁、受剪板、夹层板、连接接头或搭接接头)。

17. 环境(environment)——使用中预期可能遇到的可能会对结构有影响的外部、非偶然条件(不包括机械加载)。可单独或联合出现(如温度、湿度、紫外线辐射和燃油)。

18. 系数(factor):

a. 寿命(或载荷)放大系数[life (or load) enhancement factor]——一个在原定设计载荷和寿命值基础上,施加在结构重复载荷试验中的用于考虑材料分散性的附加载荷系数和/或试验持续时间。该系数用于获得所需的数据置信度水平。

b. 寿命分散系数(life scatter factor)——见寿命(或载荷)放大系数。

c. 过载系数(overload factor)——一个施加在具体结构试验中的载荷系数,用于考虑该试验中那些没有明确表明影响的参数(如环境、不够充分的金字塔试验等)。该系数通常由表明这种参数影响的较低层级金字塔试验得到。

19. 非均匀性(heterogeneous)——描述性术语,指由不同成分组成的可独立识别的材料，以及由不同性质的区域组成的被内部边界分隔开的介质。

20. 冲击损伤(impact damage)——由外来物冲击产生的结构异常。

21. 固有缺陷(intrinsic flaw)——复合材料中固有的或生产过程引起的缺陷。

22. 制造缺陷(manufacturing defect)——制造期间出现，可引起结构的强度、刚度和尺寸稳定性发生不同程度退化的异常或缺陷。由质量控制和验收准则允许的制造缺陷(或允许的制造变异性)可以满足飞机零件寿命预期的结构要求。在损伤威胁评估中，必须把制造质量控制中漏检的其他制造缺陷都考虑在内，并且在其被检出和修理前，必须满足损伤容限要求。

23. 无扩展方法(no-growth approach)——一种要求对含有已知缺陷的结构进行相应的重复载荷验证的方法。验证要求在结构寿命期间，缺陷没有有害扩展。

24. 主承力结构(primary structure)——承受飞行、地面和内压载荷的结构，该结构破坏后将降低飞机的结构完整性。

25. 点设计(point design)——不能普遍适用于其他结构验证的具有特定设计特征的元件或典型结构件，如耳片和主要接头。这样的设计元件或典型结构件可以通过试验或试验与分析相结合的方法来进行鉴定。

26. 缓慢扩展方法(slow growth approach)——一种设计方法。该方法要求验证含有确定缺陷的结构能够承受相应的重复载荷。且在结构寿命期内，或在相应损伤可检性的检查间隔以外，缺陷只发生缓慢、稳定和可预计的扩展。

27. 结构胶接(structural bonding)——一种通过胶接工艺实现的结构连接。结构连接件由一个或多个预先固化好的复合材料或金属零件(称为被胶接件)组成，

28. 组合件(subcomponent)——具有较大三维尺寸并能够代表全尺寸结构中完整部段的结构(如短梁盒段、梁段、机翼壁板、带框的机身壁板)。

29. 弱胶接(weak bond)——力学性能低于预期值，采用常规的 NDI 方法无法检出的胶层。这种情况主要是由胶的化学键合不良造成的。

附录 3　复合材料和/或工艺变化

1. 在生产过程中，如果最初型号取证时已验证过的材料和/或工艺被替换或发生变化，就必须对复合材料结构进行重新认证。例如，原材料供应商可能改变其产品或终止了生产，制造商也可能发现有必要改进其生产工艺，以提高生产效率或消除产品缺陷。在上面任何一种情况下，都必须充分关注和确认这些修改和/或变化是否已进行充分研究，并且确保已经认证过的复合材料结构能够持续满足符合性要求。本附录包括这样的材料和/或工艺变化，但并未涉及其他设计变化(如几何尺寸，载荷)。14 CFR 21.31 条款要求对所采用的材料和工艺进行定义。材料和工艺规范变化通常属于型号重大设计变更，必须根据 14 CFR 21 部的 D 章要求进行详细说明。

2. 当采用新的或改进的材料和/或工艺来生产之前已认证的飞机产品零件时，需按照以下要求进行材料和/或工艺鉴定及结构验证：

a. 识别控制性能的关键材料和/或工艺参数；

b. 定义能够测量这些关键参数的相关试验；和

c. 定义这些试验的通过/不通过准则。

3. 每一制造商制订的“鉴定”程序中包括的规范应包含但不限于：

a. 物理和化学性能；

b. 力学性能(试样级)；和

c. 制造重复性(通过若干批次试验)。

4. 制定规范和制造质量程序的目的是控制该特定材料及其制造工艺过程，以便通过该材料和工艺的结合，获得稳定且可重复的结构。然而，如果只考虑这些规范中列出的性能，则不能认定某个结构应用中的替代材料和工艺具有互换性(因为它很可能只适用于对制造工艺过程依赖性较小的材料，如某些金属材料)。即使新的或改进的材料和/或制造工艺能够满足最初的材料和工艺规范

"鉴定"试验要求,仍不能说明所生产出来的部件满足之前已认证结构的最初工程要求。

5. 应对控制复合材料工艺的关键材料参数之间的复杂关系进行识别和表征。需要在积木式试验中,采用一系列具有代表性且复杂程度逐步增加的试验件,通过大量不同类型的试验来直接获取材料性能,直至取得进展。此外,破坏模式可能会随材料和/或工艺不同而变化。如果没有足够的试验或经验数据,分析模型有时就不能足够精确地对破坏进行可靠预测。因此,需要采用更加复杂的试验件,一步一步由浅入深地进行试验验证。

6. 材料或工艺变化的分类

a. 对下列任一情况,均需进一步开展研究工作,确定对已有复合材料结构可能产生的变化:

(1) 情况 A

基本组分如树脂或纤维(包括上浆或表面处理任一项)中的一种或二者都发生了变化,则得到的是替代材料。成为替代材料的其他变化情况还包括织物的机织方式、纤维面积重量和树脂含量的变化。

(2) 情况 B

基本组分相同,但树脂浸渍方法发生了变化。这类变化包括:(i) 预浸工艺变化(如从溶液法到热熔浸渍法)。(ii) 虽然纤维面积重量相同,但构成单向带材料的丝束大小(3k,6k,12k)不同。(iii) 同一供应商的不同预浸设备;(iv) 同一材料的不同供应商(指已经取得许可证的供应商)。

(3) 情况 C

材料不变,但工艺流程进行了改进(如果工艺流程改进控制了最终的复合材料力学性)。重大工艺变化的例子包括:(i) 固化周期;(ii) 胶接面制备;(iii) 采用干纤维成型件制造零件时使用的树脂传递模塑(resin transfer molding, RTM)工艺发生变化;(iv) 模具;(v) 铺设方法;(vi) 材料铺放间的环境参数;(vii) 主要装配步骤。

b. 对于上述每种情况,应该区分哪些是原来的材料/工艺变化组合(情况 B 和某些情况 C),哪些变化才是"真正的新材料"(情况 A 和某些情况 C)。所以,可分为两类:

(1) "相同材料/工艺"情况,旨在实现结构的重复;

(2)“替代材料/工艺”情况,旨在获得全新的结构。

c. 在“相同材料/工艺”类别中,还可对供应商只是更换了预浸料生产设备,还是在其他场所进行授权生产的情况进行细分。但是,目前对于采用新纤维进行预浸料生产这种变更,即便该新纤维是在授权许可的工艺下生产的,完全可以替代原纤维进行预浸料生产,仍将按照“替代材料/工艺”进行处理。

d. 在“相同材料/工艺”类别中,有些具有代表性的微小变化可能不会对结构的性能产生影响(如预浸料的隔离纸,某些真空袋材料等),则不需要提交进行重新认证。然而,制造商(或供应商)应该建立可以对这些微小变化进行筛选的体系,并能在所有相关决策层面都能够相当熟练地发挥作用。对属于情况 B 的其他微小变化,可以通过只在积木式较低层级进行抽样试验来表明等同性。

e. 对于那些可能引起材料和结构性能发生较大改变的情况 C 变化,则需要在积木式的所有相应级别上进行评估,以确定制造工艺变化后得到的是相同材料还是替代材料。在依据上述的制造变化确定试验范围时,需要进行一定的工程判断。

f. 情况 A(替代材料)必须始终被认定为需要进行结构验证的重大变化。不推荐试图按照基本组分变化再进一步分类,因为材料行为(如对应力集中的敏感性)可能由界面性能控制,而界面性能又可能受纤维或树脂变化的影响。

7. 验证方法

下面仅阐述与验证相关的技术内容。

a. 符合性原理

验证必须基于结构性能之间的对比研究来进行,该结构应分别采用型号认证时认可的材料和第二种材料来制造。无论对之前已取证项目进行了什么修改,修改后的安全裕度都必须保持足够。相比以前验证过的结构,如果安全裕度有任何降低,都应仔细研究。

(1) 替代材料/工艺

任何替代材料/工艺组合都必须重新确定所有相关性能的新设计值。必须重新审查最初用于结构认证的分析模型,包括破坏预测模型。如果需要,应通过试验进行验证。必须修改采购规范(或重新制定适用于所选材料的新规范),以确保关键质量变异性指标完全受控和确定新的验收准则。例如,从第一代碳纤维到第二代碳纤维,拉伸强度可能提高了 20%以上,则在替代材料的规范中就需要有新的验收门槛值,以确保检出质量变异性。

(2) 相同材料

必须提供数据，证明最初的设计值（无论研究、材料或设计处于什么水平）依然有效。需要采用统计方法处理数据，以保证关键设计性能数据与最初的材料/工艺组合数据来自相同的母体。含有破坏预测的计算模型应与之前相同，采购规范的技术内容（情况 B）无需改变，可用于质量控制。

b. 试验

(1) 验证材料变化所需的试验内容和范围应该表明该复合材料的固有结构特性，且与所涉及零部件的适航重要性和材料变化的定义密切相关。例如，对于相等材料，研究层次可限定在试验金字塔底层级（参见 §7 中的图）的常规通用试验件。但对替代材料，则应包括试验金字塔中较高层级的非通用试验件。这里需要提醒注意：要确保依据选用的试验方法获得的试验数据与原来认证时用于确定结构特性的试验数据相一致。

(2) 必须针对各种可能的材料和/或工艺变化来规划试验，并应考虑到结构验证中所有可能受到影响的试验层级。在某些情况下（如微小的固化周期变化），只需要采用常规通用试验件进行试验，就可以说明材料和/或工艺变化可能带来的影响。对于其他变化情况，比如那些涉及模具（如从全真空袋工艺变为热膨胀芯工艺）的情况，评估工作还应包括对部件自身的评定（有时称为“模具验证试验”）。在这种情况下，要求对首批生产件增加无损检测要求。如有必要，应该在具有代表性的部件上“剖切”以获得试验件，进行物理或力学性能补充试验研究。

c. 批次数

(1) 采用多个批次试验件进行试验的目的是验证材料特性是否具有满意的可重复性。所要求的批次数必须考虑：材料变化（相同或替代）、试验层级（非通用或通用试验件）、材料供应来源及所要测试的具体性能。请注意：应该对材料基本性能和制造工艺的变异性都进行研究。

(2) 现有参考文献（如《复合材料手册》(CMH-17)第 1 卷和第 3 卷和 FAA 技术报告 DOT/FAA/AR-03/19）都对复合材料鉴定、等同性和积木式方法进行了阐述，并就批次、试验数量及适用的统计分析方法等，给出了直至层压板级的较详细的指南。对于金字塔中较高层级的变化验证，或涉及其他材料形式的情况，如编织 VARTM(vacuum-assisted resin transfer molding)结构，可能需要采用其他统计分析方法或工程方法。

d. 通过/不通过准则

应该建立通过/不通过准则目标，并将其作为试验计划的一部分。例如，从强度方面考虑，通过对试验数据的统计分析，应该表明由第二种材料的试验数据导出的新的设计值对应的安全裕度符合要求。因此，必须规划足够数量的试验件，以便开展这类分析工作。在非通用试验层级上，当用于评估结构特性的试验件只有一个时，通过准则应该就是一个满意的设计极限载荷试验结果。如果试验结果表明安全裕度较低，则需要修订认证文件。

e. 其他考虑

除静强度外，其他特性(列在 AC 20-107B § 8,9,10 和 11 中的所有项目)的验证也需确保具有同等安全水平。